中国环境保护投资研究

Research on Environmental Protection Investment in China

吴舜泽　逯元堂　朱建华　陈　鹏 / 著

中国环境出版社·北京

图书在版编目（CIP）数据

中国环境保护投资研究/吴舜泽，逯元堂，朱建华，
陈鹏著. —北京：中国环境出版社，2013.12
ISBN 978-7-5111-1701-4

Ⅰ．①中…　Ⅱ．①吴…②逯…③朱…　Ⅲ．①环
保投资—研究—中国　Ⅳ．①X196

中国版本图书馆 CIP 数据核字（2013）第 309685 号

出 版 人　王新程
责任编辑　陈金华　刘　杨　董蓓蓓
责任校对　唐丽虹
封面设计　彭　杉

出版发行　中国环境出版社
　　　　　（100062　北京市东城区广渠门内大街 16 号）
　　　　　网　　址：http://www.cesp.com.cn
　　　　　电子邮箱：bjgl@cesp.com.cn
　　　　　联系电话：010-67112765（编辑管理部）
　　　　　　　　　　010-67113412（教材图书出版中心）
　　　　　发行热线：010-67125803，010-67113405（传真）
印　　刷　北京市联华印刷厂
经　　销　各地新华书店
版　　次　2014 年 3 月第 1 版
印　　次　2014 年 3 月第 1 次印刷
开　　本　787×1092　1/16
印　　张　28.75
字　　数　590 千字
定　　价　65.00 元

序　言

环境保护是我国的一项基本国策，加强环境保护投资是执行基本国策和实施可持续发展战略的必要保证，是改善环境质量、实现环保目标的物质保障，是实施环保大工程战略的重要抓手，是建设美丽中国、实现中华民族永续发展的重要举措。

30 多年来，我国投资渠道逐步拓宽，环保投融资政策不断完善，投资总量逐年增加，投资效益逐步提高。"十一五"期间，全社会环境保护投资规模达 2.16 万亿元，其中中央投资 1 566 亿元，有效地保障了"十一五"环境保护任务的全面实施和目标指标的完成。与此同时，财政环保专项资金、预算内基本建设资金、环境转移支付政策进一步健全，经济政策在促进企业环保投资方面的作用日益突出，多元化的环境保护投融资体系逐步建立。

在环境保护取得一定成效的同时，我们要清醒地认识到环保投融资存在的问题与挑战。目前我国仍处于大规模建设带来的资金大投入阶段，有大量的历史欠账需要偿还，新的环境问题的投资需求也在不断加大；原有的环境保护投资渠道随着经济体制改革已不适宜，环境保护投资随经济增长的内生增长机制尚未建立；企业环境保护投资尚缺乏直接性投融资政策，金融机构及社会的环境保护投融资政策尚不健全；环境保护投资口径与统计制度需要进一步完善，环境保护投资效益急需提高。

同时，我们也要客观地认识到，由于历史背景复杂、发展阶段特殊、部门管理职责不明晰、投入不足等原因，环保投资研究这一交叉学科领域，存在重视不够、基础薄弱、人才缺乏、经验积累少的问题，是环境科学研究的短板之一，研究滞后于管理需要，这在一定程度上影响了环境保护事业的发展。因此，亟须大力加强环保投资研究，培养研究力量，夯实研究基础，突破研究瓶颈，带动环保系统投融资政策和工程管理能力的系统提升，推动环境问题的解决。这一工作意义重大，影响深远。

多年来，吴舜泽同志敏锐识别、不断思索环保投资的有关命题，从现实需求和国家需要出发，进行了大量的环保投资研究，以其为代表的环境保护部环境规划院研究团队在环境保护投融资政策、统计口径、专项资金设计、投资预测、投资效益评估等方面取得了积极进展和丰硕成果，是环境规划学科体系的中坚梯队，是我国环保投资研究的领军力量。其中，许多研究成果也与我多次交流，有一些观点创新性强，不少成果学以致用，直接转化为环境管理的实践，是推动我国环保投资上水平、上台阶的积极因素。

欣闻吴舜泽同志在多年调查研究成果的基础上，系统集成出版《中国环境保护投资研究》。这本专著较为全面地梳理了环保投资相关理论与方法，界定了环境保护投资的概念内涵和外延，开展了环境保护投资评估，进行了模型预测、计量分析等多种方法研究，是我国环保投资研究方面的力作。我很高兴为此书作序，期望包括吴舜泽同志在内的广大学者能够再接再厉、锐意进取、推陈出新，为推动我国环境保护工作、促进生态文明建设贡献自己的智慧。

2013 年 3 月 30 日

目　录

第1章

环保投资概念与内涵

环境保护投资既具备固定资产投资的一般性特点，也具备环境保护方面的一些特殊性。环境保护方面的投资、投入和支出，其内涵与固定资产投资基本一致，范围和口径有所差异，是提供环境公共服务和公共产品的物质保障。

1.1 环保投资理论

环境保护具有正外部性，属于准公共产品，其属性决定了政府是环境保护的主体之一。环保投资是公共财政需要保障的领域。根据财政支出与分权理论，确立与各级政府相匹配的环境事权与财权至关重要，关系到环境保护工作的顺利开展。

1.1.1 外部性理论

外部性是指生产者或消费者的实际经济活动对他人或团体产生的、超越主体活动范围的利害影响（收益或损失），但当事人却由此获益或负责。外部性概念最早由英国经济学家马歇尔于1890年在其经典著作《经济学原理》一书中提出。经济学家庇古在"外部经济"概念基础上扩充了"外部不经济"这一概念及其内容，于1920年在《福利经济学》一书中提出了外部性理论，并于1932年首次将环境污染作为外部性问题进行了分析。

外部性分为正外部性（有时也称外部经济或正外部经济效应）和负外部性（有时也称外部不经济或负外部经济效应）。正外部性是指某种经济行为给外部造成积极影响，如使得他人减少成本或增加了效益；而负外部性则相反，指某种经济活动给外部造成消极影响，如导致他人成本提高或收益下降。无论是正外部性还是负外部性，都是资源配置效率的一种体现。环境保护的外部性也同样表现在正外部性和负外部性两个方面。

环境污染具有典型的负外部性，表现为私人成本与社会成本的不一致。私人成本是指生产者或消费者在生产或消费一件物品时所必须承担的费用。如果没有外部性，则生产或消费一件物品的社会成本等同于私人成本。但当存在环境外部性时，生产或消费所产生的污染必然影响其他企业或个人，使得其他企业或个人成本增加，如污染企业对下游排污引起污染防治投入的增加及污染对周边居民的健康影响等，这就是典型的负外部性成本。由于环境外部性的存在，使得竞争的厂商按利润最大化原则确定的产量与按社会福利最大化原则确定的产量存在严重偏差。这种偏差导致了污染物的过度排放、资源的无节制利用以及污染产品的过度生产。

同时，环境保护也具有很强的正外部性，表现为私人收益与社会收益的不一致。当生产者或消费者在生产或消费过程中给他人带来有利影响，而其本身却不能从中得到补偿时，便产生了积极的外部效果。例如，某地改善空气环境的努力，将毋庸置疑地受惠于本地居民甚至是周边区域的居民。

传统外部性理论认为，环境问题的经济根源在于其外部效应，是市场失灵的典型领域。外部不经济性与造成污染的产品、企业、生产者没有直接联系，污染不影响产品的生产、交易、消费，不能自行从市场上消失，需要通过政府干预予以矫正。需借助政府干预与市场调节相结合的办法来解决环境外部性的内部化问题，对造成负环境外部性的行为征税（庇古税、排污收费等），对产生正环境外部性的行为进行补贴（政府投资与补贴补助等）。

1.1.2 公共产品理论

公共产品（Public Good）这一概念源自埃里克·罗伯特·林达尔（E.R.Lindahl），他认为个人可以对公共产品的供给水平以及它们之间的成本分配进行讨价还价，从而实现"林达尔均衡"。自 1953 年起，萨缪尔森陆续发表了"公共支出的纯粹理论"和"公共支出理论的图式探讨"等文章，从经济学角度给出了纯粹的公共产品的经典定义：所有成员集体享用的集体消费品，社会成员可以同时享有该产品；每个人对该产品的消费，并不减少其他人对该产品的消费。

按照公共产品理论，公共产品是指具有消费或使用上的非竞争性和受益上的非排他性的产品。非竞争性（Non-Rivalness），也称消费时的合作性，指当某个人使用或消费一种产品或服务时，不会减少其他人使用或消费该种产品或服务的机会；或者说增加一个人消费的额外成本为零。非排他性（Non-Excludability）是指当某个人在使用或消费一种产品或服务时，无法排除与阻止他人同时使用或消费该产品或服务；或者排除在技术上可行，但费用过于昂贵而使得排除没有意义，从而实际上也是非排他的。

对于公共产品来说，这两个特征都应具备，缺一不可。完全具备以上两种特征的产品，在现实生活中并不多。许多产品或缺少这一特征，或缺少那一特征。同时，对于各个特征来说，还有程度强弱之分。按照公共产品的供给、消费、技术等特征，依据公共产品非排他性、非竞争性的状况，公共产品可以被划分为纯公共物品和准公共物品。纯公共物品一般具有规模经济的特征，其在消费上不存在"拥挤效应"，不可能通过特定的技术手段来进行排他性使用，否则代价将非常巨大；国防、国家安全、法律秩序等属于典型的纯公共物品。非纯公共产品，或称准公共产品（Quasi Public Good）是指具有有限的非竞争性或有限的非排他性的公共产品，它介于纯公共产品和私人产品之间，如教育、政府兴建的公园、拥挤的公路等都属于准公共产品，范围十分广泛。相对于纯公共产品而言，它的某些性质发生了变化。例如，某些准公共产品的使用和消费局限在一定的地域中，其受益的范围是有限的，如地方公共产品（并不一定具有非排他性）；又如，某些准公共产品是公共的或是可以共用的，然而出于私益，它在消费上却可能存在竞争。由于公共的性质，准公共产品的使用过程中还可能存在着"拥挤效应"和"过度使用"的问题，这类物品如地下水流域与水资源、牧区、森林、灌溉渠道等。另一类准公共物品具有明显的排他性，由于消费"拥挤效应"的存在，往往必须通过付费，才能消费，它包括有线电视频道和高速公路等。

公共产品所具有的非竞争性特征表明了社会对于该类物品或服务是普遍需要

的；公共产品的非排他性特征则表明了收费是困难的，存在着"免费搭车"问题，即某些人付费提供公共产品，而他人则可以免费享受。在这样的两难处境下，仅靠市场机制远远无法提供最优配置所要求的规模，政府的介入是解决问题的唯一途径。相对于市场机制对私人产品配置的高效率而言，政府机制更适宜于从事公共产品的配置；公共产品的纯度越高，就越是要由政府来提供。而对于准公共产品的供给，从理论上讲，应坚持政府和市场共同分担的原则。

环境保护具备准公共产品的主要特征。环境保护具有典型的非排他性，由于环境资源具有公共物品属性，私人企业将无法实现排他性的收益，很难将没有为保护环境付出成本的消费者排除在外，或者说排除成本太高，从而不可能排除在外。同时，环境保护往往并不具有完全的非竞争性，而表现出有限的非竞争性。有限的非竞争性是指当对环境的消费超过一定限度时，那么其他经济主体可以消费的环境量就会急剧减少，进而要付出极大的成本。实际上，随着经济的发展与需求的急剧扩大，一些过去还具有非竞争性的环境，已经出现了相当程度的竞争性。同时，不同阶段不同领域环境保护的排他性和非竞争性的表现程度也有些差异，不同阶段、不同种类的环境产品的公共度有所不同，有些属于公共物品（如环境质量），有些属于准公共物品（如城市垃圾收集处理）。由于环境保护具有公共属性，企业和个人往往倾向按照利益最大化的方式来使用环境资源，甚至是无偿使用环境资源、破坏环境，造成"公地悲剧"，而环境保护往往也就成为国内外政府职责的重点，环保投资成为公共财政保障的重点。

近年来，人们对环境保护的公共性有了更深入的认识，并提出了环境基本公共服务的概念，将环境保护视为基本公共服务的重要组成部分。随着经济的发展，人民群众对提高生活水平和质量有了更多的期盼和要求。十六届六中全会《关于构建社会主义和谐社会若干重大问题的决定》明确把生态环境等八项直接与民生问题密切相关的公共服务列为基本公共服务。第十一届全国人民代表大会第四次会议讨论通过的《中华人民共和国国民经济和社会发展第十二个五年规划纲要》明确地将"十二五"时期基本公共服务的范围界定为公共教育、就业服务、社会保障、医疗卫生、人口计生、住房保障、公共文化、基础设施、环境保护 9 个方面，并且明确提出"十二五"期间环境基本公共服务均等化的重点为"县县具备污水、垃圾无害化处理能力和环境监测评估能力，保障城乡饮用水水源地安全"。《国家环境保护"十二五"规划》（国发[2011]42 号）明确提出"逐步实现环境保护基本公共服务均等化"，把"完善环境保护基本公共服务体系"视为环境保护事业的战略任务之一，并针对当前环境基本公共服务供给不足、分布不均衡的现状，提出要着力缩小政府环境公共服务水平与人民群众所期待的差距。

1.1.3　固定资产理论

固定资产投资是建造和购置固定资产的经济活动，即固定资产再生产活动。固定资产再生产过程包括固定资产更新（局部和全部更新）、改建、扩建、新建等活动。

固定资产投资是社会固定资产再生产的主要手段。固定资产投资额是以货币表现的建造和购置固定资产的工作量，它是反映固定资产投资规模、速度和投资比例关系的综合性指标，又是观察工程进度、检查投资计划和考核投资绩效的一个重要依据。

按照管理渠道，全社会固定资产投资总额分为基本建设、更新改造、房地产开发投资和其他固定资产投资 4 个部分。其中，环保投资与基本建设和更新改造密切相关。基本建设是指企业、事业、行政单位以扩大生产能力或工程效益为主要目的新建、扩建工程及相关工作；更新改造是指企业、事业单位对原有设施进行固定资产更新和技术改造，以及相应配套的工程和相关工作（不包括大修理和维护工程）。此外，部分土地开发工程（如排水等基础设施工程）的投资，不包括单纯的土地交易活动，也属于广义上的环保投资。

固定资产投资活动按其工作内容和实现方式可以分为建筑安装工程，设备、工具、器具购置，其他费用 3 个部分。建筑安装工程是指各种房屋、建筑物的建造工程和各种设备、装置的安装工程。设备、工具、器具购置是指购置或自制达到固定资产标准的设备、工具、器具的价值。其他费用是指在固定资产建造和购置过程中发生的，除建筑安装工程和设备、工具、器具购置以外的各种应摊入固定资产的费用。按照我国广义的环保投资定义，也应包括建筑安装工程、设备和工器具购置以及其他费用等。

固定资产的形成方式有两种：一种是直接采购或其他途径获得后就可以直接投入使用的，在采购后就可以作固定资产的会计核算；另一种是采购后不能直接使用，需要进行设备安装或者进行工程施工建造，如需安装的设备、需建造的厂房等建筑物、构筑物等，这类固定资产，因为尚不具备实际使用状况，在能使用之前，是不能作为固定资产进行核算的，在安装或建造完成后，通过验收或调试可以运行，达到了正常使用状况（也称竣工验收），才能按照固定资产来管理。固定资产实体（不含土地使用权）是指同时具有下列特征的有形资产：为生产商品、担任劳务，出租或经营管理而持有的，使用寿命超过一个会计年度的资产。在建工程转固率是衡量工程项目实施的重要指标之一，工程的实施进度、资金链条是否顺畅关系到工程效益的发挥，这也是环保工程项目需要考核的重要内容。

$$在建工程转固率=\frac{本期资产交付总额}{本期资本性支出+在建工程初期资本数+工程物资初期资本数}$$

1.1.4 财政支出与分权理论

财政支出也称公共财政支出，是指在市场经济条件下，政府为提供公共产品和服务、满足社会共同需要而进行的财政资金的支付。财政支出是某级政府为实现其职能对财政资金进行的再分配，属于财政资金分配的第二阶段。

按财政支出的经济性质，即按照财政支出是否能直接得到等价的补偿来进行分类，可以把财政支出分为购买性支出和转移性支出。购买性支出又称消耗性支出，是指政府购买商品和劳务，包括购买进行日常政务活动所需要的或者进行政府投资所需要的各种物品和劳务的支出，购买性支出由社会消费性支出和财政投资支出组成。它是政府的市场性再分配活动，对社会生产和就业的直接影响较大，执行资源配置的能力较强，在市场上遵循定价交换的原则，因此购买性支出体现的财政活动能对政府形成较强的效益约束，对与购买性支出发生关系的微观经济主体的预算约束是硬性的。转移性支出是指政府按照一定方式，将一部分财政资金无偿地、单方面地转移给居民和其他受益者，主要由社会保障支出和财政补贴组成。它是政府的非市场性再分配活动，对收入分配的直接影响较大，执行收入分配的职能较强。结合财政支出理论，可将中央财政环境保护预算支出政策分为购买性支出和转移性支出两类。其中，购买性支出政策主要为部门经常性预算，转移性支出政策主要为基于环境的一般性转移支付政策和环保专项转移支付政策。

按产生效益的时间分类，可以将财政支出分为经常性支出和资本性支出。经常性支出是维持公共部门正常运转或保障人们基本生活所必需的支出，主要包括人员经费、公用经费以及社会保障支出。资本性支出是用于购买或生产使用年限在一年以上的耐久品所需的支出，它们的耗费结果将形成供一年以上的长期使用的固定资产。目前我国环保投资属于社会固定资产投资的一部分，按照财政支出理论，部门预算往往多为经常性支出，专项转移支付资金较多地表现为资本性支出。财政支出对环境保护的作用集中体现在资金保障、行为激励、资金引导等方面，对加强环保投资具有重要意义。

财政分权理论合理地阐述了地方政府存在的必要性和合理性，即诠释了中央不能按照每个居民的偏好和资源条件来供给公共品，实现社会福利最大化的根本原因，从而提出地方政府存在的必要性。财政分权符合经济效率与公平的原则，能充分体现民主精神，其是建立在政府职能或事权基础之上的，各级政府有相对独立的财政收入和财政支出范围，以及处理地方与中央关系等问题的体制。财政分权要求事权与财权的统一，追求利益最大化目标，体现成本与收益原则，各级政府用居民税收来提供合意的公共物品，包括调整最优支出规模及税收收率与结构等。

为避免信息不对称，促进资源的合理配置和社会福利的最大化，中央和地方政府事权和财权的划分是财政分权的实质。国外财政分权理论指出，适度的财政分权有利于促进资源合理有效配置及制度的更新。1994 年，我国税改的目的就是通过明确政府间的职责，强化地方财政预算约束，进行一定的财政分权，从而调动地方政府的积极性，依次推动经济健康、持续地发展。按照财政分权理论要求，需要合理划分中央与地方各级政府间的环境事权，明确各自的职责与财政支出范围。财政分权理论为环境事权划分提供了依据。在中央政府与地方政府财权明确的前提下，根据中央与地方政府财权范围、财政收入规模等，合理确定各级政府环境事权，强化政府环境事权与财权的匹配性。

1.2 环保投资概念

与环保投资相关的两个主流学说为"投资说"与"费用说"。前者与我国现行的环保投资统计制度相对应，强调固定资产的性质；后者多为国外采纳，即量化环境保护相关的支出和交易，其范围更为广泛。

1.2.1 投资说

"投资说"认为环境保护投资是国民经济和社会发展的固定资产投资的重要组成部分，就主体而言，它属于政策性投资。我国的环保投资概念更倾向于"投资说"。在传统的投资经济学理论中，投资这一概念是指进行固定资产的新建、扩建、改建、重建、迁建等这一类的所谓"基本建设"的投资或其所运用的资金，以及包括设备更新在内的"技术改造"投资或其所运用的资金，统称"固定资产投资"。如我国学者张坤民认为：环境保护投资是指国民经济和社会发展过程中，社会各有关投资主体，从社会积累基金和各种补偿基金中支付的，用于防治环境污染、维护生态平衡及与其相关联的经济活动，以促进经济建设与环境保护协调发展的投资。

"投资说"认为环境保护投资作为一类相对独立而又比较特殊的国民经济和社会发展投资，既具有一般固定资产投资的普遍性质，又有其特殊属性。它的特点在于：第一，环境保护投资的主体以企业为主。由于环境保护投资遵循"谁开发谁保护、谁污染谁治理"的原则，以企业为主要投资主体。第二，环境保护投资主体与利益获得者往往不一致。环境保护投资的效益往往不表现在投资部门本身，而表现在环境保护投资区域内的工业、农业、社会福利事业等各个领域，表现在整个社会中。第三，投资效益主要表现在环境方面。环境保护投资的效益主要体现在环境效益上，但许多环境投资项目也有很好的经济效益和社会效益，综合性很强。在进行环境保护投资决策时，重要的是要考虑投资的环境效益和社会效益。在一定的社会发展阶段，在经济和财政能力允许的情况下，投入一定的环境保护资金，不但不会影响社会的整体效益，而且还会促进经济建设与环境保护的协调发展，从长远和整体看经济效益也最好。第四，投资效益的价值难以用货币直接计量。大多数环境保护投资不产出具有直接经济效益的产品，因此计量环境保护投资产出的价值就很有难度。环境保护投资效益的这种难以计量性和投资主体与效益获取者的不一致性，使得污染单位一般不会自觉自愿地进行环境保护投资。所以，世界各国的环境保护投资活动，都必须借助法律、标准等带有强制性的措施，在国家计划、规划的指令或指导下进行。

1.2.2 费用说

以较早进行环境治理的美国、日本等发达国家为代表的"费用说"，把环境保护投资解释为环境保护费用，即社会为维护一定的环境质量所付出的控制污染和改善环境的总费用。"费用说"认为，在开展某项经济或社会活动时，为保护环境所投入的费用与这项活动造成的环境危害而带来的损失之和统称为该经济或社会活动的环境代价。用公式表示

$$环境代价=环境保护费用+环境危害费用$$

"费用说"更加体现的是现金流的概念，与成本更为相似，体现了为修复环境而付出的资金，强调的是一种负担，其不仅包含了环境污染设施建设转固，还包含了最终消耗。而"投资说"强调的是环保投资是社会一般投资的组成部分。

美国把一切用于环境保护的资金投入都归为环境保护费用，把环境保护费用分为 4 种，即损害费用、防护费用、消除费用和预防费用。损害费用是指由于环境污染和生态破坏本身的直接费用，如废水排入河流造成的渔业、农业、工业等方面的损失费用；防护费用是指公民为保护自己免受不利环境影响而需要采取防护措施所花费的费用；消除费用是指人们为消除或减缓已经产生的环境污染和生态破坏，而采取必要的治理措施所消耗的费用；预防费用则是指各类企业为避免可能产生的环境污染和生态破坏，而建设和安装各种预防性设施或采取其他预防性措施所投入的费用，如用于环境监测、环境保护科学研究、环境保护宣传教育等方面的费用。欧洲一些国家政府环境保护投资的很大一部分用于建设污水处理厂，补助污水处理厂的日常运转费用。如瑞士主要除由企业自身投资进行污染治理外，国家还拿出一部分资金补助环境保护事业，以便进行环境科研、环境管理、城市污水处理厂建设、野生动植物保护以及风景游览区建设。东欧、高加索和中亚地区联盟（Eastern Europe, the Caucasus and Central Asia，EECCA）的报告中，环保费用包括政府部门、工业企业、环保界的特殊生产者以及家庭在环保上支出的费用。芬兰的公共环保费用包括用于环保设备的运行费用和投资总和，以及投入的资金和其他补偿金。德国的环保费用包括经常性开支和环保投资费用。英国的环保费用包括运行费用和固定资产费用。

在我国也有类似于"费用说"的定义，如"凡是用于环境资源的恢复和增殖、保护和治理的费用就是环境投资"。再如，环境保护投资是为保护资源和控制环境污染所支出的资金总额。但这些说法都并非主流说法，目前的环保投资概念更加强调的是一般固定资产投资性质，并未包含运行费用和管理费用。我国的环境保护投入或环境保护支出概念与国外的"费用说"更为接近一些，这也为我国环保投资与国际接轨提供了条件。

1.3 环保投资内涵

在识别环保活动和环保产品的基础上，进一步厘清环保投资的内涵和范围是十分重要的。我国一般较多地采用与固定资产投资概念相对应的环保投资概念，同时它与环保投入、环保支出等概念存在一定的混淆。

1.3.1　环保活动

根据欧洲国民核算体系（European System of Accounting，ESA），所谓活动，是指将设备、劳动、制造技术、信息网络或产品等资源整合起来形成特定货物或服务产出的整个过程。根据已经为国际所广泛应用的定义，所谓环境保护活动，是指这样一类活动：以收集、处理、减少、预防、消除由人类活动造成的污染或其他环境退化为主要目标的所有活动。要全面理解环境保护活动及其在国民经济运行过程中的发生方式和存在形式，为定量统计界定范围，还需要对环保活动的定义作进一步解析。

（1）关于环保活动的识别标准问题。根据环保活动的定义，一项活动是否属于环境保护活动，一个重要的标识在于其主要目标是否保护环境，这就是所谓"主要目的"标准（Primary Purpose Criterion）。只有那些以环境保护为主要目的而采取的行动，才能称为环境保护活动。因此，那些虽然对环境有利，但主要是为了满足技术需求或内部卫生需要或安全性需要的活动，因其主要目的并非环境保护，则要排除在环境保护活动之外。例如，相当一部分自然灾害防治活动，可能其本身并不是要保护环境，而是为了保护处于环境之中的经济单位和个人，这就难以作为环境保护活动来看待。还有一些活动虽然产生了一些环境保护效果，但主要是从经济目的出发实施的，原则上也不应该作为环保活动，而应归为环境受益活动。

（2）依据各项环保活动的性质和作用，按照欧盟统计的做法，大体可以将环保活动分为3类：①治理性环保活动，是指用于收集与消除已产生的污染和污染物（如气体排放物、液态或固态废弃物）、处理污染物、监测污染水平的那些方法、技术、工艺或设备，主要体现"末端治理"方法、技术和设备的使用（如空气过滤器、污水处理厂、废弃物收集和废弃物处理活动）。这些直接治理活动不仅需要环保活动为其提供设备、材料以及技术研发等的支持，也要作为"关联活动"包括在环境保护活动之中。②预防性环保活动，是指用于预防或减少源头的污染产生，从而减少污染排放或污染行为对环境影响的那些方法、技术、工艺或设备，常常作为一般生产过程的一部分而存在。其中大体可以包括改装设备或技术、选择新的改良技术、重新构想或重新设计产品、使用更清洁的和/或可再生的原材料以及维修、培训或其他环境管理活动。所谓"清洁生产、环境适用产品"等概念都与这些预防性环保活动有关。③管理性环保活动，如开展的环境监测、监察执法、环境应急等。

（3）环保活动的覆盖范围。要考虑环境保护活动的广义与狭义定义的区别，主要涉及如何处理自然资源开发管理活动。广义的环境被认为应该包括自然资源，与此相对应，广义的环境保护活动也应该包括与自然资源可持续开发管理有关的活动。但受制于资源环境管理的不同需求和不同管理机制，实践中常常对环境保护作狭义定义，将其视为主要针对污染物削减和防治、生态环境退化而进行的保护活动，并与自然资源开发管理活动并列。为此，比如供水、能源或原材料的节约等活动，从其基本性质看属于自然资源管理，不包含于环境保护活动范畴之内，除非它们的主要目的是为了保护环境。所以，进行环境保护活动计量，首先要确定其目标是关注广义环保还是狭义环保。当前国际上开发的与环保统计相关的规范标准，大多基于狭义环保概念范围，自然资源管理活动的分类及统计规范尚在研究探索之中。

（4）要将环境保护活动放到国民经济核算的概念体系中予以考察。可以看出，环境保护活动也是经济活动的组成部分。可以从两个角度来分解环境保护活动的经济含义：一是从生产角度考察，环保活动属于提供环境保护产品的活动，即在环境保护目标（避免消除由经济活动引起的环境负面效应）之下，结合设备、劳动力、制造技术、信息网络或产品等资源提供环保货物和服务产品，与此相对应的，就是环保货物和服务的使用活动、进出口活动等；二是从收支角度考察，环保活动属于为进行环境保护而花费支出的活动，这些支出可能发生在不同对象、不同节点上，有不同的发生方式，与之相伴随的，是为环保支出筹集资金的各种收入和金融活动。这两个角度的定义之间既有区别又相互联系。

环保活动在经济体系中的发生按照其发生的方式，通常有内部环保活动与外部环保活动之分。以企业作为基本活动单位考察，一种情况是，环保活动作为该企业的主要活动（即对外部提供环境货物与服务，并在其所从事的所有经济活动中占有最大份额）或者其次要活动（即对外部提供环境货物与服务，但这些活动在其所从事的所有经济活动中只占有一个次要份额）而存在，这些活动因为要提供产出给其他单位使用，被其他单位所"购买"，由此被称为外部环保活动。另一种情况则是，环保活动是该企业的辅助活动，只为本企业主要生产活动提供支持，不对外部提供环境货物服务产出，此类环保活动就是所谓的内部环保活动。要对环保活动做统计，不能只考虑外部环保活动，必须将内部环保活动也包含在内，这是由于在"使用者付费、污染者治理"的原则下，大量环保活动发生在产生污染、进行资源大规模开采的企业的内部。

1.3.2 环保产品

从经济角度看，环境保护活动首先是一种生产活动，环保活动作为经济产出的成果表现为 3 类：环保服务（Environmental Protection Services）、关联产品（Connected Products）和适用产品（Adapted Products）。进行环保活动的各个单位集合起来便形成了环保产业（或称环境产业）。通过环保活动，环保产业提供了相应的环保产品，包括环保服务和相关环保货物。

环保服务是环保产品的主要组成部分。针对环境采取的直接保护活动所提供的产品主要限于环保服务，而不是环保货物，具体表现为处理废弃物、改善环境质量、预防环境恶化等。从生产组织方式看，环保服务包括两部分：市场性环保服务和非市场性环保服务。市场性环保服务是指那些以能覆盖全部或主要生产成本的价格出售的环保服务，主要由市场性生产单位提供，被使用者所购买；非市场性环保服务是指那些免费提供或以无经济意义的价格出售的环保服务，由非市场性生产单位提供，常常由政府代表社会公众"购买"。

除环保服务外，环保产品还包括关联产品和适用产品。它们可以是耐用品也可以是非耐用品，可用于最终消费、中间消耗或资本形成。虽然它们不是环保服务也不构成环保活动，但它们的使用是出于环保目的，因此是具有环保特征的产品，也应包含在环保产品范畴之内。其中，关联产品是指常住单位直接用于环保目的，但又不是环保服务的那些产品。如空气领域的催化转换器、汽化调节设施；水领域的化粪池、用于化粪池的生态产品；废弃物领域的垃圾袋、垃圾箱、垃圾桶；噪声领域的排气管（不是因为技术原因而安装的）、排气管调节设施、降噪窗户等。适用产品是满足如下标准的产品：一方面，在使用或废弃时，它们的污染较等效正常产品（指不考虑环境影响，具有相同功效的那些产品）少；另一方面，它们比等效正常产品贵，如脱硫燃料、无铅汽油、不含氟氯烃的产品。适用产品与关联产品的区别在于：适用产品一定有一个等效的正常产品（至少是理论上），这意味着适用产品有一个非环保的"主"用途，而关联产品除了环保外没有其他用途。

1.3.3 环保投资

环境保护投资是指以环境保护为目的的所有设施和设备的投资，一般属于固定资产投资范畴。狭义环境保护投资主要限于污染物削减防治领域（包括水污染防治、大气污染防治、固体废弃物污染防治、噪声污染防治、土壤污染治理、核与辐射防治），而广义的环境保护投资还应包括防止生态环境退化、资源综合利用以及能力建设等。

按照现行统计口径，环境保护投资主要包括以下 3 个方面：①城市环境基础设施建设投资。指用于城市排水、集中供热、燃气、园林绿化、市容环境卫生等方面的投资，通常直接采用城市建设年报数据。②工业污染源治理投资。产生污染物的老企业结合技术改造和清洁生产，投入一定的资金用于污染防治，数据来源于环境统计。③建设项目"三同时"环境保护投资。产生污染物的新建项目，其防治污染设施必须与主体生产设施同时设计、同时施工、同时投产（即所谓的"三同时"制度），此项投资是环境保护投资的组成部分，数据来源于环境统计。

1.3.4 环保投入

环境保护投入是指在国民经济和社会发展中，社会各有关投资主体从社会积累基金和各种补偿基金、生产经营基金中支付的，用于防治污染、保护和改善生态环境的资金。与环境保护投资相比，在固定资产投资的基础上增加了环保工程设施运行维护费。根据国内外通常做法，一般按照目的性原则和效果性原则来界定环境保护投入。

按照环境保护对象，环境保护投入可以分为环境污染治理投入、资源和生态环境保护投入两类。环境污染治理投入，包括污染源治理投入和城市环境综合治理投入两类。每一类又可按环境要素分为水环境、大气环境、噪声、固体废物、放射性和电磁辐射污染治理等治理投入。污染源治理是企事业单位在生产、建设、运营过程中对污染的控制和治理，重点是工业污染源治理。城市环境基础设施建设，是为改善城市或区域环境质量而进行的环境基础设施建设和综合性、公益性污染治理等，如城市污水集中处理、集中供热、绿化、生活垃圾处理和河道、湖泊清淤和整治等。资源和生态环境保护投入，包括资源保护投入和生态环境保护投入两类。资源保护，是对自然资源的数量和质量的保护，以期达到永续利用的目的。资源保护可分为 9 类：水资源、海洋资源、土地资源、森林资源、草地和荒漠资源、湿地资源、矿产资源、旅游资源和生物资源的保护。生态环境保护可分为 3 类：农村环境保护、特殊生态功能区保护、自然保护区和生物多样性保护。

按资金使用方向，环境保护投入可以分为环境保护固定资产投资、环境保护工程或设施的运行维护费用两类。环境保护固定资产投资，是指能形成固定资产的投入，包括基本建设投资和技术改造投资。按照我国现行的固定资产投资构成计算方法，环境保护固定资产投资由建筑安装工程、设备和工器具购置、其他费用 3 部分构成。单纯的环境保护工程，其投资为 3 项费用之和。生产和开发性项目，其中的环境保护工程（或设施）的投资为环境保护固定资产投资。如环境保护工程与主体工程不易分割，计算时可按环境保护工程（或设施）占整个建设项目工程量的比例分摊。环保工程或设施的运行维护费，是指为保证环境保护工程（或设施）正常运转、发挥长期效益而耗费的物化劳动与活化劳动，包括：①水、电、煤、油、气等燃料、动力费用；②原材料、辅料费用；③工器具、配件费用；④劳动防护费用；⑤运费、仓贮费；⑥应计提的固定资产折旧；⑦技术开发、技术革新费用；⑧修理维护费（包括大修理基金及中、小修理费用）；⑨其他费用。

1.3.5　环保支出

环境保护支出是指进行环境保护活动所发生的费用，包括环境保护活动使用的固定资产的折旧、消耗的原材料费、燃料和动力费、职工工资和工资附加费以及交纳的排污费等。与环境保护投入相比，环境保护支出在环境保护投入的基础上，增加了环境管理与科研费用，包括各级环境保护行政主管部门和各行业部门的环境管理机构的行政经费、各类环境事业单位的事业经费、环境保护科学研究和技术开发费用。

从支出性质看，环保支出分为两个基本组成部分：资本性支出和经常性支出。二者之间的根本区别在于，资本性支出会增加支出者的资产，而经常性支出则全部作为当期发生的费用记录。经常性环保支出是为了预防、减少、治理或消除由企业运营活动而产生的污染物和污染或其他环境退化而支付的原材料及消费品购买费用、人力成本、公共费用、外包服务及租赁费用的总和。按照支出的性质，经常性环保支出可划分为"内部经常性支出"和"对外经常性购买支出"。前者指环境保护活动的内部运营支出，如运行污染控制设备人员和环境管理人员的工资、用于环保目的的原材料和消费品支出、环境设备的租赁费用等。后者指为获得能减少企业运营活动环境影响的环保服务而支付给外部单位的所有费、税和类似款项，如购买污水处理服务的支出，对环境部门的常规交费等。资本性环保支出是为了收集、处理、监测和控制、减少、预防或消除企业经营活动造成的污染物和污染或任何其他环境退化而在生产方法、技术、工艺及设备上的投资支出。按照环保活动的性质，资本性环保支出可分为末端治理投资支出和综合（清洁）技术投资支出。前者指为了收集和消除已产生的污染和污染物、防止污染扩散与监测污染水平、治理与处置企业运营活动产生的污染物而在生产方法、技术、工艺或设备（如空气排放过滤器、自有污水处理厂、废弃物收集和废弃物处理活动）上的投资支出。后者指为了从源头上预防或减少污染量，从而减少污染物排放或污染行为的环境影响而购买新的或改进现有的方法、技术、工艺、设备（及其中的某部分）上发生的投资支出，如改装设备或技术、选择新的改良技术、重新设计产品、使用更清洁的和/或可再生的原材料，包括可单独识别的投资和综合性投资（与整体经营活动综合在一起因而很难单独识别的投资）。

在现代经济体系中，环保活动可以从不同环节上予以观察，从而形成不同节点上的支出。不能简单地将发生在各个节点上的环保支出简单相加，因为很可能不同环节的支出之间存在着交叉重复计算。同时，不同节点上的统计结果具有不同的经济意义和应用价值。因此，分别针对不同环节进行环保支出统计非常重要。一是遵循治理者治理原则来定义环保支出，着眼于直接针对环境保护活动所花费的支出。以环保活动实施为统计节点，是指各个环保单位在外部、内部环保活动中实际发生的支出，其经常性支出覆盖环保活动过程中实际支付的人工费用、材料费用、相关税费缴纳等，其资本性支出是指为实施环保活动而购置资产所发生的支出。二是遵循负担者原则来定义环保支出，是指为实现环境保护而承担的费用支出。有两方面的原因使得负担者环保支出不同于治理者环保支出。一方面，环保服务生产者不一定就是环保服务使用者，后者通过购买环保服务最终担负了生产者提供环保服务所发生的费用；另一方面，存在着各种转移手段，通过专项税收、罚款、补贴、捐赠等形式，为环保活动支出从生产者转嫁到负担者身上，在此过程中，政府或其他非盈利机构发挥着重要作用。

第 2 章

中国环保投资分析评估

2.1 中国环保投资总量分析

1981—2010 年，我国环保投资总量呈持续递增趋势，环保投资占 GDP 的比重出现波动但总体也呈递增趋势（表 2-1，图 2-1）。从几个五年计划时期来看（表 2-1，图 2-1 及图 2-2），因"八五"期间环保投资总量基数较小，"九五"期间投资较"八五"期间增长速度较快，达 169.1%；"十五"期间较"九五"期间稳步增长，增速达 138.9%；尽管"十五"期间环保投资总量基数已相对较大，达 8 399.3 亿元，"十一五"期间较"十五"期间仍表现出强劲的增长势头，"十一五"期间环保投资总量达 21 620 亿元，较"十五"增长 157.4%。"十一五"期间环保投资占 GDP 的比重达 1.44%，较"十五"增长 0.26 个百分点。

表 2-1 1981—2010 年我国环保投资总量及占 GDP 的比重

年份	环保投资总量/亿元	环保投资占GDP 的比重/%	年份	环保投资总量/亿元	环保投资占GDP 的比重/%
1981	25.0	0.51	1996	408.2	0.57
1982	28.7	0.54	1997	502.5	0.64
1983	30.7	0.51	1998	721.8	0.86
1984	33.4	0.46	1999	823.2	0.92
1985	48.5	0.54	2000	1 060.7	1.07
1986	73.9	0.72	2001	1 106.6	1.01
1987	91.9	0.76	2002	1 367.2	1.14
1988	99.9	0.66	2003	1 627.7	1.20
1989	102.5	0.60	2004	1 909.8	1.19
1990	109.1	0.58	2005	2 388.0	1.30
1991	170.1	0.78	2006	2 566.0	1.22
1992	205.6	0.76	2007	3 384.3	1.36
1993	268.8	0.76	2008	4 490.3	1.49
1994	307.2	0.64	2009	4 525.2	1.35
1995	354.9	0.58	2010	6 654.2	1.66

环保投资增长率时间序列分析表明（图 2-3），最近 3 个五年计划的第一年，环保投资增长率较低；最后一年，环保投资增长率快速提升。"九五"计划的第一年，即 1996 年，环保投资增长率为 15.0%，而 2000 年环保投资增长率达 28.9%。"十五"计划的第一年，即 2001 年，环保投资增长率仅为 4.3%，而 2005 年环保投资增长率达 25%。"十一五"计划的第一年，即 2006 年，环保投资增长率仅为 7.45%，而 2010 年环保投资增长率高达 47%。5 年内环保投资增长率呈现先慢后快的态势（图 2-3）。

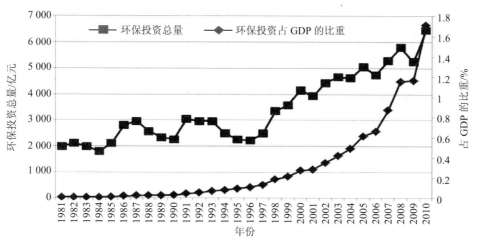

图 2-1　1981—2010 年我国环保投资总量及占 GDP 的比重

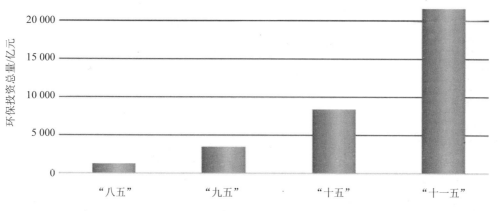

图 2-2　不同五年计划时期环保投资总量

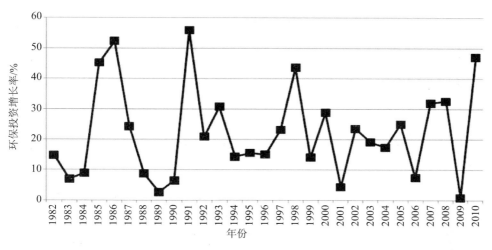

图 2-3　环保投资增长率

2.2　中国环保投资结构分析

2.2.1　环保投资总量

　　1991—2010 年，工业污染源治理投资先是持续递增，自 1996 年开始出现波动，自 2008 年开始呈下降趋势；建设项目"三同时"环保投资基本呈持续稳步递增趋势，2009 年出现下降；城市环境基础设施建设投资呈持续快速递增趋势。其中"十一五"期间，工业污染源治理投资 2 415.1 亿元，较"十五"增长 78.76%；建设项目"三同时"环保投资 7 885 亿元，较"十五"增长 265.01%；城市环境基础设施建设投资 11 319.9 亿元，较"十五"增长 131.58%（图 2-4）。

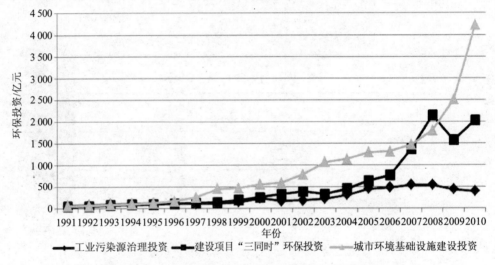

图 2-4　1991—2010 年中国环保投资额变化情况

　　1991—2010 年，工业污染源治理投资占环保投资总量的比重基本呈下降趋势；建设项目"三同时"环保投资占环保投资总量的比重先是在波动中呈上升趋势，自 2008 年以后呈下降趋势；城市环境基础设施建设投资占环保投资总量的比重在波动中呈上升趋势。其中"十一五"期间，工业污染源治理投资占环保投资总量的比重为 11.2%，较"十五"减少 4.9 个百分点；建设项目"三同时"环保投资占环保投资总量的比重为 36.5%，较"十五"增加 10.8 个百分点；城市环境基础设施建设投资占环保投资总量的比重为 52.3%，较"十五"减少 5.9 个百分点（图 2-5）。

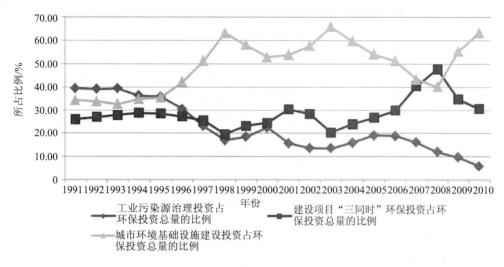

图 2-5 1991—2010 年中国环保投资占比变化情况

2.2.2 工业污染源污染治理投资

从投资总量分析,"十一五"期间,我国工业污染源污染治理投资 2 418.5 亿元,较"十五"增长 79%;工业污染源污染治理投资占环保投资总量的比例为 11.2%,较"十五"下降 4.9 个百分点。"十一五"期间,工业污染源污染治理投资在 2006 年、2007 年呈增长趋势,受 2008 年经济危机的影响,2008 年、2009 年、2010 年投资逐年减少。虽然国家采取措施扩大国内需求,但是投资重点放在基础设施等民生工程,导致工业污染源污染治理投资占环保投资的比例不断降低(图 2-6)。

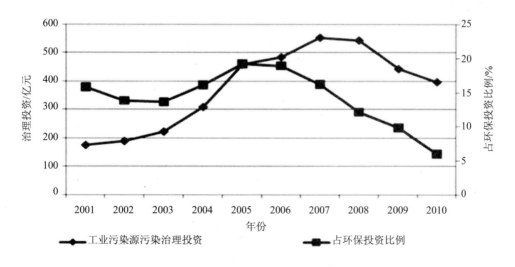

图 2-6 2001—2010 年我国工业污染源污染治理投资情况

从各要素投资分析,"十一五"期间,工业污染源污染治理投资中,废水治理投资为 820.6 亿元,比"十五"增长 74.2%;废气治理投资为 1 195.0 亿元,比"十五"增长 104.8%;固体废物治理投资为 92.4 亿元,比"十五"减少 8.5%;噪声治理投资为 10.5 亿元,比"十五"增长 50.0%。2001—2010 年,废水治理投资和废气治理投资均呈现先增长后下降的趋势,并且其在 2007 年达到峰值(图 2-7)。但是在"十一五"期间,废水、废气治理投资的比例几乎不断增加,其仍然是工业污染源污染治理投资的重点,共占 80% 左右(图 2-8)。

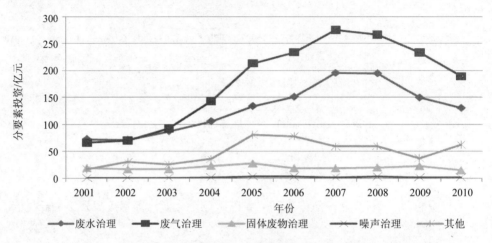

图 2-7 2001—2010 年我国工业污染源污染治理投资分要素情况

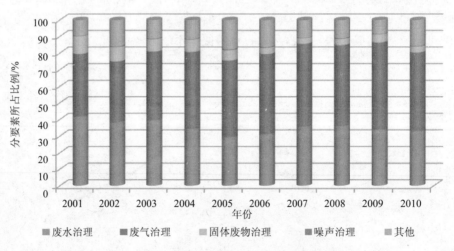

图 2-8 2001—2010 年我国工业污染源污染治理投资分要素情况

2.2.3 建设项目"三同时"环保投资

"十一五"期间,建设项目"三同时"环保投资总额为 7 885 亿元,占同期环保投资的比重为 36.47%,分别比"十五"增长了 265% 和 11%,增长迅猛。各年度建设项目"三同时"环保投资占环保投资的比重基本稳定在30%～40%（图2-9）。

图2-9　1991—2010年建设项目"三同时"环保投资情况

建设项目"三同时"环保投资变化波动较大，在"十五"末开工项目以及奥运会前大规模固定资产投资拉动下，2007年和2008年建设项目"三同时"环保投资增长率达到50%以上，但新一轮经济危机致使2009年出现负增长。国家紧急出台4万亿元投资计划，同期全社会固定资产投资增长达到30.5%（"十一五"最高）。在国家政策的带动下，2010年建设项目"三同时"环保投资有所回升（图2-10）。

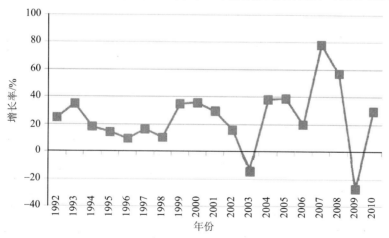

图2-10　1992—2010年建设项目"三同时"环保投资增长率变化情况

2.2.4　城市环境基础设施建设投资

从投资总量分析，"十一五"期间，中国城市环境基础设施建设投资达 11 319.9

亿元，较"十五"增长 131.58%；城市环境基础设施建设投资占环保投资总额的比重
为 52.36%，较"十五"降低 5.84 个百分点。"十一五"期间，中国城市环境基础设
施建设投资呈逐年递增的趋势，城市环境基础设施建设投资占环保投资总额的比重
呈先下降后上升的趋势（图 2-11）。

图 2-11　1991—2010 年城市环境基础设施建设投资及占环保投资总额的比重

从各要素投资分析，"十一五"期间，燃气、集中供热、排水、园林绿化、市容环
境卫生较"十五"的增长幅度分别为 61.8%、105.3%、79.9%、222.1%、147.9%，按
照增长率从高到低的顺序依次为园林绿化、市容环境卫生、集中供热、排水、燃气。
"十一五"期间，燃气、集中供热、排水、园林绿化、市容环境卫生占城市环境基础设
施建设投资的比重分别为 8.4%、13.5%、25.3%、42.6%、10.2%，按照投资额从高到
低顺序依次为园林绿化、排水、集中供热、市容环境卫生、燃气（图 2-12，图 2-13）。

图 2-12　1991—2010 年城市环境基础设施投资构成

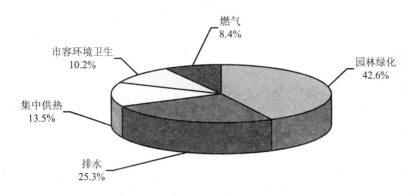

图 2-13　"十一五"期间中国城市环境基础设施建设投资构成

2.3　中国环保投资的地区分布

2.3.1　环保投资总量

　　"十一五"期间，环保投资排在前十位的地区依次为广东、山东、江苏、浙江、河北、北京、辽宁、内蒙古、山西、上海。以上省（区）环保投资占全国环保投资总量的56.7%（图2-14）。环保投资年均增长率较快的省份为西藏和广东，西藏年均增长率较快可归结为环保投资基数小，广东年均增长率较快可归结为新增投资额较大（图2-15）。

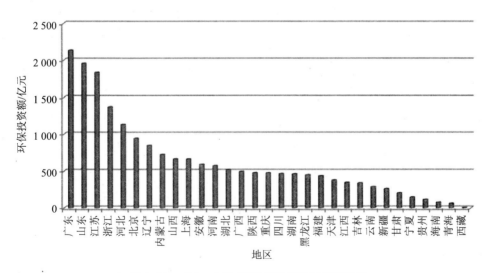

图 2-14　"十一五"期间各地区环保投资情况

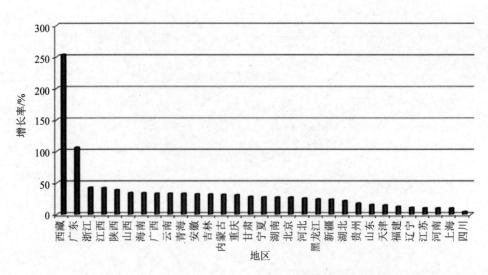

图 2-15　"十一五"期间各地区环保投资年均增长率

　　"十一五"期间，东、中、西部环保投资分别为 11 775.6 亿元、3 957.1 亿元和 3 734.6 亿元（不含国家级，下同），比"十五"分别增加 138.4%、159.7% 和 196.6%，占全国环保投资的比例分别为 60.5%、20.3% 和 19.2%。"十一五"期间，东、中、西部环保投资年均增长率平均值分别为 28.36%、28.16% 以及 46.49%。东部与中部地区增速基本持平，西部地区增速明显较快（表 2-2 及图 2-16）。

表 2-2　"十五"与"十一五"期间东、中、西部环保投资情况　　　　　单位：亿元

时期	投资额		
	东部	中部	西部
"十五"	4 939.2	1 523.8	1 259.2
"十一五"	11 775.6	3 957.1	3 734.6

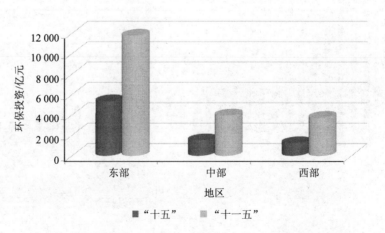

图 2-16　"十五"与"十一五"期间东、中、西部环保投资情况

2.3.2 工业污染源污染治理投资

2.3.2.1 重点湖泊、流域工业污染源污染治理投资

"十一五"期间，滇池、巢湖、洞庭湖、鄱阳湖、太湖、三峡地区和"南水北调"东线工程工业污染源废水治理总投资为199.2亿元，占全国工业污染源废水治理投资的比例为24.3%，工业废水治理设施项目5 987个，工业废水治理竣工项目5 386个（表2-3）。

表2-3 "十一五"期间重点湖泊流域工业污染源废水治理项目情况*

年份	施工项目数/个	竣工项目数/个	完成投资/亿元
2006	1 449	1 304	33.7
2007	1 560	1 387	54.2
2008	1 369	1 252	48.3
2009	997	906	35.3
2010	612	537	27.7
合计	5 987	5 386	199.2

注：*重点湖泊指五大湖泊（滇池、巢湖、洞庭湖、鄱阳湖、太湖），流域指三峡地区和"南水北调"东线工程。

"十一五"期间，辽河、海河、淮河、松花江、珠江、长江、黄河七大水系工业废水治理施工项目18 299个、竣工项目16 180个，工业废水治理项目投资额为673.0亿元，占全国工业污染源废水治理投资的比例为82%（表2-4）。

表2-4 "十一五"期间七大水系工业污染源废水治理项目情况

年份	排放量/万 t	施工项目数/个	竣工项目数/个	完成投资/亿元
2006	1 760 666	4 751	4 248	121.3
2007	1 910 045	4 526	3 979	167.6
2008	1 853 073	3 973	3 514	160.1
2009	1 843 927	3 114	2 773	124.4
2010	1 903 155	1 935	1 666	99.6
合计	9 270 866	18 299	16 180	673.0

2.3.2.2 各地区工业污染源污染治理投资

"十一五"期间，工业污染源污染治理投资超过100亿元的省份有7个，分别是山西、辽宁、江苏、山东、河南、湖北、广东，总投资为1 196.8万元，占全国工业污染源污染治理投资的49.5%。其中投资最多的是山东，投资为308.7亿元（图2-17）。

与"十五"期间相比较，"十一五"期间全国各地区工业污染源污染治理投资普遍大幅增长，增长额超过50亿元的省份有7个，分别是山西、内蒙古、江苏、山东、河南、湖北、陕西，其中山西、山东的增长额超过100亿元（图2-18）。

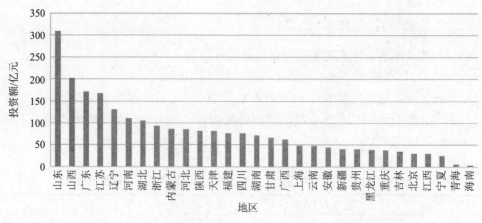

图 2-17 "十一五"期间各地区工业污染源污染治理投资情况

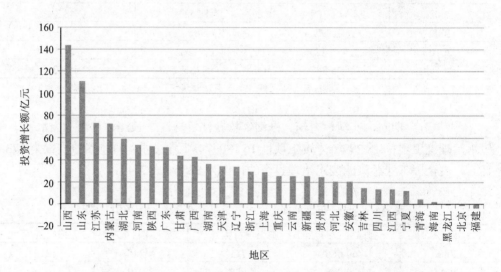

图 2-18 "十一五"比"十五"期间各地区工业污染源污染治理投资增长额情况

"十一五"期间,东、中、西部工业污染源污染治理投资分别为 1 198.4 亿元、642.8 亿元和 577 亿元,占全国工业污染源污染治理投资的比例分别为 49.6%、26.6% 和 23.8%,东、中、西部比"十五"分别增加了 46.5%、113.7% 和 147.8%(表 2-5 及图 2-19)。

表 2-5 "十五"与"十一五"期间东、中、西部工业污染源污染治理投资情况

时期	投资额/亿元		
	东部	中部	西部
"十五"	817.8	300.8	232.8
"十一五"	1 198.4	642.8	577

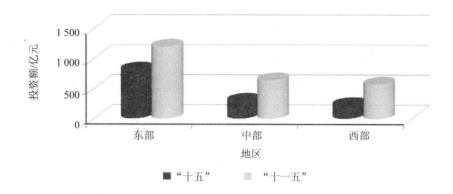

图 2-19　"十五"与"十一五"期间东、中、西部工业污染源污染治理投资情况

　　"十一五"期间,全国113个环境保护重点城市工业污染源污染治理投资为1 492.9亿元,占全国工业污染源污染治理投资的61.7%,比"十五"增长62.4%,其中,废水治理投资为461.0亿元,占30.9%;废气治理投资为735.6亿元,占49.3%;固体废物治理投资为60.4亿元,占4.0%;噪声治理投资为7.3亿元,占0.5%(表2-6,图2-20)。

表2-6　"十一五"期间113个重点城市工业污染源污染治理投资情况　　　　单位:亿元

年　　份	废水治理	废气治理	固体废物治理	噪声治理	其他
2006	83.6	169.7	13.9	1.9	64.4
2007	107.9	171.3	11.4	1.1	42.4
2008	106.3	162.8	12.1	2.0	46.6
2009	87.8	131.9	16.1	1.1	30.9
2010	75.4	99.9	6.9	1.2	44.3
合　计	461.0	735.6	60.4	7.3	228.6

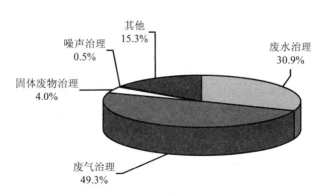

图2-20　"十一五"期间113个重点城市工业污染源污染治理投资分要素构成情况

2.3.3 建设项目"三同时"环保投资

"十一五"期间，各省份建设项目"三同时"环保投资（除国家级以外）投资总额都有较大幅度的增长。建设项目"三同时"环保投资规模较高的省市有浙江省、江苏省、山东省、河北省、广东省、上海市等（图 2-21），较"十五"增长较迅速的省份有湖北省、广东省、北京市、天津市、海南省、贵州省等，都几乎增长了 4~7 倍。

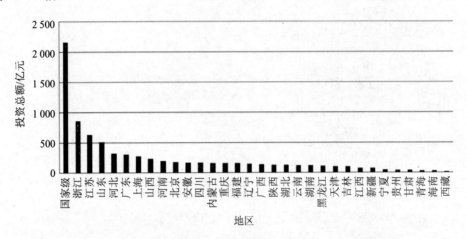

图 2-21　"十一五"期间国家级及各地区建设项目"三同时"环保投资情况

"十一五"期间，建设项目"三同时"环保投资（除国家级以外）东部最高，达到 3 627.8 亿元，其次是中部和西部。东部、中部和西部的投资总额较"十五"期间都有所增长，但增幅和增速不同，分别较"十五"期间增加了 2 648.8 亿元、1 006.3 亿元、590.7 亿元，分别增长了 271%、354%、269%，东部地区增幅较大，中部地区增长较快，西部地区总额、增幅和增速均低于东部和中部（表 2-7 及图 2-22）。

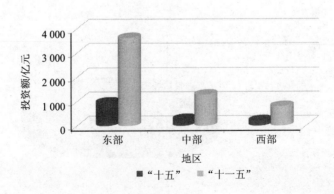

图 2-22　"十五"与"十一五"期间东、中、西部建设项目"三同时"环保投资情况

28

表2-7 "十五"与"十一五"期间建设项目"三同时"环保投资情况

时期	投资额/亿元		
	东部	中部	西部
"十五"	979	284.3	219.4
"十一五"	3 627.8	1 290.6	810.1

2.3.4 城市环境基础设施建设投资

"十一五"期间,城市环境基础设施建设投资排在前十位的地区依次为广东、山东、江苏、北京、河北、辽宁、内蒙古、浙江、安徽、上海。10 省(市、区)城市环境基础设施建设投资占城市环境基础设施建设投资总量的 66.2%(图 2-23)。

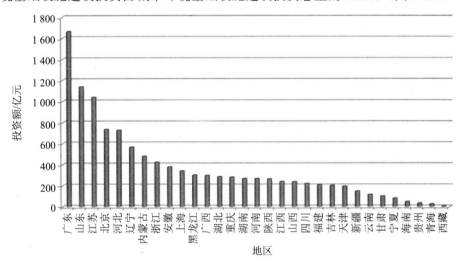

图 2-23 "十一五"期间各地区城市环境基础设施建设投资情况

"十一五"期间,东、中、西部城市环境基础设施建设投资分别为 7 084.8 亿元、2 181.4 亿元和 2 053.3 亿元,占全国城市环境基础设施建设投资的比例分别为 62.6%、19.3%和 18.1%,东、中、西部比"十五"期间分别增加了 125.5%、132.4%和 154.4%(表 2-8 及图 2-24)。

表2-8 "十五"与"十一五"东、中、西部城市环境基础设施建设投资情况

时期	投资额/亿元		
	东部	中部	西部
"十五"	3 142.4	938.7	807
"十一五"	7 084.8	2 181.4	2 053.3

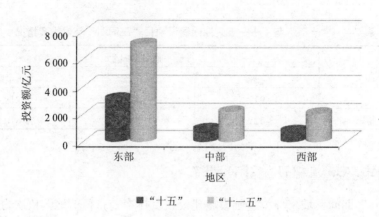

图 2-24 "十五"与"十一五"期间东、中、西部城市环境基础设施建设投资情况

2.4 环保投资与经济发展关联性分析

2.4.1 总量相关性分析

2.4.1.1 简单相关性分析

选取 GDP、全社会固定资产投资以及财政收入 3 项指标,分析环保投资与经济增长之间的关联性。近年来环保投资与调整后的 GDP、全社会固定资产投资以及财政收入见表 2-9。

表 2-9　环保投资与宏观经济数据　　　　　　　　单位:亿元

年份	环保投资	调整后的 GDP	全社会固定资产投资	财政收入
1981	25	4 891.6	961	1 175.79
1982	28.7	5 323.4	1 230.4	1 212.33
1983	30.7	5 962.7	1 430.1	1 366.95
1984	33.4	7 208.1	1 832.9	1 642.86
1985	48.5	9 016.0	2 543.2	2 004.82
1986	73.9	10 275.2	3 120.6	2 122.01
1987	91.9	12 058.6	3 791.7	2 199.35
1988	99.9	15 042.8	4 753.8	2 357.24
1989	102.5	16 992.3	4 410.4	2 664.90
1990	109.1	18 667.8	4 517	2 937.10
1991	170.12	21 781.5	5 594.5	3 149.48
1992	205.56	26 923.5	8 080.1	3 483.37
1993	268.83	35 333.9	13 072.3	4 348.95

年份	环保投资	调整后的 GDP	全社会固定资产投资	财政收入
1994	307.2	48 197.9	17 042.1	5 218.10
1995	354.86	60 793.7	20 019.3	6 242.20
1996	408.2	71 176.6	22 913.5	7 407.99
1997	502.5	78 973.0	24 941.1	8 651.14
1998	721.8	84 402.3	28 406.2	9 875.95
1999	823.2	89 677.1	29 854.7	11 444.08
2000	1 060.7	99 214.6	32 917.7	13 395.23
2001	1 106.6	109 655.2	37 213.5	16 386.04
2002	1 367.2	120 332.7	43 499.9	18 903.64
2003	1 627.7	135 822.8	55 566.6	21 715.25
2004	1 909.8	159 878.3	70 477.4	26 396.47
2005	2 388	184 937.4	88 773.6	31 649.29
2006	2 566	216 314.4	109 998.2	38 760.20
2007	3 384.3	265 810.3	137 323.9	51 321.78
2008	4 490.3	314 045.4	172 828.4	61 330.35
2009	4 525.2	340 902.8	224 598.8	68 518.30
2010	6 654.2	401 512.8	251 683.8	83 101.51

表 2-10 环保投资与宏观经济参数关联系数

	相关系数			
	环保投资	GDP	全社会固定资产投资	财政收入
环保投资	1	0.985 597	0.994 988	0.989 333
GDP	0.985 597	1	0.991 249 6	0.983 845 4
全社会固定资产投资	0.994 988	0.991 249 6	1	0.995 713 42
财政收入	0.989 333	0.983 845 4	0.995 713 42	1

　　从表 2-10 中可以看出，单纯从总量数据来看，环保投资和 GDP、固定资产投资以及财政收入的关联性很强且呈正相关。相对而言，环保投资和全社会固定资产投资的关联性最强。

　　随着我国国民经济和社会发展，环保投资、GDP、固定资产投资和财政收入均整体呈逐年上升趋势。从 20 世纪 80 年代到现在，在相对宽松的国际环境中，我国的经济快速发展，GDP 的增长速度相对较快，年平均增速在 10%左右，受金融危机影响增速放缓。社会固定资产投资在 80 年代后期开始形成规模，在 1989 年出现偶然的负增长，90 年代固定资产投资以较快的速度增长，受国家积极的财政政策影响，1997—2005 年，在政府采购、发行国债和降息的刺激下，我国社会固定资产投资逐年攀升。财政收入随着国民经济增长而稳定增长，占国民经济的比重也有所提高。尽管环保投资近些年来增长较快，但环保投资占 GDP 的比重一直偏低，而且波动大，随机性较强。

2.4.1.2 协整分析

设环保投资为 EP，GDP 总量为 GDP，全社会固定资产投资为 AI，财政收入为 PF，对 4 变量取对数，同样不改变它们的性质。设对数化后的 4 变量分别为 LEP、LGDP、LAI、LPF（表 2-11）。

表 2-11 环保投资与宏观经济参数协整分析 ADF 检验

变量	检验形式 （C, T, K）	检验值	显著性置信水平 5%临界值	平稳性
LEP	（C, T, 2）	−4.628 11	−3.587 527	I（0）
ΔLEP	—			I（0）
LGDP	（C, T, 1）	−2.682 128	−3.580 623	I（1）
ΔLGDP	（C, T, 1）	−3.305 323	−2.976 263	I（0）
LAI	（C, T, 1）	−3.772 786	−3.580 623	I（1）
ΔLAI	—			I（0）
LPF	（C, T, 0）	−1.198 520	−3.574 244	I（1）
ΔLPF	（C, T, 1）	−4.943 213	−3.587 527	I（0）

注：其中检验形式（C, T, K）中 C 代表包含截距项；T 代表包含趋势项；K 代表滞后间隔。Δ表示差分算子。I（0）代表平稳，I（1）代表不平稳。

LEP 和 LAI 在 5%显著性水平下为平稳序列，即 LEP~I（0）、LAI~I（0）。LGDP 和 LPF 经一阶差分后平稳，即 ΔLGDP~I（0）、ΔLPF~I（0）（表 2-11）。从总体上看，环保投资和 GDP、固定资产财政收入 4 个变量不符合同阶单整，即使构造方程检验是否存在协整关系，但环保投资与一阶差分后的 GDP 及财政收入组合方程的经济意义不大。但环保投资和全社会固定资产投资的单整情况满足协整关系的必要条件，构造检验方程：

$$LEP=1.024\ 748\ 601LAI-3.981\ 187\ 839 \tag{2.1}$$

同样对残差序列 Residual 进行单位根检验，结果如表 2-12 所示。

表 2-12 残差序列 Residual 的 ADF 检验结果

	残差序列 e	置信度 1%的临界值	−2.647 120
ADF 统计量	−2.580 223	置信度 5%的临界值	−1.952 91
		置信度 10%的临界值	−1.610 01

残差序列在 5%显著性水平下是平稳的，说明它们之间存在协整关系。回归方程拟合优度达到 99%，说明方程较好地反映了环保投资和全社会固定资产投资之间的长期均衡关系。

2.4.2 增长率相关性分析

2.4.2.1 简单相关性分析

选取 GDP 增长率、全社会固定资产投资增长率以及财政收入增长率 3 项指标,分析环保投资增长与经济增长之间的关联性。近年来环保投资增长率与 GDP 增长率、全社会固定资产投资增长率以及财政收入增长率如图 2-25 所示。

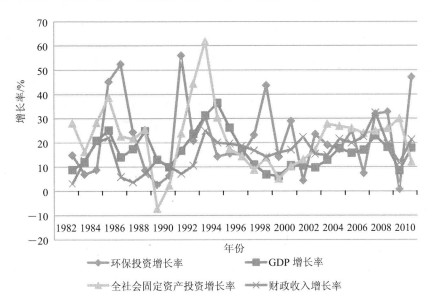

图 2-25 环保投资增长与经济增长比较

相关性分析结果表明,环保投资增长率、GDP 增长率、全社会固定资产投资增长率和财政收入增长率之间密切程度均较差(表 2-13)。

表 2-13 相关性分析计算结果

项目	环保投资增长率	GDP 增长率	固定资产投资增长率	财政收入增长率
环保投资增长率	1	0.112 975 40	0.214 136 245	0.014 144 630
GDP 增长率	0.112 975 40	1	0.616 352 99	0.368 881 77
固定资产投资增长率	0.214 136 245	0.616 352 99	1	0.014 144 63
财政收入增长率	0.014 144 630	0.368 881 77	0.014 144 63	1

环保投资增长率与 GDP 增长率的对比表明,环保投资增长率随经济发展的波动性比较大,往往在五年计划的起始年度环保投资增长率呈现下降趋势,而在五年计划的最后一两年环保投资增长率呈现增长的趋势。另外,环保投资受政策影响较大,经济发展速度相对较快的年份,环保投资增速也相对较高,而经济发展相对较慢的

年份，环保投资的增长率也会大幅下降。

环保投资增长率与全社会固定资产投资增长率对比分析表明，环保投资占全社会固定资产投资的比例基本保持在2%～3%，但多年来环保投资增长速度一直小于全社会固定资产投资增速，说明环保投资长期以来并非全社会固定资产投资的优先领域，环保的欠账有进一步拉大的可能。从环保投资占全社会固定资产投资比例来看，2002年以前，环保投资的增长率均高于全社会固定资产投资增长率，但绝对量增加并不明显。从2003年开始，全社会固定资产投资的增长率已全面超过环保投资的增长率。在经济快速发展、全社会固定资产投资迅速增加的同时，环保投资的增长速度反而相对放慢，尤其考虑到新一轮固定资产投资高峰有不少集中在高耗能、高污染行业，加大环保投资对于推进污染减排是非常必要的。

环保投资增长率与财政收入增长率对比分析表明，1991年以来，我国财政收入一直保持着稳定的增长，年增长率在15%～20%。而环保投资的增长率波动较大，财政收入在稳定增长的同时对环保投资的影响较小，这说明环保投资占财政资金的比例相对较小，财政资金的环保投入年际变化不大，新增财力向环境保护倾斜没有实现。

2.4.2.2 协整分析

设环保投资增长率为 Y，GDP 增长率为 X_1，全社会固定资产投资增长率为 X_2，财政收入增长率为 X_3。为了消除变量中可能存在的异方差，同时又保证数据的可比性，将各时间序列中的数据进行了自然对数处理，经对数变换后的变量分别用 $\ln Y$，$\ln X_1$，$\ln X_2$，$\ln X_3$ 表示。各变量 ADF 检验结果见表 2-14。

表 2-14　各变量 ADF 检验结果

变量	检验形式 (C, T, K)	ADF 检验值	5%临界值	差分变量	检验形式 (C, T, K)	ADF 检验值	5%临界值	结论
$\ln Y$	$(C, N, 0)$	−5.707 244	−2.971 853	$\Delta \ln Y$	—	—	—	I（0）
$\ln X_1$	$(C, N, 3)$	−3.198 242	−2.986 225	$\Delta \ln X_1$	—	—	—	I（0）
$\ln X_2$	$(C, N, 0)$	−4.551 084	−2.981 038	$\Delta \ln X_2$	—	—	—	I（0）
$\ln X_3$	$(C, T, 2)$	−3.505 119	−3.595 026	$\Delta \ln X_3$	$(C, N, 1)$	−6.404 638	−1.954 414	I（0）

注：其中检验形式 (C, T, K) 中，C 代表包含截距项；T 代表包含趋势项；N 代表不包含趋势项；K 代表滞后间隔。Δ 表示差分算子。

序列 $\ln X_3$ 在 5%的显著性水平下非平稳，经一阶差分后，得到 $\Delta \ln X_3 \sim$ I（0）。序列 $\ln Y$、$\ln X_1$ 和 $\ln X_2$ 在 5%的显著水平下是平稳的，满足 EG 两步法检验变量间是否存在协整关系的必要条件，构造检验方程：

$$\ln Y = 0.532\ 196 \ln X_1 - 0.047\ 568 \ln X_2 - 0.841\ 357 \qquad (2.2)$$

对残差序列 Residual 进行单位根检验，残差序列在 5%的显著性水平下是平稳的，说明它们之间存在协整关系。但是，方程的拟合优度差，仅有 6.1%，其经济解释意义不大，尤其全社会固定资产投资增长与环保投资增长的关联性较弱（表2-15）。

表 2-15 残差序列 Residual 的 ADF 检验结果

ADF 统计量	−6.336 654	置信度 1%的临界值	−2.656 915
		置信度 5%的临界值	−1.954 414
		置信度 10%的临界值	−1.609 329

2.5 环保投资效益评估

2.5.1 环保投资效益评估模型

环保投资具有整体性、两重性、持续性、外部性等特征，其效益主要体现在环境效益上，但很多环保投资项目同时有很好的经济效益和社会效益，在衡量其综合效益时，要从整体角度出发，凡是环境保护投资项目对环境、经济、社会所做的贡献，如环境污染的治理、生态环境的改善、就业拉动等均应计为效益，这就需要评价投资项目对整个社会的影响。

适用于环保投资效益评估的模型有 3 类：一类基于投入产出思想，如环境经济投入产出模型、CGE 模型、IOE 模型、可计算动态投入产出模型等，该类模型适用于评估环境保护投资对宏观经济的影响，如评估环保投资对行业增加值、GDP、投资政府收入系数等的影响；第二类是经济计量模型，如 Granger 因子检验法、协整分析法、回归检验模型等，该类模型的特点是以环保投资与宏观经济指标如 GDP 等的相关关系为依据，通过相关系数或回归方程，实证分析环保投资经济效益；第三类是综合效益评估模型，该类模型建立在合理的评价指标体系的基础上，赋予各指标以合理的权重值，得到综合评价指标值，据此评估环保投资综合效益，如投影寻踪模型、层次分析法、模糊综合评判模型以及主成分分析法等。

2.5.1.1 投入产出模型

Leontief W.于 20 世纪 30 年代创立了投入产出法，Hite J.C.等阐述了把环境方面纳入投入产出法的基本原理，Cumberland J.H.在流量矩阵中增加了环境行矢量，用来表示某些经济部门造成的环境效益的货币估价。在国家层面上，德国、泰国、美国等都编制了环境投入产出表，尤其是美国的环境投入产出表真正将环境和经济综合在一张表中，用来描述环境和经济之间的各种关系。

缪磊（2007）等人利用联合国 SEEA 中关于环保核算的基本理论方法，以及国家已公布的环保数据，在传统的国民核算原理基础上，运用投入产出框架，将环保活动从传统的投入产出表中分离出来，形成了一个单独的环保产业部门，构建了中国 2000 年环保产业投入产出表。蒋洪强（2004，2009）等在界定环境保护投入产出核算概念的基础上，借鉴环境经济投入产出基本思想，构建了环境保护优化经济增长的贡献度模型，主要包括污染治理投资对经济的影响模型和污染治理运行费用对经济的影响模型，并对该模型进行了实证模拟分析，得出了环保投资具有明显的优化经济增长的作用、环保投资结构和方向不尽合理、贡献度有待进一步提高的结论。

2.5.1.2 纳入环境、资源要素的经济增长模型

Lopez（1994）、Bovenberg（1996）等、Stokey（1998）等在标准经济增长模型基础上加入了自然资源耗竭、污染物排放对长期经济增长的反馈机制，认为环保支出的增加不利于生产资本的积累，进而不利于经济增长。然而一些经济学家对美国经济学家 H·钱纳里和 A·斯特劳特于 1969 年创立的两缺口模型加以延伸和演变，得出结论：如果发展中国家能够成功地利用环境保护投资来控制国内环境的恶化，在改善居民生存条件、改善生态环境的同时也可以增加国民总收入，进而促进经济增长。

国内学者对于此方面的研究起步较晚，但比较重视，通过把环境因素纳入各种经济增长模型，得出了环保投资对经济增长和社会总体福利的影响。马小明、张立勋（2002）建立了压力—状态—响应模型，分析了影响环保投资的因素。李国柱（2006）通过研究具有环境约束的索洛增长模型，得出不存在污染削减的技术进步时，环境约束下索洛模型的平衡增长路径是不可持续的。刘云霞、李红杰（2007）考虑环境污染对个体福利的负面效应，把环境污染水平纳入效用函数，由此建立了一个简化的随机经济增长模型。张学清（2006）在一个带有污染的随机内生增长模型中引入了递规效用，证明了在一定的宏观均衡条件下，主要经济指标的均衡值可唯一地取决于模型参数。胡远波（2006）考虑了环境污染对个体福利的负面效应，把环境污染水平纳入效用函数，由此建立了一个随机经济增长模型。金卓（2006）考虑了环境污染对生产和福利的负效应，并且把环境质量也作为一种产出，由此建立了关于环保技术应用的随机经济增长模型。张晖、朱军（2009）在 AK 模型基础上加入了外资技术水平、污染设备技术水平等一系列因素构建了新的基本模型，研究了环境保护投资的生产性的一面，得出先进环保技术可以使环境品质和经济增长，不仅不会发生冲突，而且二者在长期均衡条件下可以互相兼容。

2.5.1.3 实证分析方法

这种方法主要是用各个地区的环保投资、经济数据来分析环保投资与经济增长的相关性、环保投资对经济增长的贡献率等。戴维·皮尔斯和杰瑞米·沃福德（1997）研究奥地利、芬兰、法国、荷兰、挪威、美国等成员国的环保支出对 GNP 的实际影响后发现，环保支出对 GNP 的实际影响并不十分确定，所有环保计划在第一年总是有利于 GNP 的增长，而在最后一年的影响较复杂，对 GNP 的正负影响在不同的国家都有表现。

朱念（2006）选取了 1989—2004 年我国环保投资与 GDP、进出口总额、进口和出口的时间序列数据，分析了环境保护投资与这些因素的关系，最终得出环保投资对经济增长的作用存在时滞效应。高广阔、陈钰（2008）应用灰色关联度和序列平稳性、协整及 Granger 因果关系等计量检验方法实证分析得出结论：环保产业产值的

增长可以在很大程度上拉动国民经济的增长，而且环保产业对国民经济增长的拉动作用及程度呈现不断放大态势，环保产业将成为新的经济增长点。王珺红、杨文杰（2008）利用协整模型考察了我国环保投资和 GDP 之间的关系，利用向量误差模型研究了 GDP 和环保投资的长期均衡以及环保投资的端起波动对 GDP 波动的影响，并实证分析得出环保投资从短期和长期能拉动我国经济发展。胡海青（2008）使用 Granger 因果关系检验法检验我国 1981—2005 年的环保投资增量和 GDP 增量的因果性，发现 GDP 增量的变化是引起环保投资增量变化的原因，通过协整和误差修正模型对两者的长期和短期关系进行了研究，发现我国环保投资增量与 GDP 增量间存在着可靠的协整关系，环保投资的增长可以通过不同的渠道向外扩散，并对整个经济系统产生不同的最终影响。张雷、李新春（2009）把环境保护投资从生产函数的资本变量中分离出来，计算了 1998—2006 年环保投资增长对经济增长的贡献率，得到各年贡献率均为负值，即增加环保投资会降低经济增长的速度，但是贡献率在大趋势上是逐渐提高的，说明增加环境污染治理投资对经济增长起到了积极的作用。王金南（2009）等基于环保投资与经济增长关联性与环保投资弹性系数等两个方面，采用 1982—2006 年全国 GDP、环保固定资产投资增长率、财政收入增长率等指标，对环保投资增长率与经济增长率的关系进行了实证分析，结果表明：环保投资增长率与经济增长率缺乏关联性；从长期而言，与财政收入增长率存在长期均衡关系。雷社平、何音音（2010）利用 1990—2009 年的数据和回归检验模型表述了环保投资和经济增长之间的关系，研究得出，环保投资每增加一个单位，对我国 GDP 的贡献为 0.46，表明环保投资对我国经济增长具有一定的推动作用，但不是经济增长的全部因素。周文娟（2010）在比较分析我国东、中、西部地区环保投资的基础上，运用面板数据就三大地区环保投资对经济增长的影响状况进行了实证研究，研究结果认为三大地区的环保投资与 GDP 之间均有长期的协整关系，若要增大三大地区环保投资对经济增长的拉动作用或者达到拉动作用的最大化，就必须使环保投资制度、资金投入、投资效率和投资结构都得到改善。

2.5.2 环保投资与 COD 减排的长期均衡关系和时差分析

本书对 COD 排放量与环保投资进行实证分析，基于协整分析研究各部分治理投资与 COD 排放量的长期关联性，基于时差相关分析研究环保投资结构对 COD 排放量的时滞性影响，进而为环境管理提供理论依据。

2.5.2.1 协整分析

协整分析可以用来分析经济变量之间是否存在长期均衡关系。由于多年污染治理投资难以完全分解对应到水、气要素，因此本研究采用全部环保投资与污染物排放量进行关联分析。

表 2-16   COD 排放量与环保投资构成基础数据

年份	COD 排放量/万 t	城市环境基础设施投资/亿元	工业污染源治理投资/亿元	建设项目"三同时"环保投资/亿元
1997	1 757	257.3	116.4	128.8
1998	1 499	456	123.8	142
1999	1 389	478.9	152.7	191.6
2000	1 445	561.3	239.4	260
2001	1 404.8	595.7	174.5	336.4
2002	1 366.9	789.1	188.4	389.7
2003	1 333.6	1 072.4	221.8	333.5
2004	1 339.2	1 141.2	308.1	460.5
2005	1 414.2	1 289.7	458.2	640.1
2006	1 428.2	1 314.9	483.9	767.2
2007	1 381.8	1 467.8	549.1	1 367.4
2008	1 320.7	1 801	542.6	2 146.7
2009	1 277.5	2 512	442.5	1 570.7
2010	1 238.1	4 224.2	397.0	2 033.0

从表 2-16 可以看出，2005 年以来 COD 排放量整体上呈下降趋势。城市环境基础设施投资保持较快增长，尤其是近几年已经初具规模。而工业污染源治理投资增长较慢，规模较小，从近几年的数据来看，存在下降的趋势。建设项目"三同时"环保投资 2000 年以前投资规模小，增长速度慢，但是随着经济的发展和政府对环保重视度提高，改变了以往先污染后治理的思路，使污染治理和经济发展并行，所以近几年来，这方面的投资力度加大，增长速度较快。

设定 COD 排放量为 Y，城市环境基础设施投资为 X_1，工业污染源治理投资为 X_2，建设项目"三同时"环保投资为 X_3，同时对变量分别取对数得 $\ln Y$、$\ln X_1$、$\ln X_2$、$\ln X_3$（图 2-26）。

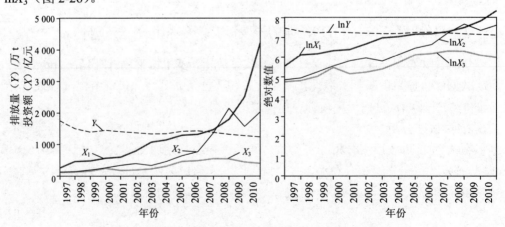

图 2-26   环保投资与 COD 协整分析数据及其对数化处理对比

采用 ADF 检验法对 4 个变量进行单位根检验。若原序列不平稳，则差分后再进行检验，满足平稳性校验条件。结果如表 2-17 所示。

表 2-17　各变量 ADF 检验结果

变量	检验形式 (C, T, K)	ADF 检验值	5% 临界值	平稳性	一阶差分	检验形式 (C, T, K)	ADF 检验值	5% 临界值	平稳性
$\ln Y$	$(C, N, 2)$	−3.836 394	−3.119 91	平稳	—	—	—	—	—
$\ln X_1$	$(C, T, 2)$	−2.313 696	−3.933 36	非平稳	$\Delta\ln X_1$	$(C, 0, 2)$	−3.162 629	−3.144 920	平稳
$\ln X_2$	$(C, N, 2)$	−1.481 146	−3.119 91	非平稳	$\Delta\ln X_2$	$(0, 0, 2)$	−2.508 247	−1.974 028	平稳
$\ln X_3$	$(C, T, 2)$	−2.382 037	−3.828 98	非平稳	$\Delta\ln X_3$	$(C, 0, 2)$	−3.375 461	−3.175 352	平稳

注：其中检验形式 (C, T, K) 中，C 代表包含截距项；T 代表包含趋势项；N 代表不包含趋势项；K 代表滞后间隔。Δ 表示差分算子。滞后阶数选择采用 AIC 原则。

从表 2-17 检验结果可以看出，$\ln Y$ 为平稳序列，一次差分后的 $\Delta\ln X_1$、$\Delta\ln X_2$、$\Delta\ln X_3$ 为平稳序列。小样本下采用拓展的 EG 检验法，检验方程为：

$$\ln Y = 1.062\,537\,178\ln X_1 + 1.608\,785\,813\ln X_2 - 1.467\,156\,343\ln X_3 \qquad (2.3)$$

产生的残差序列 Residuals 经单位根检验，结果如表 2-18 所示。

表 2-18　残差序列 Residual 的 ADF 检验结果

ADF 统计量	残差 −2.798 129	置信度 1% 的临界值	−2.754 993
		置信度 5% 的临界值	−1.970 978
		置信度 10% 的临界值	−1.603 693

残差序列 Residual 检验值比 1% 显著性水平下的临界值都小，则残差序列为平稳序列，说明 $\ln Y$ 与 $\ln X_1$、$\ln X_2$、$\ln X_3$ 之间存在长期均衡关系，即 COD 排放量与城市环境基础设施投资、工业污染源治理投资和建设项目"三同时"环保投资存在长期均衡关系。回归方程产生的残差基本上分布在[−0.8，0.8]之间。由此说明：从长期角度来看，三部分治理投资对于削减 COD 排放量起着一定的作用，环保投资对于 COD 减排有实质性的推动作用。

三部分投资对于 COD 排放量的影响程度却有所不同。由式（2.3）可知，根据 t 检验值，工业污染源治理投资和建设项目"三同时"环保投资对 COD 排放量的影响较为显著。城市环境基础设施投资与 COD 排放量呈现反常的正相关，主要是由于城市环境基础设施投资的五大部分直接与环保投资相关的只有城市生活污水处理投资和城市生活垃圾处理投资，而与 COD 减排直接相关的也是城市污水处理投资，但这部分投资所占的比重很低，且其他的燃气、集中供热和园林绿化与 COD

减排关联不大。建设项目"三同时"投资对 COD 排放量的影响较强，主要是国家政策对于新建项目环境保护的重视加强。而工业污染源治理投资与 COD 排放量呈现反常的正相关，也即工业污染源治理投资增加，COD 排放也相应增加，分析其原因，主要是由于投资的规模效应引起的，工业污染源治理投资总量及占比均较小，对 COD 排放影响较小。

2.5.2.2 时差相关分析

考虑三部分环保投资对于 COD 排放量影响的时差因素，以 2010 年为基期，对序列之间的互相关性作进一步的分析，观察变量之间发生作用是否存在一定的滞后期。以 COD 指标作为基准指标，城市环境基础设施投资为 X_1，工业污染源治理投资为 X_2，建设项目"三同时"环保投资为 X_3，通过计算得出 4 个指标之间的相关系数，结果见表 2-19。其中，lag 为滞后期，区间为[-7，7]；Cross Corr. 为相关系数，区间为[-1，1]；Stand. Err 为标准误差，这个数值没有区间界定，越小越好。

表 2-19　环保投资与 COD 排放量时差分析变量互相关检验结果

X_1 与 Y			X_2 与 Y			X_3 与 Y		
滞后期	相关系数	标准误差	滞后期	相关系数	标准误差	滞后期	相关系数	标准误差
-7	0.109	0.408	-7	-0.373	0.408	-7	0.117	0.408
-6	0.226	0.378	-6	-0.401	0.378	-6	0.033	0.378
-5	0.411	0.354	-5	-0.122	0.354	-5	0.176	0.354
-4	0.277	0.333	-4	-0.174	0.333	-4	-0.005	0.333
-3	0.158	0.316	-3	0.202	0.316	-3	0.168	0.316
-2	-0.013	0.302	-2	-0.03	0.302	-2	0.297	0.302
-1	-0.025	0.289	-1	-0.035	0.289	-1	0.164	0.289
0	-0.05	0.277	0	0.414	0.277	0	0.046	0.277
1	-0.115	0.289	1	0.232	0.289	1	-0.069	0.289
2	-0.056	0.302	2	0.024	0.302	2	-0.132	0.302
3	-0.05	0.316	3	-0.103	0.316	3	-0.079	0.316
4	-0.097	0.333	4	-0.139	0.333	4	-0.049	0.333
5	-0.114	0.354	5	0.041	0.354	5	-0.04	0.354
6	-0.1	0.378	6	0.067	0.378	6	-0.056	0.378
7	-0.044	0.408	7	0.003	0.408	7	-0.056	0.408

理论上，城市环境基础设施投资、工业污染源治理投资、建设项目"三同时"环保投资与 COD 排放量之间应该呈负相关，因此得出以下结论：当城市环境基础设施投资 X_1 滞后期 lag=1，Cross Corr.=-0.115，即城市环境基础设施投资基本上在投

资发生的下一年对 COD 的排放量产生影响的可能性较大，该投资污染治理效益显现较快。当工业污染源治理投资 X_2 滞后期 lag=0，Cross Corr.=0.414，即工业污染源治理投资基本上投资当期就对 COD 的排放量产生影响的可能性较大，该投资污染治理效益显现很好。当建设项目"三同时"环保投资 X_3 滞后期 lag=−2，Cross Corr.=0.297，最能反映它们之间的关系，但考虑到滞后期为−2 的经济意义并不大，从表中还可以观察到当滞后期 lag=2，Cross Corr.=−0.132，建设项目"三同时"环保投资基本上在投资的未来两年对 COD 的排放量产生影响的可能性较大。综上所述，除工业污染源治理投资外，城市环境基础设施投资、建设项目"三同时"环保投资对 COD 排放量的影响具有一定的滞后性，其主要原因是城市污水处理厂、新建项目等建设需要一定的周期，从项目开工建设、竣工验收以及稳定运行所需时间较长，还要充分考虑整体生产线建设周期等因素。

2.5.3　污染减排投资效应分解

2.5.3.1　分解模型研究进展

自 Grossman 和 Krueger 首次用负的规模效应和正的结构效应、技术效应这 3 类效应来解释环境库兹涅茨倒 U 形曲线之后，国内外学者对污染变化的成因开展了广泛研究。一些经济学家从规模效应、结构效应和技术效应角度对环境库兹涅茨曲线形成的原因和机理进行研究分析。有的学者认为，工业规模的扩大是污染排放增长的直接原因。有的学者认为，经济增长过程中的产业结构升级会导致环境库兹涅茨曲线的演变，这属于结构效应。有的学者认为，经济发展到一定阶段就可能产生技术上的突破，采用较清洁的技术，这属于技术效应。结构变化、技术进步、需求模式改变和更有效的法规等被认为是污染下降的主要原因。一般而言，在实际经济活动中，经济增长对环境的影响可分解为 3 种效应：规模效应、结构效应和技术效应。经济增长过程中环境污染的变化方向是这 3 种效应共同作用的结果。

近年来，分解分析被引入研究中，以确定各种机制的相对重要性，特别是确定结构变化对降低污染的贡献。基本的分解模型将污染变化分解为经济规模扩大导致的规模效应、经济结构变化导致的结构效应，以及各部门污染强度变化导致的技术效应，其扩展模型可以进一步将技术效应分解为能源组成、能源效率和其他技术效应。De Bruyn 使用分解方法分析了结构变化和环境政策在 SO_2 排放变化中的贡献，认为环境政策是荷兰和西德在 1980—1990 年 SO_2 排放下降的主要原因。Selden 等人分析了 1970—1990 年美国《清洁空气法》所包含的 6 种污染物的变化，认为结构效应本身不足以导致污染物排放的下降，并特别强调了《清洁空气法》在其他技术效应中的关键作用。分解分析方法由于分离了各种可能机制对污染变化的贡献，为分析污染变化的主要影响因素提供了实证依据，受到越来越多的重视。但是在国内这方面的研究并不多见，陈六君等人利用分解模型计算了中国工业污染变化中的规模效应、结构效应、清洁技术效应和污染治理效应，研究结果表明，1992—2000 年，规模效应与结构效应增加工业污染，其中规模效应占主要部分；清洁技术效应与污染治理效应减少工业污染，其中清洁技术效应占主要部分。周静等对江苏的污染排放变化的影响因素研究结果显示，规模效应促进污染物排放量增加，结构效应和广义技术效应的作用方向不确定，但广义技术效应对污染物控制有决定性作用，强力的环境政策和管理措施能够有效地控制污染物排放。

2.5.3.2 效应分解模型

（1）内涵拓展　基于污染变化的分解分析方法，对分解模型的内涵进行延伸，将此模型推广应用到污染去除因素分析中，对环保投资增长的规模效应、结构效应和技术效应进行了定量分解。

规模效应是指随着环保投资规模的扩大，污染物去除量也随之增加，如果投资结构和污染治理技术水平不变，投资规模作用的结果将使污染去除量增加。结构效应是指环保投资中城市环境基础设施投资、工业污染源治理投资、建设项目"三同时"投资的污染治理效果有所差异，环保投资结构的变化对污染物去除水平造成一定的影响。技术效应是指通过污染治理技术进步，单位投资的污染物去除量随之增加。

（2）模型构建　基于对污染物排放量变化分解分析方法内涵的扩展，以定量分析环保投资的规模效应、结构效应、技术效应对于污染去除的贡献。

对某种污染物去除量变化因素进行分析的 De Bruyn 分解模型的基本公式为：

$$E_t = V_t \sum_i S_{it} I_{it} \tag{2.4}$$

式中：E_t —— t 年统计污染物削减量；

V_t —— t 年统计的环保投资；

E_{it} —— t 年环保投资构成 i 的污染物去除量；

S_{it} —— t 年环保投资构成 i 的份额（$S_{it} = V_{it}/V_t$）；

I_{it} —— 构成 i 的污染削减强度（$I_{it} = E_{it}/V_{it}$）。

式（2.4）表示污染削减的变化来自于 V_t 的变化（规模效应）、S_{it} 的变化（结构效应）和 I_{it} 的变化（技术效应）。这里规模效应是指由于环保投资总量的变化所产生的污染物去除量的变化，结构效应指由于环保投资构成分额的变化所造成的污染物去除量的变化，技术效应则指造成污染物削减强度变化的各种因素的综合。

要污染去除量变化完全归入各种效应，需要处理分解余量（来自于各因素变化量的耦合），目前广泛使用的方法包括固定权重方法、适应权重方法（AWD）、平均分配余量方法等。本文利用分层次的分解方法以实现对污染物去除量变化效应的完全分解，该方法将式（2.4）看做两个层次的连续分解：

第 1 个层次为 $E_t = V_t \cdot I_t$，将污染物去除量分解为环保投资总量和宏观去除效率；

第 2 个层次为 $I_t = \sum_i^n S_{it} \cdot I_{it}$，将宏观强度分解为环保投资构成和各构成的去除效率。

分层次分解方法可以根据数据可获得性来选择其分解层次的深入程度，则污染去除量变化 G_{tot} 分解为规模效应 G_{sca}、结构效应 G_{str} 和广义的技术效应 G_{int}，规模效应 G_{sca}、结构效应 G_{str}、技术效应 G_{int} 的计算公式分别见式（2.5）至式（2.8）。

$$G_{tot}=G_{sca}+G_{str}+G_{int} \qquad (2.5)$$

$$G_{sca}=g_v(1+\frac{1}{2}g_I) \qquad (2.6)$$

$$G_{str}=\sum_i e_{i0}g_{Si}(1+\frac{1}{2}g_{Ii})(1+\frac{1}{2}g_v) \qquad (2.7)$$

$$G_{int}=\sum_i e_{i0}g_{Ii}(1+\frac{1}{2}g_{Si})(1+\frac{1}{2}g_v) \qquad (2.8)$$

其中：当计算污染去除量变化的各种效应时，$G_{tot}=(E_t-E_0)/E_0$ 为 t 年相对于基年的污染去除量的变化，$e_{i0}=E_{i0}/E_0$ 为基年环保投资构成 i 的污染去除份额；$g_x=(x_t-x_0)/x_0$ 为 t 年变量 x 相对于基年的变化率，x 代表 V、I、Si、Ii。

（3）数据选取 大气、固体废物治理指标无法对应到工业污染源治理投资、建设项目"三同时"环保投资和城市环境基础设施投资三部分。COD 去除量指标可以对应到工业污染治理投资（工业污染源治理投资与"三同时"环保投资用于废水的部分之和）和城建环境基础设施投资两大部分中。因此，在此选取 COD 去除量指标分析环保投资的污染控制效应。

选取 COD 去除量为分析对象，分析时间为 2005—2010 年。效应计算所需数据均来源于环境年报和统计年鉴。围绕 COD 去除量变化，综合考虑规模效应（环保投资总量）、结构效应（工业投资与城建环保投资）、技术效应（单位投资 COD 去除量）。g_x 为各指标 2010 年相对于 2005 年的变化率。

按照分解模型的内涵，此模型解决的是规模效应、结构效应与技术效应对特定的污染控制效果下各效应的贡献率，并非三者对污染控制的灵敏性。

2.5.3.3 实证分析

（1）基于环保投资全口径 2005 年环保投资总量 2 388 亿元，其中城市环境基础设施投资 1 289.7 亿元，污水处理厂 COD 去除量 374.59 万 t，单位投资去除量 0.290 4 t/万元；工业污染源治理投资与"三同时"环保投资合计为 1 098.3 亿元，工业 COD 去除量 1 088.26 万 t，单位投资去除量为 0.990 9 t/万元。2010 年环保投资总量为 6 654.2 亿元，其中城市环境基础设施投资为 4 224.2 亿元，污水处理厂 COD 去除量为 882.57 万 t，单位投资去除量为 0.208 9 t/万元；工业污染源治理投资与"三同时"环保投资合计为 2 430 亿元，工业 COD 去除量 1 415.39 万 t，单位投资去除量为 0.582 5 t/万元（表 2-20）。

表 2-20 2005 年与 2010 年环保投资与 COD 去除量比较

行业	2005 年投资/亿元	2010 年投资/亿元	2005 年 COD 去除量/万 t	2010 年 COD 去除量/万 t
工业	1 098.3	2 430	1 088.26	1 415.39
城建环保	1 289.7	4 224.2	374.59	882.57
合计	2 388	6 654.2	1 462.85	2 297.96

基于效应分解模型和方法,从规模效应、结构效应与技术效应 3 个方面,统筹考虑,对 COD 去除效应予以计算,计算结果如表 2-21 所示。

表 2-21 基于效应分解模型的计算结果

效应指标	G_{tot}	G_{sca}	G_{str}	G_{int}
计算值	0.570 879	1.396 826	−0.157 230	−0.668 717

上述结果表明:2010 年与 2005 年相比,COD 去除量增加 57.1%,其中规模效应贡献率为 139.7%,结构效应贡献率为−15.7%,技术效应为−66.9%。从规模效应分析,2005—2010 年,环保投资总量增长较大(增长 178.65%),对 COD 去除量增加影响较大。从结构效应分析,其中 2005 年工业投资占 45.99%,城建环保投资占 54.01%,而 2010 年工业投资占 36.52%,城建环保投资占 63.48%,环保投资结构变化较大,对 COD 去除量影响亦较大。由于工业环保投资的 COD 去除效率要高于城建环保投资,城建环保投资份额提高意味着在投资规模不变的情况下,污染物去除量变小,因而,环保投资结构变化对 COD 去除量的影响为负。就技术效应而言,环保投资去除效率明显下降,其中 2005 年单位投资 COD 去除量 0.612 6 t/万元,2010 年为 0.345 3 t/万元,下降 43.6%。

(2)基于废水治理投资口径 仅以"三同时"和工业污染源用于废水治理投资、城建环境基础设施建设中污水处理投资的口径进行效应分解。以 2010 年与 2005 年比较为例。

2005 年环保投资总量为 522.41 亿元,其中城市环境基础设施投资中用于废水治理的投资为 191.4 亿元,污水处理厂 COD 去除为 374.59 万 t,单位投资去除量为 1.96 t/万元;工业污染源治理投资与"三同时"环保投资中用于废水的投资合计为 331.01 亿元,工业 COD 去除量 1 088.26 万 t,单位投资去除量为 3.29 t/万元。2010 年用于废水治理的环保投资总量 1 192.28 亿元,其中城市环境基础设施投资 521.4 亿元,污水处理厂 COD 去除量 882.57 万 t,单位投资去除量为 1.69 t/万元;工业污染源治理投资与"三同时"环保投资中用于废水治理的投资合计为 670.88 亿元,工业 COD 去除量 1 415.39 万 t,单位投资去除量为 2.11 t/万元(表 2-22)。

表 2-22　2005 年与 2010 年废水治理投资与 COD 去除量比较

行业	2005 年投资/亿元	2010 年投资/亿元	2005 年 COD 去除量/万 t	2010 年 COD 去除量/万 t
工业废水治理	331.01	670.88	1 088.26	1 415.39
城建污水处理	191.4	521.4	374.59	882.57
合计	522.41	1 192.28	1 462.85	2 297.96

基于效应分解模型和方法,从规模效应、结构效应与技术效应 3 个方面,对 COD 去除效应予以计算,计算结果如表 2-23 所示。

表 2-23　基于废水治理投资口径的效应分解计算结果

效应指标	G_{tot}	G_{sca}	G_{str}	G_{int}
计算结果	0.570 879	1.082 425	−0.171 784	−0.339 762

计算结果表明,2010 年与 2005 年相比,COD 去除量增加 57.1%,从效应分解可以看出,规模效应贡献率为 108.24%,结构效应贡献率为−17.18%,技术效应贡献率为−33.98%。去除量的增加主要是受环保投资总量影响较大,环保投资结构与技术效应影响较小,其中结构效应和技术效应表现为负值。2010 年较 2005 年环保投资总量增长 128.2%,环保投资结构中工业污染治理投资比例从 63.36%降至 56.27%,由于工业环保投资的 COD 去除效率要高于城建环保投资,城建环保投资份额提高意味着在投资规模不变的情况下,污染物去除量变小,因而,环保投资结构变化对 COD 去除量的影响为负。环保投资去除效率由 2005 年的 2.80 t/万元下降到 2010 年的 1.93 t/万元,COD 去除量变化的技术效应表现为反向负值。

2.5.4　环保投资的贡献效应分析

2.5.4.1　研究方法

本书将统计数据和环境经济理论相结合,采用翔实可靠的统计数据,以投入产出理论和经济均衡理论为理论基础,在编制环境保护投入产出表基础上,将污染治理设施运行费和环保投资等环保投入作为模型外生变量,构建了国民经济贡献度测算模型,模拟环保投入对国民经济各行业总产出、GDP、居民收入、税收以及就业的贡献效应,揭示了环保投入对国民经济的贡献作用机理。模型充分考虑了居民消费的诱发贡献效应和经济漏损,使得测算结果更加合理和准确。

2.5.4.2　数据处理

"十一五"以来,我国经济快速增长,财政收入稳步增长,环保投资总量也逐年增加。2006—2010 年环保投资已达 20 330.0 亿元(2007 年价),为了便于测算"十一五"环保投资的社会经济贡献度,将 2006—2010 年各项环保投资统一转换为 2007 年不变价,并对五年环保投资汇总(表 2-24)。

表 2-24　我国"十一五"期间环保投资情况（2007 年不变价）

类型		投资额/亿元					
		2006 年	2007 年	2008 年	2009 年	2010 年	"十一五"
工业污染源污染治理投资	废水治理	162.6	195.3	180.6	139.6	113.3	791.4
	废气治理	251.1	274.7	246.6	217.2	164.4	1 153.9
	固体废物治理	19.7	18.2	18.3	20.5	12.4	89.1
	噪声治理	3.2	1.8	2.6	1.3	1.3	10.2
	其他	84.3	59.1	55.5	34.8	54.1	287.9
	小计	521.0	549.1	503.5	413.4	345.5	2 332.5
城市环境基础设施建设投资	燃气	166.8	160.1	151.8	170.1	253.1	902.0
	集中供热	240.7	230.0	250.3	344.3	377.1	1 442.3
	排水	356.8	410.0	460.2	681.5	784.9	2 693.4
	园林绿化	461.8	525.6	603.0	854.9	1 999.6	4 444.3
	市容环境卫生	189.2	141.8	206.0	295.6	262.5	1 095.2
	小计	1 415.3	1 467.5	1 671.3	2 345.9	3 677.3	10 577.3
建设项目"三同时"环保投资		825.6	1 367.1	1 991.6	1 466.4	1 769.4	7 420.2
总计		2 761.9	3 383.7	4 166.4	4 225.7	5 792.2	20 330.0

2.5.4.3　测算结果分析

测算结果表明，"十一五"期间，环保投资共为 20 330 亿元，产生国民经济总产出贡献效应为 88 311 亿元，总产出投入产出比约为 4.34 倍。产生 GDP 贡献效应为 28 742 亿元，投入产出比约为 1.42 倍，即环保投资每投入 1 元将带动我国 GDP 增加 1.42 元。环保投资居民收入贡献效应为 12 092 亿元，投入产出比约为 0.45 倍，即环保投资每投入 1 元将使得我国居民收入增加 0.45 元。环保投资税收贡献效应为 4 064 亿元，投入产出比约为 0.15 倍，即环保投资每投入 1 元将使得我国税收增加 0.15 元。"十一五"期间，环保投资就业贡献效应为 7 242 万人次，投入产出比约为 0.27 人/万元，即环保投资每增加 4 万元左右将创造 1 个就业机会。

2.5.5　基于投影寻踪模型的环保投资综合效益分析

2.5.5.1　投影寻踪模型原理

投影寻踪模型是 20 世纪 70 年代由 Friedman 和 Turkey 提出的多元数据分析技术，用于分析和处理非正态高维数据的一类新兴探索性统计方法。其基本原理为：将高维数据投影到低维子空间上，对于投影到的构形，采用投影指标函数来衡量投影暴露某种结构的可能性大小，寻找出使投影目标函数达到最优的投影值，然后根据该投影值来分析高维数据的结构特征。其计算步骤为：

（1）指标值标准化　设样本评价指标集 $\{x^*(j, i)$　$j=1, 2, \cdots, p$；$i=1, 2, \cdots, n\}$，其中 n、p 分别为样本个数和指标个数。为统一各指标之间的量纲，使投影寻踪建模更具一般性，须对其进行标准化处理，如式（2.9）所示。

$$x(j,i) = \frac{x^*(j,i) - \min x^*(j)}{\max x^*(j) - \min x^*(j)} \qquad (2.9)$$

式中：$\max x^*(j)$——第 j 个评价指标的最大值；

　　　$\min x^*(j)$——第 j 个评价指标的最小值。

（2）计算投影值　投影寻踪的实质就是将 p 维数据 $\{x^*(j,i)$　$j=1,2,\cdots,p;$ $i=1,2,\cdots,n\}$ 综合成以 $a=[a(1),a(2)\cdots a(p)]$ 为投影方向的一维投影值 $z(i)$。

$$z(i) = \sum_{j=1}^{p} a(j) \cdot x(j,i) \qquad (2.10)$$

式中：a——单位长度向量。

在综合投影值时，要求投影值 $z(i)$ 尽可能大地提取 $x(j,i)$ 中的变异信息，即 $z(i)$ 的标准差尽可能大，据此可构建投影目标函数，得到投影向量 $a=[a(1),a(2)\cdots a(p)]$，将其代入式（2.10），得评价指标集的投影值。根据投影值，可对各评价主体进行统一评价。

2.5.5.2　评价指标体系的建立

环境效益是环保投资的直接目的，也是经济效益和社会效益的基础。根据相关文献，选取代表性评价指标，建立了环保投资效益评估指标体系，如表 2-25 所示。

表 2-25　环保投资综合效益评估指标体系

	指标名称	计算方法
环境效益	工业 SO_2 环境基准达标率	工业 SO_2 达标排放量/工业 SO_2 排放总量
	工业烟尘排放达标率	工业烟尘达标排放量/工业烟尘排放总量
	工业粉尘排放达标率	工业粉尘达标排放量/工业粉尘排放总量
	工业固体废物综合利用率	工业固体废物处置量/工业固体废物产生量
	工业废水排放达标率	工业废水达标排放量/工业废水排放总量
	工业废水 COD 去除量	
	工业废水氨氮去除量	
经济效益	环保投资 GDP 系数	地区 GDP 增加额/环保投资额
	环保投资政府收入系数	财政收入增加额/环保投资额
社会效益	环保投资就业系数	地区新增就业人口数/环保投资额

2.5.5.3　效益评估模型构建

（1）评价指标值的标准化　设环保投资效益评价指标集为 $\{x^*(j,i)$　$j=1,2,\cdots,$ $p;\ i=1,2,\cdots,n\}$，根据式（2.9）对其进行标准化处理，得到评价指标标准值 $\{x(j,i)\ j=1,2,\cdots,p;\ i=1,2,\cdots,n\}$。

（2）构建投影目标函数　设区域环保投资序列为 $y^*(i)$（$i=1,2,\cdots,n$），根据式

（2.9）对其进行标准化，得 $y(i)$，则在计算投影值时，须满足投资投影值 $z(i)$ 的标准差 S_z 尽可能大，同时序列 $y(i)$ 与序列 $z(i)$ 的相关系数的绝对值 $|R_{zy}|$ 应尽可能大，据此将投影目标函数确定为：

$$Q(\boldsymbol{a}) = S_z |R_{zy}| \qquad (2.11)$$

式中：$S_z = \sqrt{\dfrac{1}{n-1}\sum_{i=1}^{n}[z_i - E(Z)]^2}$

$$R_{zy} = \frac{\sum_{i=1}^{n}[z_i - E(z)] \cdot [y_i - E(y)]}{\sqrt{\sum_{i=1}^{n}[z_i - E(z)]^2} \cdot \sqrt{\sum_{i=1}^{n}[y(i) - E(y)]^2}}$$

当给定环保投资序列 $y^*(i)$ 及综合效益各评估指标值 $x^*(j, i)$ 时，投影目标函数只随投影向量 $\boldsymbol{a} = [a(1), a(2) \cdots a(p)]$ 而变化，不同的投影向量反映不同的数据结构特征，最佳投影方向就是最大可能暴露高维数据某类特征结构的方向。因而只须求解式（2.12）：

目标函数 $\quad \max Q(\boldsymbol{a}) = S_z \cdot |R_{zy}|$

约束条件 $\quad s.t. \sum_{j=1}^{p} \boldsymbol{a}^2(j) = 1 \quad a(j) \geqslant 0 \qquad (2.12)$

由式（2.12）得最佳投影方向 $\boldsymbol{a} = [a(1), a(2) \cdots a(p)]$，将其代入式（2.10），得各评价主体的环保投资效益投影值 $z(i)$，由于本文选取的评价指标均为正效益指标，因而投影值越大，环保投资综合效益越大。据此，可对各评价主体的环保投资综合效益进行比较分析。

2.5.5.4 实例应用

（1）环保投资综合效益评估结果　选取 2010 年全国及 31 个省（市）的相关数据，采用前文建立的模型对各省（市）的环保投资综合效益进行分析，相关数据来源于中国环境统计年鉴及中国统计年鉴。经计算，当投影向量 $\boldsymbol{a} =$（0.087，0.031，0.111，0.423，0.075，0.795，0.383，0.119，0.044，0.012）时，投影目标函数取得最大值，即以此方向投影，最能反映环保投资的综合效益。2010 年全国及 31 个省份环保投资综合效益投影值如表 2-26 所示，区域分布如图 2-27 所示。

表 2-26　2010 年全国及 31 个省份环保投资综合效益投影值

地区	投影值	地区	投影值	地区	投影值
全国	1.736	湖北	0.673	内蒙古	0.535
山东	0.917	湖南	0.661	宁夏	0.525
浙江	0.824	黑龙江	0.640	云南	0.513
江苏	0.814	广西	0.634	辽宁	0.500
上海	0.739	重庆	0.604	江西	0.497
天津	0.739	河北	0.591	贵州	0.437
福建	0.730	北京	0.588	甘肃	0.384
安徽	0.715	山西	0.583	新疆	0.337
河南	0.703	吉林	0.578	青海	0.299
广东	0.695	四川	0.548	西藏	0.262
海南	0.676	陕西	0.536		

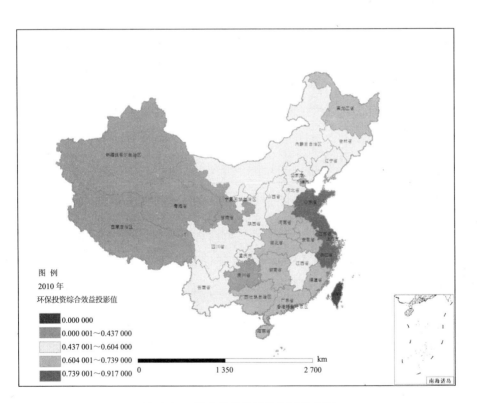

图 2-27　综合效益投影值区域分布图

（2）结果分析　环保投资是解决环境问题的重要保障，是国民经济和社会发展中固定资产投资的重要组成部分，分析中所指的环保投资包含环境污染治理投资及污染治理设施运行费用，采用 2010 年我国 31 个省（区、市）的环境、经济数据，对各地区的环保投资综合效益进行了评估。最佳投影方向各分量代表了相应指标对总体评估目标的贡献度，因而，研究中所建立的评价指标体系中，对环保投资综合效益贡献度较大的几个指标依次为工业废水 COD 去除量、工业固体废物综合利用率、工业废水氨氮去除量、环保投资 GDP 系数及工业粉尘排放达标率。

根据投影值大小，对各省份环保投资综合效益进行排序，如表 2-26 所示。2010年环保投资综合效益最高的省份为山东省，投影值为 0.917；其次为浙江和江苏，投影值分别为 0.824、0.814；西藏的投影值最低，因而其综合效益最低。

研究中将投影值划分为 5 个等级，对其地域分布进行了分析，如图 2-27 所示，我国东部沿海城市环保投资综合效益较高，如山东、江苏、浙江 3 省位于第 1 等级；越向内陆，综合效益越低，如安徽、湖南等省位于第 2 等级；而北京、山西、重庆等省份位于第 3 等级；西北内陆地区，如甘肃、宁夏等地，环保投资综合效益较低，多属于第 4 或第 5 等级。

（3）结论　合理评估环保投资综合效益，对于优化环保投资结构、提高环保投资利用效率等都具有重要意义。基于投影寻踪模型的相关理论，建立了环保投资综合效益评估模型，并以此对 2010 年我国 31 个省（区、市）的环保投资综合效益进行了评估，结果显示，2010 年我国东部沿海省份环保投资综合效益较高，越向内陆，综合效益投影值呈现出递减趋势。研究结果表明，基于投影寻踪的环保投资效益评估模型可以有效反映我国环保投资的综合效益。

第3章

环保投资测算

3.1 "十一五"规划投资供需分析

3.1.1 投资规模及构成

"十一五"期间,我国环保投资总额为 2.16 万亿元,相对 1.53 万亿元的投资需求而言,实际投资超出投资需求 6 320 亿元,超出比例为 41.3%。其中,工业污染源污染治理实际投资 2 415.1 亿元,占实际环保投资总额的 11.2%,较投资需求(2 500 亿元)减少 3.4%;建设项目"三同时"实际投资 7 885 亿元,占实际环保投资总额的 36.5%,较投资需求(4 400 亿元)增加 79.2%;环境基础设施建设实际投资 11 319.9 亿元,占实际环保投资总额的 52.3%,较投资需求(8 400 亿元)增加 34.8%(表 3-1,图 3-1)。

表 3-1   "十一五"期间环保投资需求与实际投资对比   单位:亿元

类型	工业污染源治理投资	建设项目"三同时"投资	城市环境基础设施投资	合计
需求	2 500	4 400	8 400	15 300
实际	2 415.1	7 885	11 319.9	21 620

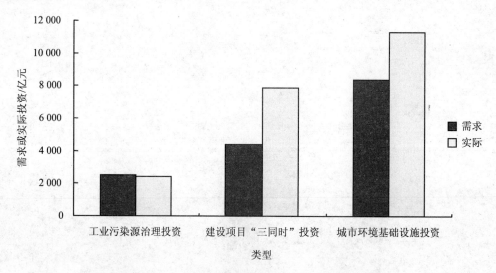

图 3-1   "十一五"期间环保投资需求与实际投资对比

3.1.2 分要素投资

"十一五"期间,按要素划分的实际环保投资为(表 3-2):工业污染源治理投资中,废水 820.6 亿元,废气 1 195.1 亿元,固废 92.4 亿元,噪声 10.5 亿元,其他 296.7

亿元；建设项目"三同时"环保投资根据"十五"期间分要素环保投资比例进行估算，估算结果为：废水 2 160.5 亿元，废气 1 623.2 亿元，固废 414.3 亿元，噪声 279.6 亿元，生态 922.4 亿元，其他 2 485.4 亿元；城市环境基础设施建设投资将燃气和集中供热投资计入废气投资，排水投资计入废水投资，市容环境卫生计入固废投资，园林绿化计入生态投资。

根据上述方法计算的"十一五"期间按要素划分的实际环保投资结果为：废水治理实际投资 5 849.96 亿元，占实际环保投资总额的 27.1%，较投资需求（6 400 亿元）减少 8.6%；废气污染治理实际投资 5 295.12 亿元，占实际环保投资总额的 24.5%，较投资需求（6 000 亿元）减少增加 11.7%；固体废物治理实际投资 1 664.43 亿元，占实际环保投资总额的 7.7%，较投资需求（2 100 亿元）减少 20.7%；噪声污染治理实际投资 290.1 亿元，占实际环保投资总额的 1.3%（表 3-3，图 3-2）。

表 3-2 按要素划分的"十一五"期间实际环保投资 单位：亿元

要素 构成	废水	废气	固废	噪声
工业污染源治理投资	820.6	1 195.1	92.4	10.5
建设项目"三同时"环保投资	2 160.5	1 623.2	414.3	279.6
城市环境基础设施建设投资	2 868.86	2 476.82	1 157.73	0
总计	5 849.96	5 295.12	1 664.43	290.1

表 3-3 "十一五"期间分要素的环保投资需求与实际投资对比 单位：亿元

要素	废水	废气	固废
需求	6 400	6 000	2 100
实际	5 849.96	5 295.12	1 664.43

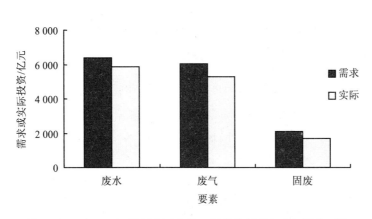

图 3-2 "十一五"期间分要素的环保投资需求与实际投资对比

3.1.3　重点工程投资

3.1.3.1　环境监管能力建设

根据国家发展改革委、财政部批复的《国家环境监管能力建设"十一五"规划》，环保能力建设取得积极进展，累积完成总投资近 300 亿元，其中中央投资约 120 亿元，环境监管硬件配置大幅加强。"十一五"期间，中央财政补助支持了 1 072 个县区级环境监测站，占全国县级站总数的 52%，其中支持中西部地区县区级监测站 857 个，大大提升了基层环境监测能力。在全国 113 个环保重点城市和省级环境监测站，加强了地表水集中式饮用水水源地 109 项指标的水质全分析能力。在七大水系、重点湖库的省界断面、入海口及边境河流上已建成 150 个国家级水质自动监测站。在典型区域和农村地区开展国家空气背景、温室气体和农村空气监测。形成了由中国环境监测总站、省级环境监测中心站、地市级环境监测站及区县级环境监测站组成的四级环境监测网络。截至 2010 年年底，共有 1 357 个环境监察机构通过了标准化验收，其中中西部县（区）级环境监察机构基本实现标准化。全国环境监察机构共配备环境执法车辆 10 176 辆，执法仪器设备 64 301 台（套），形成了由国家环境监察局、6 个环境保护部区域督查派出机构、省级环境监察总队、地（市）级环境监察支队和县（市）级环境监察大队组成的环境监察执法体系。为国家、省、地市三级辐射监测机构配备了常规辐射监测、应急监测、辐射防护及监督执法取证仪器、设备。在重点区域、核设施周边建设了 100 个辐射连续自动监测子站。启动了处置化学与核恐怖袭击事件应急项目、核与辐射安全监管技术支持系统项目。基本完成全国 31 个省（区、市）放射性废物暂存库及配套实验室建设。环境应急与事故调查中心及 6 个环境保护部区域督查派出机构配备了基本的应急指挥装备，国家和省级环境监测站配备了水、气突发环境事件应急监测车及仪器设备，地市级配备了必要的应急监测设备和防护装备。2008 年"环境一号"卫星成功发射，为建立"天—空—地"一体化环境监测、预警、评估、应急指挥提供了重要平台。中国环境监测总站、履约中心、卫星中心业务用房投入使用，华东、东北、西北、西南、华南 5 个环境保护部区域督查派出机构及东北、西北核与辐射安全监督站基本建成。环保宣传教育机构得到加强。环境信息网络已覆盖国家、31 个省（自治区、直辖市）、新疆生产建设兵团和 5 个计划单列市。建设和改造了一批重点实验室，环境科研能力得到进一步加强。

3.1.3.2　城镇污水处理工程

截至 2010 年年底，全国已建成城镇污水处理厂 2 832 座，总处理能力达 1.25 亿 m^3/d，污水管网总长度超过 15 万 km，全国 92.8%的设市城市、65%的县城均已建有污水处理厂，16 个省、自治区、直辖市实现了"每个县（市）均建有城镇污水处理厂"的目标。与 2005 年年底相比，新增污水处理厂 1 882 座、污水处理能力 6 500 多万 m^3/d、污水管网约 6 万 km。"十一五"期间，全国污水处理设施建设投资累计达 3 766 亿元，年均增速约 28%，其中城市 2 869 亿元，县城 897 亿元，超额完成"十一五"规划投资。

3.1.3.3 重点流域水污染防治工程

"十一五"期间,全面建立了重点流域省界断面水质考核制度,分工负责、团结协作的水污染防治工作格局已经形成。淮河、海河、辽河、巢湖、滇池、松花江、三峡库区及其上游、黄河中上游等流域水污染防治规划确定的 2 714 个治理项目中,已完成(含调试)2 364 个,占总数的 87%;正在建设 241 个,占总数的 9%。到 2010 年年底,Ⅰ~Ⅲ类国控水质断面比例由 2005 年的 24.4%上升为 44.2%,劣Ⅴ类国控水质断面比例从 36.4%下降为 25.8%,高锰酸盐指数年均值下降了 35.9%,重点流域水环境质量明显改善。南水北调东线 426 个规划项目中,404 个已完成,占总数的94.8%;正在建设 22 个,占总数的 5.2%。南水北调中线丹江口水库及上游水污染防治和水土保持规划确定的 97 个规划项目中,38 个项目已完成,正在建设 19 个,已建和在建项目占总数的 58.7%。开展了 9 大湖(库)生态安全评价,湖泊综合治理不断深化。总体上看,在经济社会快速发展的情况下,重点流域水污染防治规划实施进展顺利,水污染防治工作取得积极进展,水污染加剧的趋势得到基本遏制。"十一五"完成规划投资 1 389 亿元。

3.1.3.4 燃煤电厂及钢铁行业烧结机烟气脱硫工程

"十一五"期间,国务院批准实施了《国家酸雨和二氧化硫污染防治"十一五"规划》,实施了燃煤电厂脱硫电价和绿色调度政策。到 2010 年年底,全国累计建成运行 5.78 亿 kW 燃煤电厂脱硫设施,火电脱硫机组比例从 2005 年的 12%提高到82.6%;全国共建成 170 台钢铁烧结机烟气脱硫装置,占全国烧结机台数的比例达到15.6%。

3.1.3.5 危险废物和医疗废物处置

2010 年,全国持危险废物经营许可证的单位年利用处置能力达 2 325 万 t(其中,医疗废物年处置能力 59 万 t),较 2006 年提高 226%;实际利用处置危险废物(不含铬渣)约 840 万 t,较 2006 年提高 180%;不少经营单位在突发环境污染事件的危险废物应急处置中发挥了重要作用。截至 2010 年年底,已建成《全国危险废物和医疗废物处置设施建设规划》内 23 个危险废物集中处置项目和 215 个医疗废物集中处置项目,占规划建设设施总数的 71.3%,形成危险废物集中处置能力 98.4 万 t/a,医疗废物集中处置能力 45.0 万 t/a。

3.1.3.6 核与辐射安全工程

"十一五"期间,国务院批复实施了《核安全与放射性污染防治规划》和《部分重点单位中长期退役治理规划》。国防科工局等单位制定实施了《全国低、中水平放射性固体废物区域处置场》等规划。围绕重点领域,加快中低放射性和遗留放射性等废物的治理。稳步开展放射性污染防治工作,高风险污染源逐步得到控制。积极开展核与辐射安全技术研发。在建核设施质量得到有效控制,核安全设备质量逐步提高,在役核设施安全运行,核技术利用活动基本实现生产、销售、使用、进出口和回收等全过程管控。全国辐射环境监测网运行正常,全国辐射环境质量状况保持良好。

3.1.3.7 铬渣污染综合防治

"十一五"期间,《铬渣污染综合整治方案》得到进一步落实,截至 2010 年年底,全国已累计处置历史堆存铬渣 337.6 万 t,占方案内治理总量的 81%。

3.1.3.8 重点生态功能保护区和自然保护区建设工程

"十一五"期间,重点区域的生态保护与建设力度加大,继续实施了退耕还林、天然林保护、京津风沙源治理、"三北"防护林体系等重大生态建设工程,启动和开展了退牧还草、青海三江源地区、甘南黄河重要水源补给区、岩溶地区石漠化综合治理以及塔里木河、黑河、石羊河流域治理工程,森林、湿地和草地等生态系统的保护和恢复成效显著。全国森林面积 19 545 万 hm^2,森林覆盖率达到 20.36%,增加 2.15 个百分点,森林生态功能不断增强。颁布实施《全国湿地保护工程实施规划(2005—2010 年)》,国际重要湿地总数达到 37 块,受保护的天然湿地面积达到 1 795 万 hm^2,占全国自然湿地总面积的 50.3%。颁布实施《全国草原保护建设利用总体规划》,不断加大退牧还草力度,天然草地围栏 4 500 万 hm^2,补播草地 970.9 万 hm^2,共投入 115 亿元。

3.1.3.9 农村小康环保行动工程

"十一五"期间,我国重点加强了农村环境综合整治。国务院办公厅转发了《关于加强农村环境保护工作的意见》,实施"以奖促治、以奖代补"的政策措施,设立了中央农村环保专项资金,支持了 6 600 个村镇开展环境综合整治和生态示范建设,2 400 多万农村人口直接受益。重点治理了 180 多个严重危及群众健康、群众反映强烈的"问题村"。累计创建国家级环境优美乡镇 1 027 个,累计建成农村清洁工程示范村 1 000 多个。全国农村自来水普及率由 2005 年的 61.32%提高到 2010 年的 71.18%,改水累计受益人口 9.03 亿人。建设完成 827 万户农村无害化卫生厕所。农村户用沼气池达到 4 000 万户,占全国适宜农户的 33%,受益人口达 1.55 亿人。"十一五"期间共安排中央投资 40 亿元,带动地方投资近 80 亿元。

3.1.3.10 城市垃圾处理工程

截至 2010 年年底,全国城市生活垃圾年清运量 2.21 亿 t,其中设市城市 1.58 亿 t,县城 0.63 亿 t;已建成生活垃圾无害化处理厂 1 076 座,其中设市城市 628 座,县城 448 座;无害化处理能力 1.67 亿 t/a,其中设市城市 1.42 亿 t/a,县城 0.25 亿 t/a;无害化处理量 1.4 亿 t,其中设市城市 1.23 亿 t,县城 0.17 亿 t。全国城市生活垃圾无害化处理率 63.5%,其中设市城市 77.9%,县城 27.4%。与 2005 年相比,全国城市生活垃圾无害化处理率提高 28.71 个百分点,其中设市城市提高 26.25 个百分点,县城提高 20.21 个百分点;生活垃圾无害化处理能力增加 22.04 万 t/d,其中设市城市增加 17.70 万 t/d,县城增加 4.33 万 t/d。"十一五"期间生活垃圾无害化处理设施建设完成投资 561 亿元。

3.1.3.11 小结

"十一五"期间,环境监管能力建设工程实际投资较投资需求增加 106.9%,城镇污水处理工程实际投资较投资需求增加 13.4%，重点流域水污染防治工程实际投资较投资需求增加 45.8%，重点生态功能保护区和自然保护区建设工程实际投资较投资需求增加 15%，农村小康环保行动工程实际投资较投资需求增加 140%，城市垃圾处理工程实际投资较投资需求减少 23.5%（表 3-4，图 3-3）。

表 3-4 "十一五"期间重点工程实际投资与投资需求对比　　　　　单位：亿元

重点工程	投资需求	实际投资
环境监管能力建设	145	300
城镇污水处理工程	3 320	3 766
重点流域水污染防治工程	953	1 389
重点生态功能保护区和自然保护区建设工程	100	115
农村小康环保行动工程	50	120
城市垃圾处理工程	733	561

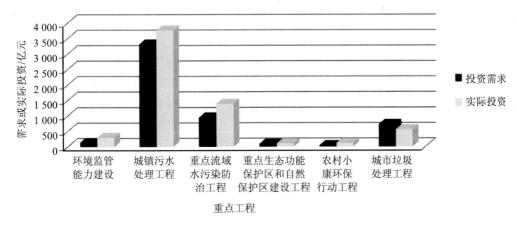

图 3-3 "十一五"期间重点工程实际投资与投资需求对比

3.2 环保投资宏观预测模型方法

3.2.1 灰色预测模型

3.2.1.1 模型原理

灰色系统（Grey System）理论是我国学者邓聚龙教授于 20 世纪 80 年代初创立的一种兼备软硬科学特性的新理论。该理论将信息完全明确的系统定义为白色系统，将信息完全不明确的系统定义为黑色系统，将信息部分明确、部分不明确的系统定义为灰色系统。灰色预测预报不是把观测到的数据序列视为一个随机过程，而是看作随时间变化的灰色量和灰色过程，通过累加生成和累减生成，逐步使灰色量白化，从而建立相应于微分方程解的模型并做出预测、预报。应用灰色 GM（1，1）可以对数据进行处理和预测，灰色预测系统使用的数据量可多可少，数据可以是线性的，也可以是非线性的，因此它与线性回归预测模型相比，优点是可以处理非线性问题，和模糊预测模型相比，优点是所使用的数据量很少，而且可随时对模型进行修正以提高其预测精度。

3.2.1.2　建模步骤

GM（1，1）模型是目前使用最广泛的预测一个变量、一阶微分方程的预测模型，模型建立步骤如下：

步骤 1：构造模型

①记原始数列 $X^{(0)}$ 为：$X^{(0)}=\{X^{(0)}(1),\ X^{(0)}(2),\ \cdots,\ X^{(0)}(n)\}$，通过一阶累加生成新序列 $X^{(1)}$：$X^{(1)}=\{X^{(1)}(1),\ X^{(1)}(2),\ \cdots,\ X^{(1)}(n)\}$。其中，$X^{(1)}(k)=\sum_{j=1}^{k}X^{(0)}(j)$。

②对 $X^{(0)}$ 作光滑性检验，令 $p(k)=\dfrac{X^{(0)}(k)}{X^{(1)}(k-1)}$，当 $k>3$ 时，如果 $p(k)<0.5$，则满足光滑性检验；

③检验 $X^{(1)}$ 是否具有指数规律，令 $\sigma^{(1)}(k)=\dfrac{X^{(1)}(k)}{X^{(1)}(k-1)}$，当 $k>3$ 时，如果 $1<\sigma^{(1)}(k)<1.5$，则满足指数规律，可以对 $X^{(1)}$ 建立 GM（1，1）模型。

④令 $Z^{(1)}(k)$ 为 $X^{(1)}(k)$ 的紧邻均值生成序列，其中 $Z^{(1)}(k)=\{Z^{(1)}(2),\ Z^{(1)}(3),\ \cdots,$ $Z^{(1)}(n)\}$，$Z^{(1)}(i)=[x^{(1)}(i-1)+x^{(1)}(i)]/2$，则 GM（1，1）的灰微分方程模型为：

$$X^{(0)}(k)+aZ^{(1)}(k)=u \qquad (3.1)$$

式中：a —— 发展系数；

u —— 内生控制灰数。

⑤式（3.1）的白化形式的微分方程表示为：

$$\frac{\mathrm{d}X^{(1)}(t)}{\mathrm{d}t}+aX^{(1)}(t)=u \qquad (3.2)$$

对灰微分方程求解，得到其离散通解为

$$\hat{X}^{(1)}(k+1)=-\frac{C}{a}\mathrm{e}^{-ak}+\frac{u}{a} \qquad (3.3)$$

式中，C 为积分常数，需要通过一个边界条件来确定。在目前所采用的预测模型中，都是假定：

$$X^{(1)}(1)=X^{(0)}(1) \qquad (3.4)$$

式（3.3）在式（3.4）条件下的特解为：

$$\hat{X}^{(1)}(k+1) = [X^{(0)}(1) - \frac{u}{a}]e^{-ak} + \frac{u}{a} \qquad k = 1, 2, \cdots, n \qquad (3.5)$$

式（3.5）即为式（3.2）的定解。

⑥参数估计：记 $\hat{a} = (a, u)^{\mathrm{T}}$，则其估计值可由 $\hat{a} = [a, u]^{\mathrm{T}} = (\boldsymbol{B}^{\mathrm{T}}\boldsymbol{B})^{-1}\boldsymbol{B}^{\mathrm{T}}y$ 计算，式中 $\boldsymbol{B}$ 以及 y 用式（3.6）计算。

$$\boldsymbol{B} = \begin{bmatrix} -\frac{1}{2}[X^{(1)}(1) + X^{(1)}(2)] & 1 \\ -\frac{1}{2}[X^{(1)}(2) + X^{(1)}(3)] & 1 \\ \cdots & \cdots \\ -\frac{1}{2}[X^{(1)}(n-1) + X^{(1)}(n)] & 1 \end{bmatrix}$$

$$y = \begin{bmatrix} X^{(0)}(2) \\ X^{(0)}(3) \\ \vdots \\ X^{(0)}(n) \end{bmatrix} \qquad (3.6)$$

⑦预测方程：即式（3.6）的解为：

$$\hat{X}^{(1)}(k+1) = [X^{(1)}(1) - \frac{u}{a}]e^{-ak} + \frac{u}{a} \qquad k = 1, 2, \cdots, n \qquad (3.7)$$

根据该式推算出原序列：

$$\hat{X}^{(0)}(k+1) = \hat{X}^{(1)}(k+1) - \hat{X}^{(1)}(k) \qquad k = 1, 2, \cdots, n \qquad (3.8)$$

步骤 2：绝对误差与相对误差检验

绝对误差序列：$\varepsilon^{(0)}(i) = x^{(0)}(i) - \hat{x}^{(0)}(i) \qquad (i = 1, 2, \cdots, n)$

相对误差序列：$\varphi_i = \dfrac{\varepsilon^{(0)}(i)}{X^{(0)}(i)} \qquad (i = 1, 2, \cdots, n)$

平均相对残差：$\bar{\varphi} = \dfrac{1}{n}\sum\limits_{i=1}^{n}\varphi_i$，其中，相对误差越小，模型精度越高

步骤 3：模型预测

3.2.1.3 模型应用

郭志达等利用 GM（1，1）模型预测 2000—2004 年我国的环保投资。根据中国 2000—2005 年环保投资总额，以 2000 年为基准期，预测环保投资并与实际投资比较

（表 3-5）。

表 3-5　2000—2005 年中国环境保护投资

年份	投资额/亿元					
	2000	2001	2002	2003	2004	2005
环保投资	1 060.7	1 106.6	1 367.2	1 627.7	1 909.8	2 388

对 $X^{(0)}$ 作准光滑性检验，当 $t>3$ 时，变量满足准光滑性检验；当 $t>3$ 时，$X^{(1)}$ 满足准指数规律，构建模拟方程：

$$X^{(1)}(t+1) = (1\,014.9 + 4\,800.4)\mathrm{e}^{-at} - 4\,800.4 \qquad t=1,2,\cdots,n \qquad (3.9)$$

$$\hat{X}^{(0)}(t+1) = X^{(1)}(t+1) - X^{(1)}(t) \qquad t=1,2,\cdots,n \qquad (3.10)$$

表 3-6　预测计算结果（2000—2004 年）

年份	$X^{(0)}$	$\hat{X}^{(0)}$	残差	相对误差/%
2000	1 014.9	1 014.9	0	0
2001	1 106.6	1 126.5	−19.9	1.8
2002	1 367.2	1 344.7	22.5	1.64
2003	1 627.7	1 605.2	22.5	1.38
2004	1 909.8	1 916.2	−6.4	0.33

注：$\hat{X}^{(0)}$ 为预测数据，$X^{(0)}$ 为实际数据。

从表 3-6 可以看出，预测精度较高，相对误差控制在 2% 以内。进而预测 2006—2008 年我国环保投资情况，如表 3-7 所示。

表 3-7　预测计算结果（2006—2008 年）

年份	$X^{(0)}$	$\hat{X}^{(0)}$	残差	相对误差/%
2006	2 566	2 793.7	−227.7	−8.9
2007	3 384.6	3 306.5	78.1	2.3
2008	4 490.3	3 913.6	576.7	12.8

可以看出，预测精度下降明显。由于 GM（1，1）模型的单变量变化率是一个指数分量，随时间的发展变化过程是单调的。当动态序列满足检验要求时，预测效果较好，反之则不理想。

3.2.2　时间序列 ARMA 预测模型

3.2.2.1　模型原理

时间序列分析（Times Series Analysis）是一种动态数据处理的统计方法。该方法基于随机过程理论和数理统计学方法，研究随机数据序列所遵从的统计规律，用以解决民生发展的实际问题。其包括一般统计分析（如自相关分析、谱分析等）、统计模型的建立与推断，以及关于时间序列的最优预测、控制与滤波等内容。

时间序列分析是定量预测方法之一，它的基本原理：一是承认事物发展的延续性，应用过去数据，就能推测事物的发展趋势；二是考虑到事物发展的随机性，任何事物发展都可能受偶然因素影响，为此要利用统计分析中加权平均法对历史数据进行处理。

ARMA 模型的全称是自回归滑动平均（auto regression moving average）模型，它是目前最常用的拟合平稳序列的模型。建模的基本思路是：时间序列 $\{X_t\}$ 为它的当前与前期的误差和随机项，以及它的前期值的线性函数，ARMA 模型可以近似表示为：

$$x_t = \alpha_1 x_{t-1} + \alpha_2 x_{t-2} + \cdots + \alpha_p x_{t-p} + U_t - \theta_1 U_{t-1} - \theta_2 U_{t-2} - \cdots - \theta_q U_{t-q} \qquad (3.11)$$

其中：U_t 是独立同分布的随机变量序列，则称时间序列 $\{x_t\}$ 服从（p，q）阶自回归移动平均模型，记为 ARMA（p，q）。p 为自回归系数，q 为移动平均系数。

3.2.2.2　建模步骤

（1）对序列的平稳性进行识别　根据时间序列的散点图、自相关函数和偏自相关函数图以 ADF 单位根检验其方差、趋势及其季节性变化规律，对序列的平稳性进行识别。

（2）对非平稳序列进行平稳化处理　如果数据序列是非平稳的，并存在一定的增长或下降趋势，则需要对数据进行差分处理。如果数据存在异方差，则需对数据进行技术处理，直到处理后的数据的自相关函数值和偏相关函数值无显著地异于零。

（3）根据时间序列模型的识别规则建立相应的模型　若平稳序列的偏自相关函数是截尾的，而自相关函数是拖尾的，可断定序列适合 AR 模型；若平稳序列的偏自相关函数是拖尾的，而自相关函数是截尾的，则可断定序列适合 MA 模型；若平稳序列的偏自相关函数和自相关函数均是拖尾的，则序列适合 ARMA 模型。

（4）进行参数估计，检验是否具有统计意义。

（5）进行假设检验，诊断残差序列是否为白噪声。

（6）利用已通过检验的模型进行预测分析。

预测程序如图 3-4 所示。

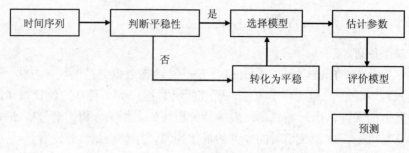

图 3-4   ARMA 模型的预测程序

3.2.2.3   模型应用

李惠利用 ARMA 模型，通过 1980—2007 年我国全社会固定资产投资的相关数据，对我国全社会固定资产投资进行了预测。

通过对原始时间序列的分析比较，建立了 ARMA（4，2，4）模型：

D（LOGX，2）= 0+[AR（4）= –0.492 841 856 4，MA（4）= 0.955 244 505 3，BACKCAST=1986]（其中 X 为原始数据）

该模型系数均通过 t 检验及整个方程也通过了 F 检验，说明建立的方程是显著的，用所建立的模型预测的结果及相对误差见表 3-8。

表 3-8   用所建立的模型预测的结果及相对误差　　　　　　　单位：亿元

年份	实际值	预测值	相对误差
2005	88 773.6	91 079.08	0.025 982
2006	109 998.2	111 466.9	0.013 352
2007	137 323.9	134 257.5	0.022 330
2008	—	160 012.5	—
2009	—	190 477.1	—

3.2.3   协整预测模型

3.2.3.1   模型原理

协整理论是 20 世纪 80 年代由 Engle 和 Granger 等人创建的一种计量经济学分析方法，主要用于探求非平稳经济变量间所蕴含的长期均衡关系。协整模型所涉及的变量是具有相同单整阶数的变量。单整的定义就是当序列 Y 经过 p 次差分后具有平稳性，则称该序列为 p 阶单整序列，表示为 $I(p)$。

协整的定义可以表述为：如果两时间序列 $X_t \sim I(d)$，$Y_t \sim I(d)$，而这两个时间序列的线性组合 $aX_t + bY_t$ 是（d–b）阶单整，即：

$$aX_t + bY_t \sim I(d-b)(d \geqslant b \geqslant 0)$$

则 X_t，Y_t 被称为是（$d-b$）阶协整的，记为 X_t，$Y_t \sim CI(d-b)$。

这里 CI 是协整的符号，此时两变量线性组合的系数向量（a，b）被称为协整向量。

协整定义表明：即使两个时间序列是非平稳的，但它们可能存在某个线性组合是平稳的。显然两个时间序列之间的这种稳定或平稳的关系，就是对经济学中的所说的规律性的一种定量描述。所以，研究变量之间的协整关系就等同于研究这些变量之间的定量规律。

3.2.3.2　建模步骤

（1）对数据平稳性进行检验　检验变量是否稳定的过程称为单位根检验（Unit Root Test）。平稳序列将围绕一个均值波动，并有向其靠拢的趋势，而非平稳过程则不具有这个性质。单位根检验方法很多，一般有 DF、ADF 检验和 Philips 的非参数检验（PP 检验），其中基于残差的 ADF 检验（Augmented Dickey-Fuller Test）是最常用的检验方法，检验原理为：通过假定时间序列是一个 P 阶自回归过程，增加一个滞后的差分项来解决误差项的高阶序列相关问题，即检验方程：

$$\Delta y_t = \alpha + \beta_t + (r-1)y_{t-1} + \sum_{j=1}^{m}\delta_j \Delta y_{t-j} + \varepsilon_t \tag{3.12}$$

式中：α、β、δ_j —— 参数；

　　　ε_t —— 随机误差项，是服从独立同分布的白噪声过程，当 ADF 检验结果拒绝了零假设，就可认为时间序列是平稳的。

（2）协整检验　协整检验通常有两种检验方法：Engle～Granger 两步法（即 E-G 两步法），Johansen 极大似然法（即 JJ 检验法）。Engle～Granger 两步法的检验步骤是，在给定的显著性水平下，时间序列变量 X，Y 之间是否是协整的，首先要检验序列 X，Y 是否为同阶单整，若成立，则具备了各变量为协整的必要条件，然后建立 X，Y 之间的长期均衡关系，对残差项再进行平稳性检验，如 ε_t 为 $I(0)$ 序列（即残差项与时间 t 没有关系），则序列 X，Y 之间为协整关系。

3.2.3.3　模型应用

采用协整模型对"十二五"水污染防治投资进行了预测。

表 3-9 为 2001—2008 年水污染防治投资和相关经济指标数据，首先对样本数据进行对数化处理，不改变指标特征。

设水污染防治投资为 WI，固定资产投资为 AI，工业增加值为 IAV，财政收入为 PF，对数化后的变量可分别设定为 LWI、LIVA、LGDP、LAI、LPF。对序列进行 ADF 检验，检验结果见表 3-10。

表 3-9 2001—2008 年水污染防治投资与相关经济参数   单位：亿元

年份	水污染防治投资	GDP	固定资产投资	工业增加值	财政收入
2001	364.7	109 655.2	37 213.5	28 329.4	16 386.04
2002	424.8	120 332.7	43 499.9	32 994.8	18 903.64
2003	560.1	135 822.8	55 566.6	41 990.2	21 715.25
2004	609.4	159 878.3	70 477.4	54 805.1	26 396.47
2005	699	183 867.9	88 773.6	72 187	31 649.29
2006	712.8	210 871	109 998.2	91 075.7	38 760.2
2007	1 002.6	249 529.9	137 323.9	117 048.4	51 321.78
2008	1 291.7	300 670	172 828.4	—	61 330

注：数据来源于《中国统计年鉴》和《中国环境统计年报》，2006—2008 年水污染治理投资数据为估算数据，2008 年无工业增加值数据，不再统计。

表 3-10 各变量 ADF 检验结果

变量	检验形式 (C, T, K)	ADF 检验值	5%临界值	差分变量	检验形式 (C, T, K)	ADF 检验值	5%临界值	结论
LWI	$(C, T, 1)$	−1.964 348	−4.773 194	Δ^2LWI	$(C, T, 0)$	−6.087 703	−5.338 346	I（2）
LGDP	$(C, T, 1)$	−0.543 251	−4.773 194	Δ^2LGDP	$(0, 0, 1)$	−2.868 433	−2.082 319	I（2）
LIVA	$(C, T, 1)$	−1.752 386	−5.338 346	ΔLIVA	$(C, T, 1)$	−74.851 79	−5.338 346	I（1）
LAI	$(C, T, 1)$	−2.845 543	−4.773 194	ΔLAI	$(C, T, 0)$	−7.509 510	−4.773 194	I（1）
LPF	$(C, T, 1)$	−0.400 724	−4.773 194	ΔLPF	$(C, T, 1)$	−74.851 79	−5.338 346	I（1）

由表 3-10 可知，LWI、LGDP、LIVA、LAI 和 LPF 的 t 统计量值比显著性水平为 5%的临界值大，所以，序列都存在单位根，都是非平稳的。经一阶差分后，LIVA、LAI 和 LPF 3 个序列在 5%的显著水平下是平稳的，得到 LIVA～I（1）、LAI～I（1）、LPF～I（1）。另外，经二阶差分后，得到 LWI～I（2）、LGDP～I（2）。LWI 和 LGDP 满足同阶单整，构造检验方程：

$$\text{LWI}=1.149\ 821\ 422 \cdot \text{LGDP} - 7.387\ 999\ 254 \qquad (3.13)$$

对残差序列 Residual 进行单位根检验，结果见表 3-11。

表 3-11 残差序列 Residual 的 ADF 检验结果

		置信度 1%的临界值	−3.007 406
ADF 统计量	−2.246 416	置信度 5%的临界值	−2.021 193
		置信度 10%的临界值	−1.597 291

从表 3-11 中可以得出，在 5% 的显著性水平下，残差序列是平稳的，说明它们之间存在协整关系。根据协整方程，预计"十二五"期间我国水污染防治投资额如表 3-12 所示。

表 3-12　2011—2015 年我国水污染防治投资预测值　　　　单位：亿元

年份	2011	2012	2013	2014	2015	合计
投资预测值	1 836.8	1 985.4	2 146.0	2 319.6	2 507.3	10 795.2

3.2.4　模型比较

灰色预测模型 GM（1，1）进行预测较之其他常规预测法有以下显著特点：①进行预测所需原始数据量小，预测精度较高，无须像其他预测法要么需要数据量大且规律性强，要么需要凭经验给出系数；②理论性强，计算方便，借助计算机及其程序设计语言或相关软件间接计算，使得数据处理简便、快速、准确性好；③采用对系统的行为特征数据进行生成的方法，对杂乱无章的系统的行为特征数据进行处理，从杂乱无章的现象中发现系统的内在规律。

时间序列模型是一种重要的预测模型，其预测模型都比较简单，它对资料的要求比较单一，只需要本身的历史数据，因此，在实际情况中有着广泛的适用性。时间序列预测一般反映三种实际变化规律：趋势变化、周期性变化、随机性变化。例如，根据某一地区在连续时段内，各个产业的生产值的变化来相应的判断其经济发展状况，并根据其状况进行经济预测，有效地作相应产业调整。

协整预测模型考虑到了预测目标受到的多个因素影响，并对它们之间的关系进行定量化处理，预测结果能够更好地反映目标变量的未来趋势。通过理论分析与实验验证，发现协整预测模型具有以下特点：①预测精度高，能够准确建立起变量之间的协整关系，从而能够实现准确预测；②计算速度快，协整建模虽然过程复杂，但因为最终表现形式是基本的线差公式，一旦协整方程建立以后，应用时计算过程简单；③可以避免线性回归过程中出现的虚假回归现象，这样在实际应用时便能够控制预测误差在合理范围之内。对于线性回归来说，即使建模过程中误差比较小，但是由于无法判别是否虚假回归，小的误差可能只是巧合，难以保证在应用过程中的准确度。

三种方法对于短期预测基本上都有较好的效果，长期预测误差会增大。但是，灰色系统模型 GM（1，1）要求序列近似符合指数函数规律才会有较好的预测效果；时间序列模型中，不论是平稳序列构建 ARMA 模型，还是非平稳序列构建 ARIMA 模型，都要求较大的样本量才会有较好的预测效果；协整分析要求序列满足一定的单整条件方可建模（表 3-13）。

表 3-13　预测方法比较

方案	数据要求	预测精度		适用范围
		短期	中长期	
灰色预测模型	若干年份，样本数量要求小	精度较高	精度低	适用于短期、中期、长期预测
时间序列预测模型	样本数量要求大	精度较高	精度较低	1～3个时期的短期预测
协整预测模型	样本数量要求适中	精度较高	精度较低	适用于中长期预测

　　根据各模型的特征和要求，基于现有的环保投资数据，选取采用灰色预测模型和协整预测建模方法预测"十二五"期间我国环保投资总量。

3.3　"十二五"期间环保投资预测

3.3.1　环保投资需求宏观预测

3.3.1.1　基于灰色模型的环保投资需求预测

　　近年来，我国对环保投资逐年加大，较以往有了较大幅度的提高。表 3-14 显示了我国 2000—2010 年环保投资总额（《2011 年中国统计年鉴》）的变化情况。以此建立 GM（1，1）模型对"十二五"期间各年的环保投资总额进行预测。

表 3-14　2000—2010 年环保投资总额　　　　　单位：亿元

年份	2000	2001	2002	2003	2004	2005	2006	2007	2008	2009	2010
环保投资额	1 060.7	1 106.6	1 367.2	1 627.7	1 909.8	2 388	2 566	3 384.3	4 490.3	4 525.2	6 654.2

　　（1）对原序列作准光滑性检验　数值如表 3-15 所示。

表 3-15　原序列光滑性检验值

K	1	2	3	4	5	6	7	8	9	10	11
$p(k)$	—	1.043	0.631	0.461	0.370	0.338	0.271	0.281	0.291	0.227	0.272

　　当 $k>3$ 时，$p(k)<0.5$，满足准光滑性检验，符合检验条件。
　　（2）检验生成序列 $X^{(1)}$ 是否具有指数规律　检验值如表 3-16 所示。

表 3-16　生成序列指数规律检验值

K	1	2	3	4	5	6	7	8	9	10	11
$Z^{(1)}(k)$	—	2.043	1.631	1.461	1.370	1.338	1.271	1.281	1.291	1.227	1.272

当 $k>3$ 时，$1<Z^{(1)}(k)<1.5$，满足指数规律，可以建立 GM（1，1）模型。

（3）建立模型　用 matlab 程序运算，得参数估计值为：$\hat{\alpha}=[-0.199\,5, 703.420\,5]^{\mathrm{T}}$，则所建立的 GM（1，1）预测模型为：

$$\hat{X}^{(1)}(k+1)=4\,586.6\mathrm{e}^{0.199\,5k}-3\,525.3$$

（4）模型检验　通过对模型进行残差检验，得平均相对残差为 6.39%，模型勉强合格。因为发展系数 a 满足 $-a\leqslant0.3$，所以 GM（1，1）模型适用于中长期预测。以此模型对 2011—2015 年的环保投资总额进行预测，结果如表 3-18 所示。

单位：亿元

表 3-17　GM（1，1）模拟精度

年份	实际数据	模拟数据	残差	相对误差/%
2000	1 060.7	1 060.7	0	0
2001	1 106.6	1 012.6	94	8.49
2002	1 367.2	1 236.2	131	9.58
2003	1 627.7	1 509.1	118.6	7.29
2004	1 909.8	1 842.2	67.6	3.54
2005	2 388	2 248.9	139.1	5.82
2006	2 566	2 745.4	-179.4	6.99
2007	3 384.3	3 351.5	32.8	0.97
2008	4 490.3	4 091.4	398.9	8.88
2009	4 525.2	4 994.6	−469.4	10.37
2010	6 654.2	6 097.2	557	8.37
平均相对残差	—	—	—	6.39

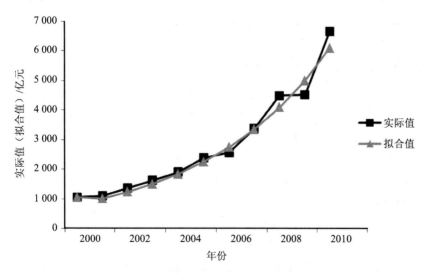

图 3-5　实际值与拟合值示意图

表 3-18　GM（1，1）模型预测结果　　　　　　　　单位：亿元

年份	2011	2012	2013	2014	2015	"十二五"期间合计
预测值	7 443.2	8 086.3	10 092	12 354.1	15 530	53 505.6

3.3.1.2　基于协整模型的环保投资需求预测

选取宏观经济指标 GDP、固定资产投资、财政收入，考虑各经济指标与环保投资存在关联性，通过协整分析建模进行预测。由于数据样本区间选取不同，会对数据单整检验结果产生一定影响。

根据国家统计局发布的《中华人民共和国 2010 年国民经济和社会发展统计公报》，以及《中华人民共和国国民经济和社会发展第十二个五年规划纲要》发布的我国"十二五"期间国内生产总值年均增长 7%；全社会固定资产投资占 GDP 的比重不可能无限度增长，根据"十一五"末的比重，考虑"十二五"期间全社会固定资产投资占 GDP 的比重约为 60%；"十一五"期间财政收入占 GDP 的比重约为 20%，较为稳定，"十二五"期间财政收入按照占 GDP 20%进行测算。

（1）方案 1：原始数据　方案 1 考虑 GDP、全社会固定资产投资和财政收入 3 项经济指标预测环保投资。设环保投资为 EP，全社会固定资产投资为 AI，财政收入为 PF，环保投资和各经济指标取对数为 LEP、LGDP、LAI、LPF。环保投资与各经济指标单整检验见表 3-19。

表 3-19　经济指标单整检验

变量	检验形式 (C,T,K)	检验值	5%临界值	平稳性	差分变量	检验形式 (C,T,K)	检验值	5%临界值	平稳性
LEP	($C,T,2$)	−4.628 11	−3.587 527	平稳	Δ LEP	—	—	—	—
LGDP	($C,T,1$)	−2.682 128	−3.580 623	非平稳	Δ LGDP	($C,T,1$)	−3.305 323	−2.976 263	平稳
LAI	($C,T,1$)	−3.772 786	−3.580 623	平稳	Δ LAI	—	—	—	—
LPF	($C,T,0$)	−1.198 520	−3.574 244	非平稳	Δ LPF	($C,T,1$)	−4.943 213	−3.587 527	平稳

经检验，环保投资与全社会固定资产投资满足同阶单整，构建回归方程：LEP=1.024 748 601·LAI−3.981 187 839，残差平稳，方程拟合优度达到 99%，故两者之间存在协整关系，进而预测环保投资，见表 3-20。

（2）方案 2：全社会固定资产投资扣除房地产投资　方案 2 考虑 GDP、全社会固定资产投资和财政收入 3 项经济指标预测环保投资。考虑到近年来房地产投资增长迅猛，但是基本与环保投资无关联性，从而降低了基于全社会固定资产投资预测环保投资的科学合理性，故本方案将房地产投资从全社会固定资产投资中扣除后预测"十二五"期间环保投资。基于 1995—2010 年的历史数据，设环保投资为 EP，全社会固定资产投资为 AI，财政收入为 PF，环保投资和各经济指标取对数为 LEP、LGDP、LAI、LPF。环保投资与各经济指标单整检验见表 3-21。

表 3-20　投资预测情况及对比

年份	环保投资总量/亿元	预测值	误差/%
2001	1 106.6	901.2	−18.56
2002	1 367.2	1 057.5	−22.65
2003	1 627.7	1 359.0	−16.51
2004	1 909.8	1 733.9	−9.21
2005	2 388	2 196.5	−8.02
2006	2 566	2 736.2	6.63
2007	3 384.3	3 434.7	1.49
2008	4 490.3	4 333.6	−3.49
2009	4 525.2	5 692.8	25.80
2010	6 654.2	7 078.9	6.38
2011	—	6 543.4	—
2012	—	7 013.2	—
2013	—	7 516.6	—
2014	—	8 056.3	—
2015	—	8 634.7	—
"十二五"期间合计	—	37 764.2	

表 3-21　经济指标单整检验

变量	检验形式(C,T,K)	检验值	5%临界值	平稳性	差分变量	检验形式(C,T,K)	检验值	5%临界值	平稳性
LEP	(C,T,3)	−3.163 181	−3.875 302	非平稳	ΔLEP	(C,N,0)	−6.189 682	−3.098 896	平稳
LGDP	(C,T,3)	−3.770 614	−3.875 302	非平稳	Δ^2LGDP	(C,N,2)	−2.497 443	−1.977 738	平稳
LAI	(C,T,0)	−1.237 398	−3.759 743	非平稳	Δ^2LAI	(0,N,2)	−3.296 626	−1.970 978	平稳
LPF	(C,T,2)	−1.532 7	−3.759 743	非平稳	ΔLPF	(C,T,1)	−4.145 724	−3.828 975	平稳

　　经检验，环保投资与财政收入满足同阶单整条件，构建回归方程：
LEP=1.066 864·LPF−3.343 150，残差平稳，方程拟合优度达到 98.77%，故两者之间
存在协整关系，进而预测环保投资，见表 3-22。

　　（3）方案 3：环保投资扣除园林绿化投资　方案 3 考虑 GDP、全社会固定资产
投资和财政收入 3 项经济指标预测环保投资。考虑到近年来城市环境基础设施建设
投资中园林绿化增长迅速，2010 年出现异常值，将在一定程度上影响环保投资预测
的合理性，故将园林绿化从环保投资中扣除后预测"十二五"期间环保投资，园林
绿化基于 2009 年数据年均增长 25%计算再补充计入预测的环保投资中。设环保投资
为 EP，全社会固定资产投资为 AI，财政收入为 PF，环保投资和各经济指标取对数
为 LEP、LGDP、LAI、LPF。环保投资与各经济指标单整检验见表 3-23。

表 3-22　预测情况及对比

年份	环保投资总量/亿元	预测值/亿元	误差/%
2001	1 106.6	1 107.5	0.1
2002	1 367.2	1 290.0	−5.6
2003	1 627.7	1 495.6	−8.1
2004	1 909.8	1 841.9	−3.6
2005	2 388	2 235.4	−6.4
2006	2 566	2 775.1	8.1
2007	3 384.3	3 744.0	10.6
2008	4 490.3	4 527.8	0.8
2009	4 525.2	5 096.1	12.6
2010	6 654.2	6 261.0	5.9
2011	—	6 488.1	—
2012	—	6 973.7	—
2013	—	7 495.7	—
2014	—	8 056.8	—
2015	—	8 659.8	—
"十二五"期间合计	—	37 674.1	—

表 3-23　经济指标单整检验

变量	检验形式 (C,T,K)	检验值	5% 临界值	平稳性	差分变量	检验形式 (C,T,K)	检验值	5% 临界值	平稳性
LEP	(C,T,2)	−3.543 42	−3.580 623	非平稳	ΔLEP	(C,0,2)	−5.363 681	−2.981 038	平稳
LGDP	(C,T,1)	−2.682 12	−3.580 623	非平稳	ΔLGDP	(0,0,2)	−3.305 323	−2.976 263	平稳
LAI	(C,T,2)	−3.670 52	−3.580 623	平稳	ΔLAI	—	—	—	—
LPF	(C,T,2)	−0.553 33	−3.587 527	非平稳	ΔLPF	(C,T,2)	−4.939 032	−3.587 527	平稳

经检验，环保投资与 GDP、财政收入的单整阶数相同，分别构建回归方程。

a. LEP=1.234 957·LGDP−7.336 927，残差非平稳，不存在协整关系。

b. LEP=1.215 961 963·LPF−5.023 941 702，残差平稳，方程拟合优度达到 97.89%，故两者之间存在协整关系，进而进行预测环保投资。

（4）方案 4：全社会固定资产投资扣除房地产投资且环保投资扣除园林绿化投资　方案 4 考虑 GDP、全社会固定资产投资和财政收入 3 项经济指标预测环保投资。与此同时，一方面考虑到近年来房地产投资增长迅猛，但是基本与环保投资无关联性，因此也降低了全社会固定资产投资预测环保投资的科学合理性；另一方面考虑到近年来城市环境基础设施建设投资中园林绿化增长迅速，2010 年出现异常值，将在一定程度上影响环保投资预测的合理性。故将两方面影响因素剔除后预测

"十二五"期间环保投资。基于 1995—2010 年的历史数据，设环保投资为 EP，全社会固定资产投资为 AI，财政收入为 PF，环保投资和各经济指标取对数为 LEP、LGDP、LAI、LPF。环保投资与各经济指标单整检验见表 3-25。

表 3-24　预测情况及对比

年份	环保投资总量/亿元	预测值/亿元	误差/%
2001	1 106.6	1 039.7	−6.05
2002	1 367.2	1 282.4	−6.20
2003	1 627.7	1 556.3	−4.39
2004	1 909.8	1 924.7	0.78
2005	2 388	2 362.9	−1.05
2006	2 566	2 926.1	14.03
2007	3 384.3	4 038.6	19.33
2008	4 490.3	5 009.92	11.57
2009	4 525.2	5 907	30.54
2010	6 654.2	8 609.3	29.38
2011	—	7 997.2	—
2012	—	8 917.8	—
2013	—	9 976	—
2014	—	11 198.4	—
2015	—	12 617.2	—
"十二五"合计	—	50 706.6	—

注：园林绿化数据 2010 年突增，"十一五"期间年均增长约为 25%，本研究基于 2009 年数据年均增长 25% 计算。

表 3-25　经济指标单整检验

变量	检验形式 (C,T,K)	检验值	5%临界值	平稳性	差分变量	检验形式 (C,T,K)	检验值	5%临界值	平稳性
LEP	$(C,T,3)$	−3.163 181	−3.875 302	非平稳	ΔLEP	$(C,N,0)$	−6.189 682	−3.098 896	平稳
LGDP	$(C,T,3)$	−3.770 614	−3.875 302	非平稳	Δ^2LGDP	$(C,N,2)$	−2.497 443	−1.977 738	平稳
LAI	$(C,T,0)$	−1.237 398	−3.759 743	非平稳	Δ^2LAI	$(0,N,2)$	−3.296 626	−1.970 978	平稳
LPF	$(C,T,2)$	−1.532 7	−3.759 743	非平稳	ΔLPF	$(C,T,1)$	−4.145 724	−3.828 975	平稳

经检验，环保投资与财政收入满足同阶单整，构建回归方程：LEP=0.990 369 351 6·LPF−2.751 673 646，残差平稳，方程拟合优度达到 98.77%，故两者之间存在协整关系，进而预测环保投资，见表 3-26。

表 3-26　预测情况及对比

年份	环保投资总量/亿元	预测值/亿元	误差/%
2001	1 106.6	1 115.7	0.82
2002	1 367.2	1 336.8	−2.22
2003	1 627.7	1 580.7	−2.89
2004	1 909.8	1 886.8	−1.20
2005	2 388	2 239.3	−6.23
2006	2 566	2 663.4	3.80
2007	3 384.3	3 476.1	2.71
2008	4 490.3	4 168.02	−7.18
2009	4 525.2	4 843.1	7.03
2010	6 654.2	7 052.5	5.99
2011	—	6 341.1	—
2012	—	7 038.9	—
2013	—	7 849.6	—
2014	—	8 797.3	—
2015	—	9 911.5	—
"十二五"期间合计	—	39 938.4	—

注：园林绿化数据 2010 年突增，"十一五"期间年均增长约为 25%，本研究基于 2009 年数据年均增长 25% 计算。

3.3.1.3　结果对比分析

基于灰色 GM（1，1）模型的预测结果表明"十二五"期间环保投资需求宏观需求总额为 53 505.6 亿元，模型预测平均相对误差为 6.39%。

从协整模型的 4 个方案的预测结果可以看出，方案 2 测算结果为 3.76 万亿元，该数值最接近《国家环境保护"十二五"规划》提出的全社会环保投资需求约 3.4 万亿元的预测结果。然而，从另一个方面看，方案 4 充分考虑两种因素对环保投资的影响，且该方案的平均相对误差最小（6.27%）（表 3-27）。

表 3-27　环保投资预测结果汇总表

模型	灰色模型	协整模型			
		方案 1	方案 2	方案 3	方案 4
平均相对误差/%	6.39	13.99	16.52	20.33	6.27
"十二五"期间合计/亿元	53 505.6	37 764.2	37 674.1	50 706.6	39 938.4

3.3.2 基于专项规划的投资需求测算

3.3.2.1 专项规划投资需求[①]

(1)《重金属污染综合防治"十二五"规划》 2011年2月,国务院正式批复《重金属污染综合防治"十二五"规划》,该规划对"十二五"期间重金属污染防治的总体目标、主要任务以及投资情况进行了具体安排。

➢ 总体目标:到2015年,集中解决一批危害群众健康和生态环境的突出问题,建立起比较完善的重金属污染防治体系、事故应急体系和环境与健康风险评估体系。重金属相关产业结构进一步优化,污染源综合防治水平大幅度提升,突发性重金属污染事件高发态势得到基本遏制。城镇集中式地表水饮用水水源重点污染物指标基本达标,重点企业实现稳定达标排放,重点区域重点重金属污染物排放量比2007年减少15%,环境质量有所好转,湘江等流域、区域治理取得明显进展;非重点区域重点重金属污染物排放量不超过2007年水平,重金属污染得到有效控制。

➢ 重点项目:第一类为污染源综合治理项目,主要包括减少重金属排放、防止污染事故发生、实现稳定达标排放的项目,包括治污设施升级改造、污染源环境风险防控设施建设、工业园区重金属"三废"集中处理处置、工业企业污染治理项目等。第二类为落后产能淘汰项目,主要包括逐步淘汰不符合产业政策或符合产业政策但污染排放经治理后仍不能稳定达标的企业。包括列入产业结构调整指导目录、产业振兴调整规划、区域产业政策中处于淘汰类别的生产工艺和生产能力;符合产业政策但是多次限期治理仍难以稳定达标的项目。第三类为民生应急保障项目,主要包括饮用水水源保护、应急饮水工程建设等民生应急保障项目,包括对饮用水源形成严重威胁的尾矿库加固项目、饮用水水源地土壤修复项目、应急饮水工程建设项目等。第四类为技术示范项目,主要包括以工程示范带动技术研发和攻关,对采选冶炼清洁生产技术、含重金属污泥综合处理处置、废铅蓄电池资源化利用、植物-微生物-物化联合修复技术、污染源治理技术、污染修复等技术开展示范试点。第五类为清洁生产项目,主要包括以通过加大清洁生产技术改造力度,减少生产工艺过程中重金属副产物或污染物产生,从源头降低环境风险的项目。第六类为基础能力建设项目,主要包括按照重金属污染特征和监测的实际需要,在各地原有能力建设、仪器装备水平基础上,逐级配置重金属实验室监测仪器、在线监测仪器、应急监测仪器、重金属采样和前期处理设备以及监察执法设备,并对人员培训和管理给予经费支持。重点主要任务区域的169个区(县)级和重点省区中的非重点区域的124个地市级环境监测站、监察机构、疾控机构和定点医疗机构进

---

① 部分专项规划目标、任务及投资需求等,来自于规划初稿、征求意见稿等,可能与正式发布的规划存在一定差异,特此说明。

行必要的重金属检验仪器配置，进行重点区域环境基础等调查评估，开展关键技术研发，开展重金属污染生物检测、健康体检和医疗救治等工作，安排相应的能力建设项目。第七类为解决历史遗留问题试点项目，主要包括为解决严重危害群众健康和生态环境且责任主体灭失的突出历史遗留重金属污染问题而开展的区域性治理试点工程，包括污染隐患严重的尾矿库、废弃物堆存场地、废渣、受重金属污染农田、矿区生态环境修复等历史遗留问题治理的试点工程项目。

> 投资测算：规划重点项目投资总需求约为 750 亿元，大致估算中央财政资金支持 300 亿元。

（2）《长江中下游流域水污染防治规划（2011—2015 年）》 2011 年 9 月 12 日，环境保护部、国家发展和改革委员会、财政部、住房和城乡建设部以及水利部联合发布了《长江中下游流域水污染防治规划（2011—2015 年）》，该规划对"十二五"期间长江中下游流域水污染防治的总体目标、主要任务以及投资情况进行了具体安排。

> 总体目标：产业结构和布局进一步优化，污染治理不断深入，水污染物排放总量持续削减，水环境管理水平进一步提高，重金属污染治理取得明显成效，饮用水水源地水质稳定达到环境功能要求，水环境质量保持稳定并有所好转，重点湖泊水库富营养化趋势得到遏制，长江口及毗邻海域富营养化程度降低，近岸海域环境质量不断改善，流域和河口海岸带生态安全水平逐渐提高。

> 主要任务：本规划区域包括长江干流、长江口、汉江中下游、洞庭湖和鄱阳湖等 5 个控制区，流域面积约 63.3 万 km^2，涉及广西、湖南、湖北、河南、江西、安徽、江苏、上海等 8 省（区、市），共 55 个市（州）408 个县（市、区）。规划确定 7 项主要任务，即加强饮用水水源地保护、提高工业污染防控水平、推进污水治理设施稳定运营、控制船舶流动源污染、加强水生生物资源养护、强化洞庭湖和鄱阳湖生态安全体系建设、加强长江口及近岸海域污染防治及生态建设。

> 投资测算：规划确定骨干工程项目 837 个，总投资约 459.81 亿元，大致估算中央财政资金支持 250 亿元（表 3-28）。

表 3-28　《长江中下游流域水污染防治规划（2011—2015 年）》投资情况

划分方式	名称	项目个数	建设内容	投资/亿元
按领域划分	工业污染防治项目	343		92.88
	城镇污水处理设施建设优选项目	284	含管网完善及污泥处置，新增污水日处理能力897.35 万 t，投资 207.46 亿元（其中，在建项目175 个，新增污水日处理能力 628.65 万 t，投资148.52 亿元），另有 78 个城镇污水处理设施设备选项目，累计新增污水日处理能力 347.67万 t，投资 96.68 亿元（未纳入投资统计范围）	207.46
	重点区域污染防治项目	210		159.47

划分方式	名称	项目个数	建设内容	投资/亿元
按控制区划分	长江干流控制区	260	削减化学需氧量 22.7 万 t，削减氨氮 2.8 万 t	158.17
	长江口控制区	42	削减化学需氧量 5.1 万 t，削减氨氮 0.9 万 t	51.89
	洞庭湖控制区	196	削减化学需氧量 23.4 万 t，削减氨氮 2.2 万 t	120.57
	汉江中下游控制区	119	削减化学需氧量 9.9 万 t，削减氨氮 1.1 万 t	58.73
	鄱阳湖控制区	220	削减化学需氧量 14.6 万 t，削减氨氮 1.7 万 t	70.45
按省级行政区划分	安徽省	74	削减化学需氧量 7.0 万 t，削减氨氮 1.0 万 t	37.85
	广西壮族自治区	5	削减化学需氧量 0.5 万 t，削减氨氮 0.08 万 t	3.14
	河南省	25	削减化学需氧量 1.9 万 t，削减氨氮 0.02 万 t	16.79
	湖北省	266	削减化学需氧量 22.9 万 t，削减氨氮 2.8 万 t	155.44
	湖南省	178	削减化学需氧量 22.4 万 t，削减氨氮 2.1 万 t	114.59
	江苏省	37	削减化学需氧量 3.2 万 t，削减氨氮 0.5 万 t	41.71
	江西省	247	削减化学需氧量 16.9 万 t，削减氨氮 1.8 万 t	80.11
	上海市	5	削减化学需氧量 1.9 万 t，削减氨氮 0.3 万 t	10.18

（3）《全国地下水污染防治规划（2011—2020 年）》 2011 年 10 月 10 日，《全国地下水污染防治规划（2011—2020）》得到国务院批复，该规划对全国地下水污染防治的总体目标、主要任务以及投资情况进行了具体安排。

➤ 总体目标：到 2015 年，基本掌握地下水污染状况，全面启动地下水污染修复试点，逐步整治影响地下水环境安全的土壤，初步控制地下水污染源，全面建立地下水环境监管体系，城镇集中式地下水饮用水水源水质状况有所改善，初步遏制地下水水质恶化趋势。到 2020 年，全面监控典型地下水污染源，有效控制影响地下水环境安全的土壤，科学开展地下水修复工作，重要地下水饮用水源水质安全得到基本保障，地下水环境监管能力全面提升，重点地区地下水水质明显改善，地下水污染风险得到有效防控，建成地下水污染防治体系。

➤ 重点项目：第一类为地下水污染调查项目。包括区域地下水污染调查和重点地区地下水污染调查。其中，区域地下水污染调查面积 440 万 km^2，重点地区地下水污染调查面积约 105 万 km^2。第二类为地下水饮用水水源污染防治示范项目。主要通过开展地下水水源补给区水力截获、污水防渗、地下水帷幕、流场控制等工程措施防治地下水饮用水水源污染。第三类为典型场地地下水污染预防示范项目。主要针对典型场地地下水污染现状及特点，从控制污染源出发，示范性开展工业危险废物堆放场、石化企业、矿山渣场、加油站及垃圾填埋场等污染场地的预防工作。完成存在渗漏问题的工业固体废物（包括危险废物）堆存、垃圾填埋、矿山开采、石油化工行业生产（包括勘探开发、加工、储运和销售）等场地的规范化防渗处理，加强环境监管，从源头上预防地下水的污染；完成全国电解锰行业锰渣库规范化整治和锰矿尾矿库生态环境综合治理，预防地下水污染。第四类为农业面源污染防治示范项目。主要通过推广先进农业技术和绿色种植技术，大力推进饮用水水源保护区内的退耕还林还草，开展农业面源污染地下水监控的试点示范。第五类为地下水污染修复示范项目。主要针对我国典型场地地下水污染日趋严重、相应修复技术薄弱的现状，选取典型工业固体废物堆存场地、垃圾填埋场、矿山开采场地、石油化工行业生产（包括勘探开发、加工、储运和销售）等场地，开展地下水污染修复示范工程，恢复示范区地下水使用功能，为开展全国地下水污染修复工作积累经验。第六类为地下水环境监管能力建设项目。主要包括地下水污染监测和预警应急系统建设。地下水污染监测系统包括区域地下水污染监测系统（国控网）、重点地区地下水污染监测系统（省控网）以及相应的信息共享平台。区域地下水污染监测系统（国控网）覆盖面积约 440 万 km²，重点地区地下水污染监测系统（省控网）覆盖面积约 105 万 km²。地下水污染预警应急体系建设主要涵盖预警预报信息管理系统建设、地下水污染应急保障工程体系建设和突发污染应急监测体系建设等内容。

➤ 投资测算：规划重点项目投资总需求约为 346.6 亿元，大致估算中央财政资金支持 100 亿元。

表 3-29　《全国地下水污染防治规划（2011—2020 年）》投资情况　　　　单位：亿元

项目类别	项目名称	投资
迫切需要开展的优选项目	地下水污染调查项目	27.0
	地下水饮用水水源污染防治示范项目	3.4
	典型场地地下水污染预防示范项目	10.2
	地下水污染修复示范项目	3.8
	农业面源污染防治示范项目	1.4
	地下水环境监管能力建设项目	43.0
	合计	88.8
重点项目	地下水饮用水水源污染防治示范项目	196.3
	典型场地地下水污染预防示范项目	49.7
	地下水污染修复示范项目	10.5
	农业面源污染防治示范项目	1.3
	合计	257.8

（4）《重点流域水污染防治规划（2011—2015 年）》

➤ 总体目标：到 2015 年，城镇集中式地表水饮用水水源地水质稳定达到环境功能要求；跨省界断面、污染严重的城市水体和支流水环境质量明显改善，重点湖泊富营养化程度有所减轻，水功能区达标率进一步提高，部分水域水生态逐步恢复；主要水污染物排放总量持续削减；水环境监测、预警与应急能力显著提高。辽河流域、滇池流域水污染防治水平显著提升，辽河干流、滇池湖体水质达到功能要求，"十三五"期间转入由地方政府主导开展水污染防治的阶段。

➤ 主要任务：规划将松花江流域、淮河流域、海河流域、辽河流域、黄河中上游流域、巢湖流域、滇池流域、三峡库区及其上游流域作为重点防控区域。提出加强饮用水水源地保护、提高工业污染防治水平、系统提升城镇污水处理水平、积极推进环境综合整治与生态建设、加强近岸海域污染防治以及提升流域风险防范水平等6项基本任务。

➤ 投资测算：规划确定骨干工程项目 5 425 个，投资总需求约为 3 301.94 亿元，大致估算中央财政资金支持 1 000 亿元。

表 3-30　重点流域水污染防治"十二五"规划投资情况

划分标准	名称	项目个数	建设内容	投资/亿元
按项目类型划分	城镇污水处理及配套设施建设项目	2 357	新增污水处理设施 3 129 万 m³/d；新增污水管网 51 402 km；新增再生水利用设施 932 万 m³/d；升级改造污水处理设施 1 427 万 m³/d；新增污泥处理处置能力 17 720 t 干泥/d	1 847.23
	工业污染防治项目	1 338		416.85
	饮用水水源地污染防治项目	199		74.40
	畜禽养殖污染防治项目	620		52.86
	区域水环境综合整治项目	911		910.60
按流域划分	松花江流域	546		259.24
	淮河流域	1 296		532.14
	海河流域	1 136		701.52
	辽河流域	565		463.81
	黄河中上游流域	690		375.73
	巢湖流域	123		112.61
	滇池流域	101		420.14
	三峡库区及其上游流域	968		436.74

（5）"十二五"湖泊试点保护规划

➤ 总体目标：开展湖泊生态环境保护试点工作，鼓励探索"一湖一策"的湖泊生态环境保护方式，引导建立湖泊生态环境保护长效机制。

➤ 主要任务：纳入试点范围的湖泊应同时满足 4 项条件。①湖泊面积在 50 km² 以上，有饮用水水源地功能或重要生态功能；②湖泊现状总体水质或试点目标水质好于Ⅲ类（含Ⅲ类），流域土壤或沉积物天然背景值较低；③地方政府高度重视，有系统、科学的湖泊生态环境保护实施方案，前期工作基础扎实，落实地方资金积极性较高；④试点绩效目标合理，可量化、可考核。

> 投资测算：规划重点项目投资总需求约为 500 亿元，大致估算中央财政资金支持 100 亿元。

（6）重点区域大气污染联防联控"十二五"规划

> 总体目标：到 2015 年，重点区域二氧化硫、氮氧化物、工业烟粉尘排放量大幅下降，挥发性有机物污染防治工作全面展开；环境空气质量明显改善，光化学烟雾、灰霾、酸雨污染有所减轻，二氧化硫、二氧化氮、可吸入颗粒物年均浓度达到或好于国家二级标准的城市比例提高 10 个百分点，细颗粒物、臭氧污染得到初步控制；建立区域大气污染联防联控机制，形成区域大气环境管理的法规、标准与政策体系。到 2020 年，区域大气环境质量得到全面改善。

> 主要任务：工业污染治理项目，重点包括火电、钢铁、水泥、有色、石化、化工等行业以及燃煤工业锅炉脱硫、脱硝、除尘、挥发性有机物治理项目；交通污染治理项目，重点包括黄标车淘汰；面源污染治理项目，主要包括扬尘综合整治等项目；能力建设项目，重点包括区域空气质量监测网络建设、企业污染排放在线监控能力建设、机动车排污监控能力建设、污染源统计与分析能力建设等项目。

> 投资测算：规划重点项目投资总需求约为 3 450 亿元，大致估算中央财政资金支持 1 000 亿元。

表 3-31　重点区域大气污染联防联控"十二五"规划投资情况　　　单位：亿元

项目类型	投资
工业污染治理项目	2 450
交通污染治理项目	820
面源污染治理项目	90
能力建设项目	90

（7）土壤环境保护"十二五"规划

> 总体目标：到 2015 年，进一步摸清土壤环境质量状况，完成耕地土壤环境质量等级划分，建立严格的耕地土壤环境保护制度，农产品产地和饮用水水源地土壤环境安全得到基本保障；初步建成国家、省级、地市级和重点区域县级土壤环境监测网，提升土壤环境综合监管能力，受污染耕地和污染场地开发利用的环境风险得到严密监控；土壤污染治理与修复试点示范取得明显成效，土壤污染治理与修复技术体系初步建立，典型地区突出土壤环境问题得到缓解。

> 主要任务：规划投资重点项目主要分为五类。①土壤环境基础调查工程，主要包括重点地区土壤污染加密调查、污染场地和典型重污染行业土壤环境调查评估等项目；②耕地土壤环境保护工程，主要包括耕地土壤环境保

护区建设项目和耕地土壤环境保护专项补贴项目；③土壤污染源控制工程，主要包括土壤环境农业污染源防治、农村地区和饮用水水源保护区历史遗留工业废弃物处理处置等项目；④土壤污染治理与修复试点示范工程，主要包括典型区域土壤污染综合治理、污染耕地土壤治理与修复示范、污染场地土壤治理与修复示范项目；⑤土壤环境监管基础能力建设工程，主要包括土壤环境监测能力建设和土壤环境保护科技支撑项目。

> 投资测算：规划重点项目投资总需求约为 985.6 亿元，大致估算中央财政资金支持 300 亿元（表 3-32）。

表 3-32　土壤环境保护"十二五"规划投资情况

项目类别	细项	投资需求/亿元	测算依据
土壤环境基础调查	重点地区土壤污染加密调查	16.6	依据《重点地区土壤污染加密调查项目申报书》
	污染场地环境调查评估	10.4	依据场地污染防治有关规划资金测算方案
耕地土壤环境保护	耕地土壤环境保护	702.0	在对各地报送项目的建设内容、单位投资标准和国内外已经开展的相关工作系统分析的基础上，确定了该类项目投资测算标准：平均投入为 45 元/亩[①]
历史遗留工矿污染整治	历史遗留工矿污染整治示范	35.3	依据各地上报项目，"十二五"期间，实施 40 个历史遗留工矿污染整治试点项目
土壤污染治理与修复试点示范	典型区域土壤污染综合治理	93.6	依据 6 个典型区域土壤污染综合治理项目实施方案
	土壤污染治理与修复试点示范	68.8	依据各地上报项目，实施 85 个土壤污染治理与修复试点示范项目
土壤环境监管基础能力建设	土壤环境监测能力建设	43.9	地级市土壤环境监测能力建设项目，投资需求 16.7 亿元；粮食主产县土壤环境监测能力建设项目，投资需求 24.0 亿元。土壤环境背景点综合评估，投资需求 1.2 亿元；建设国家土壤样品库，投资需求 2.0 亿元
	土壤环境保护科技支撑	15.0	3 个国家土壤环境保护重点实验室需投资 6.0 亿元；6 个土壤污染治理修复工程技术中心需投资 9.0 亿元

①1 亩=1/15 hm² ≈ 666.67m²。

（8）环境监管能力"十二五"规划

> 总体目标：到 2015 年，污染源与总量减排监管体系、环境质量监测评估考核体系、环境预警与应急体系基本建成。污染源监管能力得到全面提高，环境质量监测评估考核能力显著提升，环境预警与应急能力系统加强。确保"管得住、测得准、响应快"，为实现环境保护规划目标提供支撑。

> 主要任务：标准化填平补齐项目、新增主要污染物监管能力建设项目、环境物联网建设与应用项目、环境统计能力建设项目、国家环境宣教能力建

设项目、国家环境监测与评估能力建设项目、环境预警应急能力建设项目、核与辐射安全监管能力建设项目、环境科研与管理支撑基础能力建设项目。

➢ 投资测算：规划重点项目投资总需求约为 660.58 亿元，明确提出中央财政资金支持 433.07 亿元（表 3-33）。

表 3-33　环境监管能力"十二五"规划投资情况　　　　　　　单位：亿元

项目类别	总投资	中央投资
基础工程	514.21	377.48
保障工程	128.1	44.35
人才工程	18.27	11.24

（9）全国生态保护"十二五"规划

➢ 总体目标：到 2015 年，国家生态安全战略格局初步形成，重点区域生物多样性下降趋势得到有效遏制，生态环境监管能力明显提高，农村环境保护水平明显提升，污染土壤环境风险得到管控，生态示范建设广泛开展，部分地区生态环境质量明显改善。

● 50%的重点生态功能区生态功能得到改善，85%的国家级自然保护区达到规范化建设标准；

● 90%的国家重点保护物种和典型的生态系统类型得到保护，80%以上的就地保护能力不足和野外现存种群量极小的受威胁物种得到有效保护；

● 10%的建制村完成环境综合整治；

● 达标耕地占全国耕地总面积的比例保持在 80%以上；

● 主要粮食产区、蔬菜基地、集中式饮用水水源保护区土壤环境监控覆盖率100%；

● 污染耕地安全利用率达到 60%以上；

● 污染场地土壤环境风险管控率达到 90%以上；

● 建成生态县（市、区）50～70 个，生态市 7～10 个，建成国家级生态乡镇5 000 个，国家级生态村 20 000 个。

➢ 主要任务：一是加强重点区域生态保护，构筑国家生态安全屏障。加强重点生态功能区保护和管理，提高自然保护区建设和管理水平，强化资源开发生态环境监管，提升生态调查和评估能力。二是加强生物多样性保护，提高生物安全管理能力。加强重点区域生物多样性保护，全面推动遗传资源保护，深化生物安全管理。三是深化"以奖促治"，促进农村环境连片综合整治。优先开展农村饮用水水源地保护，深化农村生活污染治理，加强畜禽养殖污染治理，开展农村工矿和面源污染防治，加大农村环境监管能力建设力度。四是加强耕地土壤环境保护，强化土壤环境风险管控。优先保护耕地土壤环境，严格污染土壤环境风险管控，推进土壤污染治理修复试点示范，加强土壤环境保护监管能力建设。五是深化生态示范建设，推动生态文明试点建设。深化生态建设示范区建设和管理，全面推动生态文明试点建设，深入开展农村地区生态示范建设。

- 投资测算：本规划重点项目及投资尚未确定。考虑到与其他专项规划间存在重复交叉问题，本研究仅估算前两项任务的投资。将重点工程投资内容暂定为：重点加强全国主体功能区规划确定的大小兴安岭森林、长白山森林等 25 个重点生态功能区的保护和管理。开展国家级自然保护区规范化建设，提高管护水平。国家级自然保护区规范化建设比例达到 85%。加大 35 个生物多样性保护优先区域的保护力度，完成 8~10 个保护优先区域生物多样性本底调查与评估。开展生物多样性保护示范区、恢复示范区、减贫示范区建设。则规划重点项目投资总需求约为 300 亿元，大致估算中央财政资金支持 90 亿元。

（10）全国城镇污水处理及再生利用设施建设"十二五"规划

- 总体目标：到 2015 年，实现县县具备污水处理能力，城市污水处理率达到 85%。规划实施后，将新增 COD 削减能力约 280 万 t，新增氨氮削减能力约 30 万 t（具体分项指标见表 3-34）。规划实施后，将新增 COD 削减能力约 280 万 t，新增氨氮削减能力约 30 万 t。

表 3-34 全国城镇污水处理及再生利用设施建设"十二五"规划确定的主要目标

指标		2010 年	2015 年	新增
污水处理率%	设市城市	77	85（直辖市、省会城市和计划单列市城区实现污水全部收集和处理，地级市 85%，县级市 70%）	8
	县城	44	70	26
	建制镇	<20	30	>10
污泥无害化处置率%	设市城市	<25	70（直辖市、省会城市和计划单列市达到 80%）	—
	县城		30	
	建制镇		30	
再生水利用率/%		<10	15	>5
管网规模/万 km			>30	15.9
污水处理规模/（万 m³/d）		12 500	20 969（含在建 3 900）	4 569
升级改造规模/（万 m³/d）		—	—	2 611
污泥处理处置规模/[万 t（干泥）/a]		—	—	518
再生水规模/（万 m³/d）		1 238	3 913	2 675

- 主要任务：加大污水配套管网建设力度，全面提升污水处理能力，加快污水处理厂升级改造，加强污泥处理处置设施建设，积极推动再生水利用，强化设施运营监管能力。

> 投资测算: 规划重点项目投资总需求约为 4 293.1 亿元, 大致估算中央财政资金支持 1 310 亿元 (表3-35)。

表3-35 "十二五"期间全国城镇污水处理及再生利用设施建设投资 单位: 亿元

省 (自治区、直辖市)	新增污水管网投资	新增污水处理投资	升级改造污水处理投资	新增污泥处理处置投资	新增再生水利用投资	合计
北京	23.7	29.9	0	16.1	20.74	90.44
天津	46.5	12.61	0	8.59	45.05	112.75
河北	63.39	30.11	10.32	23.43	23.39	150.64
山西	52.18	18.72	7.17	5.89	6.78	90.74
内蒙古	46.5	43.29	3.14	4.66	17.13	114.72
辽宁	59.01	29.25	9.04	9.4	3.33	110.02
吉林	53.99	19.57	5	5.7	2.2	86.46
黑龙江	53.82	60.9	0.58	11.91	3.61	130.82
上海	74.1	40.5	0	15.6	0.1	130.3
江苏	186.64	61.53	2.07	48.22	5.27	303.73
浙江	99.58	42.84	4.03	20.12	2.35	168.92
安徽	100.19	40.2	8.85	6.59	4.89	160.72
福建	66.51	31.9	1	5.49	4.76	109.66
江西	82.21	44.38	3.74	4.14	1.65	136.11
山东	62.47	27.3	1.73	10.37	10.2	112.06
河南	74.78	39.96	9.77	17.86	13.05	155.42
湖北	121.24	43.92	8.65	9.18	5.04	188.03
湖南	131.4	53.21	19.33	15.63	26.22	245.79
广东	191.4	47.0	3.95	29.5	6.86	278.71
广西	61.47	34.98	0.32	6.48	4.78	108.03
海南	33.88	20.84	2.4	2.17	2.55	61.83
重庆	45.71	28.4	12.3	3.65	3.6	93.66
四川	83.83	46.66	3.47	11.6	4.6	150.17
贵州	75.95	31.6	4.3	5.36	6.9	124.12
云南	105.34	29.18	0.55	3.5	15.56	154.13
西藏	6.46	5.53	0	0.37	0	12.35
陕西	111.6	21.57	3.95	10.86	17.15	165.13
甘肃	73.51	20.29	4.22	6.85	3.77	108.64
青海	11.17	5.34	0.75	1.27	0.56	19.09
宁夏	28.94	6.76	0	2.05	4.34	42.09
新疆	36.83	15.03	1.3	4.72	8.22	66.1
新疆兵团	31.53	4.93	0.79	0.49	1.04	38.78
青岛	29.08	12.53	0.1	2.89	5.99	50.59
大连	10.6	14.88	1.4	2.36	1.18	30.42
宁波	24.79	9.26	1.2	3.7	2.12	41.07
深圳	74.59	11.42	2.5	8.01	14.72	111.24
厦门	6.36	2.25	0.5	0.38	2.57	12.06
合计	2 441.25	1 038.54	138.42	345.09	302.27	4 265.54

（11）全国城镇生活垃圾无害化处理设施建设"十二五"规划

➤ 总体目标：到2015年，全国城市生活垃圾无害化处理率达到80%以上，直辖市、省会城市和计划单列市生活垃圾全部实现无害化处理，实现县县具备垃圾无害化处理能力，新建生活垃圾无害化处理能力57.8万t/d；到2015年，在各省（区、市）建成一个以上生活垃圾分类示范城市；到2015年，在50%的设区城市初步实现餐厨垃圾分类收运处理；到2015年，建立完善的城市生活垃圾处理监管体系。

表3-36 "十二五"期间生活垃圾无害化处理设施建设主要指标

指标	2010年	2015年	比2010年增减情况
城市生活垃圾无害化处理率/%	63.51	80	16.49
城市生活垃圾无害化处理能力/（万t/d）	45.7	86.9	41.2

注：无害化处理能力2015年比2010年增加41.2万t/d，考虑"十二五"期间部分现有设施达到使用年限，需要关闭的能力为16.6万t/d，故需要新建生活垃圾无害化处理设施的能力为57.8万t/d。

➤ 主要任务：加快处理设施建设，完善收转运体系，加大存量治理力度，推进生活垃圾无害化处理和资源化利用，推行生活垃圾分类，加强监管能力建设。

➤ 投资测算：规划重点项目投资总需求约为2 629亿元，大致估算中央财政资金支持755亿元。

表3-37 全国"十二五"期间生活垃圾处理设施建设情况汇总

地区	新建处理设施/（t/d）	续建处理设施/（t/d）	转运设施/（t/d）	餐厨设施/（t/d）	存量治理/座	分类设施/个	监管体系/亿元	总投资/亿元
全国	395 988	182 126	453 409	30 215	1 882	37	25	2 629
北京	17 196	650	—	2 095	278	1	1.5	142
天津	5 900	2 500	4 200	800	3	1	0.5	43
河北	13 314	5 116	23 763	2 240	41	1	1.0	81
山西	10 592	2 087	13 762	1 000	48	1	0.6	63
内蒙古	9 420	3 770	17 700	1 170	47	1	0.5	60
辽宁	13 380	6 508	17 500	1 420	60	1	0.4	81
大连	3 601	3 345	8 303	470	5	1	0.2	42
吉林	8 300	9 270	15 600	800	103	1	0.7	69
黑龙江	13 491	5 116	26 889	450	69	1	0.5	88
上海	21 100	3 100	12 900	630	16	1	1.2	121
江苏	25 400	5 530	26 150	1 100	38	1	1.6	133
浙江	14 250	11 075	5 553	1 525	33	1	2.1	90
宁波	3 600	0	1 500	400	7	1	0.3	20

地区	新建处理设施/(t/d)	续建处理设施/(t/d)	转运设施/(t/d)	餐厨设施/(t/d)	存量治理/座	分类设施/个	监管体系/亿元	总投资/亿元
安徽	6 619	9 046	26 655	600	26	1	0.6	68
福建	7 640	2 000	10 305	950	59	1	1.3	71
厦门	1 500	1 700	1 960	300	3	1	0.2	22
江西	8 563	7 871	8 780	330	117	1	0.4	69
山东	29 310	9 150	25 680	490	39	1	1.6	148
青岛	10 138	100	6 590	400	7	1	0.1	49
河南	16 775	27 539	25 320	1 420	68	1	0.7	91
湖北	15 632	5 603	14 720	900	74	1	0.5	94
湖南	11 370	13 369	13 780	430	30	1	0.7	99
广东	35 775	7 675	29 855	2 890	82	1	2.0	211
深圳	5 000	10 000	1 000	1 100	0	1	0.1	58
广西	6 890	1 660	7 690	740	57	1	0.6	50
海南	2 225	0	3 785	300	15	1	0.4	18
重庆	9 730	3 094	26 574	850	74	1	0.6	68
四川	12 207	3 429	13 636	1 160	50	1	0.4	75
贵州	9 280	6 128	12 610	550	90	1	0.4	64
云南	13 660	4 145	12 710	590	142	1	0.6	82
西藏	840	256	115	20	0	1	0.3	14
陕西	13 475	4 562	19 730	570	73	1	0.4	84
甘肃	5 938	2 332	7 435	420	39	1	0.3	36
青海	2 235	0	1 760	285	52	1	0.2	19
宁夏	920	0	3 580	200	21	1	0.2	14
新疆	8 917	3 973	3 619	620	16	1	0.2	56
新疆兵团	1 805	427	1 700	0	0	1	0.0	12

注：监管体系投资中含中央本级生活垃圾监管体系建设投资1亿元。

（12）环境国际公约履约"十二五"规划

➢ 总体目标：到2015年末，落实环境国际公约规定的责任义务，初步形成组织化程度较高的履约体制，国家和地方履约能力明显提高，履约作为环境保护工作的重要组成部分在日常工作中得到贯彻落实；建立履约监测和成效评估技术体系，履约长效机制初步建立，初步形成责任明确、投入有保障、法制健全、宣传、科技、公众参与等支撑体系较为完备的履约体系。

➢ 主要任务：削减消耗臭氧层物质，参加POPs公约谈判、加强履约技术支撑和协调支持力度；加强生物多样性保护与生物安全管理，控制温室气体排放，加强危险废物越境转移管理，加强危险化学品国际贸易管理；积极参与汞公约谈判，加强技术支撑力度；加强履约机构能力建设，提高公约参与进程对策研究与谈判能力，加强政策法规建设，加强履约关键技术储备，强化履约宣传，建立公众参与机制，加强地方履约能力建设。

➤ 投资测算：规划重点项目投资总需求约为 159.92 亿元，明确提出中央财政资金支持 38.91 亿元（表3-38）。

表3-38 "十二五"期间环境国际公约履约重点项目投资总需求　　　　　　单位：亿元

领域	重点项目工程	"十二五"期间资金需求				合计
		国际赠款	中央财政	地方财政	其他渠道	
受控物质淘汰削减项目	消耗臭氧层物质淘汰项目	24.05	5.008		19.852	48.91
	持久性有机污染物削减控制项目	16.079	10.362	22.854	11.310	60.605
	小计	40.129	15.37	22.854	31.162	109.515
生物多样性保护与生物安全管理项目	生物多样性保护与生物安全管理项目	4.34	9.25	5.30		18.89
	小计	4.34	9.25	5.30		18.89
保障履约技术研发及生产设施	HCFC替代品及替代技术研发重点项目		2.875		13.562 5	16.39
	医用气雾剂替代品和替代技术开发重点项目		0.2		0.525	0.725
	农业甲基溴替代品和替代技术研发和推广项目		0.2		0.1	0.3
	杀虫剂类POPs替代示范	0.5	1.5			2
	增列POPs主要应用领域替代品的开发和示范	2	0.6		0.3	2.9
	小计	2.5	5.375	0	14.487 5	22.315
政策法规建设及监管	履约法律法规起草拟定及落实实施项目		1.00			1.00
	小计		1.00			1.00
履约能力建设	履约机构与人员队伍建设公约谈判能力建设公共宣传	0.235	7.915			8.15
	小计	0.235	7.915			8.15
合计		47.204	38.91	28.154	45.649 5	159.917 5
所占比例/%		29.52	24.33	17.61	28.55	100

（13）"十二五"核与辐射安全监管能力建设规划

➤ 总体目标：开展基础工程、保障工程、人才工程三大工程15个项目建设，提升我国核与辐射安全监管水平，为我国核与辐射安全监管步入世界先进水平奠定坚实的基础。确保核与辐射安全监管能力建设与核能与核技术利用事业的发展同步；征地约3 000亩（包括地市级辐射环境监测用地），新建建筑面积约36万 m^2，试验平台80个，15大领域软件配备150套，配置18 000套仪器设备，配备监督执法车辆900辆。

> 主要任务：提高核与辐射安全审评能力，强化核与辐射安全监督能力，巩固和健全辐射环境监测、应急和反恐能力，提高研发创新能力，加强人才培养、培训能力，建立公众宣传和舆论导向能力，提高国际合作能力。

> 投资测算：规划重点项目投资总需求约为144.2亿元，大致估算中央财政资金支持70亿元。

（14）"十二五"危险废弃物污染防治规划

> 总体目标：到2015年，危险废弃物污染防治的主要目标和指标是：完成《设施建设规划》内医疗废弃物和危险废弃物集中处置设施建设任务（设施建设指标）；持危险废弃物经营许可证单位危险废弃物（不含铬渣）年利用处置量比2010年增加75%以上，即增加600万t，完成铬渣污染综合整治任务（利用处置指标）；《设施建设规划》内危险废弃物焚烧设施负荷率达到75%以上，焚烧处置量约合37.5万t/a（设施运行质量指标）；县级以上城市医疗废弃物基本实现集中无害化处置，处置医疗废弃物约90万t/a（医疗废弃物处置指标）；全国危险废弃物产生单位的危险废弃物规范化管理抽查合格率达到90%以上，危险废弃物经营单位的危险废弃物规范化管理抽查合格率达到95%以上（监管指标）。

> 主要任务：加强源头控制，严格新建项目环境准入，积极探索源头减量，推广先进的清洁生产技术，统筹危险废弃物集中处置设施建设，科学合理发展危险废弃物利用处置和服务行业，规范整顿重金属危险废弃物利用处置行业，控制危险废弃物填埋量，推进医疗废弃物无害化处置，加强危险废弃物技术研发和历史遗留危险废弃物治理，推进非工业源危险废弃物管理，提高危险废弃物管理和技术支撑能力，加强危险废弃物污染源监测及鉴别能力建设，创新监管手段和机制，实施人才工程。

> 投资测算：规划重点项目投资总需求约为15.99亿元（表3-39），大致估算中央财政资金支持8.17亿元。

表3-39 "十二五"危险废物污染防治规划投资总需求

工程名称	主要内容	投资/亿元
危险废物鉴别工程	对重点行业的重点企业危险废物的风险开展危险废物鉴别	2.0
监管能力建设工程	法规标准体系建设、危险废物鉴别能力建设、危险废物的监测分析能力建设、危险废物重点排放源监督性监测、全国固体废弃物管理信息系统运行维护项目、人员培训、危险废物利用处置设施运营和应急管理实习基地建设等	6.17
试点示范工程	物联网电子监管试点、工业危险废物利用处置工程示范、医疗废物处置示范、社会源危险废物示范、重金属危险废物集中利用处置示范区建设	7.82

（15）小结　"十二五"期间各专项规划重点工程环保投资情况如表 3-40 所示。

表 3-40　"十二五"期间重点工程环保投资测算　　　　单位：亿元

规划重点领域	总投资	中央投资
重金属污染防治"十二五"规划	750	300*
《长江中下游水污染防治规划（2011—2015 年）》	459.81	250*
全国地下水污染防治规划	346.6	100*
重点流域水污染防治"十二五"规划	3 301.94	1 000*
"十二五"湖泊试点保护规划	500	100*
重点区域大气污染防治联防联控"十二五"规划	3 450	1 000*
土壤环境保护"十二五"规划	985.6	300*
环境监管能力"十二五"规划	660.58	433.07**
全国生态保护"十二五"规划	300	90*
全国城镇污水处理及再生利用设施建设"十二五"规划	4 293.1	1 310*
全国城镇生活垃圾无害化处理设施建设"十一五"规划	2 629	755*
环境国际公约履约"十二五"规划	159.92	38.91**
"十二五"核与辐射安全监管能力建设规划	144.2	70*
"十二五"危险废物污染防治规划	15.99	8.17*
总计	17 996.74	5 755.15

注：*表示大致估算投资额；**表示明确提出投资额。

3.3.2.2　扣除重复交叉后的环保投资需求

重点流域水污染防治"十二五"规划中城镇污水处理及配套设施建设项目投资已纳入全国城镇污水处理及再生利用设施建设"十二五"规划。重复交叉内容涉及总投资 1 847.23 亿元，中央投资 559.44 亿元。

《长江中下游流域水污染防治规划（2011—2015 年）》中城镇污水处理设施建设优选项目投资已纳入全国城镇污水处理及再生利用设施建设"十二五"规划。重复交叉内容涉及总投资 207.46 亿元，中央投资 112.80 亿元。

重金属污染防治"十二五"规划中监管能力建设投资已纳入环境监管能力"十二五"规划。重复交叉内容涉及总投资 41.29 亿元，中央投资 16.52 亿元。

《全国地下水污染防治规划》中地下水环境监管能力建设投资已纳入环境监管能力"十二五"规划。重复交叉内容涉及总投资 43.0 亿元，中央投资 12.41 亿元。

重点区域大气污染防治联防联控"十二五"规划中能力建设项目已纳入环境监管能力"十二五"规划。重复交叉内容涉及总投资 90 亿元，中央投资 26.09 亿元。

土壤环境保护"十二五"规划中监管能力建设投资已纳入环境监管能力"十二五"规划。重复交叉内容涉及总投资 58.9 亿元，中央投资 17.93 亿元。

全国城镇污水处理及再生利用设施建设"十二五"规划中监管能力建设投资已纳入环境监管能力"十二五"规划。重复交叉内容涉及总投资 27.6 亿元，中央投资

8.42 亿元。

全国城镇生活垃圾无害化处理设施建设"十二五"规划中监管能力建设投资已纳入环境监管能力"十二五"规划。重复交叉内容涉及总投资 25 亿元，中央投资 7.18 亿元。

环境国际公约履约"十二五"规划中监管能力建设投资已纳入环境监管能力"十二五"规划。重复交叉内容涉及总投资 8.15 亿元，中央投资 1.98 亿元。

"十二五"核与辐射安全监管能力建设规划中监管能力建设投资已纳入环境监管能力"十二五"规划。重复交叉内容涉及总投资 144.2 亿元，中央投资 70 亿元。

"十二五"危险废物污染防治规划中监管能力建设投资已纳入环境监管能力"十二五"规划。重复交叉内容涉及总投资 6.17 亿元，中央投资 3.15 亿元。

综上所述，"十二五"期间各环境保护专项规划共存在 11 项重复交叉内容，重复交叉部分涉及总资金 2 499 亿元，涉及中央资金 835.92 亿元。

3.3.2.3 小结

本章提及的 14 个专项规划，有部分专项规划投资存在重复交叉情况，已将重复交叉投资尽量剔除。由于部分规划还没有发布，尚处于讨论稿、征求意见以及送审等阶段，因而，最终规划投资还需进一步更新。基于目前情况，按照各专项规划，"十二五"期间环保投资约 1.8 万亿元，其中需要中央投资 5 755 亿元。扣除重复交叉部分，"十二五"期间环保投资约 1.55 万亿元，其中估算需要中央投资 4 919 亿元（表 3-41）。上述数值基本接近国家环境保护"十二五"规划提出的八大重点工程总投资需求约 1.5 万亿元的测算结果。

表 3-41　扣除重复交叉的"十二五"期间重点工程环保投资　　　单位：亿元

规划名称	总投资	中央投资估算	重复建设内容	扣除的总投资	扣除的中央投资	调整后总投资	调整后中央投资估算
重点流域水污染防治"十二五"规划	3 301.94	1 000	重点流域水污染防治"十二五"规划中城镇污水处理及配套设施建设项目投资已纳入全国城镇污水处理及再生利用设施建设"十二五"规划	1 847.23	559.44	1 454.71	440.56
《长江中下游流域水污染防治规划（2011—2015 年）》	459.81	250	《长江中下游流域水污染防治规划（2011—2015 年）》中城镇污水处理设施建设优选项目投资已纳入全国城镇污水处理及再生利用设施建设"十二五"规划	207.46	112.80	252.35	137.2

规划名称	总投资	中央投资估算	重复建设内容	扣除的总投资	扣除的中央投资	调整后总投资	调整后中央投资估算
重金属污染综合防治"十二五"规划	750	300	重金属污染综合防治"十二五"规划中监管能力建设投资已纳入环境监管能力"十二五"规划	41.29	16.52	708.71	283.48
《全国地下水污染防治规划（2011—2020年)》	346.6	100	《全国地下水污染防治规划（2011—2020年)》中地下水环境监管能力建设投资已纳入环境监管能力"十二五"规划	43.0	12.41	303.6	87.59
重点区域大气污染防治联防联控"十二五"规划	3 450	1 000	重点区域大气污染防治联防联控"十二五"规划中能力建设项目已纳入环境监管能力"十二五"规划	90	26.09	3360	973.91
土壤环境保护"十二五"规划	985.6	300	土壤环境保护"十二五"规划中监管能力建设投资已纳入环境监管能力"十二五"规划	58.9	17.93	926.7	282.07
全国城镇污水处理及再生利用设施建设"十二五"规划	4 293.1	1 310	全国城镇污水处理及再生利用设施建设"十二五"规划中监管能力建设投资已纳入环境监管能力"十二五"规划	27.6	8.42	4 265.5	1 301.58
全国城镇生活垃圾无害化处理设施建设"十一五"规划	2 629	755	全国城镇生活垃圾无害化处理设施建设"十二五"规划中监管能力建设投资已纳入环境监管能力"十二五"规划	25	7.18	2604	747.82
环境国际公约履约"十二五"规划	159.92	38.91	环境国际公约履约"十二五"规划中监管能力建设投资已纳入环境监管能力"十二五"规划	8.15	1.98	151.77	36.93
"十二五"核与辐射安全监管能力建设规划	144.2	70	"十二五"核与辐射安全监管能力建设规划中监管能力建设投资已纳入环境监管能力"十二五"规划	144.2	70	0	0
"十二五"危险废物污染防治规划	15.99	8.17	"十二五"危险废物污染防治规划中监管能力建设投资已纳入环境监管能力"十二五"规划	6.17	3.15	9.82	5.02
"十二五"湖泊试点保护规划	500	100				500	100
环境监管能力"十二五"规划	660.58	433.07				660.58	433.07
全国生态保护"十二五"规划	300	90				300	90
总计	17 996.74	5 755.15		2 499	835.92	15 497.74	4 919.23

3.3.3 基于规划任务的重点工程投资测算

根据国家环境保护"十二五"规划，为实现"十二五"环境保护目标和任务，要调动各方面资源、集中力量，重点实施主要污染物减排工程、环境改善民生保障工程、农村环保惠民工程、生态环境保护工程、重点领域环境风险防范工程、核与辐射安全保障工程、环境基础设施公共服务工程、环境监管能力基础保障人才建设工程等八项重大工程。基于《规划》提出的八大重点工程所要开展的主要任务，估算投资需求约为1.6万亿元左右。需中央财政专项资金、预算内基本建设资金为5000亿元左右，主要用于八大重点工程项目建设，占重点工程项目投资的32%左右。

3.3.3.1 主要污染物减排工程

（1）城镇生活污水处理 "十二五"期间，加大污水管网建设力度，推进雨、污分流改造，加快县城和重点建制镇污水处理厂建设，到2015年，全国新增城镇污水管网约16万km，新增污水日处理能力4 200万t，基本实现所有县和重点建制镇具备污水处理能力，污水处理设施负荷率提高到80%以上，城市污水处理率达到85%。推进污泥无害化处理处置和污水再生利用。加强污水处理设施运行和污染物削减评估考核，推进城市污水处理厂监控平台建设。滇池、巢湖、太湖等重点流域和沿海地区城镇污水处理厂要提高脱氮除磷水平。估算城镇污水处理总投资4 266亿元，中央投资1 300亿元左右。

（2）重点流域工业水污染防治 "十二五"期间，在重金属污染综合防治重点区域实施重点重金属污染物排放总量控制。推进造纸、印染和化工等行业化学需氧量和氨氮排放总量控制，削减比例较2010年不低于10%。严格控制长三角、珠三角等区域的造纸、印染、制革、农药、氮肥等行业新建单纯扩大产能项目。禁止在重点流域江河源头新建有色、造纸、印染、化工、制革等项目。估算重点流域工业水污染防治总投资510亿元，中央投资177亿元。

（3）畜禽养殖污染防治 "十二五"期间，优化养殖场布局，合理确定养殖规模，改进养殖方式，推行清洁养殖，推进养殖废弃物资源化利用。严格执行畜禽养殖业污染物排放标准，对养殖小区、散养密集区污染物实行统一收集和治理。到2015年，全国规模化畜禽养殖场和养殖小区配套建设固体废物和污水贮存处理设施的比例达到50%以上。估算畜禽养殖污染防治总投资363亿元，中央投资147亿元。

（4）电力行业脱硫脱硝 "十二五"期间，新建燃煤机组要同步建设脱硫脱硝设施，未安装脱硫设施的现役燃煤机组要加快淘汰或建设脱硫设施，烟气脱硫设施要按照规定取消烟气旁路。加快燃煤机组低氮燃烧技术改造和烟气脱硝设施建设，单机容量30万kW以上（含）的燃煤机组要全部加装脱硝设施。加强对脱硫脱硝设施运行的监管，对不能稳定达标排放的，要限期进行改造。估算电力行业脱硫脱硝总投资1 100亿元，中央投资210亿元。

（5）钢铁烧结机脱硫脱硝　推进钢铁行业二氧化硫排放总量控制，全面实施烧结机烟气脱硫，新建烧结机应配套建设脱硫脱硝设施。估算钢铁烧结机脱硫脱硝总投资 100 亿元，中央投资 30 亿元。

（6）其他非电重点行业脱硫　"十二五"期间，石油石化、有色、建材等行业的工业窑炉要进行脱硫改造。因地制宜开展燃煤锅炉烟气治理，新建燃煤锅炉和现有燃煤锅炉要实施烟气脱硫。估算其他非电重点行业脱硫总投资 100 亿元，中央投资 10 亿元。

（7）水泥行业与工业锅炉脱硝　新型干法水泥窑要进行低氮燃烧技术改造，新建水泥生产线要安装效率不低于 60% 的脱硝设施。因地制宜开展燃煤锅炉烟气治理，新建燃煤锅炉要安装脱硝设施，东部地区的现有燃煤锅炉还应安装低氮燃烧装置。估算水泥行业与工业锅炉脱硝总投资 30 亿元，中央投资 9 亿元。

（8）布袋除尘　20 蒸吨（含）以上的燃煤锅炉安装静电除尘器或布袋除尘器。估算布袋除尘总投资 300 亿元，中央投资 30 亿元。

（9）新型大气污染物防控示范　加强含汞、铅、二噁英及苯并[a]芘等有毒废气环境管理。估算新型大气污染物防控示范总投资 20 亿元，中央投资 10 亿元。

3.3.3.2　改善民生环境保障工程

（1）城市饮用水水源地环境保护　"十二五"期间，实施水源地一级保护区隔离防护、整治，推进水源地二级保护区点源整治，加强水源保护区非点源污染控制，加快水源地生态修复。估算城市饮用水水源地环境保护总投资 399 亿元，中央投资 136 亿元。

（2）地下水污染防治　"十二五"期间，开展地下水污染状况调查，保障地下水饮用水水源环境安全，严格控制影响地下水的城镇污染，强化重点工业地下水污染防治，分类控制农业面源对地下水污染，加强土壤对地下水污染的防控，有计划地开展地下水污染修复。估算地下水污染防治总投资 304 亿元，中央投资 88 亿元。

（3）土壤污染治理与修复　"十二五"期间，加强土壤环境保护制度建设，强化土壤环境监管，以大中城市周边、重污染工矿企业、集中治污设施周边、重金属污染防治重点区域、饮用水水源地周边、废弃物堆存场地等典型污染场地和受污染农田为重点，开展污染场地、土壤污染治理与修复试点示范。对责任主体灭失等历史遗留场地土壤污染要加大治理修复的投入力度。估算土壤污染治理与修复总投资 986 亿元，中央投资 300 亿元。

（4）重点区域大气污染防治项目　开展挥发性有机物污染控制，建设有机废气回收利用与治理设施，完善精细化工行业有机废气收集系统，实施加油站、油库和油罐车的油气回收综合治理工程，实施扬尘污染控制，开展挥发性有机物污染普查。估算重点区域大气污染防治项目总投资 1 425 亿元，中央投资 410 亿元左右。

3.3.3.3　农村环保惠民工程

"十二五"期间，推进农村环境综合整治。深化"以奖促治"政策，重点解决环境问题突出的村庄环境污染，全面推进农村环境综合整治，完成 6 万个建制村的环境综合整治任务。估算农村环保惠民工程总投资 739 亿元，中央投资 379 亿元。

3.3.3.4　生态环境保护工程

"十二五"期间，强化生态功能区保护和建设，提升自然保护区建设与监管水平，确保陆地自然保护区面积占国土面积的比重稳定在 15%，加强生物多样性保护，确保 90%的国家重点保护物种和典型生态系统得到保护，推进资源开发生态环境监管。估算生态环境保护工程总投资 300 亿元，中央投资 90 亿元。

3.3.3.5　重点领域环境风险防范工程

（1）重金属污染防治　"十二五"期间，重点实施六类项目：第一类为污染源综合治理项目，主要包括减少重金属排放、防止污染事故发生、实现稳定达标排放的项目，包括治污设施升级改造、污染源环境风险防控设施建设、工业园区重金属"三废"集中处理处置、工业企业污染治理项目等；第二类为落后产能淘汰项目，主要包括逐步淘汰不符合产业政策或符合产业政策但污染排放经治理后仍不能稳定达标的企业。包括列入产业结构调整指导目录、产业振兴调整规划、区域产业政策中处于淘汰类别的生产工艺和生产能力，符合产业政策但是多次限期治理仍难以稳定达标的项目；第三类为民生应急保障项目，主要包括饮用水水源保护、应急饮水工程建设等民生应急保障项目，包括对饮用水源形成严重威胁的尾矿库加固项目、饮用水水源地土壤修复项目、应急饮水工程建设项目等；第四类为技术示范项目，主要包括以工程示范带动技术研发和攻关，对采选冶炼清洁生产技术、含重金属污泥综合处理处置、废铅蓄电池资源化利用、植物-微生物-物化联合修复技术、污染源治理技术、污染修复等技术开展示范试点；第五类为清洁生产项目，主要包括以通过加大清洁生产技术改造力度，减少生产工艺过程中重金属副产物或污染物产生，从源头降低环境风险的项目；第六类为解决历史遗留问题试点项目，主要包括为解决严重危害群众健康和生态环境且责任主体灭失的突出历史遗留重金属污染问题而开展的区域性治理试点工程，包括污染隐患严重的尾矿库、废弃物堆存场地、废渣、受重金属污染农田、矿区生态环境修复等历史遗留问题治理的试点工程项目。估算重金属污染防治总投资 708 亿元（不含监管能力），中央投资 283 亿元。

（2）持久性有机物和危险化学品污染防治　"十二五"期间，开展持久性有机污染物削减与控制示范。加强老化工集中区的升级改造。推进危险化学品企业废弃危险化学品暂存库建设和处理处置能力建设。以铁矿石烧结、电弧炉炼钢、再生金属生产、废弃物焚烧等行业为重点，全面加强二噁英污染防治，建立比较完善的二噁英污染防治体系和长效监管机制，重点行业二噁英排放强度降低 10%。估算持久性有机物和危险化学品污染防治总投资 400 亿元，中央投资 150 亿元。

（3）危险废物和医疗废物无害化处置等工程　"十二五"期间，落实危险废物全过程管理制度，确定重点监管的危险废物产生单位清单，加强危险废物产生单位和经营单位规范化管理，杜绝危险废物非法转移。对企业自建的利用处置设施进行排查、评估，促进危险废物利用和处置产业化、专业化和规模化发展。控制危险废物填埋量。取缔废弃铅酸蓄电池非法加工利用设施。规范实验室等非工业源危险废物管理。加快推进历史堆存铬渣的安全处置，确保新增铬渣得到无害化利用处置。加强医疗废物全过程管理和无害化处置设施建设，因地制宜推进农村、乡镇和偏远地区医疗废物无害化管理，到 2015 年，基本实现地级以上城市医疗废物得到无害化处置。估算危险废物和医疗废物无害化处置等工程总投资 100 亿元，中央投资 35 亿元。

3.3.3.6　核与辐射安全保障工程

"十二五"期间，健全核与辐射环境监测体系，建立重要核设施的监督性监测系统和其他核设施的流出物实时在线监测系统，推动国家核与辐射安全监督技术研发基地、重点实验室、业务用房建设。加强核与辐射事故应急响应、反恐能力建设，完善应急决策、指挥调度系统及应急物资储备。估算核与辐射安全保障工程总投资 656 亿元，中央投资 170 亿元。

3.3.3.7　环境基础设施公共服务工程

"十二五"期间，规划新增生活垃圾无害化处理能力 58 万 t/d，其中，设市城市新增能力 39.8 万 t/d，县城新增能力 18.2 万 t/d。到 2015 年，全国形成城镇生活垃圾无害化处理能力 87.1 万 t/d，基本形成与生活垃圾产生量相匹配的无害化处理能力规模，其中，设市城市处理能力 65.3 万 t/d，县城处理能力 21.8 万 t/d；生活垃圾无害化处理能力中选用焚烧技术的达到 35%，东部地区选用焚烧技术达到 48%；规划新增收转运能力 45.7 万 t/d，其中设市城市新增 23.0 万 t/d，县城和重点建制镇新增 22.7 万 t/d；规划新增运输能力 45.7 万 t/d，其中设市城市新增 22.9 万 t/d，县城和重点建制镇新增 22.8 万 t/d；预计实施存量治理项目 1 882 个。其中，不达标生活垃圾处理设施改造项目 503 个，卫生填埋场封场项目 802 个，非正规生活垃圾堆放点治理项目 577 个；重点抓好餐厨废弃物资源化利用与无害化处理试点城市建设，积极推动设区城市餐厨垃圾的分类收运和处理，力争达到 3 万 t/d 的处理能力；全面推进生活垃圾分类试点城市建设，各省（区、市）要建成一个以上生活垃圾分类示范城市，并在示范的基础上逐步推广；焚烧处理设施的实时监控装置安装率达到 100%，其他处理设施达到 50% 以上。估算环境基础设施公共服务工程总投资 2 621 亿元，中央投资 750 亿元。

3.3.3.8　环境监管能力建设

"十二五"期间，重点实施标准化填平补齐项目、新增主要污染物监管能力建设项目、环境物联网建设与应用项目、环境统计能力建设项目、国家环境宣教能力建设项目、国家环境监测与评估能力建设项目、环境预警应急能力建设项目、核与辐射安全监管能力建设项目以及环境科研与管理支撑基础能力建设项目。估算环境监管能力建设总投资 454 亿元，中央投资 260 亿元左右。

基于规划任务的重点工程项目投资测算见表 3-42。

表 3-42　重点工程项目投资　　　　　　　　　　　单位：亿元

工程类型	项目名称	总投资	中央投资
主要污染物减排工程	城镇生活污水处理	4 266	1 300
	重点流域工业水污染防治	510	177
	畜禽养殖污染防治	363	147
	电力行业脱硫脱硝	1 100	210
	钢铁烧结机脱硫脱硝	100	30
	其他非电重点行业脱硫	100	10
	水泥行业与工业锅炉脱硝	30	9
	布袋除尘	300	30
	新型大气污染物防控示范	20	10
	小计	6 789	1 923
改善民生环境保障工程	城市饮用水水源地环境保护	399	136
	地下水污染防治	304	88
	土壤污染治理与修复	986	300
	重点区域大气污染防治项目	1 425	410
	小计	3 114	934
农村环保惠民工程		739	379
生态环境保护工程		300	90
重点领域环境风险防范工程	重金属污染防治	708	283
	持久性有机物和危险化学品污染防治	400	150
	危险废物和医疗废物无害化处置等工程	100	35
	小计	1 208	468
核与辐射安全保障工程		656	170
环境基础设施公共服务		2 621	750
环境监管能力建设		454	260
总计		15 881	4 974

专栏 3-1 部分省份环境保护"十二五"规划重点工程投资情况

按照部分省份环境保护"十二五"规划（过程稿），"十二五"期间，广西、贵州、河南、湖北、内蒙古、宁夏、青海、西藏及重庆九个中西部省份环境保护规划重点工程投资总计 10 052.72 亿元，地方投资测算存在过高的问题。其原因：一是规划尚处于编制阶段，对重点工程项目及投资尚未进行进一步的筛选和核算；二是由于环保投资口径存在的问题，导致部分不属于环保投资的项目纳入了环保投资计算范围；三是存在拉高环保投资的主观人为因素（表3-43）。

表 3-43 典型省份规划环保投资 单位：亿元

地区	重点工程投资	地区	重点工程投资
广西	1 704.66	宁夏	236
贵州	688.63	青海	1 526.8
河南	948.02	西藏	116.56
湖北	3 084.66	重庆	1 331.9
内蒙古	415.49	总计	10 052.72

3.3.4 结论

（1）基于协整的环保投资需求预测表明，"十二五"环境污染治理投资需求约为 4 万亿元，占同期 GDP 的 1.6%左右。选取宏观经济指标 GDP、固定资产投资、财政收入，考虑各经济指标与环保投资存在关联性，通过协整分析建模进行预测。依据《中华人民共和国 2010 年国民经济和社会发展统计公报》，以及《中华人民共和国国民经济和社会发展第十二个五年规划纲要》等开展"十二五"各项宏观经济指标测算。考虑到 2010 年环保投资中园林绿化投资出现明显异常，以及房地产投资增长迅猛且与环保投资无关联性，为强化环保投资测算的科学合理性，本研究采取了四种方案进行预测。综合比较分析认为，全社会固定资产投资扣除房地产投资且环保投资扣除园林绿化投资的测算结果更为合理，测算值与实际值误差较小。测算结果表明，"十二五"环境污染治理投资需求约为 4 万亿元，比"十一五"环境污染治理投资增加 85%，年均增速为 10%左右，略高于年均 7%的 GDP 预计增长速度，约占同期 GDP 的 1.6%，比"十一五"期间高 0.2 个百分点；约占全社会固定资产投资总规模的 2.3%，比"十一五"期间高 0.4 个百分点。

（2）基于专项规划的投资需求测算表明，扣除重复交叉项目后，重点工程投资需求约为 1.55 万亿元，估算中央投资需求为 4 919 亿元左右。结合国家环境保护"十二五"规划提出的八大重点工程，以已经发布的《重金属污染综合防治规划（2011—2015 年）》《长江中下游流域水污染防治规划（2011—2015 年）》《全国地下水污染防治规划（2011—2020 年）》，以及正在编制的重点流域水污染防治"十二五"规划、重点区域大气污染联防联控"十二五"规划、全国城镇污水处理及再生利用设施建设"十二五"规划、全国城镇生活垃圾无害化处理设施建设"十二五"规划等 14 项专项规划为重点，分析了各项规划的重点任务与投资需求。结果表明，专项规划投资需求合计为 1.80 万亿元，估算中央投资需求为 5 755 亿元。考虑到专项规划间部分项目存在交叉重复，扣除交叉重复项目后，投资需求约为 1.55 万亿元，估算中央投资需求为 4 919 亿元左右。上述数值基本接近《国家环境保护"十二五"规划》提出的八大重点工程总投资需求约 1.5 万亿元的测算结果。

（3）基于规划任务的重点工程投资测算表明，八大重点工程投资需求为 1.58 万亿元，其中中央投资需求为 5 000 亿元 "十二五"期间重点实施主要污染物减排工程、改善民生环境保障工程、农村环保惠民工程、生态环境保护工程、重点领域环境风险防范工程、核与辐射安全保障工程、环境基础设施公共服务工程、环境监管能力基础保障及人才队伍建设工程等八大重点工程，工程投资需求为 1.58 万亿元。其中需中央投资 5 000 亿元，占重点工程项目投资的 32%。

（4）综合分析表明，"十二五"期间全社会环保投资需求约为 4 万亿元，重点工程项目投资约为 1.6 万亿元左右，其中中央投资需求约为 5 000 亿元。基于上述测算，经综合对比分析，"十二五"期间全社会环保投资需求约为 4 万亿元，占同期 GDP 的比例约为 1.6%。其中重点工程项目投资约为 1.6 万亿，占全社会环保投资总额的 40%左右，占比与"十一五"期间基本持平。重点工程中中央投资需求约为 5 000 亿元，占重点工程项目总投资的 32%左右。

第 4 章

环保投资口径优化

4.1 国外环保投资口径分析

4.1.1 统计范围

4.1.1.1 欧盟

欧盟国家对环保投资更确切地定义为环保支出（Environmental protection expenditure），欧共体统计局（Eurostat）2005 年的环保支出统计报告中，环保支出被定义为用于环境保护的投资性支出和经常性支出的总和。环保支出是指直接用于环境保护的投资性支出和经常性支出的总和。环境保护被定义为一种使用机器、劳动力、生产技术、信息网络和产品的行为，这种行为的主要目的是收集、治理、减少、防止和消除由于企业经营活动而产生的污染物、污染或者是环境的退化。环境保护支出可能和生产有市场价值的产品的活动有关，由补贴金和补助金提供资金。在这种情况下，环保支出应该上报为所有这些补偿费用的总额。

按发生方式，环境保护活动可以分为单独环保活动和环境受益活动。单独环保活动指由专门的环保机构或单位所采取的环境保护活动；一般有专门的环保设施，其主要目的就是环保。环境受益活动指那些融入一般经济活动之中的环境保护活动，其主要目的一般并不是环保，只是在达到另一经济目的的同时产生了环保作用。定义里所涉及的环保活动与企业经营行为是有区别的，环保支出主要是指单独环境保护活动的支出，不包括在环境受益活动中所发生的支出。

（1）环保投资性支出　环保投资性支出包括所有与环保活动有关的资本性支出，其主要目的是收集、处理、监测、控制、减少、防治和消除污染、污染物或由企业的运行活动引起的环境的恶化。资本性支出包括：机器、设备、厂房、土地等。环保总投资性支出是在污染治理和污染防治两方面的资本性支出的总和。

污染治理的投资性支出被定义为在污染和污染物产生之后，收集和转移污染和污染物（如大气污染物、废水和固体废弃物）、治理和处置污染物、监测和评价污染程度的方法、技术、过程和设备的资本性支出。污染治理主要包括末端治理的方法、技术和设备的使用（如废气排放滤清器、污水处理厂、固体废弃物回收和处理活动）。又被称为末端治理投资、设备附加投资或工艺外部投资。

如果污染治理投资性支出是指用于已经产生的污染的支出时，那么污染防治包括生产革新、控制工艺流程、用于源头防治和使用减少污染的原材料等内容。污染防治的投资性支出是指用于防治和减少源头产生的污染的现有方法、技术、工艺流程上的资本性支出，从而减少污染物排放和污染活动引起的对环境的影响。又被称为综合工艺或清洁生产投资。欧盟统计处（SOEC）将这部分定义为资本性支出费用（CAPEX）。CAPEX 包括末端治理费用和综合工艺费用。末端治理费用是指使用设备来处理生产排放的废气和污水而支出的费用。综合工艺费用是关于采用新工艺实现清洁生产。这项可能是改造现有的设备，那么综合工艺费用全部是改造费用。

也可能是引进考虑环境保护因素的新工艺而支出的费用。只有环保设备或设施使用的能源消耗费用包括在环境保护支出的范畴内。不包括在安全健康方面支出的费用。

（2）环保经常性支出　　环境保护的经常性支出包括劳工费、租金、能源和其他材料的使用费、服务费，其主要目的是阻止、减少、处理或者降低污染物和污染，或者由商业运作行为导致的一些其他的环境恶化。环保经常性支出不包括环保设备的折旧补偿费用和上报单位由于转移支付而产生的税金或者其他费用。即使政府当局已制定将这些转移支付收入用于资助其他环境保护活动，这些转移支付费用也不能用于购买与商业运作活动造成的环境影响有关的环境服务。

环保经常性支出可以按照支付方式的不同分为内部开销和支付/购买两部分。内部开销包括环保设施运行的相关费用，包括为保护环境而使用的商品的支出和环境管理和科学研究费用等方面的支出费用。支付/购买只要是指用于购买环保服务的费用，包括垃圾和污水的处理费用、土壤修复费用、付给第三方环境监测和控制的费用和环境咨询费用等。环保支出主要是指单独环境保护活动的支出，不包括在环境受益活动中所发生的支出。

4.1.1.2　美国

美国将一切用于环境保护的资金，都作为环境保护投资，而没有区分环境保护投资与环境保护费用之间的差别。环境立法是美国左右环保投入的最主要力量。美国把环境保护费用划分为 4 类，即损害费用、防护费用、消除费用和预防费用。损害费用是指由于环境污染和生态破坏本身的直接费用，如废水排入河流而造成的渔业、农业、工业等方面的损失费用。防护费用是指人们为了使自己免受不利环境影响而需要采取防护措施所花费的费用。消除费用是指人们为消除或减缓已经产生的环境污染和生态破坏而采取必要的治理措施而消耗的费用。预防费用则是指为了避免可能的环境污染和生态破坏而建设和安装各种预防性设施或采取其他预防性手段而投入的费用。此外，美国的环境保护费用还包括一些管理性或业务性的费用。如用于环境监测、环境保护科学研究、环境保护宣传教育等方面的费用。

美国为保护环境所支出的费用来自 3 个方面：一是个人为环境保护所支出的费用，包括污水处理费用、汽车尾气净化费用、家庭废水与市政污水管道连接的费用，以及建造家用化粪池的花费等；二是各级政府部门包括联邦、州和地方预算用于环保的部分，这既包括政府的直接投入（主要是用于建设和运行城市污水处理厂），也包括执法、监测和研究与开发费用；三是工业行业治理污染的投入。美国 1991 年污染控制的总费用约为 914 亿美元，其中公民个人的支出 185 亿美元，占总费用的 20%；政府部门的投入为 246 亿美元，占 27%；工业界的花费是 483 亿美元，占 53%。

美国环境投资的主体分为联邦政府、州和地方政府，以及企业和私人投资。在不同的环境领域投资主体是不同的：①环境基础设施建设方面，20 世纪 80 年代以前，投资主体是联邦和州政府，80年代以后，政府投资比例逐步下降，鼓励私人投资公共环境设施。例如，芝加哥郊区1983年建的生活污水处理场费用3 500万美元，35%是州政府投资，其余款项则为企业、实体投资；波士顿1999年建成的特大型污水处理场耗资23亿美元，资金10%来源于州政府，其他90%来源于污水排放者，即按每个家庭每月排污水量收费。洛杉矶生活污水处理场是利用发债券的办法建成的，建成后，每个家庭每月交排污费20美元，不到10年就能将投资收回。②企业的污染防治费用，基本上全部由企业自我承担，较好地体现了"污染者负担"的原则。但联邦与州政府会提供少量的补助和优惠贷款，特别是针对中小企业，建立污染治理资金的援助机制，例如来自商业银行的贷款。据"第二次金融机构环境政策调查"（1994）显示，已有将近3/4的美商业银行配备了专职的环境贷款风险管理专家，专门从事对企业环保的贷款。

4.1.1.3 日本

日本的环境保护投资包括工厂治理污染的投资，某些城市公用基础设施的投资和自然生态保护的投资。日本环境投资的主体分为中央政府及其附属的金融机构、地方政府和企业。据多年统计，在环境保护投资来源构成中，中央政府占13.5%，地方政府占51.5%，企业占35%。政府负责环境基础设施建设和自然生态环境的保护和改善。企业除了负担企业内部的污染防治投资外，还要部分承担相关的公共污染控制设施的建设费用。中央政府附属的金融机构负责对企业和部分环境基础设施建设提供资金支持。

20世纪90年代以来，中央政府环境预算的83%用于环境基础设施建设，11%用于主要包括国家公园、准国家公园及一般生活区公园的建设和海岸、港口及文物古迹等地的自然环境保护。在环境基础设施建设投资中，污水处理占70%左右，其次为噪声防治、生活垃圾处理和农村下水管网建设，各占8%左右。

在地方政府的环境投资中，基础设施建设的投资比例达90%多，且总投资的70%多用于污水处理，生活垃圾处理占12%～18%。总体上，环境基础设施建设的投资是大气污染防治投资的7倍左右或更多，其中污水处理费用约为大气污染防治的5倍。

从20世纪70年代中期的投资高峰到80年代末，日本中央政府所属金融机构给企业提供的低息贷款，占企业污染防治投资的30%～40%，对解决企业的资金困难发挥了非常重要的作用。粗略估算，仅日本环境事业团，在对中小企业资金援助上的这一比例，就曾经高达50%以上。在这种机制中，政府在筹集部分社会公共资金作为向企业融资的资本之后，政府的成本就是一般的管理费用和贴息资金，这部分成本大约占日本中央年环境预算的3%，这与其给企业所解决的资金份额相比，是成本有效的。

4.1.1.4 加拿大

加拿大的环保投资主要通过环保开支账户来体现。环保开支账户是加拿大环境和资源账户体系的一个分支，其范围包括发生在污染治理和控制、野生动植物的保护和栖息地的恢复、环境监视、环境评价和环境审计、土壤改造等方面的费用，加拿大的环保开支账户能够清楚地显示对与环保有关的商品生产和服务的最终需求和中间消费的结构与特性，这种显示主要反映在国家和省两个层面上。目前，加拿大的环保开支账户包含 3 个账目：

（1）关于环保的家庭开支　家庭环保开支是指居民对控制和减少日常生活对水、空气和土壤的污染而支付的费用。

（2）政府对环保的现金和资本支出，包括中央政府和地方政府之间的转移支付。

（3）商业资本运营对环保的支出　商业环保支出仅指企业为避免或降低其生产活动对环境的负面影响而直接支付的资金情况，而不包括那些主业或次业是生产环保产品和提供环保服务的企业所发生的投资。

4.1.2　CEPA 2000 环保活动分类

CEPA 2000 是当前开发应用程度最高的环保活动分类标准。它形成于联合国欧洲经济委员会和欧盟统计局的合作，目前已经作为国际经济社会分类国际标准被各国所遵循使用。CEPA 2000 "是一个通用性的、多目标的环境保护功能分类，适用于活动、产品、实际费用（支出）及其他交易的分类"。它是一个三级分类体系，在第一级结构上，环保活动被区分为 9 个大类，其中前 7 类分别对应着 7 个环境领域：空气和气候、废水、废弃物、土壤和地下水地表水、噪声、生物多样性和景观、辐射，后两类则属于与环保有关的层面活动类别：研发活动和各种一般性管理活动，用于归集那些无法确定具体服务领域的与环保有关的活动。在大类之下，再进一步考虑技术属性、政策措施、目的等标准作第二级、第三级分类。由此使该分类体系得到了具体化，为在环保统计中加以应用提供了前提。

表 4-1　环境保护活动分类（CEPA 2000）

一级专题	二级专题	三级专题
1 周围空气和气候保护	1.1 通过过程改进预防污染	1.1.1 保护周围空气
		1.1.2 保护气候和臭氧层
	1.2 废气治理和通风	1.2.1 保护周围空气
		1.2.2 保护气候和臭氧层
	1.3 计量、控制和实验室等	
	1.4 其他活动	
2 废水管理	2.1 通过过程改进预防污染	
	2.2 下水管道网络（污水系统）	
	2.3 废水处理	
	2.4 冷却水处理	
	2.5 计量、控制和实验室等	
	2.6 其他活动工业废水处理支出	

一级专题	二级专题	三级专题
3 废弃物管理	3.1 通过过程改进预防污染	
	3.2 收集和运输	
	3.3 危险废物处理和处置	3.3.1 热处理
		3.3.2 填埋
		3.3.3 其他处理和处置
	3.4 非危险废物处理和处置	3.4.1 焚烧
		3.4.2 填埋
		3.4.3 其他处理和处置
	3.5 计量、控制和实验室等	
	3.6 其他活动	
4 土壤、地下水和地表水保护和修复	4.1 防止污染物渗透	
	4.2 土壤和水体清洁	
	4.3 防止土壤侵蚀和其他物理性退化	
	4.4 土壤盐碱化预防和恢复	
	4.5 计量、控制和实验室等	
	4.6 其他活动	
5 防治噪声和振动	5.1 源头之过程改进的预防	5.1.1 公路和铁路交通
		5.1.2 空中交通
		5.1.3 产业和其他噪声
	5.2 防噪声/振动设施的建设	5.2.1 公路和铁路交通
		5.2.2 空中交通
		5.2.3 产业和其他噪声
	5.3 计量、控制和实验室等	
	5.4 其他活动	
6 生物多样性和景观保护	6.1 物种和栖息地的保护和恢复	
	6.2 自然景观和半自然景观的保护	
	6.3 计量、控制和实验室等	
	6.4 其他活动	
7 辐射防护	7.1 周围媒介质的保护	
	7.2 高放射性废物运输和处理	
	7.3 计量、控制和实验室等	
	7.4 其他活动	
8 研究与开发	8.1 周围空气和气候保护	8.1.1 空气保护
		8.1.2 大气和气候保护
	8.2 水体保护	
	8.3 废弃物	
	8.4 土壤和地下水保护	
	8.5 消除噪声和振动	
	8.6 物种和栖息地保护	
	8.7 防止辐射	
	8.8 其他环境研究	
9 其他环保活动	9.1 一般环境管理	9.1.1 一般行政管理、监管等
		9.1.2 环境管理
	9.2 教育、培训和信息	
	9.3 导致不可分割的支出活动	
	9.4 未另分类的活动	

当前开发的各种统计体系大多都与此分类有关，但具体应用上也存在差别。一般来说，前 7 个类别中，除第 6 类"生物多样性和景观的保护"之外，其他 6 类都与污染治理和控制直接有关，因此这 6 类活动合起来被称为污染治理和控制（PAC）活动，其相应支出就是 PAC 支出。SERIEE 的环境保护账户（EPEA）要求原则上应开发 CEPA 界定的所有这 9 个环境领域的账户。OECD/欧统局的联合调查（JQ）按 CEPA 1～6 类分别记录数据，而将 CEPA 7～9 类合并为"其他"类。其中，对于专业生产者，JQ 仅按 4 个独立的环境领域记录数据："废水管理""废弃物管理""土壤、地下水和地表水的保护和修复"以及"其他"，此时，"其他"应包括 CEPA 列出的其他 6 个环境领域。欧洲委员会条例《商务结构统计》规定的最小分类为：CEPA 1～3 类要分开记录，其他环保活动则包括 CEPA 4～9 类。

4.2 中国现行环保投资口径分析

《国务院关于环境保护若干问题的决定》（国发[1996]31 号）中要求："切实增加环境保护投入，提高环境污染防治投入占本地区同期国民生产总值的比重，并建立相应的考核检查制度"。为统一环境保护投入范围，便于在国民经济和社会发展宏观决策和调控中科学地计算环境保护投入，加强环境保护投入管理，原国家环境保护总局印发了《关于建立环境保护投资统计调查制度的通知》（环财发[1999]64 号）。制定了关于环境保护投入的分类和统计范围的界定、环保投资和环境管理能力建设投资统计调查实施办法（试行）、环保投资统计表等文件，进一步完善了环保投资、环保投入的统计制度。我国现行的环保投资（主要是污染治理投资）统计包括 3 部分：一是老工业污染源治理投资，二是建设项目"三同时"环保投资，三是城市环境基础设施建设投资。

4.2.1 城市环境基础设施建设投资

4.2.1.1 基本概念与数据来源

纳入环保投资的城市环境基础设施建设投资数据来源于建设部的城市（县城）和村镇建设统计报表制度中的城市（县城）建设部分的内容。城市（县城）建设部分的统计内容包括人口和建设用地、城市维护建设资金收支、市政公用设施建设固定资产投资、供水、节约用水、燃气、集中供热、公共交通、道路桥梁、排水和污水处理、园林绿化、风景名胜区与市容环境卫生等方面。它由 24 张综合报表和 25 张基层报表组成。

环境保护部门根据与环境污染治理的相关性和改善环境质量的有效性，将城市（县城）建设统计报表中的综 4-1 表改变为城市（县城）市政公用设施建设固定资产投资综合表（表 4-2），包括燃气、集中供热、排水、园林绿化、市容环境卫生等 5 部分内容作为城市环境基础设施建设投资纳入环保投资范畴。实际上，城市（县城）建设统计报表中的综 4-1 表是由基 4 表（表 4-3）直接汇总生成，无需单独填写。城市环境基础设施建设本年完成投资总额的填报数据取自城市建设统计年报分行业固定资产投资中燃气、集中供热、污水处理、园林绿化、垃圾处理及其他等行业的投资数额。

表 4-2　城市（县城）市政公用设施建设固定资产投资综合表

表　号：市（县）综 4-1 表
制表机关：建　设　部
批准机关：国 家 统 计 局
批准文号：国统制[2007]93 号

综合机关名称

有效期至：2009 年 11 月 6 日

200　年（半年、年报）

计量单位：万元

地区名称	本年完成投资合计	供水	燃气	集中供热	公共交通	道路桥梁	排水	污水处理及其再生利用	防洪	园林绿化	市容环境卫生	垃圾处理	其他	本年新增固定资产
甲	501	502	503	504	505	506	507	508	509	510	511	512	513	514
合计														
1. 按地区分列														
北京														
天津														
河北														
……														
新疆														
2.按城市（县）分列														

单位负责人：　　　　统计负责人：　　　　填表人：　　　　报出日期：200　年　月　日

本表逻辑审核关系：

1．501=502+503+504+505+506+507+509+510+511+513；507≥508；511≥512；

2．各项取整数。

注：此表中燃气、集中供热、排水、园林绿化和市容环境卫生五部分的数据之和即为某地区城市环境基础设施建设投资。

104

表 4-3 市政公用设施建设固定资产投资基层表

01 单位名称	02 项目名称	表 号：市（县）基 4 表
		制表机关：建 设 部
03 建设地址___省（自治区、直辖市）___地（市、州、盟）___县（区、市、旗）		批准机关：国 家 统 计 局
行政区划代码：□□-□□-□□		批准文号：国统制[2007]93 号
	200 年（半年、年报）	有效期至：2009 年 11 月 6 日

0 法人单位码	11 登记注册类型	□□□	12 专业类别	□□
5	内资	港澳台商投资	01 供水	08 防洪
	110 国有	210 合资经营		
	120 集体	220 合作经营	02 燃气	
	130 股份合作	230 独资		09 园林绿化
	141 国有联营	240 股份有限	03 集中供热	
	142 集体联营	外商投资		
	143 国有与集体联营	310 合资经营	04 公共交通	10 环境卫生
	149 其他联营	320 合作经营		
	151 国有独资公司	330 独资	05 道路桥梁	11 其中：垃圾处理
□□□□□□-□	159 其他有限责任公司	340 股份有限		
	160 股份有限公司	个体经营	06 排水	
（仅限法人单位填写）	170 私营	410 个体户	07 其中:污水处理	12 其他
	190 其他	420 个人合伙	及再生利用	

续表（一）

13 国民经济行业类别（小类）	□□□□	15 建设性质	17 建设阶段	18 开工时间
4430 热力生产和供应	8021 城市市容管理	□	□	□□□□年□□月
4500 燃气生产和供应	8022 城市环境卫生管理	1 新建	1 筹建	19 本年全部投产时间
4610 自来水生产和供应	8110 市政公共设施管理	2 扩建	2 本年正式施工	□□□□年□□月
4620 污水处理及再生利用	8120 城市绿化管理	3 改建和技术改造	3 本年收尾	21 是否为国债项目 □
5310 公共电汽车客运	8131 风景名胜区管理	5 迁建	4 全部停缓建	1 是，2 否
5320 轨道交通	8132 公园管理	6 恢复	5 单纯购置	
5330 出租车客运	9999 其他	7 单纯购置		
5340 城市轮渡				

续表（二）

指标名称	计量单位	代码	数量	指标名称	计量单位	代码	数量
甲	乙	丙	1	甲	乙	丙	1
计划总投资	万元	501		本年资金来源合计	万元	601	
自开始建设累计完成投资	万元	502		上年末结余资金	万元	602	
其中：新增固定资产	万元	503		本年资金来源小计	万元	603	
本年计划投资	万元	504		中央财政拨款	万元	604	
本年完成投资	万元	505		地方财政拨款	万元	605	
其中：土地购置费	万元	506		国内贷款	万元	606	
拆迁费用	万元	507		债券	万元	607	
本年新增固定资产	万元	508		利用外资	万元	608	
				其中：外商直接投资	万元	609	
				自筹资金	万元	610	
				其中：单位自有资金	万元	611	
				其他资金	万元	612	
				各项应付款	万元	613	

续表（三）

生产能力（或效益）名称	计量单位	代码	本年施工规模		累计新增生产能力（或效益）	
				本年新开工		本年新增
甲	乙	丙	701	702	703	704

单位负责人：　　　　　统计负责人：　　　　　填表人：　　　　　报出日期：200　年　月　日

填表说明：本表由市政公用设施的投资企业（单位）填报。

本表逻辑审核关系：

1. 本表只统计项目计划总投资 5 万元（含 5 万元）以上的城市市政公用设施建设项目；对某些行业单项工程计划投资规模较小或比较分散的工程，可以按行业打捆汇总填报；计划总投资 50 万元以上项目必须分项填报；

2. 代码 502≥503；502≥505；

3. 505≥506＋507；

4. 601＝602＋603；603＝604+605+606+607+608+610+612；

5. 608≥609；610≥611；

6. 701≥702；703≥704；

7. 各项保留整数。

4.2.1.2 设施分类

城市环境基础设施建设工程分类为：①水环境保护工程：城市或区域污水集中处理厂；排污、截流、清污分流管网工程；城市污水处理后资源化工程；污泥处理后资源化工程；氧化塘等土地处理工程；科学排江排海工程；城市河道、湖、塘整治（疏浚、清淤、砌护、绿化美化）工程。②大气环境保护工程：城市集中供热工程（含集中供热锅炉、配套设施、厂房及供热管线）；热电厂工程（仅计算供热部分及管网投资）；液化、气化工程（燃料液化、气化厂、贮运设施、管网及供应网点建设）；民用锅炉改造和消烟除尘、脱硫工程；型煤生产及供应网点建设；生活和商业炉灶（含取暖炉）改造；汽车尾气治理工程。③城市垃圾处置、处理和综合利用工程：垃圾集中处置场和综合利用工程；垃圾收集、转运网点建设；垃圾运输车辆、设施购置；粪便运输及无害化处置工程；有害废物处理处置工程和设施；放射性废物安全处置工程。④城市噪声治理工程：城市道路隔音墙；城市道路绿化隔离带；为减少噪声对汽车的改造。⑤城市绿化：城市防护林带营造工程；城市绿化美化工程；草木花卉培育基地建设工程；城市园林建设、改造工程。⑥城市环境卫生：环境卫生机构建设；环境卫生设施建设、改造，车辆购置。⑦城市电磁辐射污染防治工程以及城市其他污染防治工程。

表 4-4 城市环境基础设施建设工程分类

投资项目分类	内容
城市污水处理工程建设	城市或区域集中污水处理厂建设费用； 排污、截流、清污分流管网工程； 城市污水处理后的资源化工程； 污泥处理后资源化工程；氧化塘等土地处理工程；科学排江、排海工程
城市燃气工程建设	城市液化、气化工程（燃料液化、气化厂、储运设施、管网及供应站点建设）
城市集中供热工程建设	集中供热锅炉、配套设施、厂房及供热管线
城市园林绿化工程建设	城市防护林带营造工程； 城市绿化美化工程； 草木花卉基地建设工程； 城市园林建设、改造工程
城市垃圾处理工程建设	垃圾集中处置场和综合利用工程建设及运行费用； 垃圾收集、转运网点建设；垃圾运输车辆、设施购置； 粪便运输及无害化处理工程； 有害废物处理处置工程和设施建设； 放射性废物安全处置工程； 环境卫生机构建设； 环境卫生设施建设、改造、车辆购置
城市其他污染防治工程	城市河湖整治工程（包括改善城市地区水环境质量的清淤、疏浚工程和堤岸砌护、绿化美化工程）； 热电厂工程； 民用锅炉改造和消烟除尘、脱硫工程；型煤生产及供应网点建设工程； 生活和商业炉灶（含取暖炉）改造； 汽车尾气治理工程； 城市道路隔音墙； 为减少噪声对机动车的改造； 城市电磁辐射污染防治工程； 第三产业污染治理投入等

4.2.2 工业污染源治理投资

4.2.2.1 基本概念与数据来源

所统计的污染治理项目，是工业企业为治理污染、实行"三废"综合利用而进行投资的项目。凡已纳入建设项目环境保护"三同时"管理的项目，不在该统计范围之内。工业污染源治理投资来自"各地区工业污染治理项目建设情况"（环年综 2 表）中"施工项目本年完成投资额"一项，该表由"工业企业污染治理项目建设情况"（环年基 3 表）汇总而得。相关指标解释如下。

（1）工业污染源治理项目 所统计的项目为本年内正式施工的项目，包括本年新开工项目和以前年度开工跨入本年继续施工的项目。本年内全部建成投产项目以及本年和以前年度全部停缓建在本年恢复施工的项目，仍为本年正式施工的项目。以前年度已报全部建成投产，本年尚有遗留工程进行收尾的项目，以及已经批准全部停缓建，但部分工程需要做到一定部位或进行仓库、生活福利设施工程的项目，不包括在本年正式施工项目之内。

（2）治理类型　工业污染源治理项目分为 9 类，分别为：①工业废水治理；②燃料燃烧废气治理；③工艺废气治理（含工业粉尘治理）；④工业固体废物治理；⑤噪声治理（含振动）；⑥电磁辐射治理；⑦放射性治理；⑧污染搬迁治理；⑨其他治理（含综合防治）。

（3）本年完成投资　指在报告期内企业实际用于环境治理工程的投资额。投资额中的资金来源是指投资单位在本年内收到的用于污染治理项目投资的各种货币资金，包括排污费补助、政府其他补助、企业自筹。各种来源的资金均为报告期投入的资金，不包括以往历年的投资。

4.2.2.2　工业污染治理设施分类

按一般企业生产过程，工业污染治理设施可划分为：

（1）动力系统　包括燃料堆场、锅炉房、煤气站、电厂、变（配）电站、乙炔站等污染治理设施。

➤ 水污染防治设施：包括燃料堆放场排水及冲水处理设施；造成热污染的废水冷却设施；锅炉清洗废水的处理设施；炉渣冲洗水处理设施；含废油污水回收和处理设施。

➤ 大气污染防治设施：包括燃料堆场的除尘、防尘、抑尘设施；燃料上料系统的除尘、抑尘设施；锅炉烟气除尘脱硫净化回收设施；烟囱（高度符合环保要求）。

➤ 噪声防治设施：包括对产生噪声的设备、大型电机等采取的消声、隔声、阻尼、减振等设施以及隔音室（墙）。

➤ 固体废物防治设施：包括灰渣场及粉煤灰、炉渣的堆埋覆盖工程以及废旧电器安全处置设施。

（2）原材料采选系统　包括勘探、采矿、选矿、采石、贮运过程中的污染治理设施、矿区污染综合治理工程以及放射性"三废"处理处置工程等。

➤ 水污染防治设施：包括勘探队生活废水收集处理设施；矿山油田（含油、气）采矿、选矿、浮选废水处理设施；尾矿坝外排水处理设施；储运系统废水、污油处置设施。

➤ 大气污染防治设施：包括采矿、选矿时防尘、除尘、抑尘设施以及井下有毒有害气体净化处理设施。

➤ 噪声防治设施：包括对产生噪声的设备、大型电机等采取的消声、隔声、阻尼、减振等设施以及隔音室（墙）。

➤ 固体废物防治设施：包括煤矸石、废矿石处置；勘探队生活垃圾收集、处理设施；废弃泥浆处置设施；油泥、油渣的处置设施。

- 矿区污染综合治理工程：包括矿区的覆土植被；土地复垦造田；水土流失、淋溶水危害、泥石流危害防治设施。
- 放射性"三废"处理处置工程：包括按国家现行有关规定采取的妥善处理处置的安全设施。

（3）生产工艺系统　包括冶炼、煅烧、化工、原材料加工、机械加工、产品装配、产品装潢和包装过程中的污染治理设施。

- 水污染防治设施：包括有毒、含腐蚀物质废水的防渗漏和防腐蚀设施；工艺废水（含酸、含碱、含金属废水、含废油、含有机污水等）的回收和处理净化设施；高炉煤气、烟气淋洗水和湿式除尘废水等的处理净化设施；冷却水循环回收利用设施；化验分析废液、废水处理设施；高浓度有机废水、废液（如釜液、母液）等的焚烧处理设施；生物制药废水的处理设施；酸性水汽提装置；造纸行业碱回收设施；食品、纺织等原材料加工行业废水治理设施；食品、发酵行业的废液综合生产 DDGS 或沼气设施。

- 大气污染防治设施：包括生产工艺中产生烟尘、粉尘、烟雾和有害气体部位的通风净化设施；生产过程中事故防控设施；有毒、有害气体的事故处理设施；各种高炉、转炉、炉窑等的工业粉尘及烟气净化设施；生产过程中的放气、再生气、吹出气的回收设施；原料粉碎、上料系统的除尘、抑尘设施；各种工艺废气、尾气（如含 SO_2、H_2S、HF、NO_x 等）的净化回收设施；产品装配、装潢过程中的抛光、喷漆、酸雾等的治理设施；轻质油品等成品的密闭设施。

- 噪声防治设施：包括对产生噪声的设备、大型电机等采取的消声、隔声、阻尼、减振等设施以及隔音室（墙）。

- 固体废物防治设施：包括生产过程中产生的各种废渣（如钢铁和有色金属冶炼渣、铁合金渣、尘泥、油渣等）的处理处置设施；各类可再创价值的工艺废渣（如炉渣、粉煤灰、钢铁和有色金属冶炼渣、铁合金渣等）综合利用处置设施；各类含有毒熔渣、低放射性渣的安全堆场及处置回收设施；原材料加工和成品包装工程中的碎料、废料、废品的堆放处置回收设施。

（4）全厂性设施

- 仓贮、运输系统污染治理设施：包括原料堆场的排水、冲水处理设施；易挥发、有毒有害液体原料、成品等的贮存、防泄漏设施；贮存仓库的通风净化设施；贮存含放射性物质的原料（或中间产品）的专用仓库或料仓防护设施；原料、成品装卸时的除尘、抑尘设施；原料、成品运输过程中的密封安全设施等。

- 维修、养护系统污染治理设施：包括事故或设备检修的排放液和冲洗废水以及跑冒滴漏的溶液的收集处理或回用设施；对有毒有害或含有腐蚀性物质废水的输送沟渠和地下管线、检查井等采取防渗漏和防腐蚀性措施。

- 生活污染治理设施：包括职工生活区和医院废水的收集、排污、清污分流

109

管网设施以及生活垃圾处置设施。

> 全厂环境综合整治设施：包括全厂范围内的污、废水收集、外排、清污分流管网设施；废水循环利用设施；废水集中处理设施；固体废物处置工程；防护林带和厂区绿化工程。

> "三废"综合利用工程：包括污水处理后的资源化工程；污水处理后生产DDGS和沼气等综合利用工程；污泥、工业废渣综合利用工程。

> 环境保护管理机构基本建设工程。

（5）其他

> 履行国际环境保护公约工程，如氟氯烃、哈龙类物质替代工程。

> 污染企业的转产、改造工程（相当于原生产规模部分的技术改造费用）。

> 污染企业的搬迁工程，包括新厂址征地费用、相当于原生产规模部分的建设费用和搬迁费用。

4.2.3 建设项目"三同时"环保投资

4.2.3.1 基本概念

"三同时"制度是指一切新建、改建和扩建的基本建设项目（包括小型建设项目）、技术改造项目、自然开发项目，以及可能对环境造成损害的其他工程项目，其中防治污染和其他公害的设施和其他环境保护设施，必须与主体工程同时设计、同时施工、同时投产。一般简称"三同时"制度。

依据《建设项目环境保护管理条例》的有关规定，国家对建设项目的环境保护实行分类管理、分级审批。建设项目"三同时"环保投资来自建设项目环境保护"三同时"竣工验收登记表中"实际环保投资"一项。同时按照"三同时"项目管理权限，由国家和地方分别填写报表汇总而成。实际执行"三同时"项目投资总额指实际执行"三同时"建设项目的实际投资总额。实际执行"三同时"项目环保投资额指当年建成投产的执行"三同时"的建设项目的环保设施实际投资。由于"三同时"项目竣工验收工作普遍滞后，很多项目竣工验收跨年隔年才能完成，导致无法真实反映当年"三同时"项目环保投资完成情况。

4.2.3.2 数据来源与统计方法

填报数据取自环境统计专业年报"环年专监2-1表"中相应指标值。建设项目"三同时"环保投资来自建设项目环境保护"三同时"竣工验收登记表中"实际环保投资"一项。同时按照"三同时"项目管理权限，由国家和地方分别填写报表汇总而成。

4.2.4 国内外投资口径对比

欧美等发达国家多采用环境保护支出这个概念，其构成中包括投资性支出和经常性支出两个部分，与国内环保投资的定义相比，其范围更广，口径远大于环保投资（表4-5）。

（1）欧盟的环保支出中包括企业的运行费用 欧盟污染治理的经常性支出中包括与污染处理设备运作和监测有关的支出，比如污水处理厂的运行费用、固体废弃物收集和处理的支出，以及污染水平定级和监测方面的支出等。

（2）欧共体统计局 2005 年的环保支出统计报告中，在园林绿化方面，仅有工业园区、工厂和企业周围的树木、绿化带和绿化屏障方面的支出包括在内。英国的环保支出统计口径中，明确指出不包括城市环境方面的支出。而我国园林绿化投资则包括在环保投资统计范围内。

（3）欧盟环保支出的口径中不包括具有环境效益的项目的投资 按照欧盟国家的标准，环保投资都包含污染防治和一部分城市公用基础设施的投资，但是环境受益活动的支出并不包括在环保支出内，而我国环保投资中关于集中供热、燃气等具有环境受益活动的投资则包括在内。

（4）欧盟国家的环保支出中包括企业的清洁生产投资 在欧共体统计局的污染防治的投资性支出的概念中包括综合工艺费用，而综合工艺费用被定义为采用新工艺实现清洁生产而支出的费用。也就是说清洁生产投资包括在欧盟环保支出的范畴内。

表 4-5　我国环保投资口径与欧盟国家之比较

类别	我国环保投资口径	欧盟环保投资口径
企业的运行费用	不明确	包括与污染处理设备运作和监测有关的支出
园林绿化、市容环境卫生投资	包括	仅有工业园区、工厂和企业周围的树木、绿化带和绿化屏障方面的支出包括在内
具有环境效益的项目的投资	燃气和集中供热工程投资包括在内	不包括
企业的清洁生产投资	不明确	包括
环境管理能力建设和环境管理服务费	不明确	包括

4.3　环保投资口径存在问题

4.3.1　环保投资统计边界条件不规范

由于环保投资概念不清，造成环保投资统计范围不一致。统计范围的边界条件不规范，对环保投资统计的指导性不强，地区统计范围差异性大。在环保投资中主观随意性大，往往根据自己的理解进行统计。环保投资统计上存在多个口径，其差别主要集中在如下几个方面：①运行费用是否纳入环保投资口径；②生态保护和建设投入是否纳入环保投资口径；③环境管理能力建设和环境管理服务费是否纳入环保投资口径；④具有环境效益的项目投资是否纳入环保投资口径；⑤清洁生产、环境保护友好产品生产项目建设是否纳入环保投资口径。在实际统计工作中，存在自觉或不自觉地片面扩大环保投资范围、增加环保投资绝对量情况，导致各城市环保投资普遍偏高，而环境污染没有得到根本遏制，环境质量没有得到根本好转，造成了较大的反差。

以 2007 年吉林省工业污染治理投资为例，该省年度实际完成投资总额 80 307.9 万元，其中：污染源治理类项目投资为 70 718.5 万元，占 88.04%；生产设备与环保设备混淆类项目投资为 4 132 万元，占 5.15%；尾矿库类项目投资为 1 836.1 万元，占总投资比例为 2.29%；环境友好产品类项目投资为 200.0 万元，占总投资比例为 0.25%；环境综合治理类项目投资为 142.3 万元，占总投资比例为 0.18%；运行费用计入环保投资类项目投资为 30.0 万元，占总投资比例为 0.04%（表 4-6，图 4-1）。

表 4-6 2007 年吉林省工业污染源治理投资构成

序号	项目类别	年度完成投资/万元	所占比例/%
1	污染源治理类	70 718.5	88.04
2	生产、安全设备（设施）与环保设备（设施）界限不清类	4 132	5.15
3	综合利用	3 249	4.05
4	尾矿库类	1 836.1	2.29
5	环境友好产品类	200	0.25
6	环境综合治理类	142.3	0.18
7	运行费用计入环保投资类	30	0.04
	合计	80 307.9	100.00

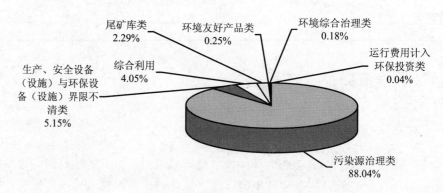

图 4-1 2007 年吉林省工业污染源治理投资构成

生产设备与环保设备混淆类项目投资由于界限不清，不应完全纳入环保投资；环境友好产品类项目投资尚未充分界定为环保投资，不应纳入环保投资；运行费用属于环保投入，属于概念混淆，不应纳入环保投资。这 3 部分实际完成投资总额 4 362 万元，占实际完成投资的 5.4%。总之，由于环保投资概念混淆、界定不清晰、统计口径不一，造成该省工业污染源治理投资统计失真。

基于上述分析，完全照搬欧盟国家环保支出统计口径显然是不妥当的，应该借鉴欧盟环保支出统计中投资性支出的口径，对我国现行的环保投资统计口径进行调整：①欧盟环保支出里包括企业的运行费用和清洁生产投资，这两部分是否属于我国环保投资口径应进一步明确；明确清洁生产投资为环保投资，但仅限于实现环境污染防治而采取的工艺改造等部分的投资，而非整个生产线的建设投资。绿色产品、环境友好产品生产线投资不作为环保投资。②将运行费纳入环保投入，不作为环保投资的范畴。环保投资以形成固定资产投资为主。

4.3.2 环保投资口径虚化严重

现行环保投资口径仅考虑到历史延续性，未能充分考虑范围界定是否符合实际，造成环保投资虚高严重。现行环保投资范围从 20 世纪 80 年代初我国正式建立环境统计报表制度开始一直沿革下来。目前争议较大的是城市环境基础设施建设投资 5 个方面是否全部作为环保投资。其中，燃气、集中供热、园林绿化等虽然具有一定的环境效益，但其主要目的并非环境保护。欧盟一般将其归入环境受益活动。在现有环保投资口径中，燃气、集中供热、园林绿化等具有环境效益的城市环境基础设施项目，与环境污染治理关系较为间接，此三部分投资所占比例较大，拉高了环保投资总量。

城市环境基础设施建设投资总量的迅速增加和环保投资口径的虚化，已经掩盖了环保投资不足的严峻现实。我国并没有真正走入工业污染防治大功告成的阶段，不能将环境建设的绝大部分着力点放在城市环境基础设施上，工业污染防治投入仍然是我国环保的重要方面。环保投资的结构性问题造成投资重点与需求不一致，造成污染治理配套设施建设滞后等问题，对我国环境保护形势判断产生一定的误导。

本研究按照两种方法对环保投资总量进行调整：第一种仅考虑环境基础设施建设中排水以及市容环境卫生投资，工业污染治理投资和建设项目"三同时"环保投资保持不变；第二种仅考虑环境基础设施建设中污水及垃圾处理投资，工业污染治理投资和建设项目"三同时"环保投资保持不变。基于第一种方法的计算结果表明，"十一五"期间，环保投资总量达 14 326.69 亿元，环保投资占 GDP 的比重达 0.93%，基于此方法的环保投资总量仅为传统统计口径的 66.3%（表 4-7，图 4-2）。基于第二种方法的计算结果表明，"十一五"期间，环保投资总量达 12 236.1 亿元，环保投资占 GDP 的比重达 0.80%，基于此方法的环保投资总量仅为传统统计口径的 56.6%（表 4-8，图 4-3）。

表 4-7 基于第一种方法计算的环保投资总量及占 GDP 的比重

时间	环保投资总量/亿元	环保投资占 GDP 的比重/%
2001	786.00	0.76
2002	917.90	0.76
2003	1 026.50	0.77
2004	1 228.70	0.87
2005	1 614.10	0.78
"十五"	5 573.2	0.81
2006	1 758.40	0.93
2007	2 468.30	1.08
2008	3 407.29	0.9
2009	3 059.50	0.91
2010	3 633.20	0.93
"十一五"	14 326.69	0.93

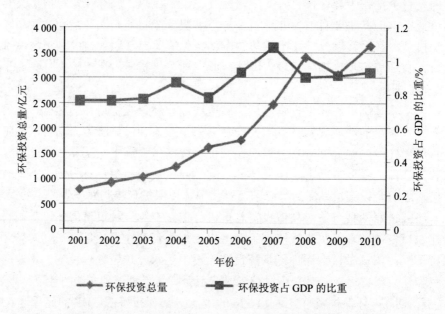

图 4-2 基于第一种方法计算的 2001—2010 年环保投资总量及占 GDP 的比重

表 4-8　基于第二种方法计算的环保投资总量及占 GDP 的比重

时间	环保投资总量/亿元	环保投资占 GDP 的比重/%
2001	650.80	0.62
2002	751.90	0.58
2003	789.40	0.62
2004	996.10	0.73
2005	1 346.40	0.64
"十五"	4 534.6	0.67
2006	1 454.60	0.82
2007	2 181.70	0.96
2008	3 004.60	0.74
2009	2 516.40	0.77
2010	3 078.80	0.80
"十一五"	12 236.1	0.80

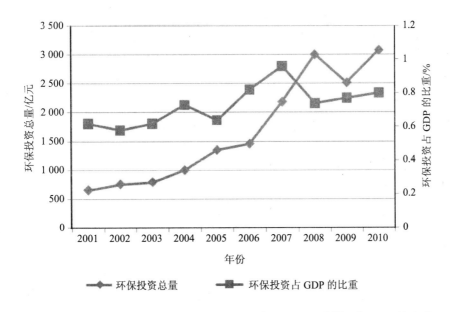

图 4-3　基于第二种方法计算的 2001—2010 年环保投资总量及占 GDP 的比重

4.3.3　现行环保投资口径范围不全

（1）农村环保投资未纳入环保投资统计　农村环境保护工作已逐步成为环境保护的重点领域，农村环保投资也在逐年加大。在 2008 年的全国农村环保工作会议上，李克强副总理提出了"以奖促治、以奖代补"环保投入新机制的思路。为贯彻落实全国农村环境保护工作电视电话会议有关精神，中央财政从 2008 年起，以村庄为重点，采用"以奖代补"和"以奖促治"的方式，安排专项资金用于农村环境综合整治。2008 年中央设立农村环境保护专项资金，着力解决群众反映强烈、危害群众健康、影响可持续发展的突出环境问题。中央农村环保专项资金采用"以奖促治"和"以奖代补"的方式，专项用于农村环境保护综合整治与示范村建设。2008—2010 年中央农村环保专项资金分别安排 5 亿元、10 亿元和 25 亿元开展"以奖促治"和"以奖代补"工作，重点支持了农村饮用水水源地环境保护、农村生活污水和垃圾处理、畜禽养殖污染治理、历史遗留的农村工矿污染治理、生态示范建设等类型项目。3 年共安排资金 40 亿元，带动地方资金投入近 80 亿元，支持 6 600 多个村镇开展环境综合整治和生态示范建设，2 400 多万农村人口直接受益。从 2010 年开始，为进一步强化地方政府职责，财政部、环境保护部与宁夏、辽宁、江苏、浙江、湖南、湖北、福建、重庆 8 个省（区、市）签订了农村环境连片整治示范协议，安排 20 亿元专项资金，支持示范省开展农村环境连片整治示范工作，使示范区域危害群众健康、影响农村可持续发展的突出环境问题得到有效解决，并取得完善工作机制、引导资金投向、强化资金效益、推广实用技术等示范效益。但目前环保投资统计口径未包含农村环保投资。

（2）环境监管能力建设投资未纳入环保投资统计范围　环境监管能力建设是提高环保部门环境管理水平的重要方面。2005 年国务院发布了《关于落实科学发展观加强环境保护的决定》明确提出，从"十一五"开始，要把包括环境监管能力建设工程在内的国家环保重点工程纳入国民经济和社会发展规划及有关专项规划。环境监管能力建设也作为重要内容纳入国家和各省环境保护"十一五"规划。2008 年 4 月，国家发改委、财政部联合审批并以《关于印发国家环境监管能力建设"十一五"规划的通知》（发改投资 639 号）的形式联合印发全国各省（自治区、直辖市）发展改革和财政部门。《规划》总投资 149.59 亿元，其中中央投资 78.47 亿元，地方投入 27.49 亿元，企业自筹 39.6 亿元，赠款 4.03 亿元。为支持污染减排"三大体系"能力建设，财政部增设了主要污染物减排专项资金，重点用于支持环境监管能力建设。2007 年分两批下达预算 17.5 亿元，主要支持全国环境监察执法标准化建设、国控重点污染源自动监控能力建设、国控重点污染源自动监控中心运行费、国控重点污染源监督性监测运行费。2008 年、2009 年、2010 年下达主要污染物减排专项资金分别为 21 亿元、15 亿元、14.59 亿元，"十一五"期间累计投入 68.09 亿元，对确保国家环境监管能力建设，提升环境监管水平起到了积极的作用。除此之外，中央环保专项资金、重金属污染防治专项资金等也对环境监管能力建设进行了支持。据初步估算，"十一五"期间环境监管能力建设投资约为 300 亿元，其中中央投资约为 110 亿元。环境监管能力建设是实现环境保护目标的重要环节，是提高环境管理水平的重要途径，且环境监管能力建设以固定资产投资为主，环境监管能力建设已成为环境保护规划的重点工程，其投资也在逐年加大，但环保投资统计中未包含该部分投资。

（3）危险废物、医疗废物处置设施投资未纳入环保投资　2003 年 12 月，国务院批准实施《全国危险废物和医疗废物处置设施建设规划》，总投资 150 亿元。随着防范环境风险工作的开展，为进一步保障环境安全，危险废物、医疗废物处置设施建设投资的力度也在加大，已逐步成为环保投资的重要组成部分。现行环保投资口径中，城市环境基础设施固定资产投资中环境卫生部分仅包括生活垃圾处理，没有统计危险废物、医疗废物集中处置工程的环保投资。

（4）流域区域环境污染综合整治投资统计不全　工业环保投资由于来自具体工业企业项目，而涉及流域综合环境治理等重点流域、区域综合治理项目统计不够全面，尤其是针对于河流、湖泊水质改善的政府资金投入。除此之外，交通、船舶等污染防治投资也未纳入统计。

4.3.4　重复交叉问题严重

现有环保投资是由城市环境基础设施建设投资、建设项目"三同时"环保投资和工业污染源治理投资三者加和得到。尽管按照要求凡已纳入建设项目环境保护"三同时"管理的项目，不在工业污染源治理投资统计范围之内，但在实际统计中仍然存在统计范围上的交叉，难以避免会造成计算上的重复性，使环保投资存在较大水分。主要表现在：

（1）建设项目"三同时"环保投资与工业污染源治理投资存在一定的重复性　建设项目"三同时"环保投资是根据项目验收报告统计得到，既包含新建项目"三同时"环保投资，也包括老污染源新改扩项目环保投资。如吉林省通化钢铁股份有限公司二炼钢厂转炉二次除尘系统改造项目，该项目为通化钢铁公司二炼钢厂二次除尘系统的现有除尘器技术改造项目，该项目计划总投资为 1 778.0 万元，截至 2008 年年底累计完成投资 1 778.0 万元，全部由企业自筹。项目开工时间为 2007 年 8 月，项目建成投产时间为 2008 年 1 月，建成后通过环保验收。由于该项目属于工业点源治理项目，故被计入 2008 年度工业企业污染治理项目建设项目情况的环年基 3 表。但同时该项目根据规定完成了项目的环境影响评价，也属于技术改造"三同时"项目，同时填报了建设项目竣工"三同时"验收登记表。又如南宁糖业股份有限公司香山糖厂节能减排工程等纳入了"三同时"环保投资统计范围，同时也填报了环年基 3 表；中国华电集团贵港发电有限公司 2007 年工业污染治理项目表中环保投资为 2.49 亿元，在 2007 年的"三同时"表中也存在该项目，环保投资为 4.83 亿元；内蒙古大唐托克托发电有限责任公司 2007 年工业污染治理项目表和"三同时"表的环保投资分别为 2.3 亿元和 7.28 亿元。

（2）建设项目"三同时"环保投资与城市环境基础设施建设也存在一定的重复性　城市污水处理厂和垃圾处置场均在城市环境基础设施投资中予以统计，但在建设项目"三同时"环保投资中也进行了统计，造成了统计上的重复性。如 2006 年驻马店市热电厂扩建 2×25MV 供热机组二期工程建成投运，完成了"三同时"验收，该项目环保总投资 993 万元，开发部门在填报"各地区建成建设项目'三同时'执行情况"表（环年专监 2-1）时，将该项目进行了填报。在填报"各地区环保投资情况"表（环年专规 3）时，由发展改革部门提供其中的城市基础设施建设环保投资数据，也将该项目纳入统计范围，当年完成投资 386 万元。又如北京经济技术开发区天然气联合循环热电厂（"三同时"总投资为 7.26 亿元，环保投资为 1 935 万元）项目同时出现在建设项目"三同时"验收国家库和《城市建设年鉴》中。

4.3.5 环保投资构成要素的时间表征不一致

建设项目"三同时"环保投资统计存在时滞。关于"三同时"环保投资的界定，是指当年建成投产实际执行"三同时"并竣工验收的建设项目的环保设施实际投资，对未建成项目的当年投资并未包含在内，不能反映当年实际投入，与工业污染源治理投资和城市环境基础设施投资的时间表征不一致。根据环保投资统计制度规定的原则，企业和环境保护主管部门应当对当年产生的环保投资进行填报。但是，在实际操作过程中，对于跨年度的污染治理项目来说，往往只在竣工验收当年才将环保投资总金额一次性上报至环境保护主管部门，而项目建设所经各年实际发生的投资并未同时填报。建设项目"三同时"环保投资存在统计时差问题。那么，必然造成实施周期超过一年的项目均是在项目竣工验收的年度予以统计，并非年度实际完成投资，而是多年累计投资。这样直接造成项目竣工验收当年环保投资超出统计范围，但项目所经其他年份的环保投资统计不足。

另外，建设项目"三同时"验收监测也存在时效性较差的情况，竣工验收监测由于种种原因无法在规定时限内完成或拖延，从而导致"三同时"项目投资无法在当年体现。

基于项目库分析，柳州市龙泉山污水处理厂二期工程，2006 年 6 月开始建设，2008 年 6 月竣工投产，总投资 23 364 万元。2006 年完成投资 4 077 万元，2007 年完成投资 10 000 万元，2008 年完成投资 9 287 万元。柳州市建设局 2006 年、2007 年、2008 年填报的"城市（县城）市政公用设施建设固定资产投资综合表（市县综 4-1 表）"中"本年完成投资合计 排水-污水处理及再生利用"项目投资分别为 4 077 万元、10 000 万元、9 287 万元；而柳州市环保局 2008 年填报的"各地区建设项目环境影响评价执行情况（环年专评 2 表）"项目环保投资为 23 364 万元，这样就造成了重复统计。

4.4 典型地区环保投资分析

4.4.1 吉林省环保投资分析

结合各地区环保投资数据规范、完整性及已开展的基础工作，以吉林省为试点地区开展水污染防治投资典型地区分析，在对投资情况进行分析的基础上，以项目表为重点，分析环保投资中存在的主要问题。

4.4.1.1 吉林省环境保护投资情况

（1）城市环境基础设施投资 2007 年度吉林省市政公用设施建设固定资产投资为 1 050 264 万元，其中环境基础设施投资为 358 104 万元，占总固定资产投资的 34.10%（表 4-9）。

表 4-9 2007 年度吉林省市政公用设施建设固定资产投资综合表 单位：万元

	本年度完成投资合计	1 050 264	合计	所占百分比/%	备 注
市政公用设施建设固定资产投资	供水	54 534		5.19	
	公共交通	65 328		6.22	
	道路桥梁	545 775	692 160	51.97	65.90
	防洪	7 340		0.70	
	其他	19 183		1.83	
	城市环境基础设施 燃气	30 057		2.86	占总固定投资 34.10%；排水、园林绿化和市容环卫投资占总投资的 18.44%，其中：污水处理和垃圾处理占总投资的 9.44%
	集中供热	134 395		12.80	
	排水（污水处理）	101 899（69 079）	358 104	9.70（6.58）	
	市容环境卫生（垃圾处理）	38 664（30 058）		3.68（2.86）	
	园林绿化	53 089		5.05	
	本年新增固定资产	762 137		72.57	

在城市环境基础设施投资中，全省范围内环境受益活动——集中供热、燃气等方面投资比例比较均衡，占整个城市环境基础设施投资的比例为 43%～46%，其中集中供热方面投资占绝大部分，这表明 2007 年吉林省集中供热方面投资力度较大。与之相对应的是吉林省 2008 年第一、第四季度（采暖期）环境质量季报显示，影响吉林省空气质量的主要污染物颗粒物呈下降趋势。

表 4-10 2007 年度吉林省全省城市（县）环境基础设施投资一览表

项目名称	燃气	集中供热	排水（污水处理）	市容环境卫生（垃圾处理）	园林绿化	合计
投资金额/万元	30 057	134 395	101 899（69 079）	38 664（30 058）	53 089	358 104
所占比例/%	8.39	37.53	28.46（19.29）	10.80（8.39）	14.83	—

注：① 其中：环境受益方面投资 164 452 万元，占总投资比例 45.92%。

② 排水、环境卫生、绿化方面投资 193 652 万元，占总投资比例 54.08%，其中：污水处理和垃圾处理方面投资 99 137 万元，占总投资比例 27.68%。

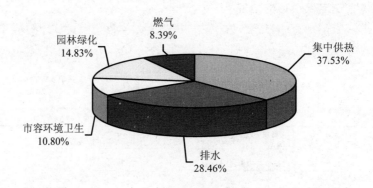

图 4-4　吉林省城市环境基础设施建设固定资产投资比例（2007 年度）

在排水、市容环境和园林绿化方面，县城和城市的投资差别不大，均为 28% 左右，但县级在此方面投资全部为排水方面建设投资，在污水处理厂方面投资极少。污水处理厂方面投资为 69 079 万元，占城市（县）环境基础设备总投资的 19.29%。用于垃圾处理方面的投资为 30 058 万元，占城市（县）环境基础设备总投资的 8.39%。综合两方面的投资，用于污水处理和垃圾处理方面投资为 99 137 万元，占总投资比例 27.68%。

（2）工业污染源治理投资　2007 年，工业污染源治理项目占主导，年度完成投资 70 718.5 万元，占整个投资的 88.04%。其余约占 11.94%，其中：生产设备与环保设备混淆类项目投资为 4 132 万元，占 5.15%；尾矿库类项目投资为 1 836.1 万元，占总投资比例为 2.29%；环境友好产品类项目投资为 200.0 万元，占总投资的 0.25%；环境综合治理类项目投资为 142.3 万元，占总投资比例为 0.18%；运行费用计入环保投资类项目投资为 30.0 万元，占总投资比例为 0.04%。

表 4-11　2007 年吉林省环境保护资金工业项目投资比例比较

序号	项目类别	本年度完成投资/万元	所占比例/%
1	污染源治理类	70 718.5	88.04
2	生产、安全设备（设施）与环保设备（设施）界限不清类	4 132	5.15
3	综合利用	3 249	4.05
4	尾矿库类	1 836.1	2.29
5	环境友好产品类	200	0.25
6	环境综合治理类	142.3	0.18
7	运行费用计入环保投资类	30	0.04
	合计	80 307.9	100.00

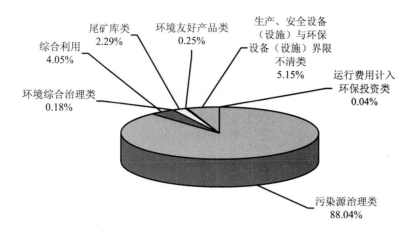

图 4-5　2007 年度吉林省环境保护资金工业项目投资比例

（3）建设项目"三同时"环保投资　2006 年，吉林省当年建成投产"三同时"项目共计 1 135 个，项目投资 223.84 亿元，其中环保投资 7.103 亿元，占总投资额的 3.17%。由于环境统计数据方法和信息收集的限制，目前本研究仅收集到 2006 年度部分省级审批项目库，项目共计 299 个（表 4-12，表 4-13）。

表 4-12　2006 年吉林省建设项目"三同时"执行情况

指标名称		项目数量/个	实际执行"三同时"项目投资/亿元
当年建成投产项目		1 135	223.84
应执行"三同时"项目		1 135	
实际执行"三同时"项目	总计	1 135	223.84
	新建项目	1 008	200.79
	扩建项目	100	11.56
	技改项目	27	11.49

表 4-13　2006 年吉林省建设项目"三同时"环保投资

名　　称	投资金额/万元	备注
实际执行"三同时"环保投资	71 033.64	
其中：新建项目	57 473.34	
扩建项目	11 670.7	
技改项目	1 889.6	
其中废水治理	13 189.07	
废气治理	27 563.58	
噪声治理	1 945.83	
固体废物治理	3 163.26	
绿化及生态	14 028.1	
其他	11 143.8	

121

4.4.1.2 项目类别界限不清问题简析

（1）生产、安全设备（设施）与环保设备（设施）界限不清类项目　在2007年吉林省环境保护投资项目库中，部分项目未区分生产设备投资和环保设备投资之间的区别，将生产设备或经过改造能够降低污染物排放量的生产设备计入环境保护投资，如吉林市松江炭素有限责任公司油炉改造项目、桦甸市火炬供热有限公司除渣机改造项目等属于生产设备与环保设备界限模糊；珲春紫金矿业有限公司井下巷道支护项目属于安全类设备与环保类投资界限不清。

（2）能源综合利用类项目投资与环保项目未区分类项目　2007年工业污染治理项目中存在将能源综合利用类项目投资与环境保护投资相混淆，部分能源综合利用类项目投资被当作环境保护投资进入总体投资累计，如中国石油天然气股份有限公司吉林石化公司炼油厂瓦斯回收系统增上30 000 m³干式气柜项目和能源综合利用糠醛塔下废水闭路循环系统等。

（3）尾矿库类项目　2007年环境保护资金项目库中尾矿库类的项目主要涉及尾矿库筑坝，尾矿库防渗等方面，项目主要涉及安全方面，故此类应单独列出。如桦甸市三泰钼业有限责任公司尾矿坝改造项目等。

（4）运行费用列入环境保护投资类　2007年环境保护资金工业项目库中个别项目将运行费用如日常维护费用等作为环保投资，现单独列出。

表4-14　生产、安全设备与环保设备（设施）界限不清类项目　　　　单位：万元

序号	企业详细名称	污染治理项目名称	本年完成投资及资金来源合计	排污费补助	政府其他补助	企业自筹	银行贷款	改造内容简介
1	公主岭市莲花山化工有限公司	环保锅炉	50			50		公主岭市莲花山化工有限公司主要产品是糠醛，该公司于2007年度进行了环保锅炉的更换和改造工作。更换的锅炉主要用于生产
2	和龙人造板有限公司	热风炉改造	160			160	160	和龙人造板有限公司主要产品是各种密度板，该公司于2007年度对生产用热风炉进行更换，并对其附属设施进行改造
3	桦甸市火炬供热有限公司	除渣机改造	25			25		桦甸市火炬供热有限公司与2007年度对供热生产设备除渣机进行改造，该设备主要用于供热锅炉除渣
4	桦甸市火炬供热有限公司	变频设备	35			35		桦甸市火炬供热有限公司与2007年度为主要生产设备风机、水泵等加装了变频设备，降低能耗

序号	企业详细名称	污染治理项目名称	本年完成投资及资金来源合计	排污费补助	政府其他补助	企业自筹	银行贷款	改造内容简介
5	珲春紫金矿业有限公司	井下巷道支护	10	0	0	10	0	珲春紫金矿业有限公司是一家以铜、金生产为主的企业，该企业于2007年度对采矿井下的巷道的支护进行了改造和加固，属于安全生产范围
6	吉林省石岭水泥有限责任公司	矿渣烘干机系统改造	171			171		吉林省石岭水泥有限责任公司对其水泥生产过程中的原料生产设备矿渣干机系统进行改造，降低生产过程中的污染物排放量
7	吉林市东福实业有限责任公司黑米深加工分公司	锅炉	40			40	40	吉林市东福实业有限责任公司是一家生产农产品为主的公司，该公司黑米深加工公司与2007年对生产锅炉进行改造更换，减少污染物排放量
8	吉林市松江炭素有限责任公司	油炉改造	36			36		吉林市松江炭素有限责任公司与2007年度对该公司生产使用的燃油锅炉进行了改造更换，在一定意义上降低了污染物排放量
9	延边晨鸣纸业有限公司	工艺管网改造	186			186		延边晨鸣纸业有限公司主要产品是新闻纸等，该公司于2007年度对车间工艺管网进行改造，减少了生产过程中的跑冒滴漏等事件的发生
10	中国石油天然气股份有限公司吉林石化分公司电石厂	更换醋酐车间地下管线	210			210		中国石油天然气股份有限公司吉林石化分公司电石厂与2007年，对醋酐生产车间地下管线进行了改造，减少了生产过程中跑冒滴漏等事件的发生
11	中国石油天然气股份有限公司吉林石化分公司化肥厂	化肥厂地下管网改造	881			881	308	中国石油天然气股份有限公司吉林石化分公司化肥厂对场内地下管网进行了改造，减少了生产过程中跑冒滴漏等事件的发生，降低了环境事故发生的可能性
12	中国石油天然气股份有限公司吉林石化分公司聚乙烯厂	工厂地下管网改造项目	2 328			2 328		2007年吉林石化聚乙烯厂对工厂地下管网进行改造，减少生产中生产原料、中间产品以及终产品的跑冒滴漏等事件的发生，降低环境事故发生概率
	合　计		4 132	0	0	4 132	508	

表 4-15　综合利用类项目投资表　　　　　　　　　单位：万元

序号	企业详细名称	污染治理项目名称	本年完成投资及资金来源合计	排污费补助	政府其他补助	企业自筹	银行贷款	改造内容简介
1	吉林远恒化工实业有限公司	能源综合利用糠醛塔下废水闭路循环系统	260	0	0	260	0	吉林远恒化工实业有限公司主要产品是糠醛。该公司 2007 年建立糠醛塔下废水闭路循环综合利用，实现塔下综合废水闭路循环，最大程度地减少高浓度废水排放量
2	中国石油天然气股份有限公司吉林石化公司炼油厂	瓦斯回收系统增上 30 000 m³ 干式气柜	2 989	0	0	2 989	1 793.4	中国石油天然气股份有限公司吉林石化公司炼油厂在瓦斯回收系统增设 30 000 m³ 干式气柜，以便于对瓦斯的综合利用，实现贮气调峰的作用
	合计		3 249	0	0	3 249	1 793.4	

表 4-16　尾矿库类项目投资表　　　　　　　　　单位：万元

序号	企业详细名称	污染治理项目名称	本年完成投资及资金来源合计	排污费补助	政府其他补助	企业自筹	银行贷款	改造内容简介
1	桦甸市三泰钼业有限责任公司	尾矿坝改造	310	0	0	310	0	桦甸市三泰钼业有限责任公司于 2007 年度对该公司选矿产生的尾矿库进行改造，工程重点在尾矿坝的风险排除等方面
2	珲春紫金矿业有限公司	尾矿坝筑子坝	32	0	0	32	0	珲春紫金矿业有限公司是一家以生产贵金属金和有色金属铜为主的集采、选、冶炼为一体的生产企业，该公司拥有较大规模的选矿厂。该公司在生产中有大量的尾矿产生，该公司在现有尾矿坝的基础上筑子坝以保证尾矿坝的安全
3	珲春紫金矿业有限公司	尾矿库排渗	208.7	0	0	208.7	0	该公司同时在现有尾矿坝进行了防渗处理，降低了尾矿水对地下水的影响
4	吉林海沟黄金矿业有限责任公司	筑坝	6.6	0	0	6.6	0	

序号	企业详细名称	污染治理项目名称	本年完成投资及资金来源合计	排污费补助	政府其他补助	企业自筹	银行贷款	改造内容简介
5	龙井市瀚丰矿业有限公司	尾矿库	290	0	200	90	0	龙井瀚丰矿业有限公司是一家以生产钼、铜、铅、锌等有色金属为主，集采、运、选一体化的矿山企业。2007年度该公司主要进行了尾矿库的建设
6	吉林松花江热电有限公司	灰场子坝加高工程	888.8	0	0	888.8	0	吉林松花江热电有限公司为保证现有灰场的运行安全和正常生产的需要，对灰场子坝进行了加高
7	延边天池选矿有限公司	建尾矿库	100	0	0	100	0	延边天池选矿有限公司是一家以铁矿采选，铁精矿加工为主的黑色金属矿采选企业。该公司于2007年度建立选矿后尾矿存放库
	合计		1 836.1	0	200	1 636.1	0	

表 4-17 运行费用列入环境保护投资项目表　　　　　单位：万元

序号	企业详细名称	污染治理项目名称	本年完成投资及资金来源合计	排污费补助	政府其他补助	企业自筹	银行贷款	改造内容简介
1	中国石油天然气股份有限公司吉林石化分公司电石厂	疏通下水管线并清理沉淀池	30	0	0	30	0	吉林石化分公司电石厂对该厂的下水管线进行了疏通，同时对废水处理主要构筑物沉淀池进行了清理，以保证其更好地运行

4.4.1.3　环保投资重复计算问题简析

（1）建设项目"三同时"环保投资与城镇基础设施建设项目重复统计问题　吉林省2006年度建成项目"三同时"项目库中，涉及城市基础设施的基本项目构成，项目数量为76个。通过对76个城市基础设施项目分析可以发现，项目中可以分为8个部分，包括道路、供水、供热、燃气、排水、市容、绿化、区域基础设施建设项目等，由区域基础设施建设项目包含道路、供水等部分。根据城市环境基础设施分类，将道路、供水等建设项目排除后，包括区域基础设施建设项目共计53个项目，其中以区域基础设施建设项目为主占75.5%，其余供热、排水等占24.5%。由于建设项目"三同时"环保投资项目统计方法等问题，研究未收集到详细的项目投资组成，建设项目"三同时"项目库与城市基础设施建设项目库之间存在重复统计问题。以下以污水处理厂为案例进行分析。

通过调取 2007 年吉林省"三同时"项目中有关污水处理厂项目，选取了 5 个污水处理项目进行案例分析，分别为长春市西郊污水处理厂工程项目、长春市北郊污水处理厂二期（部分）、三期工程、长春市北郊污水处理厂升级改造及污水再生利用工程（四期工程）、松原市江南城区污水治理工程、延吉市污水处理厂一期工程。相关数据源于相关的建设项目竣工环境保护"三同时"登记表及竣工环保验收监测报告，4 个项目相关内容及组成详见表 4-18。

表 4-18　污水处理厂项目投资比较表

污水处理项目名称	项目概况	项目投资（环保投资）/万元	主体建成时间（验收时间）	2007 年建设年报中有关项目投资表述	备注
长春市西郊污水处理厂工程项目	处理能力 15 万 t/d	38 000（38 000）	2002（2007）	无	全部投资均计为环保投资
长春市北郊污水处理厂二期（部分）、三期工程	二期处理能力 13 万 t/d，再生 10 万 t/d；三期处理能力 13 万 t/d，改造一期工程	37 735（37 735）	2007（2007）	24 306	全部投资均计为环保投资
长春市北郊污水处理厂升级改造及污水再生利用工程（四期工程）	处理能力 13 万 t/d，新增二级处理设施	12 244（12 244）	2007（2007）		全部投资均计为环保投资
松原市江南城区污水治理工程	处理能力 5 万 t/d，二级处理工艺	14 500（86.5）	2002—2005（2007）	无	用于污染治理的投资被计为环保投资，其中：废气治理投资 1.5 万元，噪声治理投资 15.0 万元，绿化生态投资 70.0 万元，共计 86.5 万元
延吉市污水处理厂一期工程	建设日处理污水能力 10 万 t 的污水处理厂一座和 29 km 污水截流干管。污水处理工艺采用厌氧—好氧活性污泥法（A/O法）工艺流程分污水处理、污泥处理两部分	24 475（24 475）	2002—2007（2007）	无	全部投资均计为环保投资
吉林市污水处理厂	设计污水处理能力 30 万 t/d，主要处理工艺为 A/O 工艺	64 195（64 195）	2006—2007（2007）	无	全部投资均计为环保投资

通过进一步对长春、松原和通化三地的城市环境基础设施"三同时"竣工验收时登记表格的填报方式、"三同时"统计报表时环境保护资金的统计方式的分析可以发现，目前城镇环境基础设施项目的环境保护投资主要可以分为两类：第一类是将项目的全部投资均计为环境保护投资，如长春市西郊污水处理厂工程项目、长春市北郊污水处理厂二期（部分）、三期工程、长春市北郊污水处理厂升级改造及污水再生利用工程（四期工程）、延吉市污水处理厂一期工程、吉林市污水处理厂；第二类是仅将用于污染治理方面的费用计为环保投资，如松原市江南城区污水治理工程，其环保投资主要包括：废气治理、固体废物治理投资、绿化等方面投资。

在表 4-18 的 6 个污水处理厂项目中，长春市西郊污水处理厂工程项目、松原市江南城区污水治理工程、延吉市污水处理厂一期和吉林市污水处理厂主体建成时间均不是 2007 年，因此在 2007 年度的建设年报上述项目的投资未统计，在城市环境基础设施项目投资中未见计入。

对于环保投资中有关城市污水处理厂"三同时"建设项目投资，当项目通过环保部门验收后，其投资将会被计入当年的"三同时"环保投资。通过到试点城市——通化市调研并与省内部分参加环境统计和"三同时"项目管理人员座谈，确定吉林省"三同时"环保投资主要采用上述方法进行统计。

通过对以上 6 个污水处理厂项目的环保投资分析，并将环保投资与 2007 年度建设年报投资相比较，可以发现以上项目存在建设项目"三同时"环保投资和城市环境基础设施建设投资重复计算的现象，重复额度分为全部重复计算和部分重复计算两类。

对于第一类"三同时"项目投资计算，目前的计算方法主要是调查项目的实际投资或者参照项目概算，例如：长春市北郊污水处理厂升级改造及污水再生利用工程（四期工程）项目，在建设年报上该项目 2007 年度实际投资为 24 306 万元，同时该项目于 2007 年通过环保验收，根据"三同时"项目环保投资统计惯例，该项目"三同时"环保投资为 37 735 万元；延吉市污水处理厂一期工程项目投资 24 475 万元，环保投资为 24 475 万元。根据以上两个例子，可以确定该项目的环保投资存在重复计算的问题。同时第二类"三同时"项目——松原市江南城区污水治理工程也存在上述问题，该项目"三同时"环保验收时确定环保投资为 86.5 万元，而建设年报上该项目 2007 年度未有实际投资，因此难以确定该项目在 2007 年度存在环保资金重复计算。

根据 2007 年城建年报中有关项目组成表，长春市西郊污水处理厂工程项目等六个项目以城市环境基础设施统计的项目建设投资为 24 306 万元；而根据 2007 年度吉林省"三同时"建设项目中污水处理厂项目验收竣工报告和全国污染源普查取得相关信息，长春市西郊污水处理厂工程等六个项目项目建设总投资总计为 191 149 万元，六个项目"三同时"环保投资总计为 176 735.5 万元。由此确定，在 2007 年度 6 个污水处理厂项目上，城市环境基础设施投资与"三同时"环保投资重复计算率为 13.75%。

（2）建设项目"三同时"环保投资与工业污染源治理项目重复统计问题　根据以往吉林省工业污染治理项目环境保护资金计算方式，工业项目中"三同时"项目环境保护资金统计过程"时点"采取当年计算的方法，即按验收时确定工程投资计算；对于跨年度"三同时"项目，未验收之前既往投资不再与验收确定工程投资重复计算。但对于部分工业污染源治理类项目，如企业的废水处理站建设、除尘系统改造等，由于此类项目在编制项目可行性报告的同时也按要求开展了项目环境影响评价，使得该项目既属于工业污染源改造项目又属于"三同时"项目，在进行环保投资统计时，存在重复计算的问题。

为分析以上问题，对通化市的鼎鑫屠宰有限责任公司屠宰废水改造处理项目为2007年度项目进行分析。通化市鼎鑫屠宰有限责任公司每天生产污水排放约 70 m^3，污水中的主要污染物有 COD、BOD、SS、NH_3-N、动植物油等。该公司污水处理工程于 2005 年申报省级环保资金补助，获得吉林省环保专项资金补助共计 30 万元。于 2007 年上半年，完成了设计、施工、调试运行等相关工作，并通过竣工验收。环境监测部门对处理后排水水质监测认定，处理后排水水质已经完全达到了环境保护部门的排放要求，即达到《肉类加工工业水污染物排放标准》（GB 13457—92）中相关要求。该公司污水处理站直接投资为 124 万元。该项目为老工业污染源改造项目，是工业企业污染治理类项目，因此在 2007 年度环境统计中，该项目被计入当年的环年基 3 表。同时，该公司在申报环境保护资金过程中，按申报要求对污水治理项目进行了环境影响评价，因此该污水治理项目同样属于"三同时"项目，在工程竣工验收后，计入当年的"三同时"项目投资，投资计算按照实际发生资金情况计入。

4.4.1.4　其他环保投资问题简析

（1）生态、农村、能力建设、科研投资方面问题　生态部分投资在《关于建立环境保护投资统计调查制度的通知》（国家环保总局环财发[1999]64 号文）属于环境保护投资统计范围，但在"十一五"国家环境保护模范城市考核指标实施细则（修订）中明确指出"不包括环财发[1999]64 号中资源和生态环境保护投入。道路、桥梁、路灯、防洪等市政工程及水利、生态建设投资不计入环境保护投资"。

通过分析将生态恢复、修复费用全部计入环保投资的较少，主要原因是在生态方面的投资统计中存在很多问题。首先，生态方面的投资主体较多包含水力、农业、林业、市政等部门，众多的投资主体就意味着投资统计工作量增加，难度加大，数据的精确度受影响。其次，投资项目类型较为多样，涉及湿地保护、农业生产、退耕还林还草、自然保护区保护、城市景观绿地建设等项目类型。在与试点城市——通化市的环境统计、环境影响评价管理等人员座谈过程中，管理人员认为对于此类项目目前计入"三同时"环保投资，未按其类型进行单独统计。

对于农业方面投资而言，由于投资涉及面较宽，一些项目，如农田水力建设、良种栽植等方面的投资，目前未单独统计，单单就农村环境综合整治等方面的项目建设投资，应该计入环境保护投资。环境能力建设包含内容较多，如环境监管能力建设、环境应急监测能力建设等方面，应该列入环境保护投资范围内。

（2）农村植被恢复、辐射等问题是否应纳入环保投资问题　目前通化市农村环境综合整治类项目未单独作为环境保护投资项目进行统计，而是当项目开展环境影响评价时，在"三同时"项目竣工验收时，该项目中涉及环境保护部分的投资进行统计，计入"三同时"环保投资。对于农村环境综合整治类项目应该按类型进行分类，根据具体项目内容加以判断。

对于辐射类项目，由于开展此类项目的时间较晚，通化市目前还没有将此类项目计入环保投资加以统计。通过座谈，当地环境部门工作人员认为，随着辐射项目的不断增加，辐射环境监管工作的不断深入，此类项目应该作为环境保护投资。

植被恢复类项目情况与农村项目情况有相似之处，通化市目前此类项目一般是由农业部门或国土部门管理，其具体投资等问题环保部门无法掌握。如果此类项目进行了环境影响评价，则在"三同时"竣工验收时，计入环保投资核算范围。

在调研过程中，通化市环境统计、管理部门的工作人员认为此类项目应该根据项目内容进行细化，确定项目归属。

（3）清洁生产、循环经济、环境友好产品生产项目方面问题　根据吉林省 2007 年度工业污染源环境保护投资项目表，虽然有个别项目涉及循环经济范畴，如吉林远恒化工实业有限公司能源综合利用糠醛塔下废水闭路循环系统项目，但数量较少，而清洁生产类项目和环境友好产品类项目目前尚未以清洁生产类或环境友好类项目计入环境保护投资中，个别项目是以污染治理类等项目上报的，如：长春吉阳工业有限公司 KBG 点火药项目。

对于清洁生产类项目、循环经济和环境友好产品生产项目建设投资，由于涉及领域广泛、行业众多，很难将所有项目一概而论，应该视不同类别具体分析。对于清洁生产和循环经济类项目，此类项目更多地涉及生产工艺、生产工序和产业链等方面的调整、改造等问题，是通过"节能降耗"等工艺方面的改进实现"减污增效"的目的的，其中工艺改造部分投资如何计入环境保护投资需要有关部门制定较为详实、可行的计算方法，根据不同行业和区域特点分阶段实施。

（4）矿山开发、道路、桥梁、水电、环境综合整治类问题　在"十一五"国家环境保护模范城市考核指标实施细则（修订）中明确指出：不包括环财[1999]64 号中资源和生态环境保护投入，道路、桥梁、路灯、防洪等市政工程及水利、生态建设投资不计入环境保护投资"。根据吉林省 2007 年度工业污染源环境保护投资项目表和吉林省以往的统计方法，环境综合整治类有按工业污染源治理进行环保统计投资的情况，如在吉林省 2007 年度工业污染源环境保护投资项目表中就包含矿山环境综合整治项目——白山市新宇煤矿矿山地质环境专项。对矿山开发、道路、桥梁、水电类的环保投资统计，开展建设项目环境影响评价的，其投资中包含的环境保护投资，纳入建设项目"三同时"环境保护投资进行统计，而环境保护投资额度通常是根据项目登记表中的数据填报的，通常未经过详细核查。在吉林省道路建设项目开展环境影响评价过程中，环境保护投资主要包括：隔声消音措施投资、水土保持方面投资、破坏植被恢复等方面，其中水土保持方面投资是否应该计为环境保护投资，如果计为环境保护投资应该全额计入还是折算计入，目前尚无明确说法。对于矿山开发、桥梁、水电类项目同样存在与道路项目同样的问题，应该根据不同区域、流域和不同项目区别对待，如果采取一定系数进行折算则应该考虑建立折算系数被选集，以适应不同类型的需要。

4.4.2　广州市环保投资分析

按照传统的统计口径，广州市 2010 年共有环保项目 1 030 个，投资额 289.56 亿元。其中，堤岸整治（清淤、景观）及河道、防灾减灾等主要目的非环境保护的活动涉及投资 149.98 亿元。经计算，扣除无关投资后的环保投资额为 139.58 亿元，占传统统计口径下环保投资总额的 48.2%。在扣除的无关投资中，堤岸整治（清淤、景观）及河道、绿化、道路硬化和升级等占比较高，分别为 37%、36%、12%（图 4-6）。

由于农村环境保护、环境监管能力、危险废物、医疗废物、交通环境保护、流域区域环境污染综合整治等主要目的为环境保护的活动未纳入传统的统计口径，导致经调整后的环保投资额只有减少项而缺乏增加项，因而，调整后的环保投资额要小于真实的环保投资额。

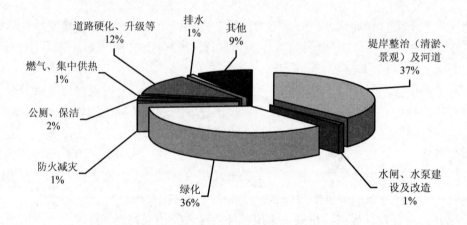

图 4-6　2010 年广州市应扣除的环保投资占总投资额的比例

4.5　典型行业环保投资分析

目前，世界各国的环境保护投资界定原则和方法不尽一致。大体上分为两种情况。一种情况是不论出于什么动机和采用什么方式，只要最终能够产生环境效益的投资，均为环境保护投资。我们可以将这种情况称为"广义环境保护投资"。我国以往提出的环境保护投资界定原则基本属于这种。1999 年年底原国家环保总局制定的《关于环境保护投入的分类和统计范围的界定及实施办法（试行）》，提出两条界定环境保护投入的原则：一是目的性原则，凡是以治理污染、保护生态环境，提高环境治理能力与科技发展能力为直接目的的投入，界定为环境保护投资；二是效果性原则，某些工程或设施的建设，或某些经济和社会活动，其主要目的不直接或不仅是为了环境保护，但在取得经济效益的同时，也有保护和改善环境的效果，具有显著的环境效益，这类建设的投资可以全部或按一定比例界定为环境保护投资。另一种情况是把环境保护活动分为单独环境保护活动和环境保护受益活动。欧盟就属于这种情况。单独环境保护活动是指由专门机构或单位采取环境保护措施，其主要目的是保护环境，界定为环境保护投资。受益活动是指那些融入一般经济活动中的环境保护活动，其主要目的并不是保护环境，只是在达到另一目的同时产生了环境保护作用，这类活动的支出不算环境保护投资。从主观意识与客观效果目的性不同分析，"单独环境保护活动"的投资界定为环境保护投资更合理。无论哪种口径的投资，最终都将产生相应的环境效益，只是程度不同而已。前者的出发点不是以改善环境为主要目的，产生的结果也主要不是环境效益；后者的出发点与达到的目的都是实现环境效益。

4.5.1　燃煤电厂

4.5.1.1　企业界定的环保投资范围

为分析典型行业环保投资构成，对 3 家燃煤电厂环保投资情况开展了调研分析。3 家电厂统计的环保投资范围为广义环保投资，其中包括狭义环保投资和相关环保投资。狭义环保投资指依据环境保护法律要求，设有专门治理烟气、处理废水、控制噪声、防治固废等装置的投资。相关环保投资指节能、节水、厂区绿化和与生产设备配套项目的投资。调查发现，3 家电厂统计的狭义环保投资占电厂总投资比例相近，而统计的相关环保投资占电厂总投资比例存在明显差异，见表 4-19。

数据显示，3 家电厂统计狭义环保投资主要包括治理废气、处理废水、控制噪声和防治固体废物投资。其中，C 电厂狭义环保投资占电厂总投资的 11%，高于 A 电厂的 8% 和 B 电厂的 9%，主要是后两家电厂机组锅炉烟气尚未全部实施脱硝，致使投资比例偏低。

投资界定存在的主要问题是 3 家电厂统计的相关环保投资存在随意性。例如，A 电厂紧靠长江，B 电厂临海，都建有煤码头、煤场、取水泵站等配套设施，A 电厂将配套设施都作为相关环保投资，B 电厂相关投资未包括煤码头、取水泵站投资，C 电厂相关投资包括凉水塔投资而未包括煤场投资。

由于环保投资界定范围不清，致使 3 家电厂狭义环保投资和相关环保投资占广义环保投资比例存在较大差异。A 电厂相关环保投资占广义环保投资的 55%，超过了狭义环保投资比例，C 电厂相关环保投资占广义环保投资的 46%，与狭义环保投资比例相近，B 电厂相关的环保投资比例约占 30%。

表 4-19　3 家电厂统计的环保投资对比

类别	A 电厂		B 电厂		C 电厂	
	投资/万元	比例/%	投资/万元	比例/%	投资/万元	比例/%
电厂建设项目总投资	880 000	100	780 000	100	265 000	100
广义环保投资	145 631	16.55	91 820	12.5	53 961	20
狭义环保投资	66 608	7.57	70 011	9	29 412	11
治理烟气	56 579	6.69	62 751	8	27 012	10.2
处理废水	7 269	0.83	5 490	0.7	400	0.15
控制噪声	200	0.02	含于设备	—	含于设备	—
治理固废	2 260	0.26	1 770	0.2	2 000	0.78
在线检测	300	0.03	—	—	—	—
相关投资	79 023	8.99	27 809	3.57	24 549	9.26
烟囱投资	12 321	1.49	8 571	1.10	8 632	3.26
绿化投资	160	0.02	5 397	0.69	含于前期	—
深度处理达标废水	—	—	—	—	12 239	4.62
厂内热网	—	—	—	—	3 678	1.39
封闭煤仓	—	—	13 841	1.77	—	—
其他投资	66 542	7.56	—	—	—	—

注: 煤码头、煤场、取水泵站等也计入环保投资。

4.5.1.2　相关投资目的性分析

3 家电厂治理烟气、处理废水、控制噪声,防治固体废物的装置和设施,其主要目的是使排放的污染物符合国家或地方规定的排放标准。

而相关投资大体分为两类:一类是节能节水项目的投资,包括热电联产内管网、换热器项目投资,深度处理达标后中水回用项目投资等;另一类是与生产工艺配套项目投资,包括烟囱、凉水塔、煤场、煤码头等项目投资。以上项目投资都属企业生产工艺组成部分,其主要目的并不是治理污染,只是在达到企业经济目的的同时产生了保护环境的作用。

C 电厂实施热电联产,采用水暖替代汽暖而增加了厂内管网和换热装置,其目的是减少城市供热管网损失,节约供热成本,同时减少了能源消耗,有利于保护环境。C 电厂处在水资源短缺地区,水资源价格高,采取了接纳城市处理达标后的中水进行深度处理,处理后的水作为生产补充水,其主要目的是节约补充水,降低生产成本,同时节约了水资源,实现废水不对外,产生了积极的社会效益。

3 家电厂统计的环保投入都包括烟囱投资。传统工艺烟囱,是燃煤电厂不可缺少的生产设施,20 世纪 70 年代初至 90 年代中,国家提倡高烟囱排放,发挥高空稀释扩散的作用,降低污染物落地浓度。自 1995 年以来,国家提出由污染物浓度控制与总量控制相结合,并强调总量控制,强化除尘、脱硫和脱硝治理,控制污染物排放。

燃煤电厂是否设置烟囱主要取决生产工艺需要，例如 C 电厂二期工程取消了烟囱，采取烟塔合一。

3 家电厂统计的环保投资都包括了厂区绿化投资，厂区绿化虽然对吸声和净化废气起到一定辅助作用，但其主要目的是美化厂区环境，提升企业整体形象。

码头、煤场、取水泵站等都是生产工艺不可缺少的组成部分，将这些与污染控制关联性不强的项目投资都统计为环保投资，扩大了环保投资的范围。

通过对 3 家电厂环保投资范围分析不难看出，狭义环保投资与节能节水等相关环保投资在本质上没有区别，最终都产生相应的环境效益。但相关环保项目投资出发点不是以改善环境为主要目的，产生的结果也主要不是环境效益，狭义环保投资的出发点与达到的目的都是实现环境效益。

基于以上分析，结合我国管理体制，将狭义的环保投资界定为环保投资更为合理，即按照主要目的性原则对环保投资进行界定。

4.5.1.3 环保投资及构成

按照建设项目目的性主次原则，界定 3 家电厂包括控制污染要素和污染物投资占电厂建设总投资的比例及构成见表 4-20，数据显示：3 家电厂平均控制污染投资占电厂建设总投资的 8.6%，其中 C 电厂为 11%，高于 A 电厂的 8% 和 B 电厂的 9%；3 家电厂治理烟气、处理废水、控制噪声和防治固废污染投资中，治理烟气投资比例为 6%~10%，其中 C 电厂治理烟气投资比例为 10%，高于 A 电厂的 6% 和 B 电厂的 8%，折算成治理烟气投资占污染控制总投资的 85%~90%，表明治理烟气是重点；3 家电厂单位机组容量除尘、脱硫和脱硝投资比例相近，除尘投资占 2% 左右，脱硫和脱硝各占 4% 左右。

表 4-20　3 家电厂环保投资及构成

类别		A 电厂	B 电厂	C 电厂	合计
机组容量/（万/kW）		2×100	4×60	2×30	500
电厂建设总投资/亿元		88	78	26.5	192.5
环保投资	金额/万元	66 608	70 011	29 412	166 031
	占比/%	7.57	8.98	11.10	8.62
单位容量/（元/kW）		333	292	490	332
治理烟气	金额/万元	56 579	62 751	27 012	146 324
	占比/%	6.43	8.05	10.19	7.6
除尘	金额/万元	11 652	10 314	5 360	27 331
	占比/%	1.32	1.32	2.02	1.42
脱硫	金额/万元	31 562	43 147	10 115	84 824
	占比/%	3.6	5.53	3.82	4.41
脱硝	金额/万元	13 360	9 290	11 539	34 189
	占比/%	1.5	1.2	4.35	1.78
处理废水	金额/万元	7 269	5 490	400	13 159
	占比/%	0.8	0.7	0.15	0.68
治理固废	金额/万元	2 260	1 770	2 000	6 030
	占比/%	0.3	0.23	0.75	0.31

按照国家现行环境政策对燃煤电厂的要求，通过 3 家电厂控制污染投资比例对比，其中 C 电厂整体控制污染水平高，符合现行环境政策要求，环境投资比例具有代表性。即狭义污染控制投资占电厂总投资比例为 12%左右，其中治理烟气投资为 10%，治理废水、控制噪声和防治固废之和为 2%左右，治理烟气投资比例构成：除尘为 2%，脱硫和脱硝各为 4%左右。

4.5.2 钢铁行业

通过对 A 公司环境保护投资统计分析可以看出，广义环保投资和狭义环保投资差异很大。同时也表明，钢铁企业广义环境保护投资与狭义环境保护投资的区别主要在于是否包括节能、节水投资（表 4-22）。

表 4-21　两种不同原则界定 A 公司污染防治投资对比

类别	广义环境保护投资	狭义环境保护投资	后比前/%
环保投资/万元	80 025	38 888	41 137
占建设项目总投资比例/%	10.69	5.19	51
生产吨钢污染治理投资/（元/t）	308	150	49

表 4-22　两种不同原则界定 A 公司污染防治投资的构成

界定原则	广义环境保护投资			狭义环境保护投资		
投资及构成	环保投资/万元	占总投资/%	占环保投资/%	环保投资/万元	占总投资/%	占环保投资/%
总投资	80 020	10.69	100	38 888	5.19	100
污染控制	41 004	5.48	51	38 888	5.19	100
其中：治理废气	33 049	1.41	41	33 306	4.10	79
原料库除尘	8 352	1.12	9	8 352	1.10	21
烧结机除尘	3 476	0.46	4	3 476	0.46	9
炼铁降尘	13 043	1.74	16	10 627	1.42	27
炼钢除尘	8 178	1.09	10	8 178	1.09	21
废水处理	3 609	0.48	4	3 609	1.48	9
控制噪声	3 358	0.45	4	3 358	0.45	9
固废输送	1 288	0.17	2	1 288	0.17	3
节能节水等	39 016	5.21	—	—	—	—

数据显示，按照广义环境保护投资界定，污染防治投资额高达 80 020 万元，而按照狭义环境保护投资界定，只有 38 888 万元，节能、节水等相关投资 39 016 万元；环保投资占建设项目总投资的比例也由 10.69%下降到 5.19%，吨钢治理污染投资由 308 元减少到 150 元，下降 49%。

根据我国现行管理体制和"以获得环境效益为主要目的"原则的合理性，以及从企业经济效益与环境效益的关系考虑，选择狭义环境保护投资的界定原则比较适合我国国情。

（1）节能项目投资的直接目的是节约能源、减少投入、降低成本、提高效益。即使没有环境效益，企业从提高经济效益出发，也要进行投资建设。如高炉、转炉煤气利用是一项投资回报率极高的项目，如果不回收利用直接排放，产生的环境污染对环境的影响并不是很大，但对生产成本的影响却是不可忽视的。

（2）企业节水投资也有十分可观的经济效益　节水与污水处理的直接目的不同。在一些水资源短缺的地区，节水不仅获得丰厚的经济效益，而且可以缓解生产用水供应不足的问题。

（3）随着科技水平的不断提高，节能、节水新技术不断涌现，节能、节水将成为生产工艺的组成部分，其投资比重也将进一步增加，目前一些老钢铁企业为了降低成本，提高竞争力，把节能、节水作为企业技术改造、提高经济效益的重要措施，不断加大投入力度。

B 钢铁公司对 1981 年以来的节能和治理污染投资（"广义环境保护投资"）进行了分析，结果表明，回收利用生产过程产生的可燃气体和余热及水循环利用等发生的费用，占广义环境保护投资的比例不断增加。如利用高炉煤气余压发电、高炉煤气和转炉煤气生产蒸汽发电，利用烧结机环冷烟气和转炉烟等生产蒸汽，处理污水达标后的"中水"深度处理后回用等投资，占广义环境保护投资的比例由 1981 年的 16% 增加到 1991 年的 33% 和 2007 年的 44%，而"狭义环境保护投资"的比例由 1981 年的 84% 降到 1991 年的 67% 和 2007 年的 56%（表 4-23 和图 4-7）。

表 4-23　B 钢铁公司 1981 年以来广义环保投资变化情况

类别	1981—1990 年	1991—2000 年	2001—2007 年
广义环境保护投资/万元	1 132	3 000	35 434
增加投资/万元	113	300	5 062
狭义环境保护投资/万元	948	2 000	19 875
增加投资/万元	95	200	2 839
占比/%	84	67	56
节能、节水投资/万元	148	1 000	15 559
增加投资/万元	15	100	2 223
占比/%	16	33	44

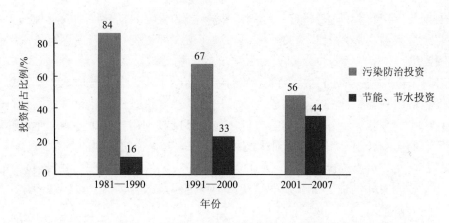

图 4-7　B 钢铁公司广义环境保护投资与狭义环境保护投资比较

（4）节能节水投资不作为环境保护投资，可以避免投资的重复计算　目前，我国节能、节水污染防治职能分属不同的管理部门，如果界定不清必然造成统计上的重复，甚至掩盖污染防治投资不足，造成对管理工作的误导。

4.5.3　水泥行业

4.5.3.1　污染控制投资和节能投资占广义环保投资比例

在国家节能减排政策推动下，3 家水泥企业的新型干法窑水泥生产线，都建有不同规模余热发电机组，A 企业、B 企业、C 企业污染防治投资占广义环保投资的比例分别为 40.6%、34.4%、38.7%，节能投资高于污染防治投资。

表 4-24　3 家水泥企业污染防治投资构成

类别	A 企业	B 企业	C 企业
熟料生产能力/（t/a）	10 000	50 000	2 000
建设项目总投资/万元	100 139	42 671	19 963
广义环保投资/万元	18 180	8 230	3 179
占总投资比例/%	18	19	16
其中：污染防治投资/万元	7 380	2 830	1 229
占总投资比例/%	7	7	6
余热发电投资/万元	10 800	58 400	1 950
占总投资比例/%	11	13	10

4.5.3.2　污染防治投资界定

余热发电经济性分析，以 A 企业余热发电为例。该企业投资 101 800 万元，余热发电机组容量 18 000 kW，按年运行 7 200 h，发电负荷 85%，单位发电经济收益 0.4 元。运行成本以 0.15 元/（kWh）。年发电收益 2 754 万元，扣除增值税 468 万元和所得税 154 万元，企业获得年净收益 2 132 万元，项目建设投资 10 800 万元，回收期为 5 年（表 4-25）。

投入产出分析表明，企业实施余热发电有较高的投资回报率，即使没有环境保护要求，企业从自身生产经营考虑，也会采取余热发电措施。上述分析结合目前环境管理体制，余热发电投资不属于污染防治直接投资。

表 4-25　A 企业余热发电投入产出

	项目	说明	统计值
投入	建设项目投资/万元	余热发电项目	10 800
	机组容量/kW	—	18 000
	年发电/万 kWh	$18\ 000 \times 0.85 \times 7\ 200 \times 10^{-4}$	11 016
	上网电价/（元/kWh）	—	0.4
	发电成本/（元/kWh）	—	0.15
产出	年发电收益/（万元/a）	$11\ 016 \times 10^{4} \times (0.4-0.15)$	2 754
	增值税/（万元/a）	$2\ 754 \times 10^{4} \times 0.17$	468
	所得税/（万元/a）	$468 \times 10^{4} \times 0.33$	154
	净收益/（万元/a）	$(2\ 754-468-154) \times 10^{4}$	2 132
年投资回收期（投资除净收益）		$10\ 800 \div 2\ 132$	5

4.5.3.3　污染防治投资占总投资比例

水泥企业污染防治投资包括治理粉尘投资、处理废水投资、控制噪声投资、防治固体废物投资等。从 3 家水泥企业污染防治投资占建设项目总投资比例（表 4-26）可以看出：

A 企业污染防治投资占建设项目总投资比例由广义环保投资的 18% 下降到 7%。B 企业污染防治投资占建设项目总投资比例由广义环保投资的 19% 下降到 6%。C 企业由广义环保投资的 16% 下降到 6%。

表 4-26　3 家水泥企业污染控制投资比例

类别	A 企业	B 企业	C 企业
熟料生产规模/（t/d）	10 000	5 000	2 000
工程项目总投资/万元	100 139	42 671	19 963
广义环保投资/万元	18 108	8 230	3 179
占总投资比例/%	18	19	16
其中：污染控制投资/万元	7 380	2 830	1 229
占总投资比例/%	7	6	6
节能投资/万元	10 800	5 400	1 950
占总投资比例/%	11	13	10
污染控制与广义投资下降率/%	61	68	63

137

4.5.3.4　污染防治投资构成及比例

　　3 家水泥企业污染防治投资及构成（表 4-27）数据表明，由于生产规模不同，污染防治投资也不同，其中治理粉尘投资占各自污染防治总投资比例为 85%～90%，处理废水、控制噪声、防治固体废物投资之和占总投资比例为 15%～10%，表明水泥企业粉尘治理是重点。

表 4-27　3 家水泥企业污染防治投资及构成

	A 企业		B 企业		C 企业	
	金额/万元	比例/%	金额/万元	比例/%	金额/万元	比例/%
污染防治投资	7 380	100	2 830	100	1 229	100
治理粉尘	6 330	86	2 500	88	1 106	90
窑尾系统	2 000	27	1 100	39	528	43
窑头系统	1 700	23	900	31	378	31
水泥制备	350	5	180	7	70	6
其他	280	3	320	11	130	10
物料系统全封闭	2 000	27	—	—	—	—
废水处理	100	1	70	3	50	4
控制噪声	300	4	150	5	20	2
固体废物（灰仓、渣仓）	150	2	80	3	38	3
在线监测	200	2				
绿化	300	4	30	1	15	1

4.6　环保投资口径调整方案

4.6.1　环保投资活动属性划分

　　环境保护活动是国民经济核算意义上的生产活动，是结合设备、劳动力、制造技术、信息网络或产品等资源来生产货物或服务的活动。它特指那些以环境保护为主要目的的活动，即避免由经济活动引起的环境负面效应的活动。具体来说，环境保护活动是一种主要目的是收集、处置、减少、防止或消除企业活动造成的污染物和污染或其他任何环境退化的活动。根据环保活动实施的目的，将环保投资活动属性划分为：预防性活动，治理性活动、管理性活动。

　　预防性活动是指采用新的或者现有的环保方法、技术、工艺、设备（及其中的部分），从源头上预防或者减少污染量，以此减少污染物排放和污染行为对于环境的影响的各种活动。例如，工业废气、废水再循环系统的清洁生产活动，使用更环保的原料和燃料的活动，改进现有设备减少污染物排放量的活动，使用低噪声机器的活动，废弃物的回收利用活动，饮用水水源地、地下水的保护活动等。

　　治理性活动是指利用各种环保方法、技术、工艺或者设备，收集和消除已产生的污染和污染物、防止污染物的扩散，从而减少其对于环境的破坏程度的活动。例如采用过滤器、涤气器、旋风除尘器等治理工业废气的治理活动，污水处理厂对于废水的处理活动，利用特种车、容器、转运站、分类设备、压缩机、填埋场等设施对废物进行储存、运输和处理的活动，为机器加设备外壳、隔音罩、防噪声屏障减少噪声污染的活动等。

管理性活动是指运用计划、组织、协调、控制、监督等手段，为达到预期环境目标而进行的各种活动。可以由政府单位实施，也可以由非政府单位实施。例如，各种污染物的在线监测活动，环保的宣传教育活动等。

4.6.2 环保投资判别标准

某一投资是否属于环保投资，主要判断标准有如下 3 个方面：①投资的结果（即生产的产品或者提供的服务）是否属于环境污染治理和环境保护范畴。若该项目仅仅具有较显著的环境效益，但其提供的燃气或热水等产品并不是属于环境污染治理或者环境保护需求，而是属于社会生产、生活，则该投资不应该算作环保投资。②项目是否具有直接的污染物削减效益，这种效益不应当是与其他方案相比从而具有的替代环境效益。如新建集中供热项目并不能削减污染物排放，相反，它与"有无对比"的方案相比还是排放一定的污染物的，只是集中供热与同规模的分散供热相比，污染物排放较少。③该项目投资是否全额为环保投资。对城市燃气或者集中供热项目层次环保投资处理上，也往往仅将其脱硫除尘等投资归为环保投资，而不是将整个建厂费用都纳入。

按照城市环境建设统计口径，燃气建设的主要产品，或者说燃气投资的主要对象，主要包括人工煤气、天然气、液化气生产能力、储气能力、供气管道、燃气汽车（船舶）加气站等方面，城市集中供热包括热电厂、锅炉房等供应蒸汽、热水能力及管道长度。这些产品与环境保护无关，而仅仅是具有一定的环境效益，所以一般不将城市燃气和集中供热视作环境保护基础设施或污染治理设施。这些项目的环境效益是与项目的经济效益、社会效益并列，可以在项目综合评价中加以充分重视，但效益本身改变不了项目本身的属性问题。

其实，除了目前统计在城市环境基础设施投资口径内的 5 项城市建设内容外，城市建设行业中的公共交通、道路桥梁、防洪其实也具有一定的间接的、潜在的、广义上的环境效益，但一般不将其视作环保投资范畴。在建设资源节约型和环境友好型社会的今天，许多项目均具有一定的环境效益或者环境倾向，如生产环境友好型产品、开发清洁能源、进行节水降耗技术改造。不能无限制扩大环境保护范畴，否则环保投资将漫无边际。

4.6.3 环保投资界定原则

4.6.3.1 主要目的原则

环境保护活动特指那些以环境保护为主要目的的活动，即避免由经济活动引起的环境负面效应的活动。一项活动是否属于环境保护活动，一个重要的标识在于其主要目标是否为保护环境，这就是所谓"主要目的"标准（"Primary Purpose" Criterion）。只有那些以环境保护为主要目的而采取的行动，才能算做环境保护活动。环保投资是用于环境保护活动的投资，其主要目的与环境保护活动的主要目的保持一致。就投资目的而言，国家纪委及国务院环保委员会认为，环保投资用于污染治理和环境保护；何旭东等认为，环保投资用于环境资源的恢复与增殖、保护和治理；彭峰等认为，环保投资用于保护和改善环境，防治环境污染，维护生态平衡，促进环境、经济及社会可持续发展；张坤民认为，环保投资用于防治环境污染，维护生态平衡及其相关联的经济活动。尽管上述定义采用了不同的表述形式，但基本暗含了环保投资具有以环境保护为主要目的的深刻内涵。

4.6.3.2 狭义环保投资原则

狭义环保投资将环境保护活动与环境受益活动进行了明确区分，只有用于环境保护活动的投资才会纳入统计范围。环境受益活动是指那些虽然对环境有利，但主要目的是为了满足技术需求或内部卫生需要或安全性需要的活动，因其主要目的并非环境保护，则要排除在环境保护活动之外。比如相当一部分自然灾害防治活动，可能其本身并不是要保护环境，而是为了保护处于环境之中的经济单位和个人，这就难以作为环境保护活动来看待。还有一些活动虽然产生了环境保护效果，但主要是从经济目的出发实施的，原则上也不应该作为环境保护活动，而应归为环境受益活动。相对环境保护活动而言，环境受益活动亦占据相当规模，因而须将环境保护活动与环境受益活动作明确区分，环保投资统计仅应纳入环境保护活动，将环境受益活动囊括进来将带来环保投资泛化问题。

4.6.3.3 固定资产原则

环保投资、环保投入及环保支出是相近概念。环保投资是指以环境保护为目的的所有设施和设备的投资，一般属于固定资产范畴；与环保投资相比，环保投入在固定资产投资的基础上增加了环保工程设施运行维护费；与环保投入相比，环保支出是在环保投入的基础上，增加了环境管理与科研费用，包括各级环境保护行政主管部门和各行业部门的环境管理机构的行政经费、各类环境事业单位的事业经费、环境保护科学研究和技术开发费用。1992 年版的《投资辞典》将投资定义为经济主体（国家、企业或个人）垫支货币或物质以获取价值增值手段或营利性固定资产的经济活动。梁小民将投资定义为某一时期内购买的新资本设备的价值，包括建筑物、工厂、设备以及存货的价值。早期的投资定义主要局限在固定资产方面，即所谓狭义定义。广义的投资定义则包括固定资产投资、流动资产投资、信用投资以及证券投资。总而言之，固定资产投资是投资的重要表现形式，是社会固定资产再生产的主要手段。通过建造和购置固定资产的活动，国民经济不断采用先进技术装备，建立新兴部门，不断改善人民物质生活条件和自然环境条件。对环保投资、环保投入及环保支出 3 个概念加以区分，亦建立在狭义的投资内涵基础上。我国现有的环保投资统计体系对工业污染源治理投资、建设项目"三同时"环保投资以及城市环境基础设施建设投资的统计，亦是对固定资产投资的统计。运行费用等未囊括进来，但进行了另行统计。

4.6.4　环保投资统计原则

4.6.4.1　确定性原则

在环保投资统计过程中，有些活动难以分辨出是经济发展为主要目的的同时带来了环境保护的效果，还是环境保护为主要目的的同时带来了经济利益。换句话说，会存在环境保护活动和环境受益活动难以区分的情况。此种情况下，理论上存在 3 种处理方式：第一种是以纳入方式进行处理，这种做法可能带来的问题是，此类活动占据了相当大的投资规模，若全部纳入，将会带来环保投资规模虚化问题；第二种是以不纳入方式处理，这种做法可能带来的问题是：部分确实以环境保护为目的的活动无法纳入环保投资统计范围，将会带来环保投资未充分统计问题；第三种是将该类活动分不同情况区别对待，对于能够确定主要目的为环境保护的活动纳入环保投资统计范围。这种做法体现了确定性原则的思路，与主要目的原则保持一致，又体现了在目标模糊情况下处理问题的保守方式。

4.6.4.2　一致性原则

主要是指对于同样的设备设施，不应存在因统计对象不同，结果同类设施中有些纳入统计范围而另一些未纳入统计范围的情况。原因在于，由于采用了"主要目的原则"，配备同样设备设施的不同统计对象，根据主要目的的不同，分别归属了不同的活动类型，即一部分是环境保护活动，另一部分是环境受益活动。环保投资科目体系最终落脚点是设备设施。一般情况下，只存在这类设施纳入统计范围而另一类设施不纳入统计范围的情况，而不应该存在部分企业的某个设施纳入统计范围而另一部分企业的同样设施不纳入统计范围的现象，这样将给实际的统计工作带来混乱。为确保环保投资统计工作的稳定性和可操作性，需要依据一致性原则确认哪类设施属于环保投资统计范围，不要存在因统计对象不同而造成同类设施归属不同的情况。

4.6.4.3　可操作性原则

环保投资统计要能够落实统计对象，统计指标值要能够填写，表现为指标值可通过财务报表直接获取，或者通过适当的方法计算而来。对于理论化的、无法剥离开的、缺少可信的权威的计算方法进行估算的投资，一般难以进行统计。换句话说，环保投资统计同样需遵循可操作性原则。

4.6.5　环保投资统计方法

对于环保投资的统计计算方法，应根据环保投资活动确定。参照国外环保支出界定的标准，环保投资统计方法主要参考如下方面：

（1）全额纳入　当活动以保护环境为主要目的，并且唯一直接作用或者影响是保护环境，其全部投资都纳入环保投资。例如，末端治理设施的目的就是为了保护环境，因此其全部的投资都是环保投资，如过滤器、废弃物容器、污水处理厂等。

（2）部分纳入　在活动过程中可单独识别的用于环境保护目的的那部分活动的全部投资，纳入环保投资，而不属于环境保护目的的投资则不纳入环保投资。如生产中的生态净化系统、催化转换器和密闭式冷却系统。

（3）额外成本　用于识别那些对环境更为友好的技术、生产工艺改进以及产品中属于环境保护的那部分成本。将上述活动的投资支出和运营支出与"标准的"或对环境不是那么友好的替代方案（如果有的话）的投资支出和运营支出进行比较，仅将因为环境保护目的而产生的部分额外成本纳入环保投资。例如那些从源头上预防或减少污染而改变的生产、操作工艺或原材料等污染预防活动设施，基于环保要求对烟囱高度的增高等。

4.6.6　关键问题识别

借助以上识别要点，以下拟对若干类别活动加以识别。重点体现在以下 3 层的识别上：该项活动是否属于环保活动；如果是环保活动，应该如何确认支出；所确认的支出属于经常性支出还是资本性支出。识别的具体依据，第一，国际规范是否有明确规定，如果有，则给出具体规范；第二，如果没有明确规定，则按照上述识别要点，给出具体判断。

4.6.6.1　城市集中供热

集中供热是指以热水或蒸汽作为热媒，由一个或多个热源通过热网向城市、镇或其中某些区域热用户供应热能的方式。目前已经成为现代化城镇的主要基础设施之一，是城镇公共事业的主要组成部分。其优点可以大体归纳为：提供能源利用率，节约能源；有条件安装高烟囱和烟气净化装置，便于消除烟尘，减轻大气污染，改善环境卫生；可以腾出大批分散的小锅炉及燃料灰渣堆放的占地；减少司炉人员及燃料、灰渣的运输量和散落量，降低运行费用；易于实现科学管理，提高供热质量。

环保支出统计的国际规范中没有任何地方具体提及集中供热是否属于环保活动。但根据以上有关集中供热的特征描述，可以看到，集中供热既可以节约资源，又可以减少排放。对于中国北方而言，城镇冬季取暖主要以燃煤为主，从各家各户分散取暖到在较大区域集中供热，其方式变化带来了巨大的环境影响。以集中供热取代分散供热，可以认为其主要目的是在满足城镇居民取暖前提下，提高资源利用效率，节约资源消耗量，并在此过程中产生一定的环境效益。因此，不将其作为环境保护活动。

4.6.6.2　城市绿化

城市绿化是当前城市建设中的重要方面，第一是种树，第二是种草。但是，这些绿化活动是否作为环境保护活动，仍然值得探讨。CEPA-2000 中包括一个"生物多样性和景观保护"大类，但主要限于自然生态系统和自然、半自然景观的保护和恢复，并明确指出，不包括"保护和恢复历史纪念物或者那些主要是人工建成的自然景观"的活动与措施，"公路两旁绿化带以及娱乐性建筑（如高尔夫球场和其他运动设施）的建设和维护也不包括在内"，"与城市公园和花园相关的活动及支出通常不包括在内"，除非它们"与生物多样性有关"。由以上可以看出，环境保护中涉及环境，主要是指自然环境而非人工环境。城市作为人类住区，是典型的人工环境，为此环境而进行的保护活动和措施不在所定义的环境保护活动范围之内，因此不构成环保支出统计的对象。

4.6.6.3　生态保护目的的绿化

为生态保护目的而采取的绿化活动和措施，是否属于环境保护活动，也是一个需要进一步讨论的问题。根据 CEPA-2000 和欧盟统计局《环保支出统计——一般政府和专门生产者数据搜集手册》，"如果一项活动是出于生物多样性和景观保护目的，其活动属于环境保护支出，否则，应属于自然资源管理支出。出于商业目的的生物多样性和景观保护支出，也不应计入环境保护支出。但很多时候无法直接判断一项支出主要是经济性支出还是环境性支出，因此还需要对支出的性质进行评估"。根据以上说法分析"生态保护目的的绿化"的性质，可以认为，如果是天然林保护，应属于环境保护活动；如果是绿化植树形成人工林，就需要做具体分析。如果这些绿化行为与生物多样性有关，则应该作为环境保护活动看待；但如果主要目的是商业开发并形成人工景观，则不应作为环境保护活动处理。

4.6.6.4　节能节水

节约能源、节约水资源，在中国当前能源短缺、水资源短缺的背景下，显得特别重要，为此政府围绕节能节水出台了大量政策措施。但是，鉴于这里是从狭义环保角度定义环境保护活动，CEPA-2000 明确指出，"CEPA 的设计是针对那些以环境保护为主要目的的交易和活动进行的分类。自然资源管理（如水供应）及自然灾害的预防（泥石流、洪水等）没有包括在 CEPA 内"。欧盟统计局《环保支出统计——一般政府和专门生产者数据搜集手册》中也明确指出，"诸如供水、能源或原材料节约等活动，常被认为是自然资源的一般管理活动，不能视为环境保护活动"，但"当这类活动的主要目标是环境保护时，应该将其视为环境保护活动"。显然，节能节水主要涉及自然资源管理，而且对于企业而言，节水节能具有明显的经济效益，尽管节能节水具有一定的环境效益，但从主要目的而言，并非出于环境保护的目的，相关活动不应包括在环境保护活动之中，不是环保投资统计的对象。

4.6.6.5　综合利用

综合利用一般是指在合理规划的前提下，依靠相关技术，对生产、服务过程中所需资源，包括主料、辅料的各种有效利用活动，以及对副产物和各种再生资源的利用活动。综合利用不但包括对核心或者主要资源的充分利用，而且包括对伴生资源或者辅料的充分利用，即人们通俗所称的将资源"吃干榨尽"。主要包括：①在矿产资源开采过程中对共生、伴生矿进行综合开发与合理利用；②对生产过程中产生的废渣、废水（液）、废气、余热余压等进行回收和合理利用；③对社会生产和消费过程中产生的各种废物进行回收和再生利用。综合利用不仅指一次资源的综合利用，同时也指二次资源即再生资源的综合利用问题。综合利用广泛存在于各种利用资源的方式和活动中，采用的措施非常广泛。综合利用活动主要体现在两个环节：资源收集与整理、资源生产加工。一般而言，脱离生产环节的综合利用活动以获取经济利益为目的，不应纳入环保投资统计范围。而对于融入生产过程之中的综合利用活动，从理论上而言，只要这类活动以环境保护为主要目的，就应该纳入统计范围；反之，只要这类活动以获取利润为主要目的，则不应纳入。然而，由于实际统计过程中难以将其明确区分为环境保护活动或环境受益活动，根据确定性原则，不建议将综合利用纳入现行的环保投资统计体系。

4.6.6.6 清洁生产

清洁生产在不同国家和地区有许多不同的相近提法，欧洲国家称其为"少废无废工艺"，日本多称"无公害工艺"，美国则称为"废料最少化""减废技术"。此外，个别学者还有"绿色工艺""生态工艺""环境完美工艺""与环境相容（友善）工艺"等叫法。清洁生产与末端治理相互对应和补充，末端治理考虑对环境的影响时，把注意力集中在污染物产生之后如何处理，以减小对环境的危害。而清洁生产则是要求把污染物消除在它产生之前。

清洁生产概念最早可追溯到 1976 年，这一年的 11 月、12 月间欧洲共同体在巴黎举行了"无废工艺和无废生产国际研讨会"。1979 年 11 月在日内瓦通过的《关于少废、无废工艺和废料利用宣言》将无废工艺定义为各种知识、方法和手段的实际应用，以期在人类需求范围内达到保证最合理的利用自然资源和能量以及保护环境的目的。1984 年联合国欧洲经济委员会在塔什干召开的国际会议上又对无废工艺作了进一步定义："所谓无废工艺，乃是这样一种生产产品的方法，借助这一方法，所有的原料和能量在原料资源—生产—消费—二次原料资源的循环中得到最合理和综合的利用，同时对环境的任何作用都不致破坏它的正常功能。"美国环保局使用的是"废物最少化技术"提法，指在可行的范围内，减少产生的或随之处理、贮存、处置的有害废弃物量。它包括在产生源处进行的削减和组织循环两方面的工作。这些工作导致有害废物总量与体积的减少，或有害废物毒性的降低，或两者兼而有之的，并与使现在和将来对人类健康与环境的威胁最小的目标相一致。欧洲专家倾向于将清洁生产定义为对生产过程和产品实施综合防治战略，以减少对人类和环境的风险。对生产过程，包括节约原材料和能源，革除有毒材料，减少所有排放物的排污量和毒性；对产品来说，则要减少从原材料到最终处理的产品整个生命周期对人类健康和环境的影响。2012 年 2 月 29 日通过的《中华人民共和国清洁生产促进法》对清洁生产定义为：不断采取改进设计、使用清洁的能源和原料、采用先进的工艺技术与设备、改善管理、综合利用等措施，从源头削减污染，提高资源利用效率，减少或者避免生产、服务和产品使用过程中污染物的产生和排放，以减轻或者消除对人类健康和环境的危害。

由上述定义可以看出，1979 年 11 月在日内瓦通过的《关于少废、无废工艺和废料利用宣言》中的"无废工艺"，所指的是狭义清洁生产概念，仅涉及生产工艺层面。此后，1984 年联合国欧洲经济委员会、美国环保局、欧洲专家以及《中华人民共和国清洁生产促进法》对清洁生产定义的内涵基本一致，不仅涉及生产工艺层面，还涉及有利于环境的产品设计、清洁原料的选择、原料的循环利用。其采取的主要做法可包括 4 个方面：①在使用过程中以及使用后不含危害人体健康和生态环境因素的产品设计；②采用无毒、无害或者低毒、低害的原料，替代毒性大、危害严重的原料；③对生产过程中产生的废物、废水和余热等进行综合利用或者循环使用；④采用资源利用率高、污染物产生量少的工艺和设备，替代资源利用率低、污染物产生量多的工艺和设备。

根据本研究对环保投资界定的固定资产原则和主要目的原则，结合清洁生产广义定义涉及的 4 个方面，即：有利于环境的产品设计、清洁原料的选择、环境友好的生产工艺、原料的综合利用或循环利用。①有利于环境的产品设计、清洁原料的选择因无法落到固定资产投资上面而无法计入环保投资统计范围。②采用环境友好的生产工艺可分为两种情况：第一种情况是企业原本采用的是落后的生产工艺，但迫于环境保护要求而进行技术改造，从而采用了有利于环境的先进技术，此种情况下，可以确定企业采用环境友好技术的主要目的是保护环境，相应投资可核定为技术改造活动给企业带来的追加投资；另一种情况是，企业直接采用了先进的生产工艺，由于无法确定相对于行业内一般的或平均的工艺水平而言，企业采用先进工艺带来的成本增加，其主要目的是环境保护还是提高产品质量、节约原材料等。因而，基于确定性原则，此种情况下为企业带来的额外成本，不应计入环保投资。由此，带来的另外一个问题是，直接采用先进的生产工艺和技术改造后成为先进的生产工艺，若生产工艺相同，存在前者不纳入统计而后者纳入统计的情况，不符合一致性原则。综上所述，环境友好的生产工艺不建议纳入环保投资统计范围。③至于原料的综合利用或循环利用，与综合利用活动类似，不建议将其纳入现行的环保投资统计体系。从清洁生产的 4 个主要环节来看，均不应纳入环保投资统计范围。

4.6.7 环保投资统计口径框架

4.6.7.1 框架设计原则

本研究试图构建基于国内外环保投资统计领域基本共识，能够正确反映环保支出、环保投入及环保投资之间的关系，随着环境保护活动增加呈现动态开放特征，环保投资绩效相对明显，统计内容全面，层次结构清晰，能够满足环保投资管理新需求的中国环保投资统计框架。框架体系设计遵循下述原则：

（1）上一级层次稳定性原则　环保投资统计框架一般随环境保护活动开展的不断深入呈现动态扩展的特征。因而，统计框架不同层次的内容安排要确保上一级层次保持稳定，即第一层次稳定性最高，第二层次稳定性次之，其他层次稳定性程度依此类推。

（2）要素统计优先的原则　与环境管理需求相结合，能够区分各环境要素环保投资情况。能够按要素进行区分的环保投资都纳入不同环境要素的环保投资统计中。有些环境监管能力建设投资不能按要素进行区分，该类投资直接纳入环境监管能力中进行统计。有些环境监管能力建设投资能够按要素进行区分，该类投资应纳入不同环境要素的管理活动中进行统计。

（3）全面性原则　科目体系设计要能够覆盖环保投资的各个领域，应反映环保投资活动的全集，不要存在遗漏现象。

4.6.7.2　总体架构

基于目的性原则，结合国外有关环保支出核算体系，在环保投资概念的基础上，重新构建了环保投资统计的水、气、固废、噪声、土壤、生态、核安全与非核辐射、环境监管等 8 大要素层。在要素的基础上，基于全面性原则构建了环保投资统计的领域层。按照环境保护活动属性，将环保投资活动划分为预防性、治理性和管理性 3 类，形成环保投资统计口径的属性层。基于目的性原则，按照环保投资活动分类，识别各要素、各领域的环保投资活动，构建了环保投资统计口径的活动层。针对环保投资的各项活动，识别环保投资统计的各类设施，构建了环保投资统计的设施层。由此，形成包含要素—领域—属性—活动—设施的 5 级环保投资统计口径框架体系。

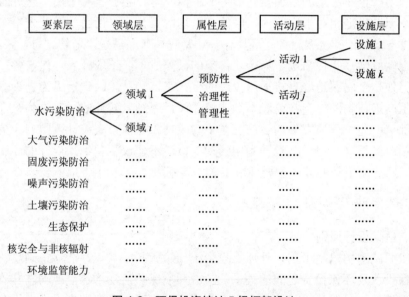

图 4-8　环保投资统计 5 级框架设计

4.6.8　环保投资统计报表设计

4.6.8.1　新型环保投资统计框架

在下一阶段，针对各类与环境保护相关的活动及设施建设，制定环保投资统计框架。根据被调查主体及其活动领域的不同，设计出"工业环保投资调查表""生活污染治理设施环保投资调查表""农业环保投资调查表""交通环保投资调查表""生态保护和环境综合整治投资调查表""环境管理投资调查表"，共 6 张表。

针对构建出的 6 张调查表，分别制定相应的环保投资编码表，编码表分为 4 级，并要求填表单位在所填写的环保投资调查表中填写所涉及的 4 级编码。4 级编码的方法为：

（1）根据环保投资所涉及的行业领域编制第一级代码，第一级代码为二位编码。将"工业""生活""农业""交通""生态保护"和"环境管理"依次编码为 01~06。

（2）根据环保投资涉及的环境要素，在第一级代码的基础上，编制第二级代码，第二级编码为四位编码。第二级编码中，所反映的环境要素包括"水""大气""固废""噪声""土壤""生态系统""核与非核辐射""综合环境要素"，依次编码为 01~08。

（3）根据环保投资涉及的活动属性，在第二级编码的基础上编制第三级代码，第三级代码为六位编码。在第三级代码中，环保投资涉及活动属性分为"预防""治理""管理"三类，并相应编码为 01~03。

（4）根据环保投资所涉及的具体活动过程，在第三级编码的基础上，编制第四级代码，第四级代码为八位编码。在第四级代码中，环保投资所对应具体活动的编号按其在编码表中出现的先后顺序进行排列，排列的方式为二位编码。为了举例说明环保投资所对应的具体活动，在编码表中对涉及的主要设施采取举例的方式。

基于设计出的 6 张环保投资调查表及其所对应的四级编码表，环保投资统计框架总体结构见表 4-28。

表 4-28　环保投资统计框架总体结构

类别	归口方式	统计对象	活动领域
工业环保投资	发表	"三同时"工业项目 重点工业行业 新纳入的工业企业 集中处置行业 核工业企业	工业污水防治 工业大气污染防治 工业固体废弃物防治 ——危险废物处置 ——医疗废物处置 ——电子废物处置 ——工业噪声防治 ——工业土壤污染治理 ——放射源和放射性废物治理
生活污染防治投资	发表	集中式污染治理企业 环保部门 水利部门	饮用水水源地保护 城镇生活污水集中处理 农村生活污水集中处理
农业环保投资	发表	畜禽养殖企业 水产养殖企业 农业部门 环保部门	农业和农村污水处理 农村大气污染防治 农田污染治理
交通环保投资	发表	海洋、海事、渔政部门 交通部门 机动车制造企业、机动车尾气治理设施制造企业	船舶污水防治 交通噪声防治 机动车尾气治理

类别	归口方式	统计对象	活动领域
生态保护和 环境综合整治投资	发表	环保部门 林业部门 国土资源部门 水利部门 住建部门	生物多样性保护 自然景观保护 城市土壤污染治理 水环境综合整治
环境管理投资	发表	环保部门	污染事故应急/处理 环境监测 环境管理 核与辐射监管 环境监察 环境宣教、信息与科研

4.6.8.2　"十二五"环保投资报表制度

环保投资统计报表制度设计是基于"十二五"环境统计整体框架和报表制度为基础，确定统计指标，制定环保投资统计技术路线。

（1）工业环保投资　根据现行环境统计报表制度，工业污染源调查范围指已经生产或试生产，事实有污染物排放，且行业代码属于06～46的行业企业，即属于采矿业、制造业和电力、燃气及水的生产和供应业的工业企业。

新统计框架中增加了对非生活源集中式污染物处理设施投资的统计，包括一般意义上的工业固体废物、医疗废物、危险废物、电子废物和放射性废物。

此外，随着我国对于核能与辐射利用的日渐广泛，且在我国环境管理工作中对此日益重视，核工业企业也纳入统计范畴之中。核工业企业也在06～46代码的行业企业之外。

> 统计指标：工业污染源环保投资指标主要包括工业企业污染治理设施的固定资产投资。企业治污设施固定资产投资统计设立专项调查表——工业企业污染治理项目建设情况表。与现有环境统计比较，该表主要有以下几个特点：

填报范围扩大。"十一五"及以前，该表明确规定，老工业污染源治理项目填报该表，纳入建设项目环境保护"三同时"管理的项目不得填报该表。建设项目环境保护"三同时"管理的环保投资来源于建设项目环境保护"三同时"竣工验收登记表。对于新型统计框架而言，该表的填报范围有所扩大，包括老工业污染源污染治理建设项目和建设项目环境保护"三同时"项目，即所有的工业污染源治理项目均填报该表。

统计指标有所变动。工业企业污染治理项目建设情况表增加一个识别指标，用以区别项目是属于工业污染源治理项目、"三同时"建设项目还是城市基础设施建设项目，以避免重复统计。这样既可以继续保留老工业污染源污染治理项目数据库，同时还能改变"三同时"工业项目基表数据库缺失的现状，建立和完善"三同时"环保投资基础数据库，并加强"三同时"环保投资审核力度。

环保投资口径分化。对于老工业污染源治理项目而言，企业污染治理固定资产投资是随着建设项目进度分年度填报，属于固定资产投资；对于建设项目环境保护"三同时"项目而言，企业污染治理投资是在完成项目验收的当年进行一次性结清，属于新增固定资产投资。

非生活源集中式污染治理设施投资的统计表中，统计指标表现出以下特征：集中式污染物治理设施调查表中，含固定资产投资指标两项（累计总投资、本年新增固定资产投资），配套管网固定资产投资两项（配套管网累计总投资、配套管网本年投资）。其中，本年新增固定资产投资是指调查年度通过"三同时"项目竣工环保验收的新、改、扩建项目的固定资产投资。新增固定资产投资逻辑上小于或等于累计总投资。

指标填报中，对于没有改扩建工程的集中式污染处理设施来说，本年新增固定资产投资应为 0；对于有改扩建工程的处理设施来说，在该工程完成"三同时"竣工验收的当年填写新增固定资产投资，新增固定资产投资额等于改扩建工程投资总额，累计总投资等于老污水处理厂固定资产投资和新改扩建项目固定资产投资之和；对于当年完成"三同时"竣工验收的新建集中式污染处理设施来说，累计总投资等于新增固定资产投资。

由于集中式污染治理设施处理能力及处理效果与项目直接相关，因此本调查表在指标设置上更强调对投资项目本身的统计，设计了"开工年月""建成投产年月"指标。

在项目类型上，考虑到部分新增的活动属性目前还没有对应的项目类型与之匹配，如电子废物处置等，因此在填报"项目类型"时，除了传统的老工业污染源治理和"三同时"建设项目之外，增设"其他"，并要求填报单位具体填写。

➤ 调查方法和重点调查对象：根据现行环境统计报表制度，工业企业污染源统计调查采取重点企业发表调查和非重点估算的调查方法进行。

对于新型的非生活源集中式污染治理设施环境统计报表制度而言，集中式污染治理设施采用全口径调查方式进行，调查对象包括所有的危险废物处置厂、医疗废物处置厂、电子废物拆解利用处置单位和放射性废物集中处置单位，均进行发表调查。

由于集中式工业污染治理设施管网建设投资大部分由各地住建部门负责进行，因此针对住建部门发表调查管网建设项目投资情况。

（2）生活污染防治　生活污染防治投资包括城镇生活污水集中处理设施投资、农业和农村污水处理投资、农村大气污染防治投资、饮用水水源地保护投资和生活垃圾治理投资。

➤ 统计指标：在生活污染防治投资的统计表中，统计指标表现出以下特征：生活污染防治的集中式污染物治理设施投资调查表针对城镇生活污水集中处理、农业和农村污水处理、生活垃圾处理进行调查，调查表与非生活源集中式污染物治理设施调查表结构相同。

由于管网建设大多由地方住建部门实施，生活污染防治的集中式污染物治理设施的管网建设投资调查表单独构建。

增加对饮用水水源地保护投资的调查，其目的在于统计从生活污染预防的角度进行的环保投资。

农村大气污染防治投资主要是通过改造农村民用燃气设施达到大气污染预防的目的。

生活垃圾治理投资包括对城镇和农村生活垃圾收运、中转、集中处置和综合利用等环节的投资。其中，生活垃圾中转环节涉及的投资通过集中式污染物治理设施管网建设投资调查表得到反映。

➢ 调查方法和调查对象：新型环境统计报表制度中，调查方法和调查对象区分如下。

生活源污染集中治理设施投资调查表直接发放给各污染集中治理单位，采用全口径调查方式进行。

饮用水水源地保护投资在当前主要属于政府直接投资的范畴，相应的主管部门分为环保部门和水利部门，因此对此二部门直接发表调查。

农村大气污染防治投资的主管部门包括农业部门和环保部门，投资方向均为针对个体农户单位安装大气污染防治设施，因而统计时还是对农业部门和环保部门分别发表进行。为避免重复统计，环保部门填表时主要填写农村环保专项资金的使用情况。

并非所有的污水处理设施都由市级环保部门实施监管，对于无动力、简易型污水处理设施，由县级环保部门进行填报。

生活污染防治的集中式污染治理管网建设投资由住建部门实施，因此该表由住建部门负责填报。

（3）农业环保投资

➢ 农业环保投资基本概念：我国农业生产中施用的农药、化肥利用效率不高，往往通过地表径流进入水体；农村生活中产生的污水处理率远远低于城镇生活污水，也易于污染土壤和地下水，生活能源的低效率利用还导致农村大气环境问题加剧；由于长期灌溉、施用化肥，加上开垦力度过大，部分地区农业土壤已经出现土壤盐碱化和土壤侵蚀等问题，另外，我国大多数养殖场没有比较完善的污染防治设施，大量畜禽粪便不经任何处置就直接排放，成为导致我国许多水体污染和富营养化的重要因素之一。

基于固定资产投资、直接环保效果和以污染防治为主的原则，特别是"十二五"减排指标设定为 COD 和氨氮两类，对于生态环境有影响的重点污染源就是规模化畜禽养殖场。2011 年，环保部出台了《关于进一步加强农业环境保护工作的意见》，提出了"十二五"农村环保工作的总体思路、主要目标、重点任务和政策措施，首次将农村和农业纳入污染物约束减排的范围。指出，到 2015 年，完成 6 万个建制村的环境综合整治，严重危害群众健康的农村突出环境问题基本得到治理。实现上述目标的主要难点在于畜禽养殖污染和农村的土壤污染治理。

因此，农业环保投资主要指农业生产和畜禽水产养殖业生产之中发生的，使环境破坏得到治理和恢复的投资，包括畜禽污染防治设施的投资、农业大气污染防治投资和农田污染治理设施投资。

➤ 统计指标：规模化养殖场污染防治设施固定资产投资指规模化畜禽养殖污染防治设施建设投资，也包括规模化水产养殖企业废物综合利用与污染防治设施建设投资。根据农业环保投资统计表设计，相应的统计指标具有以下特征：

当畜禽、水产养殖企业作为填表单位时，作为点源排放单位填写，与工业企业填表相似，但是在项目类别上，由于畜禽、水产养殖企业的投资可能来源于老工业污染源治理和"三同时"建设项目治理之外的项目，故增设"其他"项目类别，并要求填表单位填写。

由于农业大气污染防治活动的分散性较大，且其与农田污染治理活动同样具有较强的公共属性，对于农业部门作为填表单位的，可不填写"行业类别"与"建成时间"。

调查方法和调查对象：农业和农村环保投资的调查采取发表方式进行。由于涉及的填表单位不同，农业环保投资调查表见附表 2-8。

附表中表 2-7 的统计对象为规模化畜禽养殖场和集中式养殖区，填表单位为点源排放的规模化畜禽养殖场和水产养殖企业。规模化畜禽养殖场指实施规模化圈养的畜禽养殖场，不包括散养和放养的畜禽养殖场。集中式养殖区则是指距离居民区一定距离，经过行政区划确定的多个畜禽养殖个体生产集中的区域。

附表中表 2-8 的统计对象为施用农药化肥的农业生产区，反映的是由政府部门组织的统一污染防治行为，而不可能对单一农业生产者的调查得到，因此该表由农业部门进行填写。

（4）交通环保投资

➤ 基本概念：交通环保投资是指，为防治交通工具在交通和运输过程及其相关维护过程中所造成的环境污染，而由交通工具生产者、交通运营者或交通运输主管部门实施的投资。虽然交通工具大气污染防治投资主要在汽车生产环节实施，但从结果来看，其对于环境保护的效益仍然发生在交通工具的运行阶段，因而对于汽车工业环保投资带来的交通工具污染物排放减少也纳入此统计表。

交通污染物治理投资主要包括 3 方面内容：船舶污水排放、机动车大气污染防治、交通工具降噪。

船舶污水不仅包括与船舶运输相关人员的生活污水排放，也包括由于船舶冲洗、船舶建设与修理、港口含油废水排放、海上溢油造成的废水排放，船舶污水治理投资就是通过船舶和港口污染物防治设施的建设投资降低船舶污水对于水环境的影响。随着我国河运、海运事业的不断发展，船舶溢油事件偶有发生，加大对于水运行业及其港口相关产业环境治理的投资是十分必要的。

机动车大气污染治理投资主要是由汽车制造企业在生产过程中采取的汽车尾气污染防治相关技术改进和设施改造投资。

交通工具噪声具有外部不经济性规模大、昼夜起伏、长期影响的特点，对交通工具噪声的削减也越来越为社会所关注。交通工具降噪投资包括交通工具本身噪声的削减设施和工程投资、路面降噪设施投资、绿化带建设投资和交通噪声监测设施投资。

➤ 统计指标：交通环保投资统计表在统计指标上呈现出以下特征：

交通环保投资虽然都着眼于削减交通过程产生的污染影响，但从投资行为发生的时序看，涵盖 3 个层面上：其一，在交通工具生产阶段是最容易进行交通工具环保改进的大规模投资的，因此汽车尾气污染防治投资就发生在这一阶段，相应的统计调查对象就是汽车制造企业；其二，在交通工具运营阶段，运营公司可以对既有的交通工具进行合理的微小改进，以满足日趋严格的污染物排放要求，相应的统计调查对象就是交通工具运营单位，如船舶运营单位；其三，对于交通过程来说，除了交通工具之外的交通构筑物包括码头、港口、公路等，对于这些构筑物施加影响从而减轻交通过程的环境影响所需要的投资往往由政府部门主导，相应的统计调查对象就是政府管理部门，包括交通管理部门以及海洋、海事和渔政部门。

相关政府部门作为交通环保投资的填表单位时，主要为海洋、海事、渔政部门以及交通部门，由于各部门负责的交通区域较为固定，则设计出"管辖区域范围"指标。在填写该指标时，应描述部门管辖权限内的航段或路段，航段或路段内的停靠站点、码头、绿化带、构筑物等由上述交通运输部门管理的设施也在统计范围之内。

➤ 调查方法与调查对象：交通环保投资的调查采取发表的方式进行，统计表发放至负责交通运输管理的部门、运营单位或生产部门。对于填表的交通管理部门而言，可以根据工作和管理的便利程度，继续将统计表下发至交通工具或交通构筑物的运营部门，待其填写后归纳整理。

船舶污水治理和交通噪音治理的管理部门不同，前者为海洋、海事和渔政部门，后者为交通部门。此外，因此需要针对两类管理部门、交通工具运营单位、汽车生产企业分别制定交通环保投资调查表，见附表 2-10、附表 2-11。

（5）生态保护和环境综合整治投资
- 基本概念：基于维护特定生态系统完整性及环境功能价值的目的，完成的预防、治理、管理、保护、恢复等方面的投资。需要说明的是，生态保护和环境综合整治投资分为两方面，其一为保护生态系统完整性而进行的投资，其目标是非污染性的生态破坏，包括生物多样性和自然保护投资；其二为保护、恢复区域内综合环境功能或各要素环境功能而进行投资，其目标主要是预防、阻止或恢复由于污染带来的环境破坏，包括农业面源污染防治投资、水环境综合整治投资、城镇生活大气污染防治投资、建筑施工噪声防治投资、公共场所噪声防治投资和城市土壤污染治理投资。
- 统计指标：生态保护投资统计指标上呈现出以下特征：
  生态保护和环境综合整治的对象应当是在政府主管部门管辖区域内相对完整的生态功能区或环境功能区，如森林、草地、河流、湖泊、湿地等，故对其设立"管理区域范围"指标，以体现出生态保护和环境综合整治投资发生的地域特征。
  为了表示生态保护和环境综合整治投资的强度特征，在统计表中设立"投资覆盖范围"指标，用以表示投资所覆盖的生态功能区或环境功能区面积。对于生态保护和环境综合整治的投资来源，根据行政管理的级别特点，分为"国家拨付""省级拨付""地市拨付"和"县（区）拨付"四种类别的投资来源，主要用来识别各级财政对于生态功能区和环境功能区保护的资金支持力度。
- 调查方法与调查对象：生态保护和环境综合整治投资的调查方法为发表调查。调查对象分为环保部门、水利部门、住建部门、林业部门、国土资源部门和实施环境综合整治的企业单位，相应表格见附表 2-12、附表 2-13、附表 2-14、附表 2-15、附表 2-16、附表 2-17。

（6）环境管理投资　我国"十一五"时期并未对环境监管和应急能力建设投资进行统计，然而与环境监管能力建设相关的环境监测能力、环境监察能力、环境应急能力、环境信息能力等方面的建设投资逐年增加。考虑到这些费用实际上反映出各级环境保护部门的环境监督、监测和管理能力建设投入，今后还将在环保投入中占据越来越重要的角色，故将其纳入"十二五"环境保护投资统计框架之中。
- 环境监管与应急能力建设基本概念：该类投资的定义为：环保部门独立或以环保部门为主体、其他部门配合完成的环境监察、环境监测、环境管理、环境应急管理、核与辐射监管及相关设施购置、建设的投资。
  环境监管能力建设包括基本能力建设和常规能力建设两大部分。基本能力建设主要是办公用房、业务用房等建设。常规能力建设主要是监测仪器设备、实验仪器设备、执法取证设备、自动监控设备、执法车辆等的购置和建设。就环境监管能力建设而言，主要包括监测能力建设、监察能力建设、辐射能力建设、信息能力建设、应急能力建设、业务用房建设等几个方面。

环境监管能力建设投资与日常性行政费用应有所区分。原则上，环境监管能力建设投资要形成固定资产，日常行政费用主要用于运行维护。日常性行政费用应该包含人员经费、公用经费、监督执法经费等专项业务经费等；而环境监管能力建设投资的范畴应集中于仪器设备购置经费以及基础设施经费等。从资金来源上讲，日常性行政费用来源于部门预算；环境监管能力建设投资可以上财政预算，也可是其他专项资金。从资金用途上讲，日常性行政可以用于仪器设备所需的维护、维修和消耗费用等方面；而能力建设投资须专款专用。

此外，环境监管能力建设资金不包括企业的污染治理部分资金。从目前的情况看，企业用于自身能力建设不外为在线监测和自身的分析设备，这部分投资可以算是企业污染治理部分，与环保部门的能力建设投入关系不大，并且在环境统计中已经纳入，再进行统计就有重复之嫌。

环境应急投资与生态保护中的应急投资有根本的差异：前者是针对环境事故而言的，因而根据环境要素划分，包括水、大气、固废等环境事故的应急投资，投资的目的是应对环境事故发生时的及时处置，避免造成更大范围的事故和二次污染；后者是针对生态系统受破坏而言的，因此属于生态功能区管理相关职能部门的工作范围，进行应急投资的目的，是为了避免事故的发生而造成生态系统功能的不可逆损失，进而保证生态功能得以持续发挥。

➤ 统计指标：由于我国环境监管与应急能力建设专项资金采取上级下拨和本级配套的方式，因而该项统计指标在技术上呈现以下特点：

对于各级、各类环境保护行政主管部门而言，环境监管和应急能力建设投资既掌握投资来源，也掌握投资去向。

环境管理投资来源主要是指由上级行政区划下拨的环境监管与应急能力建设专项资金。

环境管理投资去向主要是指由本级筹措，并下拨至下级环境保护部门的能力建设专项资金。

这种技术方法有利于掌握各级环保部门能力建设专项资金的收、支平衡情况，因而便于查找环境监管能力建设资金在拨付和使用上存在的问题，使能力建设投资趋于合理。此外，将环境管理投资的收支明晰，将避免各级环保部门针对一项专项资金的逐级上报而造成的重复统计问题。

通过掌握环境管理投资统计，有助于环保部门掌握上、下级环境保护行政主管部门中的资金链，从而有利于掌握环境监管与应急能力建设资金的落实情况，查验资金使用中的漏洞与不合理现象，也有利于将能力建设投资与环境管理效果进行比较，从而判断环境管理投资的效果。

➤ 调查方法和调查对象：环境管理投资的调查方法为发表调查。该统计表由规划财务部门统一设计和统一填报，既包括资金量，也包括资产量，采取各级环境保护部门分级填报的形式。

为了与环保部门当前的管理工作对应,同时使填表单位方便快捷地识别出各种环保投资对应的活动类别,在原有环保行为分类基础上,在环境管理投资分类中,重新整合不同领域,设置为"污染事故应急/处理""环境监测""环境管理""核与辐射监管""环境监察""环境宣教、信息与科研"6个领域。

4.6.8.3 新型环保投资报表可行性分析

对照环保投资统计调查制度中的规定,环保投资的界定原则,其一是为目的性原则,凡是以治理污染、保护生态环境、提高环境保护监督管理能力与科技发展能力为直接目的的投入,均为环境保护投入;其二是为效果性原则,即对于某些工程或设施建设,或某些社会经济活动,虽然主要目的不是保护环境,但具有保护和改善环境的效果,可以全部或按一定比例界定为环境保护投入。可以看出,现行调查制度在环保投资界定上,强调的是环境保护效果,也就是对具有直接环保效益的投资进行统计。

对于按资金使用方向划分的环保投资而言,存在的根本问题就是资金使用与环境效益之间的关系难以关联。在"十一五"之前,环保投资调查制度在界定环保投资概念时使用了一种假设,那就是在限定范围内投入的资金都应当具有环境效益。这种假设在调查制度建立之初具有合理性,可以促进社会多种主体参与环保投资的积极性,也有利于环境管理经费的到位。但随着污染治理和环境管理工作发展到今天,环保投资不断增加,对其的评判应当从规模增加转移到绩效提高上来,以识别出有意义的环保投资方向,避免盲目投资。

显然,这就需要收敛当前对环保投资过于宽泛的界定,从规模导向转变为绩效导向。在"十二五"的环保投资统计框架设计上,具有直接、显著环保绩效的投资无疑是统计的重点所在。根据此原则,判断"十二五"环保投资统计表的可行性。

(1)预防类环保投资 所谓预防类环保投资,是指工业企业、农业、交通三类行业中,在污染物产生之前,为达到污染物削减、污染扩散避免而进行设施建设、原材料替代、生产或运行系统改进所进行的投资,其特征是在污染物产生之前或主体设备运行之前就已经得到实施。随着我国企业社会责任的增强以及社会环境意识提高对产品和服务环境行为要求的更加严格,预防类环保投资将在今后一段时期内占据越来越大的比例。

一般来说,预防类环保投资包括清洁生产投资、节能设施投资、环保材料购置和其他具有污染预防性的投资。对于预防类环保投资进行统计的意义在于,既可以促进各产业主动开展清洁生产和节能减排,从源头上削减污染物产生与排放,还可以刺激生产者使用环保材料和无公害材料,加快对传统原材料的替代,并形成环保产品生产与消费的链条关系。

然而,由于预防类环保投资往往与主体工程投资一同完成,甚至内含在主体工程投资之中,难以将其从主体工程投资中分离出来,这样就可能造成填表单位在进行统计过程中扩大环保投资统计范围,从而造成环保投资的虚增。特别是要严格地将预防类环保投资与行业安全生产投资区分开来,后者主要是对安全和健康保障实施的投资，出发点是保护生产者的利益，主要是工艺工程的要求，但在客观上往往不具备对于环境外部不经济性削减的效应，不属于环保投资的范畴。

因此，各行政管理部门在填写或归口预防类环保投资时，必须同时获取对相应设施、行为和材料的第三方认证或官方认证。认证的类型包括"三同时"认证和环评认证中的环保设施投资、清洁生产认证、环保材料认证、无公害农产品认证、节能产品或节能设施认证等。同时，鉴于存在着环保设施建而不用的问题，此类环保投资不包括环保设施的运行费用。

（2）电子废物集中处理投资　为防治电子废物污染环境，加强电子废物拆解利用处置的环境管理，2007年9月27日国家环保总局发布的《电子废物污染环境防治管理办法》（环保总局令第40号）并规定，凡新建、改建、扩建拆解、利用、处置电子废物的项目，必须执行环境影响评价制度。环境影响评价文件应当包括本《办法》所要求的有关工艺和废物处置方案等内容。

设区的市级以上地方环境保护行政主管部门对列入电子废物拆解利用处置单位名录（包括临时名录）的，应当通过政府网站等方式予以公告，定期调整，同时分送上一级和下一级环保部门，并向列入目录（包括临时名录）的单位（包括个体工商户）签发有关列入名录的通知单。

因此，在电子废物的集中处理方面，不仅在各级环保部门执行了电子废物拆解利用处置单位的环境影响评价制度，还对这类行业实行了严格的管理和名录列入制度，因此对该类企业发放污染集中治理设施环保投资统计调查表具备可行性。

（3）生物多样性和自然景观类环保投资　生物多样性保护投资和自然景观类保护投资的类型和目的差异很大，其中只有以保护生态功能区为唯一目的的投资纳入环保投资统计的范畴。因此，以下类别的投资不属于环保投资：

➤ 出于商业目的的生物多样性和景观保护投资。

➤ 保护和恢复历史纪念物或者那些主要是人工建成的自然景观的投资。

➤ 公路两旁绿化带以及娱乐性建筑（如高尔夫球场和其他运动设施）的建设。

➤ 城市公园和花园相关的投资。

➤ 为保护农作物而对杂草的控制，以及主要是为了经济原因而对森林火灾的防范措施。

➤ 为经济目的而提高美学价值（如重新美化景观以提高房地产价值）的投资。

（4）建筑业和核工业企业环保投资

➤ 建筑业环保投资：住建部门发布的建筑业"十二五"规划中提出：规划原则之一就是坚持节能减排与科技创新相结合，发展绿色建筑，加强工程建设全过程的节能减排，实现低耗、环保、高效生产；大力推进建筑业技术创新、管理创新，推进绿色施工，发展现代工业化生产方式，使节能减排成为建筑业发展新的增长点。

并提出相应目标为：绿色建筑、绿色施工评价体系基本确立；建筑产品施工过程的单位增加值能耗下降10%；新建工程的工程设计符合国家建筑节能标准要达到 100%，新建工程的建筑施工符合国家建筑节能标准要求；全行业对资源节约型社会的贡献率明显提高，等等。

因此，在传统工业企业类别之外，将建筑业纳入"十二五"环保投资统计对象之中，是与行业发展的现实需要契合的。在针对建筑企业发表时，考虑到建筑企业大多按项目实施，因此填表单位应为建筑公司。

➤ 核工业企业环保投资：一般意义上来讲，核工业是从事核燃料研究、生产、加工，核能开发、利用，核武器研制、生产的工业，是军民结合型工业。
在环保投资统计体系中，核工业企业主要指环保部门监管范围之内的核工业企业，其主要产品有：核原料、核燃料、核动力装置、核电力，应用核技术等。由于核工业的原料、生产过程和废料都有可能造成放射性污染，且对生态环境有长期、严重的后果，因此考虑在"十二五"期间将核工业企业的环保投资纳入统计范畴。
核工业体系主要包括：核燃料的生产与加工（如天然铀、浓缩铀和钍燃料等）及氘、氚、锂-6 热核材料的生产与加工；研究试验堆、生产堆及动力堆的建造；辐照燃料的后处理（钚-239 及裂变产物、超铀元素的提取）等。因此，就需要建造一系列的工厂，如矿石加工厂、精制转换厂、同位素分离工厂、燃料元件加工厂、后处理厂以及放射性废物处理和处置设施等。
鉴于目前的核工业体系包括较完备的企业类别，因此针对核工业企业发表具有可行性。

（5）船舶污水治理环保投资　船舶污水不仅包括与船舶本身有关的生活污水、含油废水和压载水，还包括支持船舶运行的港口、码头等停靠和装卸系统排放的废水。

不仅如此，对于船舶的运行而言，既有通过公司组织运营的，也有大量的个体运营船舶，在支流和小流域尤其如此。根据我国的《国内船舶运输经营资质管理规定》，经营国内船舶运输的企业和个人，依照本规定和国家有关规定，取得相应的经营资质，都可以在核定的经营资质范围内从事国内船舶运输经营活动。因此，船舶污水治理环保投资的调查对象为船舶运营单位。

（6）环境管理投资　首先应将环保部门实施的管理、基建和设备购置活动纳入此类，而将其实施的治理、保护、预防、修复等其他活动类别分别纳入环境综合整治投资、生态保护投资的统计调查表中。

环保部门日常工作的基建、设备购置、设施建造等投资，是社会制度框架内正常行政管理工作的一个组成部分。不仅如此，由于地区财政投入差异、建设用地指标、人员数量等多种因素的存在，各地、各级别环保部门的日常建设投入差别很大。更重要的是，用于环保部门日常办公设施和办公用房建设的投资并不能直接反映出在环境保护工作方面的投入，也难以与环境保护效果挂起钩来，所以建议将这部分的环保投资从统计范畴中排除出去。

在环境管理投资中，应当纳入环保投资统计范畴的指标应当包括：以环境污染预防与治理为直接工作目标和工作对象，而在此基础上实施的相应的专用设备、仪器、交通工具、现场监测站、场馆、信息网络建设等的投资。

4.6.8.4 新型环保投资报表技术路线

（1）工业环保投资统计调查技术路线

➤ 工业污染源环保投资既包括老工业污染源的治理项目，又包括执行"三同时"的新、改、扩建工业项目的环保投资。其中，工业污染源治理投资来自当年完成投资额，属于固定资产投资。建设项目"三同时"环保投资是在项目竣工验收后进行一次性投资结算，属于新增固定资产投资。

➤ 工业污染源环保投资沿用现有环境统计上报程序和体系，由重点调查企业填报工业企业污染治理项目建设情况基层表和工业企业污染排放及处理利用情况表，通过县、市、省环保部门逐级上报至国家。可以说，工业污染源环保投资统计方法采用重点点源的发表调查方式进行，不再对非重点部分进行估算。

➤ 与一般工业项目不同，对于集中式污染处置行业而言，应当是针对所有单位发表。

➤ 纳入工业企业环保投资统计范畴的活动类别涵盖"预防""治理""管理"三类活动属性。

用于"预防"的环保投资主要是由于工业企业实施清洁生产、设施替代或升级改造而发生的投资。预防类环保投资中，既包括工业企业传统上为了从源头上避免或减少污染物产生而进行的环保投资，还包括为了进一步降低对环境的影响而发生的新增投资，其目的在于真实反映出工业企业为了满足多样化的环境保护要求而进行的投资。

用于"治理"的环保投资主要是既有环保投资统计制度中老工业污染源治理的那部分投资，同时在更长的工艺链中考察实际发生的环保投资，因而还包括工业企业为了实施废物回收、封存、再利用、综合整治而发生的投资。

用于"管理"的环保投资严格地反映工业企业自身实施环境管理措施而发生的投资。随着我国企业社会责任意识的不断增强，越来越多的企业将环境管理、污染源监测、环境事故应急管理纳入常规的工作日程之中，且相应的投资额持续增加。对于工业企业自身因开展各类环境管理所进行的投资，包括相关设备支出、人员工资、运行费用、材料费用等，均应纳入工业环保投资统计表中，由企业自身填写、上报。

（2）生活污染防治投资统计调查技术路线　将"十一五"期间集中式污染治理设施环保投资统计中处理生活污染物的部分纳入生活污染防治投资的统计中，同时增加农业和农村污水处理、饮用水水源地保护、农村大气污染防治中直接涉及生活污染削减的投资。调查技术路线主要有以下特征：

➤ 调查的对象更加集中，传统上的集中式污染治理设施调查对象分散在生活污染治理、工业污染治理、医疗污染治理等多个行业，从环保投资所保护的领域来看，难以形成对某类污染削减效应的直观判断。而新型环保投资统计框架中，由于将危险废物、电子废物、医疗废物的统计纳入工业企业的范畴之中，基于生活污染的环保投资统计更为明确，也有助于分析生活污染的削减效果。

➤ 调查的范围有所扩大，生活污染防治投资从传统上关注城镇生活污染的削减效果，转向同时关注城镇、农村以及流域范围生活污染的削减效果，反映出我国农村加大力度实施污染集中治理的现实，因此在调查范围上更加合理。

➤ 生活环保投资从关注污染治理转向治理与预防并重，水源地保护投资的纳入使得对生活环保投资的统计更加全面。

➤ 对于其中的集中式污染治理设施投资，环保投资来源发生变化：现行环保投资统计框架中，集中式污染治理设施环保投资作为城市环境保护基础设施固定资产投资的一部分来源于城建部门统计，而在新型报表中，该部分投资统计拟纳入环保部环境统计调查体系。这主要是基于以下几个方面的原因：①新型环境统计报表制度为集中式污染治理设施环保投资调查统计提供了较好基础。新型环境统计报表制度中，要求对集中式污染治理设施进行全口径调查。统计调查对象的全面性为准确反映该部分的环保投资情况提供了渠道。②较好地解决了现行环保投资框架体系存在的"三同时"项目环保投资和城市环境保护基础设施固定资产投资重复统计的问题。"十一五"期间的污水处理厂和垃圾处理厂同时作为"三同时"项目和城市环境保护基础设施，造成了环保投资的重复统计。新型环保投资统计体系打破了原有的老工业污染源、"三同时"项目以及城市环保基础设施投资的组成部分和数据来源渠道的分割，以环境统计调查为来源渠道的调查路线，较好地解决了现有环保投资重复统计的诟病。

➤ 环保投资信息量更加丰富：增加了集中式污染治理设施累计总投资指标。

（3）农业环保投资统计调查技术路线

➤ 归口程序：农业污水处理（畜禽养殖污染治理）投资由规模化的畜禽养殖场或养殖小区填表后归口到地方环保部门，逐级上报；农业大气污染防治投资和农田污染治理投资由地方农业部门填表后，归口到地方环保部门，逐级上报。

➤ 活动类别：农业环保投资主要针对农业生产中产生的环境破坏进行预防和治理，相应的活动属性分为"预防"和"治理"两类。①"预防"类活动主要指对污水排放造成的污染、大气污染物排放造成的空气污染和土壤盐碱化及土壤侵蚀加以防控，由此涉及生产资料替换、防护设施建设和设备改造等指标。②"治理"类活动主要指为了对产生的农业污染物实施削减、对破坏的农田实施恢复而进行的投资。

（4）交通环保投资统计调查技术路线

➤ 归口程序：船舶污水治理投资的统计对象包括交通工具制造企业、船舶运营单位以及海洋、海事和渔政部门，通过对各船舶运营商、船舶制造和修理企业以及港口行业的相关污染防治投资数据进行归口。

机动车大气污染防治投资的统计对象为汽车制造企业，对尾气污染预防和治理的投资进行归口。

交通工具降噪投资的统计对象为交通部门，交通部门对交通工具降噪设施、材料、建筑物等投资进行归口。

➤ 活动类别：交通环保投资涉及的活动属性包括"治理""管理"两个类别。① "治理"活动包括交通工具制造企业、交通工具运营者或交通运输主管部门为减少交通污染排放或消除已经产生的污染而实施的污染削减设施投资，其中既包括水污染物处理设施投资和大气污染物处理设施投资，也包括为消音降噪而实施的构筑物建设投资。② "管理"活动包括交通工具运营者或交通运输主管部门自身采取的污染应急管理措施和环境监测措施而实际发生的投资，其目的是通过自身的环境管理达到污染物排放削减的目的。

（5）生态保护和环境综合整治投资统计调查技术路线

➤ 归口程序：城镇生活大气污染防治和建筑施工噪音防治投资统计表，由相关工业企业和建筑企业填报后，归口至环保部门。

生态保护和环境综合整治投资的其他统计表，由相应政府部门填写，归口到同级环保部门，由环保部门整合后统一逐级上报。

➤ 活动类别：生态保护投资涉及的活动属性主要为"治理"。

"治理"类投资表示为使生态功能区中的某物种或某类具有特殊价值的生态系统得到保护，对其本身或其栖息地实施保护、建设、培育、改良等工程而发生的投资。

环境综合整治投资所涉及的活动类别包括"治理"和"管理"两类。① "治理"类投资反映为恢复环境功能区的功能，而对造成破坏的因素进行清除所用设施及其运行的投资。② "管理"类投资是相关行政主管部门对管辖权限内环境功能区进行常规或应急管理、监测等的投入，其中不包括环保部门在管理、监测过程中的投入。

（6）环境管理投资统计调查技术路线

➤ 归口程序：该调查表由各级环保部门分级填报，逐级上报，最终经由规划财务部门统一收集与整理数据。

➤ 活动类别：环境管理投资涉及的活动属性包括"管理""基建""设备购置" 3 类。① "管理"类投资指环保部门为开展相关的污染防治、生态系统保护、应急处理等工作而实施的建设、处置等投资。② "基建"类投资指环保部门为开展职能规定的各类行政管理工作而对用房、仓库等建设项目的投资。③ "设备购置"类投资指环保部门为开展职能规定的各类行政管理工作而对信息网络、交通工具、办公设备、实验仪器、取证设备、通讯设备、应急设备等的投资。

4.7 典型地区环保投资口径调整试点案例

4.7.1 试点工作程序

本书就环保投资统计口径、报表设计、数据采集、质控方法等开展了试点,以进一步完善相关成果,更好地支撑决策服务。

基于前期工作基础、可承受试点范围以及参与积极性问题,特选湖北省黄石市为试点地区。黄石市现辖大冶市、阳新县和黄石港区、西塞山区、下陆区、铁山区四个城区及一个国家级经济技术开发区——黄石经济技术开发区。该市总面积4 583 km²,总人口260万。该市2011年环境保护活动及环保投资涉及水污染防治、固废污染防治、大气污染防治、生态保护、噪声污染防治、核安全与非核辐射、环境监管能力等方面。

基于已建立的环保投资口径、统计报表、数据采集方法以及质量控制方法,形成工业调查表、生活调查表、农业调查表、交通调查表、生态保护调查表以及环境监管能力建设调查表共六类环保投资统计表,并将上述表格发放给黄石市2011年发生环保投资的所有企业及相关管理部门,开展调查表填写培训工作,收回表格并完成数据处理及分析,据此完善环保投资口径、统计报表、数据采集方法以及质量控制方法。具体工作流程见图4-9。

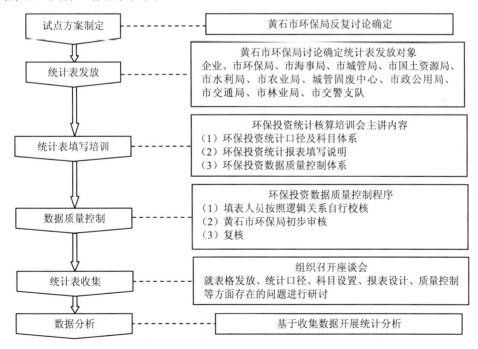

图4-9 黄石市环保投资口径调整的工作程序

4.7.2 试点过程发现的问题

4.7.2.1 对设施举例解释说明不够，容易造成误导

部分填表单位对照设施举例去填写项目编码，因设施举例无法囊括活动层下面的所有设施，经常存在投资项目找不到对应编码的情况。例如，开山塘口修复及矿山地质环境修复是黄石市自然景观保护的重要任务，科目体系设施举例不包含此两项内容。设施举例仅用于帮助填表单位理解具体设施归属哪类活动下面，多数时候并不能起到依据设施举例直接查找对应活动编码的作用，需要填表人根据设施举例进一步判断识别。

4.7.2.2 环境保护活动与环境受益活动不能被明确区分

统计表收集阶段，部分填表单位反映，有些项目不能明确是否属环境保护投资。例如，水利部门将集中供水、加固堤坝等主要目的非环境保护的项目亦进行了填报。再如，余热发电项目以获取经济利益为主要目的，亦不属于环保投资统计范围。此外，还有些项目不能明确哪部分投资属环境保护投资。例如，垃圾焚烧发电项目，涉及焚烧炉、污水处理和脱硫、汽轮机发电等主要环节。目前填表单位将污水处理和脱硫纳入了环保投资，实际上，焚烧炉以处置固体废物为主要目的，亦属于环境保护投资。仅汽轮机发电一项以经济回报为主要目的，不应纳入统计范围。鉴于上述问题，统计表填写说明应需进一步明确环保投资概念及统计范围，将主要目的非环境保护的活动剔除出去。

4.7.2.3 投资费用与运行成本容易被混淆

固定资产一般指企业使用期限超过 1 年的房屋、建筑物、机器、机械、运输工具以及其他与生产、经营有关的设备、器具、工具等。不属于生产经营主要设备的物品，单位价值在 2 000 元以上，并且使用年限超过两年的，也应当作为固定资产。调查表收集阶段有填表单位反映，所在单位污水处理厂某个泵突发故障，重新更换泵所花费用为 1 000 元。类似此类价值相对较小且属于零部件更换情况，应明确属于运行成本，不纳入环保投资统计范围。

4.7.2.4 少数统计表难以落实有效的统计对象

以企业为单位填写统计表，容易落实统计对象。以部门为单位填写统计表，经常难以落实有效的统计对象。例如，农业部门环保投资统计报表无法找到相应的填报对象，部分农村项目投资由市财政部门及环保局规财科代为提供。又如，海洋、海事、渔政部门船舶污水防治，交通部门交通噪声防治，住建部门社会生活噪声防治等项目，均存在投资数据难以填报的情况。

4.7.2.5 统计表填写人员综合素质亟待提高

统计表收集阶段，发现存在以下情况：①培训会及统计表中均明确统计范围为 2011 年发生环保投资的所有项目，而部分填表人员将其他年度发生投资亦进行了填报；②环保投资数据不合理，数额偏大，将项目总投资误认为环保投资进行了填报；③对治理活动对应编码的识别不正确；④对环保投资概念和统计范围的理解有偏差；

⑤未按照填表要求进行填写;⑥填报数据不符合逻辑关系要求。从上述情况可以看出,新型环保投资统计表对填表人员综合理解能力、项目熟悉情况、细致认真程度等均提出了较高要求,以确保统计数据质量较高,统计工作高效完成,有效支撑投资决策。

4.7.3 试点结果分析

按照传统的统计口径,2011 年黄石市环境污染治理投资为 167 099.08 万元,其中,工业污染源污染治理投资 84 607.73 万元,建设项目"三同时"环保投资 52 916.35 万元,城市环境基础设施建设投资 29 575 万元。全市 GDP 总量为 925.96 亿元,环境污染治理投资占 GDP 的比重为 1.8%。

按照新型统计口径,2011 年黄石市环境污染治理投资为 104 536.19 万元(表 4-29),约为传统口径的 62.56%。将新型口径与传统口径进行比较(表 4-30),增加了农业和农村污水处理、医疗废物和危险废物处置、核安全与非核辐射、船舶污水防治、环境监管能力等项目,总计 4 126.85 万元,增加比例为 2.47%;减少项目包括园林绿化、燃气、集中供热、排水、节能节水、操作误差等,总计 66 689.74 万元,减少比例为 39.91%。将增加项与减少项进行比较,实际上减少 37.44%。在减少项目中,操作误差较大,为 49 934.74 万元,减少比例是 29.88%。造成操作误差较大的原因主要有两个:①按照传统的环保投资统计体系,"三同时"项目为多年累计投资,而新型口径环保投资统计,采用试点调查的方式,统计值为当年实际投资。②部分项目为中央、省级及市级专项资金项目,按照传统的环保投资统计体系,只要资金下达即进入统计范围,但实际上投资活动在当年并未发生。而新型口径环保投资统计,只有投资实际发生时才进入统计范围。上述两方面是造成新型口径环保投资较传统口径环保投资减少较多的主要原因。

表 4-29 2011 年黄石市实际完成环保总投资统计表 单位:万元

按要素	投资额	按领域	投资额	按属性			
水污染防治	31 615.37	城镇生活污水处理	5 450.1	治理	5 450.1	管理	—
		船舶污水防治	378	治理	378	管理	—
		工业污水防治	15 671.27	治理	15 650.27	管理	21
		农业和农村污水处理	646	治理	646	管理	—
		水环境综合整治	4 932	治理	4 932	管理	—
		饮用水水源地和其他特殊保护水体	4 538	治理		管理	4 538
固废污染防治	4 138	工业固体废弃物	245	治理	245	管理	—
		生活垃圾	2 344	治理	2 344	管理	—
		医疗废物	49	治理	49	管理	—
		危险废物	1 500	治理	1 500	管理	—
大气污染防治	57 168.97	工业大气污染防治	57 168.97	治理	57 128.97	管理	40
生态保护	10 000	自然景观保护	10 000	治理	10 000	管理	—

按要素	投资额	按领域	投资额	按属性			
噪声污染防治	60	生产加工噪声污染防治	60	治理	60	管理	—
环境监管能力	1 472.66	环境监察	511.34	治理		管理	511.34
		环境宣教	55.38	治理		管理	55.38
		环境应急	50	治理		管理	50
		环境监测	404	治理		管理	404
		环境科研	152.15	治理		管理	152.15
		行政管理	299.79	治理		管理	299.79
核安全与非核辐射	81.19	核安全	81.19	治理		管理	81.19
合计	104 536.19		104 536.19		98 383.34		6 152.85

表 4-30 黄石市传统口径与新型口径环保投资比较

项目		规模/万元
传统口径		167 099.08
增加项目	农业和农村污水处理	646
	医疗废物、危险废物处置	1 549
	核安全与非核辐射	81.19
	船舶污水防治	378
	环境监管能力	1 472.66
	合计	4 126.85
减少项目	园林绿化	3 290
	燃气	2 544
	集中供热	1 321
	排水	1 800
	节能节水	7 800
	操作误差	49 934.74
	合计	66 689.74
新型口径		104 536.19

经分析，新型口径下 2011 年黄石市环保投资呈现如下特征：

4.7.3.1 涵盖七大要素，以大气和水为主，仅缺土壤污染治理投资

2011 年，黄石市环保总投资为 104 536.19 万元，其中，大气污染防治投资占 54.69%，水污染防治投资占 30.24%，生态保护投资占 9.57%，固废污染防治投资占 3.96%，环境监管能力投资占 1.41%，核安全与非核辐射投资占 0.08%，噪声污染防治投资占 0.06%。其中，以大气和水污染防治投资为主，两者之和占该年环保投资总额的 84.93%（图 4-10）。

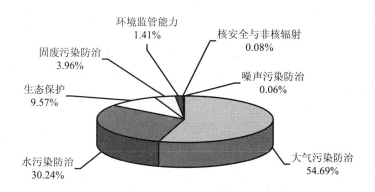

图 4-10　2011 年黄石市各要素环保投资所占比例

4.7.3.2　环保投资以治理性活动为主，管理性活动为辅

2011 年，黄石市环保总投资为 104 536.19 万元，以治理性活动为主，管理性活动为辅。治理性活动环保投资为 98 383.34 万元，占 94.1%，管理性活动环保投资为 6 152.85 万元，占 5.9%。生态保护、固废污染防治以及噪声污染防治均为治理性活动。核安全与非核辐射、环境监管能力均为管理性活动。大气污染防治和水污染防治既有治理性活动又有管理性活动（图 4-11）。

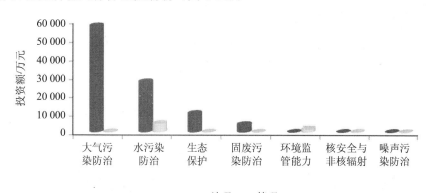

图 4-11　2011 年黄石市不同要素治理性活动和管理性活动投资情况

4.7.3.3　大气污染防治环保投资集中于工业大气污染防治领域

2011 年，黄石市大气污染防治环保投资为 57 168.97 万元，全部集中于工业大气污染防治领域。

4.7.3.4　水污染防治环保投资以工业污水防治为主

2011 年，黄石市水污染防治总投资为 31 615.37 万元。其中，工业污水防治投资为 15 671.27 万元，占 49.57%；城镇生活污水处理投资为 5 450.1 万元，占 17.24%；水环境综合整治投资为 4 932 万元，占 15.60%；饮用水水源地和其他特殊保护水体投资为 4 538 万元，占 14.35%；农业和农村污水处理为 646 万元，占 2.04%；船舶污水防治投资为 378 万元，占 1.20%。水污染防治投资以工业污水防治为主。

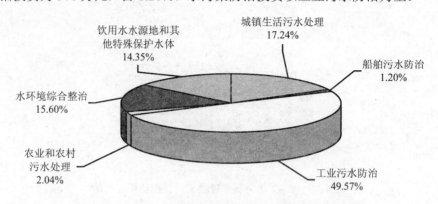

图 4-12　2011 年黄石市水污染防治各领域投资构成

4.7.3.5　生态保护环保投资集中于自然景观保护领域

2011 年，黄石市生态保护环保投资为 10 000 万元，全部集中于自然景观保护领域。

4.7.3.6　固废污染防治环保投资以生活垃圾和危险废物为主

2011 年，黄石市固废污染防治总投资为 4 138 万元。其中，生活垃圾处理投资为 2 344 万元，占 56.65%；危险废物处置投资为 1 500 万元，占 36.25%；工业固体废弃物处置投资为 245 万元，占 5.92%；医疗废物处置投资为 49 万元，占 1.18%。固废污染防治环保投资以生活垃圾和危险废物处置为主，两者之和占该年固废污染防治投资总额的 92.9%（图 4-13）。

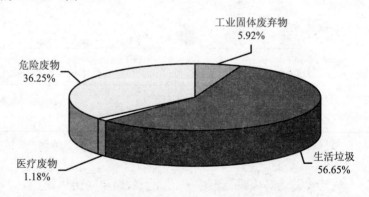

图 4-13　2011 年黄石市固废污染防治各领域投资构成

4.7.3.7　环境监管能力环保投资以环境监察、环境监测、行政管理为主

2011 年，黄石市环境监管能力总投资为 1 472.66 万元。其中，环境监察投资为 511.34 万元，占 34.72%；环境监测投资为 404 万元，占 27.43%；行政管理投资为 299.79 万元，占 20.36%；环境科研投资为 152.15 万元，占 10.33%；环境宣教投资为 55.38

万元，占 3.76%；环境应急投资为 50 万元，占 3.40%。环境监管能力环保投资以环境监察、环境监测、行政管理为主，三者之和占该年环境监管能力投资总额的 82.51%（图 4-14）。

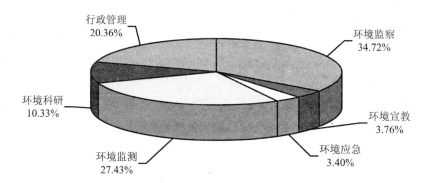

图 4-14　2011 年黄石市环境监管能力各领域投资构成

第 5 章

环保投融资渠道

5.1 国外环保投融资与资金渠道

5.1.1 国外环保投资状况

总体上看，美国、日本及欧盟国家自 20 世纪 70 年代以来，环保投资总量及其占 GNP（或 GDP）的比例均逐步提高。美国 1972 年总投资 300 亿美元，占当年 GNP 的 0.9%，1987 年 980 亿美元，占 GNP 的 1.9%，1990 年 1 150 亿美元，占 GNP 的 2.1%，2000 年 1 710 亿美元，占 GNP 的比例高达 2.6%。这是由美国的经济实力以及公众的环境意识等因素决定的（表 5-1）。

表 5-1 美国环保投资总额情况

年份	1972	1987	1990	2000
环保投资总额*/亿美元	300	980	1 150	1 710
占 GNP 的比例/%	0.90	1.90	2.10	2.60

注：*为 1990 年美元价格。

自 20 世纪 80 年代以来，日本环保投资占 GNP 的比例保持在 1.3%～2%（表 5-2）。日本在基本解决了产业污染问题之后，环境管理的重点领域转向了城市生活型环境问题和全球环境问题。在环境基础设施建设投资中，污水处理占 70%左右，其次为噪声防治、生活垃圾处理和农村下水管网建设，各占 8%左右。在地方政府的环境投资中，基础设施建设的投资比例更高，达到 90%，且总投资的 70%多用于污水处理，生活垃圾的处理占 12%～18%。

表 5-2 日本环保投资总额情况

年份	20 世纪 80 年代初	20 世纪 90 年代中期	2000 年以来
占 GNP 的比例/%	1.30	2.00	1.50～2.00

针对环境污染所带来的巨额社会成本代价，自 20 世纪 60 年代末 70 年代初开始，欧盟的工业发达国家就着手大力开展环境治理和保护工作，用大量资金投资于环境污染治理和自然资源保护。近年来，欧盟环保支出总量稳定增长，且变化波动不大。2002—2009 年，投资规模从 2 053.49 亿欧元增长到 2 657.30 亿欧元，增长了 29.4%（表 5-3）。环保支出增长率变化波动不大，增长速度减慢，2009 年出现负增长。环保支出占 GDP 的比重一直稳定保持在 2%左右，与经济发展基本保持一致。从三部门环保支出情况来看，各部门占环保总支出的比重比较稳定，变化不大。其中，工业部门（不包含回收）环保支出占环保总支出的比重稳定保持在 20%左右，在三个部门中比重较低；环保服务专业生产商环保支出占环保总支出的比重稳定保持在 45%

左右，是三个部门中比重最大的部分，是欧盟环保总支出的重要组成部分，体现欧盟环保产业具有较高规模，对环境保护形成有力支撑；公共部门环保支出占环保总支出的比重稳定保持在 33%左右，体现多年来政府部门对环保支出的重视，给予长期稳定的资金支持。

表 5-3　欧盟环保支出总量及占 GDP 比重情况　　　　　单位：百万欧元

年份	工业部门（不包含回收）	环保服务专业生产商	公共部门	环保总支出	环保支出增长率/%	比重/%
2002	46 124	89 815	69 411	205 349	—	2.06
2003	43 186	94 331	69 188	206 705	0.66	2.04
2004	45 800	101 231	72 595	219 626	6.25	2.07
2005	46 658	106 133	79 626	232 418	5.82	2.10
2006	50 497	118 123	81 268	249 888	7.52	2.14
2007	52 707	123 041	85 609	261 356	4.59	2.11
2008	55 711	130 866	87 752	274 329	4.96	2.20
2009	51 472	127 300	86 959	265 730	−3.13	2.26

2001 年，欧盟国家环保投资总量占 GDP 的比例约为 1.8%，其中，奥地利、荷兰及法国比例较高，分别为 2.1%、1.9%、1.6%。2009 年，欧盟国家环保投资总量占 GDP 的比例约为 2.26%，其中，荷兰、立陶宛及斯洛文尼亚比例较高，分别为 1.5%、1.2%、1.0%。欧盟国家环保投资占 GDP 的比例有所下降（图 5-1）。

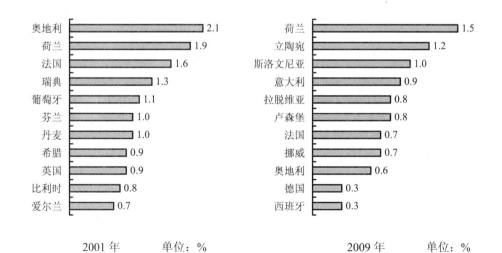

图 5-1　2001 年、2009 年部分欧盟国家环保投资总量占 GDP 的比例

5.1.2　国外环保投资渠道

（1）美国分为联邦政府和地方政府、企业和私人投资　在环境基础设施建设方面，起初主要是各级政府投资，并逐步鼓励私人或中介服务业参与投资；在企业污染治理方面，基本上全部由企业承担。美国环保局分别建立超级基金、清洁水州周转基金和饮用水周转基金来解决全国历史污染治理以及州的水污染治理问题。早在1979 年，美国国会就通过《清洁水法》，将对水污染治理列入国家财政预算，联邦政府每年从财政预算中拨出 20 亿美元的专项基金（清洁水周转基金），用于启动水污染治理的项目，支持地方城市污水处理设施建设。2003 年在美国总统布什向国会的提案中，对全国 20 个重点流域治理增加 7%的预算，用于加强对流域面源污染治理的相关研究。在治理行动计划上，联邦政府设立了 500 亿美元的清洁水基金，主要作为"种子基金"，吸引地方政府共同投资，供农民、企业或地方通过无息或低息贷款的方式进行面源污染治理。在污水处理厂运行和维护费用方面，美国国家运行和维护资金全部来自排放者所交纳的污水处理费。在污水处理厂建设资金以各级政府公共财政支出包括发债支出（发行市政债券）为主，运行经费以地方政府向排污者收取的污水处理费为主。

（2）日本主要分为中央政府及其附属的金融机构、地方政府、企业投资　政府主要负责环境基础设施建设投资；企业除负责自身污染治理投资外，还承担部分相关公共污染控制设施建设投资；中央政府附属的金融机构负责对企业和部分环境基础设施建设提供资金支持。

（3）意大利环保投资以账户的形式反映在区域和地方两个层面，且在某些情况下，意大利环保支出被算在了开发领土资源投资的范畴内。此外，目前意大利，环境税还只是属于一个地方税种，包括饮用水供应、废物处理等有关的环境服务税和区域税。尽管如此，环境税的征收给意大利环保投资提供了稳定的资金来源渠道。

（4）澳大利亚废弃物管理、大气治理和气候保护方面的主要投资者是公司和企业，其次是个人，政府在这方面的投入较少。相反，在保护生物多样性和景观方面，公司、企业和个人投入很少，而政府投入相对较多。个人投资主要是用于废水治理和水资源保护。同样，公司、企业的投入也主要在这方面，政府在这些方面投入的相对较少。

（5）加拿大环保开支账户是环境资源账户体系（CSERA）中的一个分支，中央或联邦环保部门的预算支出占总预算支出的 0.5%，用来对污染治理控制、野生动植物栖息地保护、环境审计及评价等。

（6）在中东欧国家，环境基金在环境资金筹集方面起着重要的作用　波兰筹措的国家环境基金占环境投资的 30%。匈牙利、立陶宛等国家的环境基金占环境投资的比例 20%左右。日本通过建立环境事业团，向中小型企业提供污染治理资金。

（7）俄罗斯政府从原苏联时期就已经开始尝试建立环保基金　1988—1990 年，原苏联 50 个地区尝试实施了排污收费并利用其收入首次创建了环保基金。1991 年，俄罗斯联邦正式建立了排污收费制度。1992 年的环境保护法又对这一新制度给予了法律上的认可，环境基金的主要来源是排污收费的收入。俄罗斯环境基金有 3 个层次：地方基金，可以保留排污收费收入的 60%；地区基金，保留 30% 的排污收费收入；联邦基金，得到 10% 的排污费收入。

（8）欧盟主要分为各级政府、企业和环境服务业投资　其中，环保服务业约占 44%（集中处理设施投资中仍然有不少是政府投资建设），政府投资约占 33%，企业投资约占 23%。欧盟发达国家环境财政资金筹措渠道相对多元化，其中政府和企业是两大主体渠道。欧盟国家政府部门的环境支出主要是从环保收入和国家收入中融资。从环保收入中融资主要是从一些与环境有关的资金来源中融资，包括使用者付费、行政收费、排污收费、地方税和生态税等渠道融资。其中，排污收费项目主要包括污水、危险废物、空气污染等，收入被指定用于环境目的，并且存放在非预算基金中。此外，在一些欧盟国家，地方废弃物处置和废水处理服务的成本主要由地方税来支付，地方税是地方公共环境服务支出的主要融资渠道之一。而从国家收入中筹得的资金主要来源于一般的公共资金，包括一般预算、上级政府转移支付、欧盟的转移支付、环境基金和债务融资等。除此之外，大量来自于预算和其他基金渠道的循环运营式的专项基金对解决欧盟环境问题具有重要意义。在欧盟几个国家均设立了专项基金机制，其主要来源于环境收费。法国的河流水质控制基金就是河流流域管理局在征收污水排污费的基础上建立的。

与专项基金的设置有关，西方国家一般针对专项基金都有明确的规定，要求专款专用，相应地也就保障了环保投资资金的渠道。专项基金的成立有效保障了环保投入，以加利福尼亚 2002—2003 年的支出预算为例，可以看出，其间的环保投资主要来自一般基金、专项基金和国债项目，其中专项基金占环保支出预算的 64.9%，说明专项基金在环保投入中占主导地位。

5.2　传统环境保护融资渠道

自 20 世纪 70 年代后期，我国的环境污染日趋恶化，环境污染治理资金仅由国家财政提供，资金十分有限。1979 年颁发的《环境保护法（试行）》中，参照"污染者负担"的原则，正式提出了"谁污染谁治理"的政策。1982 年，国务院颁布了《征收排污费暂行办法》（国发[1982]21 号），在全国范围开展排污收费，企业交纳的排污费中的 80% 用作企业或其主管部门治理污染源的补助资金。1984 年，在《国务院关于环境保护工作的决定》（国发[1984]64 号）中，确定了环境保护资金的 8 条渠道。这 8 条资金渠道中用于污染治理投资的有如下 7 条：①新建项目"三同时"污染防治资金；②老企业更新改造投资中的 7% 用于老污染源治理资金；③城市基础设施建设中的环保投资；④排污收费的 80% 用作治理污染源的补助资金；⑤企业综合利用利润（5 年内不上交）留成用于治理污染的投资；⑥防治水污染问题的专项环保基金；⑦治理污染的示范工程投资。

专栏 5-1 国务院关于环境保护工作的决定

1984 年 5 月 8 日

保护和改善生活环境和生态环境，防治污染和自然环境破坏，是我国社会主义现代化建设中的一项基本国策。为了实现党的十二大提出的促进社会主义经济建设全面高涨的任务，保障环境保护和经济建设协调发展，使我们的环境状况同国民经济发展以及人民物质文化生活水平的提高相适应，特作如下决定。

一、成立国务院环境保护委员会。其任务是：研究审定有关环境保护的方针、政策，提出规划要求，领导和组织、协调全国的环境保护工作。国务院环境保护委员会的办事机构设在城乡建设环境保护部。

二、国家计委、国家经委、国家科委负责做好国民经济、社会发展计划和生产建设、科学技术发展中的环境保护综合平衡工作；工交、农林水、海洋、卫生、外贸、旅游等有关部门以及军队，要负责做好本系统的污染防治和生态保护工作。上述各部门都应有一名负责同志分管环境保护工作，并设立与其任务相适应的环境保护管理机构。

三、各省、自治区、直辖市人民政府，各市、县人民政府，都应有一名负责同志分管环境保护工作。工业比重大、环境污染和生态环境破坏严重的省、市、县，可设立一级局建制的环境保护管理机构。区、镇、乡人民政府也应有专职或兼职干部做环境保护工作。各级人民政府的环境保护机构，是各级人民政府在环境保护方面的综合、协调、监督部门。各地在机构改革中应按照中共中央、国务院《关于省、市、自治区党政机关机构改革若干问题的通知》（中发[1982]51 号）中关于"对于经济和技术的综合、协调、监督部门不要削弱"的精神，加强和完善环境保护机构。已进行机构改革的地方，如果不符合"通知"精神的，应作适当调整，使机构设置趋于完善、合理，以承担起组织、协调、规划和监督环境保护工作的职能。大中型企业和有关事业单位，也应根据需要设置环境保护机构或指定专人做环境保护工作。

四、新建、扩建、改建项目（包括小型建设项目）和技术改造项目，以及一切可能对环境造成污染和破坏的工程建设和自然开发项目，都必须严格执行防治污染和生态破坏的措施与主体工程同时设计、施工、投产的规定。环境保护设施的建设投资、材料、设备，都必须与主体工程一样，纳入固定资产投资计划，由各级计委、经委和主管部门负责落实，环境保护部门负责监督。正在建设的或者已经投产的项目，没有采取防治污染措施的，一律要补上，所需资金、材料由原批准项目的部门和单位负责安排解决。各级人民政府要加强对乡镇工业和街道工业的领导，做好规划，合理确定产品方向和布局，制定相应的规章制度，切实防治环境的污染和破坏。要认真保护农业生态环境。各级环境保护部门要会同有关部门积极推广生态农业，防止农业环境的污染和破坏。

　　五、老企业的污染治理，要认真执行国务院《关于结合技术改造防治工业污染的几项规定》（国发[1983]20号）。对于经济效益差、污染严重的企业，环境保护部门要会同经济管理部门作出决定，坚决进行整治，必要时下决心关、停一批。为治理污染、开展综合利用，需要新建、扩建附属企业或独立车间、工段或对全厂、全车间进行整体技术改造时，其工程项目应按规定列入固定资产投资计划，所需资金、材料、设备由各级计委在投资计划中安排解决。治理污染开展综合利用的一般技术措施，以及与原有固定资产的更新、改造结合进行的治理污染措施，所需资金应在企业留用或上级集中的更新改造资金中解决。各级经委、工交部门和地方有关部门及企业所掌握的更新改造资金中，每年应拿出百分之七用于污染治理；污染严重、治理任务重的，用于污染治理的资金比例可适当提高，企业留用的更新改造资金，应优先用于治理污染。企业生产发展基金也可以用于治理污染。具体实施办法，由国家经委、财政部，城乡建设环境保护部另行规定。集体企业治理污染的资金，应在企业"公积金""合作事业基金"或更新改造资金中安排解决。交纳排污费的企业在采取治理污染措施时，可以按国家规定向环境保护部门或财政部门申请环境保护补助资金，这种补助一般不超过其所交纳排污费的百分之八十。留给各地环保部门掌握的排污费，应主要用于地区的综合性污染防治和环境监测站的仪器购置以及业务活动等费用，不准挪作与环境保护无关的其他用途。排污费应专户存入银行，并由银行监督使用。治理项目应纳入地方固定资产投资计划或技术措施计划，所需材料、设备要给予保证。

　　六、采取鼓励综合利用的政策。工矿企业为防治污染、开展综合利用所生产的产品利润五年不上交，留给企业继续治理污染，开展综合利用。这项规定在实行利改税后不变，仍继续执行。工矿企业用自筹资金和环境保护补助资金治理污染的工程项目，以及因污染搬迁另建的项目，免征建筑税。企业用于防治污染或综合利用"三废"项目的资金，可按规定向银行申请优惠贷款。

　　七、环境保护部门为建设监测系统、科研院所和学校以及环境保护示范工程所需要的基本建设投资，按计划管理体制，分别纳入中央和地方的投资计划。这方面的投资数额应逐年有所增加。各级环境保护部门需要的科技三项费用和环境保护事业费，要根据需要与可能，适当予以增加。

175

　　1984年7部委联合发布的《关于环境保护资金渠道的规定的通知》是中国第一次就环境保护资金作出了明确的政策规定，顺应了投资体制改革的形势，是环境保护工作的重大改革，对于改善中国的环保投资状况具有十分重要的意义。这7条渠道对资金的筹集、污染的控制和环境质量的改善曾起过重要作用。环保投资由单一渠道转变为多条渠道，由单一主体转变为多个主体，开始形成多元化的投资格局。但是，从总体看，治理投资总量还远没有达到能够基本控制住环境恶化加剧的水平。在这7条渠道中还存在一些问题，解决这些问题需疏通现有渠道，拓宽新的渠道，增加投资总量。

专栏 5-2　关于环境保护资金渠道的规定的通知

1984 年 6 月 10 日

各省、市、自治区计委、科委、经委、财政厅（局）、城乡建设环境保护厅（环保局）、建设银行、工商银行，重庆市财政局、环境保护局，国务院各有关委、部、局：

根据《国务院关于环境保护工作的决定》（国发[1984]64 号）的精神，现对环境保护资金渠道明确规定如下：

一、一切新建、扩建、改建工程项目（含小型建设项目），必须严格执行"三同时"的规定，并把治理污染所需资金纳入固定资产投资计划。各级计划、经济、建设和环境保护部门都要在这方面严格把关。同时由建设部会同国家计委、农牧渔业部尽快研究制定小型企业环境保护法规，报国务院审批颁布实行。

新项目的环境影响评价费，在可行性研究费用中支出。要适当增加项目的可行性研究费用。在建项目需要补做环境影响评价时，其费用应包括在该建设项目的投资——不可预见费用中列支。

二、各级经委、工交部门和地方有关部门及企业所掌握的更新改造资金中，每年应拿出 7% 用于污染治理；污染严重、治理任务重的，用于污染治理的资金比例可适当提高。企业留用的更新改造资金，应优先用于治理污染。企业的生产发展基金可以用于治理污染。

集体企业治理污染的资金，应在企业"公积金"、"合作事业基金"或更新改造资金中安排解决。

三、大中城市按规定提取的城市维护费，要用于结合基础设施建设进行的综合性环境污染防治工程，如能源结构改造建设，污水及有害废物处理等。

四、企业交纳的排污费要有 80% 用于企业或主管部门治理污染源的补助资金。其余部分由各环境保护部门掌握，主要用于补助环境保护部门监测仪器设备购置、监测业务活动经费不足的补贴、地区综合性污染防治措施和示范科研的支出，以及宣传教育、技术培训、奖励等方面，不准挪作与环境保护无关的其他用途。

五、工矿企业为防治污染、开展综合利用项目所产产品实现的利润，可在投产后五年内不上交，留给企业继续治理污染，开展综合利用。

工矿企业为消除污染、治理"三废"、开展综合利用项目的资金，可向银行申请优惠贷款。属于技术改造性质的，可向工商银行申请贷款；属于基建性质的，可向建设银行申请贷款。

工矿企业用自筹资金和交纳排污费单位用环境保护补助资金治理污染的工程项目，以及因污染搬迁另建的项目，免征建筑税。

六、关于防治水污染问题，应根据河流污染的程度和国家财力情况，提请列入国家长期计划，有计划有步骤地逐项进行治理。

七、环境保护部门为建设监测系统、科研院（所）、学校以及治理污染的示范工程所需要的基本建设投资，按计划管理体制，分别纳入中央和地方的环境保护投资计划。这方面的投资额要逐年有所增加。

八、环境保护部门所需科技三项费用和环境保护事业费，应由各级科委和财政部门根据需要和财力可能，给予适当增加。

5.2.1 基本建设项目"三同时"环境保护资金

国家计委等 4 个部门联合颁布的《基本建设项目环境保护管理办法》中规定:"防治污染和其他公害的设施,必须与主体工程同时设计、同时施工、同时投产。建成投产或使用后,其污染物的排放必须遵守国家或省、市、自治区规定的排放标准。"

经过十余年的实践,中国已经建立起了相当完备的建设项目环境保护管理制度,从工程项目立项开始,到环境影响评价、初步设计、竣工验收,均对环境保护有明确的规定和要求,有章可循。国家、地方、部门的计划(规划)、基建部门及银行、环境保护厅(局)等机构层层把关,保证了"三同时"规定的贯彻执行。长期以来,建设项目的"三同时"环境保护资金一直是环境污染防治资金的重要组成部分。

环保投资来源和"三同时"环保投资情况见表 5-4 和表 5-5。

表 5-4　中国环保投资来源

年份		基建环保投资②	更新改造污染治理资金	城建基础设施环保投资	排污收费用于污染治理资金	综合利用利润留成	其他环保投资	合计
"七五"期间(1986—1990)	投资额/亿元	170.18	57.7	153.64	32.55	5.4	56.95	476.42
	比例/%	35.72	12.11	32.25	6.83	1.16	11.93	100
1991	投资额/亿元	58.5	17.21	55.78	20.29	2.13	16.21	170.12
	比例/%	34.39	10.12	32.79	11.93	1.25	9.52	100
1992	投资额/亿元	69.5	17.94	71.5	24.79	2.16	19.67	205.56
	比例/%	33.81	8.73	34.78	12.06	1.05	9.57	100
1993	投资额/亿元	87.99	20.89	106.3	29.07	3.2	21.38	268.83
	比例/%	32.73	7.77	39.54	10.81	1.19	7.96	100
1994	投资额/亿元	107.33	24.8	113.15	32.51	3.34	26.07	307.2
	比例/%	34.94	8.07	36.83	10.58	1.09	8.49	100
1995	投资额/亿元	126.11	28.63	130.77	34.37	4.59	30.39	354.86
	比例/%	35.54	8.07	36.85	9.69	1.29	8.56	100
"八五"期间(1991—1995)	投资额/亿元	449.43	109.47	477.5	141.03	15.42	113.72	1 306.57
	比例/%	34.4	8.4	36.6	10.8	1.18	8.7	100
1996	投资额/亿元	128.68	16.5	170.82	39.61	6.71	46.34	408.66
	比例/%	31.49	4.04	41.8	9.69	1.64	11.34	100
1997	投资额/亿元	143.26	12.51	257.25	45.82	9.25	34.4	502.49
	比例/%	28.51	2.49	51.2	9.12	1.84	6.85	100
1998	投资额/亿元	152.64	12.64	388.87	49.67	9.35	39.75	652.92
	比例/%	23.38	1.94	59.4	7.59	1.43	6.09	100
1999	投资额/亿元	198.98	16.37	411.91	54.59	8.7	65.66	756.21
	比例/%	26.31	2.16	54.47	7.22	1.15	8.69	100
2000	投资额/亿元	272.18	20.94	515.51	6136	16.52	128.4	7 089.55
	比例/%	26.82	2.06	50.79	6.05	1.63	12.65	100
"九五"期间(1996—2000)	投资额/亿元	895.74	78.96	1 744.36	251.05	50.53	314.55	3 335.19
	比例/%	26.86	2.36	52.3	7.53	1.52	9.43	100

注:①投资为当年价;
②基建环保投资包括老企业污染治理基建投资和基本建设项目"三同时"环保投资;
③资料来源:国家环境保护总局. 中国环境年鉴. 1996—2000. 建设部. 中国城市建设统计年报. 1991—2000.

表 5-5　"三同时"环保投资情况

年份	项目"三同时"环保投资/亿元	实际执行"三同时"项目总投资/亿元	环保投资占实际执行"三同时"的建设项目总投资的比例/%	"三同时"环保投资占环保总投资的比例/%
1991	44.49	1 064.4	4.18	26.15
1992	55.51	1 391.2	3.99	27
1993	74.91	2 134.2	3.51	27.87
1994	88.52	2 366.8	3.74	28.82
1995	101.23	2 575.8	3.93	28.53
1996	110.83	3 003.5	3.69	27.15
1997	128.8	2 425.6	5.31	25.63
1998	142	3 488.9	4.07	21.75
1999	191.6	4 289.9	4.47	23.28
2000	260	4 375.4	5.94	24.5
2001	336.4	9 349.0	3.59	30.40
2002	389.7	7 550.4	5.16	28.50
2003	333.5	8 532.7	3.91	20.49
2004	460.5	11 802.1	3.90	24.11
2005	640.1	15 986.5	4.00	26.80
2006	767.2	76 463.7	1.00	29.9
2007	1 367.4	27 154.4	5.04	40.40
2008	2 146.7	33 409.1	6.43	47.81
2009	1 570.7	48 393.1	3.25	34.71
2010	2 033.0	49 853.7	4.08	30.55

资料来源：中国环境年鉴. 1996—2011; 中国统计年鉴. 1992—2011.

1990 年以来，建设项目"三同时"环保投资呈现稳步上升的趋势，特别是在近几年，增长幅度明显加快。从项目"三同时"环保投资占实际执行"三同时"的建设项目总投资的比例来看，基本保持在 4%左右，2008 年超过 6%，说明环境保护投入已经成为建设项目投资稳定的组成部分，这部分环境保护资金的投入对于新污染源的污染控制发挥了重要的作用。

应该说明的是，"三同时"环境保护资金是和国家基本建设投资规模紧密相关的，随着基本建设项目的投资波动而发生了一些变化。"三同时"环保投资的增加，一方面是由于基本建设投资数量的增长，另一方面在建设项目中环保投资比例也发挥了很大作用。

表 5-4 中所列的基本建设环保投资包括老污染源治理的基本建设投资和"三同时"项目中的环保投资。用于老污染源的环境保护基本建设资金呈现波动下降的趋势，在 1995 年出现了高峰期后，随后几年显著下降，1999 年的投资还不到 1995 年的 1/3，但 2000 年又有所回升，与 2000 年年底的"一控双达标"行动有一定关系。

这部分资金在总量下降的同时，其占环境保护总投资的比例也呈现下降的趋势。这是和老污染源的治理特点相关的，老污染源的治理主要是解决历史遗留问题。这部分资金及其占环境保护总投资比例的下降，一方面说明了中国老污染源的治理已经取得了一定的成效，另一方面也与近年来企业的经济状况和对老污染源治理的态度有关。老污染源环境保护基本建设投资情况及环保基本建设投资情况见表5-6和表5-7。

表 5-6　老污染源环境保护基本建设投资情况

年份	老污染源环境保护基本建设投资/亿元	占环境保护总投资的比例/%
1991	14.01	8.24
1992	13.99	6.81
1993	13.08	4.87
1994	18.81	6.12
1995	24.88	7.01
1996	17.85	4.37
1997	14.46	2.88
1998	10.64	1.63
1999	7.38	0.98
2000	12.18	1.2

注：从2001年开始，工业污染源治理资金来源统计发生变化，按照国家预算内资金、环境保护补助资金、环保贷款、其他资金等进行统计。

表 5-7　环境保护基建投资情况

年份	环境保护基建投资/亿元	环境保护基建投资占全国基建投资的比例/%
1991	58.5	2.76
1992	69.5	2.31
1993	87.99	1.91
1994	107.33	1.67
1995	126.11	1.7
1996	128.68	1.49
1997	143.26	1.44
1998	152.64	1.28
1999	198.98	1.6
2000	272.18	2.03

注：①从2001年开始，工业污染源治理资金来源统计发生变化，按照国家预算内资金、环境保护补助资金、环保贷款、其他资金等进行统计；

②资料来源：中国环境年鉴. 2000；中国统计年鉴. 1997—2000。

总体来看，工业污染防治设施的基本建设投资是污染治理投资的主要资金来源，环境保护基本建设投资呈增长的趋势，这和"三同时"环保投资的增加是分不开的，但其所占全国基本建设投资的比例却在逐年下降。"七五"和"八五"时期占环境保护总投资的比例一直在30%以上，"九五"降到26.86%，总体上略呈下降的趋势，1997年首次低于30%，1999年和2000年分别在27%左右。

5.2.2 技术更新改造投资中环境保护资金

各级经委、工交部门和地方有关部门及企业所掌握的更新改造资金中，每年拿出7%用于污染治理；污染严重、治理任务重的，用于污染治理的资金比例可适当提高，企业留用的更新改造资金，优先用于治理污染。企业的生产发展基金可以用于治理污染。这一资金渠道主要是针对老企业的污染治理而建立的，自该融资渠道开通以来，更新改造投资中用于环境保护的部分在老企业污染治理中起到了十分重要的作用。

表 5-8 是近年来更新改造资金中用于环境保护的情况，其中属于"三同时"的更改资金归基建资金，故比例比实际水平偏低。从"八五"以来，环境保护更新改造资金呈现下降的态势，"九五"期间的投资比"八五"低了30亿元左右，其占环境保护总投资的比例也呈现明显的下降趋势。同时，其占全国更新改造投资的比例不仅没有达到规定的7%，而且呈下降的趋势。这部分投资的变化是和企业经济状况等诸多因素密切相关的。随着全国更新改造投资的增加，如果按照7%的比例计算，1994年以来这部分资金中用于环境保护的资金都应超过了200亿元。这说明该资金渠道没有很好地发挥作用。国家财税体制改革后，企业实行资本金制度，取消了更新改造基建等专项基金管理，原更新改造基金中提取7%作为环保技改基金的政策已经不能实施。

表 5-8 更新改造资金中用于环境保护的情况

年份	环境保护更改资金/亿元	全国更改资金总额/亿元	环保投资占的比例/%	按7%计算应当用于环境保护的资金/亿元
1991	17.21	1 023.23	1.68	71.63
1992	17.94	1 461.10	1.23	102.28
1993	20.89	2 195.85	0.95	153.71
1994	24.8	2 918.61	0.85	204.3
1995	28.63	3 299.35	0.85	230.95
1996	16.05	3 622.74	0.44	253.59
1997	12.51	3 921.9	0.32	274.53
1998	12.64	4 516.6	0.28	316.16
1999	16.37	4 485.1	0.36	313.96
2000	20.94	5 107.6	0.41	357.53

注：从2001年开始，工业污染源治理资金来源统计发生变化，按照国家预算内资金、环境保护补助资金、环保贷款、其他资金等进行统计。

5.2.3 城市基础设施建设中的环境保护资金

大中城市按固定比率提取的城市维护费，用于结合基础设施建设进行的综合性环境污染防治工程，如能源结构改造建设，污水、垃圾和有害废弃物处理等。该部分资金是环境保护资金中较为稳定的部分，而且所占总投资的比例越来越大。

城市基础设施建设的环保投资主要来源于城市建设维护税和地方财政拨款，从表5-9来看，城建基础设施环保投资总量近年来呈现了明显的增长趋势，尤其是1998年、1999年和2000年，每年的增长幅度都在100亿元左右。城建环保投资所占城市基础设施建设总投资的比例自"八五"以来呈逐年上升的趋势，2000年的比例达到27.27%。这一方面说明了国家和地方政府近年来对城市环境保护基础设施的建设给予了高度重视，加大了这方面的投入；另一方面说明了这部分投资的历史欠账较多。

表5-9 城市基础设施建设中的环境保护资金

年份	城建中的环境保护资金/亿元	城建环保投资占城建总资金的比例/%
1991	58.5	34.23
1992	69.5	24.54
1993	87.99	16.86
1994	107.33	16.12
1995	126.11	15.62
1996	170.8	18.01
1997	257.3	22.52
1998	456	30.86
1999	478.9	30.10
2000	561.3	29.69
2001	595.7	25.33
2002	789.1	25.27
2003	1 072.4	24.03
2004	1 141.2	23.96
2005	1 289.7	23.02
2006	1 314.9	22.81
2007	1 467.8	22.87
2008	1 801	24.44
2009	2 512	23.61
2010	4 224.2	29.53

资料来源：中国城市建设统计年鉴2010。

5.2.4 排污费补助用于污染治理资金部分

中国的排污收费制度建立于 1979 年，在三十余年的发展历程中，排污收费制度已经建立了比较完整的法规体系，包括国家法律、行政法规、部门和地方行政规章等，制定了污水、废气、废渣、噪声、放射性 5 大类 100 多项排污收费标准，并在全国所有的省市（县）全面开展实施。根据规定，企业交纳的排污费要有 80%用于企业或主管部门治理污染源的补助资金，以解决老企业污染治理资金的不足。其余部分由各地环保部门掌握用于环保自身建设。实践证明，排污收费是一项比较成熟、行之有效的环境管理制度，对于污染物排放的削减和控制发挥了积极的作用。

2003 年 7 月 1 日，有关部门颁布了新的《排污费征收标准管理办法》。新的排污收费办法具有两个明显的变化：一是按照污染者排放污染物的种类、数量以及污染从量计征，提高了征收标准；二是取消原有排污费资金 20%用于环保部门自身建设的规定，将排污费全部用于环境污染防治，并纳入财政预算，列入环境保护专项资金进行管理，主要用于重点污染源防治、区域性污染防治、污染防治新技术开发和国务院规定的其他污染防治项目。

排污收费也是中国环境保护中一项稳定的资金来源，新的《排污费征收标准管理办法》的颁布，进一步提高了排污费的征收额度。2004 年上升幅度较为明显。近几年每年排污费收入总额也均在 100 亿元以上，是环境保护资金的重要来源之一。排污费的征收和使用情况见表 5-10。

表 5-10 排污费的征收和使用情况   单位：亿元

| 年份 | 排污费收入总额 | 废水超标收费 | | 排污费使用总额 | | 其中 | | | |
| | | | | | | 污染治理补助 | | 环保补助费 | |
		收入	比例/%	支出	比例/%	支出	比例/%	支出	比例/%
1991	20.1	10.0	49.8	17.6	87.6	12.0	68.2	5.6	31.8
1992	23.8	11.8	49.6	21.4	89.9	14.0	65.4	7.4	34.6
1993	26.8	12.3	45.9	24.5	91.4	15.1	61.6	9.4	38.4
1994	31.0	13.2	42.6	26.7	86.1	16.2	60.7	10.5	39.3
1995	37.1	15.0	40.4	31.9	86.0	17.7	55.5	14.2	44.5
1996	41.0	15.5	37.8	39.6	96.6	23.2	58.6	16.4	41.4
1997	45.4	16.4	36.1	45.8	100.9	26.6	58.1	19.2	41.9
1998	49.1	16.4	33.4	49.7	101.1	27.3	54.9	22.4	45.1
1999	55.5	16.7	30.1	54.6	98.4	27.8	50.9	26.9	49.1
2000	58.0	17.2	29.7	62.8	108.3	37.1	59.1	25.7	40.9
2001	62.2	17.6	28.3	59.8	96.2	32.4	54.1	27.5	45.9
2002	67.4	18.0	26.6	66.6	98.7	35.8	53.8	30.8	46.2

注：①1997 年和 2000 年使用额超过征收额是由于有上年节余；环保补助费包括其他购置仪器设备费用，污染治理补助包括治理污染源、环保贷款、综合治理补助三部分；2003 年至今，环境统计年报中对排污费来源与支出无统计数据。
②资料来源：中国环境年鉴（1992—2004）。

从排污收费实施效果分析，排污收费政策是目前中国实行的主要环境经济政策之一，在减少污染排放、筹集环保资金方面，起到了重要的作用，刺激了污染企业的排污行为。尤其是新的《排污费征收使用管理条例》出台后，对以前排污收费中存在的问题进行了改进，提高了对企业排污行为的刺激作用，同时增加了排污费收入。

2003 年排污费改革后，各地排污费集中 10%形成中央环境保护专项资金，根据国家指南的要求，全部用于污染防治项目。资金支持范围包括环境监管能力、集中饮用水源地污染防治、区域环境安全、农村小康环保、新技术新工艺推广应用 5 大类和其他，保证了中央环境保护专项资金在"十一五"期间使用的连续性（表 5-11）。与此对应，各地排污费也集中用于各地的污染防治工作，对全国环境质量改善起到了积极作用。

表 5-11　2004—2008 年中央环保专项资金项目相关情况一览表　　　　单位：亿元

年份	支持重点	申报（1）、形式审查（2）、资金下达（3）情况		
		项目个数	总投资	申请金额
2004	"三河三湖"、东北老工业基地和西部贫困地区 7 个重污染行业的污水治理项目以及行业水污染防治新技术、新工艺推广应用及示范项目	（1）249	87.22	16.76
		（2）122	30.22	6.59
		（3）102		2.767（下达）
2005	地级以上城市环境监测能力、重点流域/区域环境污染综合治理项目以及 6 行业水污染防治新技术、新工艺推广应用及示范项目（水-气，污染治理-监测能力）	（1）387	287.58	55.6
		（2）234	96.04	25.93
		（3）233		8.14（下达）
2006	环境监管能力、集中饮用水水源地污染防治、区域环境安全、农村小康环保、新技术新工艺推广应用，以及其他（监测-监管，工业污染-农村环保，并突出水源地和区域环境安全）	（1）635	305.8	57.0
		（2）434	163.65	32.734
		（3）389		11.4（下达）
2007	同 2006 年，但对"三河三湖"和松花江流域以及奥运环境保障等相关项目给予倾斜	（1）866	354.2	58.1
		（2）662	198.24	39.52
		（3）564		14.1（下达）
2008	同 2006 年，并减少环境监管能力，增加脱硫项目	（1）457	309.43	51.06
		（2）353	215.84	31.88
		（3）256		9.67（下达）

5.2.5　综合利用利润留成用于污染治理的资金

综合利用利润留成用于企业治理污染，很好地体现了环境效益和经济效益的统一。1979 年 12 月，国家为奖励工矿企业治理"三废"开展综合利用，颁布了《关于工矿企业治理"三废"污染开展综合利用产品利润提留办法》，规定综合利用产品实现的利润可在 5 年内不上缴，留给企业继续治理"三废"，改善环境。工矿企业为消除污染、治理"三废"，开展综合利用项目的资金，可向银行申请优惠贷款。1987 年，国家又颁发了《关于对国营工业企业资源综合利用项目实行一次性奖励的通知》。这些奖励政策，对企业治理"三废"，开展综合利用发挥了重要作用。

在环境效益方面，综合利用利润留成的政策一方面促进了企业积极开展"三废"的综合利用，减少了大量"三废"的排放；另一方面又积累了一定数量的资金，用于环境污染治理，形成了一种良性的循环。

从综合利用利润留成的情况来看，这部分资金用于环保投资的数额十分有限，占全部环保投资的比例维持在 1% 左右。但有关分析表明，用于环境保护的资金占工业"三废"资源综合利用产值的比例不足 10%。"三废"综合利用留成是指允许企业将综合利用利润交财政的那部分资金在头 5 年内可留在企业治理污染，但"八五"期间经济体制改革后企业税后利润全部归企业自有，这条政策已不起作用。

5.2.6　银行和金融机构贷款用于污染治理的资金

银行和金融机构贷款也是环保投资的一个重要组成部分，主要指一部分经济效益较高、具有投资还贷能力的污染治理和"三废"综合利用项目，申请银行贷款进行建设。在表 5-4 所列的投资来源中，这部分资金统计在其他类中，没有作为单独的一项进行统计。

从目前金融体制改革和环境保护的发展情况来看，1996 年以前，由于污染治理的直接经济效益不明显，银行贷款遵循效益原则，因而环境污染治理项目几乎得不到贷款，这部分资金在环境保护总投资中所占的比例很小。近年来，金融机构为了支持环境保护这类公益性事业，制定出了有利于环境保护的信贷政策，对企业污染治理项目给予较优惠的信贷条件。如为了加强流域的污染治理，国务院多次组织银行发放淮河流域污染治理专项贷款，用于流域内污水处理厂的建设和重点污染源的治理。

2005 年 10 月 29 日，在首届九寨天堂国际环境论坛举办期间，原国家环境保护总局与国家开发银行举行了《开发性金融合作协议》签字仪式。根据协议，在今后 5 年内，国家开发银行为国家环境保护"十一五"规划项目提供 500 亿元人民币政策性贷款，支持中国环境保护事业发展。2009 年，环境保护部与国家开发银行签署了《开发性金融合作协议》。国家开发银行将在符合有关规定的条件下，在 7 年内为实现国家环境保护"十一五"和"十二五"规划项目提供 1 000 亿元人民币的融资额度。合作领域包括融资合作、规划合作、融资顾问服务和其他金融服务 4 个方面，其中融资合作包括中长期贷款、技术援助贷款、短期贷款和应急贷款。

专栏5-3　国家开发银行五百亿政策性贷款支持"十一五"环保项目

2005年10月29日，在首届九寨天堂国际环境论坛举办期间，原国家环境保护总局与国家开发银行举行了"开发性金融合作协议"签字仪式。根据协议，在今后5年内，国家开发银行为国家环境保护"十一五"规划项目提供500亿元人民币政策性贷款，支持中国环境保护事业发展。

国家开发银行作为政府的开发性金融机构，始终十分关注环保事业的发展，并主动把融资优势和政府的组织协调优势相结合，推进环境投融资的市场建设。国家开发银行一方面在评审项目时坚持环境影响评价的一票否决制，对没有通过环境影响评价的项目，不予评审和贷款；另一方面，融资支持了一大批环境保护项目建设和环境保护龙头企业发展，包括淮河、辽河、海河、滇池、太湖、巢湖的"三河三湖"治理工程，三峡库区及其上游水污染防治工程，渤海"碧海行动计划"，以及节约型经济示范区、垃圾处理、节能材料、燃气汽车等项目。2008年，国家开发银行加大对环保、节能减排项目的支持力度，全行环保及节能减排领域贷款发放额同比增长42.2%，占全行贷款发放额的8.4%；年末贷款余额达到2761亿元，同比增长35%，占全行贷款余额的9.8%。

资料来源：环境保护部网站。

原国家环保总局和中国人民银行已经决定将企业环保信息纳入全国统一的企业信用信息基础数据库，并要求商业银行把企业环保守法情况作为审办信贷业务的重要依据。2007年7月12日，国家环保总局、中国人民银行、中国银监会共同发布了《关于落实环境保护政策法规防范信贷风险的意见》。这是国家环境监管部门、央行、银行业监管部门首次联合出手，为落实国家环保政策法规，推进节能减排，防范信贷风险而出台的重要文件，也间接地推动了企业加大治污投资力度。

5.2.7　污染治理专项基金

指多年来国家计委和一部分省市拨出的专款，用于一些重点污染源、重点区域的治理。这部分资金是和国家与地方的环境保护目标和政策紧密联系的。一般是由国家或地方政府从财政收入中拿出一部分资金作为污染治理专项基金或专项贷款，支持某些"大""重""急"的环境保护项目。随着政府对环境保护的重视和污染防治力度的加大，这部分资金出现增长的趋势。例如，近年来，许多地方省、市政府也积极致力于环境保护，安排一定资金专项用于重点污染治理项目。

5.2.8　环境保护部门自身建设经费

国家每年拨出一定数量的资金用于环境监测、环境科研、环境宣传教育、自然保护以及放射性废物库建设等方面。排污费改革前，地方排污收费的20%部分也用于环境保护部门的自身建设。随着排污费的改革，环保部门自身建设经费难以保障，能力建设资金渠道不畅通，对环保部门自身能力建设带来了较大难度。

总的来看，上述环境保护资金渠道多依靠计划管理，与国家经济形势发展有着密切的联系，主要受 4 方面的影响：①国家、地方、部门或企业固定资产投资总量的影响。一般而言，随着国家投资总量的膨胀，大多数环保投资渠道，尤其是基本建设"三同时"投资也随着增长，反之则下降；②经济效益好坏的影响。企业经济效益的状况，在大多数环保投资渠道，尤其是排污收费方面有较为明显的反映；③国家财政支出规模的影响，如从政府财政资金中安排的环保专项资金；④投融资及信贷政策的影响，如企业污染治理投资与金融机构贷款受政策影响较大。

5.3 新型环保投资渠道

中国近年来环境保护投融资的方式和渠道也在不断发展，出现了一些新的融资手段。总的来看，中国目前的环境保护融资渠道已经形成了以原有渠道为基础、适应市场经济发展、多融资主体的融资渠道体系。目前仍然以计划管理渠道为主，私人机构融资和其他市场融资渠道为辅，随着中国投融资体制的进一步发展，政府融资的比例将逐步减少，而目前统计中的其他部分的融资将逐步增加。

5.3.1 "211 环境保护"科目

2006 年 3 月，财政部制定的《政府收支分类改革方案》及《2007 年政府收支分类科目》将环境保护作为类级科目纳入其中，设立"211 环境保护"科目，并于 2007 年 1 月 1 日起全面实施。这是国家财政预算支出首次设立专门的环境保护科目，该科目的设置和实施是环境财政制度建设的重大进步，对环境财政制度建设具有里程碑意义。

5.3.2 环保专项资金

中央财政环境保护专项资金的设立，对筹集环境保护资金，加大中央环境保护投入具有极其重要的意义。尤其是"十一五"期间，中央财政对环境保护的支持力度进一步加大，主要污染物减排专项、中央农村环保专项、重金属污染防治专项等专项资金相继设立，财政资金的投资渠道不断增加，"十一五"期间中央财政累计投入环境保护专项资金 746 亿元，用于解决重点领域、重点区域的重大环境问题，对筹措环境保护资金，实现环境保护目标，保障环境安全起到了重要的作用。

5.3.3 预算内基本建设资金

中央预算内基本建设资金将环境保护作为重点支持内容，支持了危险废物和医疗废物处置设施建设、重点流域水污染防治、城镇污水垃圾处理设施及污水管网工程、环境监管能力建设等工程建设。在扩大内需新增 4 万亿元投资中，国家也将节能减排和生态环境保护列为新增投资支持的重要方面。"十一五"期间，用于环境保护的国家预算内基本建设资金达 820 亿元左右。

专栏 5-4　新增中央投资支持环境保护工作初见成效

2008 年 9 月开始，世界经济遭受了 20 世纪大萧条以来最为严峻的挑战。面对急剧变化的国际金融经济形势，我国采取了一系列积极有效措施，出台了促进经济平稳较增长的十项措施和 4 万亿元一揽子经济刺激计划，制定了十大产业振兴和调整规划，大力加强生态环保等经济社会发展的薄弱环节，并以此为重点培育经济新的增长点。根据国家发改委测算，4 万亿元中将有 2 100 亿元用于节能减排和生态工程项目，其中大部分将用于城市和工业污染治理。

2008 年第四季度，国家发改委下达的新增 1 000 亿元中央投资中，共支持污染治理项目 1 076 个、资金 66.6 亿元。其中，城镇污水垃圾处理设施项目 825 个、资金 50 亿元，重点流域水污染防治项目 125 个、资金 10 亿元，重点流域工业污染治理项目 126 个、资金 6 亿多元。

5.3.4　环境转移支付

2008 年起，财政部开始实施重点生态功能区转移支付，增加对三江源等重点生态功能区的均衡性转移支付力度，提高生态功能区的基本公共服务水平。2009 年，财政部制定《国家重点生态功能区转移支付（试点）办法》，完善了转移支付办法，着力研究建立资金分配与使用绩效的监控及评价体系。与此同时，地方政府也制定了生态转移支付的相关措施。为推动地方政府加强生态环境保护和改善民生，充分发挥国家重点生态功能区转移支付的政策导向功能，提高转移支付资金的使用绩效，2011 年，财政部印发了《国家重点生态功能区转移支付办法》（财预[2011]428 号），就资金分配、监督考评、激励约束等予以明确。

5.3.5　环境保护基金

中国目前已经建立了政府基金、投资基金、污染源治理专项基金等多种环境保护基金。这些基金的来源、融资渠道和投资方向及运作机制等都有所不同。环境保护基金在环境融资中既是融资的载体又是投资的主体，充分发挥了环境保护基金的作用，是现阶段中国完善投融资体制的重要内容。

中华环境保护基金会于 1993 年 4 月正式成立，中华环境保护基金原始基金数额为人民币 800 万元，来源于本基金会的发起人和社会有关组织及个人的捐赠。所募资金和物资，用之于表彰和奖励在中国环境保护事业中作出突出贡献的组织和个人，资助和开展与环境保护相关的各类公益活动及项目，促进中国环境保护事业的发展。

2011 年发布的《国务院关于加强环境保护重点工作的意见》（国发[2011]35 号）提出，鼓励多渠道建立环保产业发展基金，拓宽环保产业发展融资渠道。2012 年印发的《"十二五"节能环保产业发展规划》中提出，要拓宽投融资渠道，要研究设立节能环保产业投资基金，规划提出的节能环保产业八项重点工程的总投资为 9 000 亿元。通用环境产业基金首期发行规模为 20 亿元，主要针对供水、污水处理、固废处

187

理、可再生能源以及节能减排等运营类项目及具备高成长性的环保类企业进行股权投资。中宸基金是专业推动环保产业发展的投资基金，将协助地方政府搭建金融创新平台，重点在垃圾处理等方面进行系统投入，基金总规模三年内将达到 500 亿元人民币，首批 100 亿元的基金项目将主要投向垃圾处理产业。

专栏 5-5   环保产业基金落户环科园，总规模达 50 亿元

2012 年 2 月，环科园与深圳市中科招商创业投资管理有限公司签订基金合作协议，双方将募集、设立总规模为 50 亿元的环保产业基金——宜兴中科环保产业基金，首期基金规模为 10 亿元。总规模为 50 亿元的宜兴中科环保产业基金，是目前宜兴市规模最大的环保产业基金项目。其中，环科园将出资 2 亿元作为引导资金。今后，该基金将主要用于投资环保产业领域的拟上市优质项目，其中，首期到位资金一半以上将投资于环保产业优质项目。

资料来源：新华网江苏频道。

除上述基金外，风投基金对节能环保项目和环保企业的投资也成为环境保护资金的筹措渠道之一。

专栏 5-6   首笔科技风投基金入注重庆环保节能领域

首笔科技风投基金将注入重庆环保节能领域。最快将于一个月后向重庆环保节能领域的企业注入 1.4 亿元资金，这也是基金在渝的首笔投资。

资料来源：华龙网。

5.3.6 BOT 项目融资

BOT 意指建设—运营—移交，即政府（或其主管部门）在一定期限内授权给经济实体（如外商企业或国内企业）建设、管理和维护某基础设施，并在该期限过后无偿转让给政府或其授权机构。BOT 实质上是基础设施投资、建设和经营的一种方式，以政府和私人机构之间达成协议为前提，由政府向私人机构颁布特许，允许其在一定时期内筹集资金建设某一基础设施并管理和经营该设施及其相应的产品与服务。这实际上是通过转移管理权利来获得投资的一种方法，可以看作是政府把一个公用事业项目的开发和经营权暂时移交给了私营企业或私营机构。

BOT 的雏形发端于 19 世纪后期的北美大陆。当时，在交通部门中开始允许北方工业财团投资建设铁路和一级公路，建成后定期定点地向客户收取经营费用，待投资及利润收回后，以无偿或低于市价的价格转让给政府公共部门。后来这一方式渐渐推广应用于港口码头、桥梁隧道、电厂地铁等公共工程的建设中。现代意义上的BOT 是由土耳其总理奥扎尔于 1984 年提出的。20 世纪 70 年代末到 80 年代初，世界经济形势发生重大变化，经济发达国家由于赤字和债务负担迫使在编制财政预算时实行紧缩政策，寻求私营部门的投资，利用私营部门的资金进行基础设施的建设，这时 BOT 方式在全球发展较快，比较著名的 BOT 项目有英吉利海峡隧道、香港东区海底隧道、马来西亚北南高速公路、菲律宾那法塔斯电站等。在发展中国家，把 BOT 看做是减少公共部门借款的一种方式，同时也是吸引国外投资的一种方式。

BOT 经历了很多年的发展，为了适应不同的条件，衍生出许多变种，例如 BOOT（Build－Own－Operate－Transfer），即建设—拥有—运营—移交，这种方式明确了 BOT 方式的所有权，项目公司在特许期内既有经营权又有所有权；BOO（Build－Own－Operate），即建设—拥有—运营，这种方式是开发商按照政府授予的特许权，建设并经营某项基础设施，但并不将此基础设施移交给政府或公共部门；BLT（Build－Lease－Transfer），建设—租赁—移交，即政府出让项目建设权，在项目运营期内，政府有义务成为项目的租赁人，且在赁期结束后，所有资产再转移给政府公共部门；还有 BRT、DBOT、DBOM、ROMT、SLT、MOT 等，虽然这些模式提法不同，具体操作上也存在一些差异，但它们的结构与 BOT 并无实质差别。

BOT 融资是社会化融资步伐的手段之一，绝非唯一。城市环保基础设施建设的投资渠道多种多样，如政府投入、发行国债、发行股票、合资合作等，BOT 是其中之一。BOT 对政府来说，由于可以减少项目建设的初始投入、可以吸引外资，引进新技术、规避风险、不增加债务等特点，因而具有较大的吸引力，但同时还应看到，采用 BOT 的前期工作相当复杂，前期费用较高，对人员素质要求较高，因而在多种融资方式中是否决定要采用 BOT，一定要在对 BOT 操作规程详细了解和熟知的前提下多方面、多层次和长远的考虑，进行科学的论证。而且我们认为，一旦污染处理收费问题得到明朗化的解决，BOT 与其他社会融资方式相比，并不具备太大的优势，BOT 不是社会化融资和企业化运营的唯一方式，而且重要的是，我们还不能将环保市场化问题仅仅片面理解为投资的社会化。

BOT 模式并非真正为政府和消费者省钱。采用 BOT 模式，一时省去了政府对项目初期建设资金的投入，但从项目全周期来看并不意味着政府真正省钱了，要知道政府才是最终真正的埋单者。投资者投资的真正目的是赢取稳定合理的利润，所得必定要大于所付出的。政府不仅要埋投资和运营成本的单，还要埋投资者获取一定利润的单，采用 BOT 方式的代价是大于政府全额投资和运营的。对排污者在确定收费水平时，要考虑 BOT 投资方利润的获取，转嫁到排污者身上的收费可能就比不采用 BOT 方式要高，如果污染处理收费水平仍达不到回报要求的水平之前，政府在较长一段时间内的财政补贴支出是不可避免的，从实际来看，多数 BOT 项目还需要政府的支出，BOT 所表现的以未来分期付款方式支付前期集中建设资金的代价是巨大的。

5.3.7 股票市场融资

利用上市公司募集资金或出资参股、控股环保类公司是环保投资项目融资的一条新途径。目前，中国有 100 多家上市公司涉足环保产业，它们的业务范围包括环保机械设备的制造及工程安装，太阳能发电，垃圾等新能源发电及垃圾处理，建筑节能，新型环境建材及绿色材料，汽车尾气、噪声处理装置、清洁汽油及环保节能型汽车、摩托车生产制造，冶金行业冶炼过程环保处理，废水、废气、噪声治理，硅酸盐、水泥化工生产的环保处理及清洁燃料生产及综合利用，造纸业生产过程环保处理，绿色农业及化肥农药环境综合治理，生态农业及林木种植业，环境技术、咨询及环境评价、监测，生产环保工业品和消费品。

目前，节能环保板块的环保上市公司通过多种方式涉足环保产业，可大致分为六类：①开始就从事环保产业，并且将主业一直定位在环保产业的；②将原先业务剥离后专门从事环保产业的；③行业的佼佼者，看好环保后，成立了独立的投资或业务公司，专门进军环保市场；④在坚持环保主业的同时进入其他行业的；⑤企业同时发展两个行业，并且将环保作为其中一个重点；⑥产品向环保设备和产品转型。除了主业做环保的公司以外，还有很多上市公司看好环保产业的发展前景，通过募集资金参股、控股环保类公司、对自身业务进行环保型规划和改造而涉足环保行业，或者通过募集资金投向环保项目来介入环保领域。

由于环保公司在上市公司中比重不断增加，1993 年以来节能环保股票的数目一直在增加。2007 年以来，中国密集出台了一系列加强环境保护的措施，因此节能环保股票从 2007 年开始快速增多，截至 2010 年 7 月，节能环保指数中包含的股票共计 126 只。除此之外，创业板的推出为环保公司上市提供了良机。2009 年 10 月正式上市的创业板为高成长性企业提供了新的发展平台，截至 2010 年 7 月，通过创业板上市的公司共计 93 家，其中环保公司就有 15 家，占到了 16%，环保上市公司在全体上市公司中的比重接近 7%。根据 2010 年上半年的各项指标，除去工程建筑、电力、钢铁、交通设施、有色金属、券商、运输物流共计 7 个股本规模超过 100 000 万股的行业外，环保上市公司的平均总股本以 62 497.73 万股的规模在其余 21 个行业中处于较高的水平上。

但从我国节能环保上市公司整体看来，环保上市公司的整体财务表现并没有显著优于其他公司，获取的市场资源也没有显著优于其他公司，而国家对环保产业的各项支持措施由于法规执行或是资金到位方面的问题尚未发挥显著的作用，不足以吸引市场对环保上市公司整体的关注，环保公司整体盈利能力并不乐观，缺乏形成规模和品牌效应的大型企业，具有净利润偏低、存在地方保护主义、市场需求空间巨大、面临技术瓶颈等特点。

5.3.8　利用外资

环境保护利用外资已经成为污染治理的又一重要资金渠道，利用外资包括政府利用外资（含政府出面担保的）和企业利用外资。由于受现行体制限制，中国企业很难独立地引进外资，这里主要讲的是政府利用外资。中国环保领域利用外资的渠道主要是外商直接投资（FDI）、国际金融机构的贷款，以及一些国际性的环境专项基金和援助计划。

由于国际金融组织和外国政府贷款开始向环境保护领域倾斜，中国环境保护利用外资进展很快。据统计，"八五"期间，中国环境保护利用外资达 11.77 亿美元；"九五"期间，中国环境保护利用外资协议总额约为 51.34 亿美元，约占总环保投资额的 12.58%，其中，利用世界银行贷款约为 15.88 亿美元，共 9 个打捆项目，利用亚洲开发银行贷款约为 11.06 亿美元，共 7 个打捆项目，利用日本政府贷款约为 15.4 亿美元，共 16 个打捆项目，136 个子项目。"十五"期间，中国环境保护利用外资达 65.18 亿美元，约占同一时期总环保投资额的 6.4%。

环保领域利用外资，不仅能给环保项目直接带来国外资金，还能带来国际上先进的技术和管理经验，利用外资还有明显的资金放大和资金带动作用。但中国环保产业利用外资仍然存在许多问题：①环保产业投资所利用的国外资金中，国外贷款比重太大，直接融资比重过低。在利用外国政府与国际金融组织贷款时，贷款条件比较苛刻，而且对贷款币种有严格限制，增加了贷款使用过程中的汇率风险。而且随着国外优惠贷款的比例不断减少，普通贷款的比例不断上升，我国的债务负担不断加大。②可以进行国际融资的企业范围窄，国家对可进行国际融资的企业法人，进行了严格的限制。国家规定：这些企业必须是经国务院授权部门批准的非金融企业法人，同时是经国家外汇管理局批准经营外汇借款业务的中资金融机构。目前看来，我国环保企业在国民经济发展中发挥着越来越重要的作用，但是这些企业往往难以满足国家有关直接进行国际融资的条件，我国环保企业通过国际融资筹集资金的难度相当大。

5.4 其他领域投融资渠道分析

5.4.1 教育行业

5.4.1.1 总体情况

1991—2010 年，全国教育经费逐年增加，从 1991 年的 731.5 亿元增加至 2010 年的 19 561.85 亿元，增长 26.7 倍。"八五"、"九五"、"十五"和"十一五"的教育经费分别达到 6 025.22 亿元、14 941.27 亿元、31 987.38 亿元和 72 528.68 亿元，"十一五"期间分别比"十五""九五""八五"增加 1.17 倍、3.85 倍和 11 倍。教育经费占 GDP 的比例由 1991 年的 3.36%提高到 2010 年的 4.87%。

5.4.1.2 来源渠道

全国教育经费主要分为国家财政投资，社会团体、公民个人、社会捐资和集资，学杂费及其他投资 3 部分，经费比例分别为 61.3%～84.46%、1.09%～9.76%、6.95%～32.22%。其中，国家财政经费从 1991 年的 617.83 亿元逐年增加至 2010 年的 14 670.07 亿元，增加 22.7 倍，但占总经费额的比例从 1991 年的 84.46%逐年下降至 2005 年的 61.30%，2006—2010 年由 64.68%又增加到 74.99%；社会团体、公民个人、社会捐资和集资从 1991 年的 62.82 亿元增加至 2006 年的 638.97 亿元，

2007—2010 年下降至 213.31 亿元，占总经费额的比例总体呈下降趋势；学杂费及其他经费从 1991 年的 50.86 亿元逐年增加至 2010 年的 4 678.47 亿元，占总经费额的比例从 1991 年的 6.95%逐年提高至 2005 年的 32.22%，但随着国家实施逐步免交学杂费政策的实施，学杂费及其他经费总额和比例将逐步下降（表 5-12）。

表 5-12　1991—2010 年教育经费情况　　　　　　单位：亿元

年份	总经费额	国家财政性教育经费		社会团体、公民个人、社会捐资和集资办学经费		学杂费及其他经费	
		总额	比例/%	总额	比例/%	总额	比例/%
1991	731.50	617.83	84.46	62.82	8.59	50.86	6.95
1992	867.05	728.75	84.05	69.63	8.03	68.67	7.92
1993	1 059.94	867.76	81.87	73.52	6.94	118.66	11.19
1994	1 488.78	1 174.74	78.91	108.23	7.27	205.81	13.82
1995	1 877.95	1 411.52	75.16	183.21	9.76	283.22	15.08
"八五"时期	6 025.22	4 800.60	79.67	497.41	8.26	727.22	12.07
1996	2 262.34	1 671.70	73.89	214.62	9.49	376.02	16.62
1997	2 531.73	1 862.54	73.57	200.83	7.93	468.36	18.50
1998	2 949.06	2 032.45	68.92	189.89	6.44	726.72	24.64
1999	3 349.05	2 287.18	68.29	188.77	5.64	873.10	26.07
2000	3 849.09	2 562.61	66.58	199.81	5.19	1 086.67	28.23
"九五"时期	14 941.27	10 416.48	69.72	993.92	6.65	3 530.87	23.63
2001	4 637.66	3 057.01	65.92	240.97	5.19	1 339.68	28.89
2002	5 480.02	3 491.40	63.71	299.83	5.47	1 688.79	30.82
2003	6 208.26	3 850.62	62.02	363.61	5.86	1 994.03	32.12
2004	7 242.60	4 465.86	61.66	441.27	6.09	2 335.47	31.25
2005	8 418.84	5 161.08	61.30	545.38	6.48	2 712.38	32.22
"十五"时期	31 987.38	20 025.97	62.61	1 891.06	5.91	10 070.35	31.48
2006	9 815.31	6 348.36	64.68	638.97	6.51	2 827.98	28.81
2007	12 148.07	8 280.21	68.16	173.99	1.43	3 693.86	30.41
2008	14 500.74	10 449.63	72.06	172.51	1.19	3 878.59	26.75
2009	16 502.71	12 231.09	74.12	200.48	1.21	4 071.13	24.67
2010	19 561.85	14 670.07	74.99	213.31	1.09	4 678.47	23.92
"十一五"时期	72 528.68	51 979.36	71.67	1 399.26	1.93	19 150.03	26.40

数据来源：2012 中国统计年鉴.

5.4.2 卫生行业

5.4.2.1 总体情况

1991—2010 年，全国卫生费用逐年增加，从 1991 年的 893.49 亿元增加至 2010 年的 19 980.39 亿元，增长 22.4 倍，1991—1995 年占 GDP 的比例由 4.1%逐年下降至 3.54%，1996—2010 年占 GDP 的比例由 3.81%提高至 4.98%，2009 年最高达到 5.15%。"八五"、"九五"、"十五"和"十一五"的卫生费用分别达到 7 284.5 亿元、18 218.98 亿元、33 650.26 亿元和 73 475 亿元，"十一五"分别比"十五""九五""八五"增加 1.18 倍、3.0 倍和 9 倍。

5.4.2.2 来源渠道

全国卫生费用主要分为政府预算支出、社会卫生支出、个人卫生支出三部分，投资比例分别为 15.5%~28.69%、24.1%~39.7%、37.5%~60%。其中，政府预算卫生支出从 1991 年的 204.05 亿元逐年增加至 2010 年的 5 732.49 亿元，增加 27 倍，但占总费用额的比例从 1991 年的 22.8%逐年下降至 2000 年的 15.5%，2001—2010 年从 15.9%又逐步提高至 28.69%；社会卫生支出从 1991 年的 354.41 亿元逐年增加至 2010 年的 7 195.61 亿元，增加 19.3 倍，但占总费用额的比例从 1991 年的 39.7%逐年下降至 2001 年的 24.1%，2002—2010 年从 26.6%逐步提高至 36.02%；个人卫生支出从 1991 年的 335.03 亿元逐年增加至 2010 年的 7 051.29 亿元，增加 20 倍，占总费用额的比例从 1991 年的 37.5%逐年提高至 2001 年的 60%，2002—2010 年从 57.7%逐步下降至 35.29%（表 5-13）。

表 5-13　1991—2010 年卫生费用情况　　　　单位：亿元

年份	总费用	政府预算卫生支出		社会卫生支出		个人卫生支出	
		总额	比例/%	总额	比例/%	总额	比例/%
1991	893.49	204.05	22.80	354.41	39.70	335.03	37.50
1992	1 096.86	228.61	20.80	431.55	39.30	436.70	39.80
1993	1 377.78	272.06	19.70	524.75	38.10	580.97	42.20
1994	1 761.24	342.28	19.40	644.91	36.60	774.05	43.90
1995	2 155.13	387.34	18.00	767.81	35.60	999.98	46.40
"八五"时期	7 284.50	1 434.34	19.70	2 723.43	37.40	3 126.73	42.90
1996	2 709.42	461.61	17.00	875.66	32.30	1 372.15	50.60
1997	3 196.71	523.56	16.40	984.06	30.80	1 689.09	52.80
1998	3 678.72	590.06	16.00	1 071.03	29.10	2 017.63	54.80
1999	4 047.50	640.96	15.80	1 145.99	28.30	2 260.55	55.90
2000	4 586.63	709.52	15.50	1 171.94	25.60	2 705.17	59.00

年份	总费用	政府预算卫生支出		社会卫生支出		个人卫生支出	
		总额	比例/%	总额	比例/%	总额	比例/%
"九五"时期	18 218.98	2 925.71	16.10	5 248.68	28.80	10 044.59	55.10
2001	5 025.93	800.61	15.90	1 211.43	24.10	3 013.89	60.00
2002	5 790.03	908.51	15.70	1 539.38	26.60	3 342.14	57.70
2003	6 584.10	1 116.94	16.96	1 788.50	27.16	3 678.67	55.87
2004	7 590.29	1 293.58	17.04	2 225.35	29.32	4 071.35	53.64
2005	8 659.91	1 552.53	17.93	2 586.41	29.87	4 520.98	52.21
"十五"时期	33 650.26	5 672.17	16.86	9 351.07	27.79	18 627.03	55.35
2006	9 843.34	1 778.86	18.07	3 210.92	32.62	4 853.56	49.31
2007	11 573.97	2 581.58	22.31	3 893.72	33.64	5 098.66	44.05
2008	14 535.40	3 593.94	24.73	5 065.60	34.85	5 875.86	40.42
2009	17 541.90	4 816.30	27.50	6 154.50	35.10	6 571.20	37.50
2010	19 980.39	5 732.49	28.69	7 196.61	36.02	7 051.29	35.29
"十一五"时期	73 475.00	18 503.17	25.18	25 521.35	34.73	29 450.58	40.08

数据来源: 2012 中国统计年鉴.

5.4.3 对比与启示

1992—2010 年环保投资、教育投资和卫生投资占 GDP 比例和弹性系数见表 5-14。"十一五"期间,环保投资、教育经费和卫生费用占 GDP 的比例分别为 1.22%、4.38% 和 4.63%,环保投资占 GDP 比例远低于教育和卫生。环保、教育和卫生投资的弹性系数差别不大,表明 1992 年以来环保投资增长幅度与教育和卫生相近,并未因环保投资基数低而加大投入力度。另外,教育、卫生领域财政资金的渠道机制远好于环境保护领域。

从与教育、卫生等相关行业对比情况看,环保投资比例远低于教育卫生等公共服务领域投资。从总量上看,近年来环保投资占教育、卫生投资的比例不到 1/3。从占 GDP 的比例上看,环保投资占 GDP 的比例比教育、卫生低 3 个多百分点。从硬性规定看,1993 年中共中央、国务院颁布的《中国教育改革和发展纲要》提出了"财政性教育经费占国民生产总值的比重,在 2000 年达到 4%",这个数字也被作为唯一的数字性指标写入《中共中央关于构建社会主义和谐社会若干重大问题的决定》,并要求保证财政性教育经费增长幅度明显高于财政经常性收入增长幅度。而对于环保投资而言,目前缺乏硬性的要求。原有的 8 条环境保护投资渠道中,除"三同时"、城市建设维护费投资渠道还比较顺畅外,其他渠道都存在一定问题。随着我国财税体制改革,老企业更新改造投资中的 7% 用于老污染源治理资金、企业综合利用利润(5 年内不上交)留成用于治理污染的投资等渠道目前均已无法发挥作用。环保投资渠道不畅，资金来源不落实，缺乏约束性要求、渠道不畅是目前急需解决的问题。

表 5-14　1992—2010 年环保、教育和卫生投资占 GDP 比例及弹性系数　　　单位：%

年份	环保投资		教育投资		卫生投资	
	占 GDP 比例	弹性系数	占 GDP 比例	弹性系数	占 GDP 比例	弹性系数
1992	0.76	0.88	3.22	0.78	4.07	0.96
1993	0.76	0.99	3.00	0.71	3.90	0.82
1994	0.64	0.39	3.09	1.11	3.65	0.76
1995	0.58	0.59	3.09	1.00	3.54	0.86
1996	0.57	0.88	3.18	1.20	3.81	1.51
1997	0.64	2.11	3.21	1.09	4.05	1.64
1998	0.86	6.35	3.49	2.40	4.36	2.19
1999	0.92	2.25	3.73	2.17	4.51	1.60
2000	1.07	2.71	3.88	1.40	4.62	1.25
2001	1.01	0.41	4.23	1.95	4.58	0.91
2002	1.14	2.42	4.55	1.87	4.81	1.56
2003	1.20	1.48	4.57	1.03	4.85	1.07
2004	1.19	0.98	4.53	0.94	4.75	0.86
2005	1.29	1.60	4.55	1.04	4.68	0.90
2006	1.19	0.44	4.54	0.98	4.55	0.81
2007	1.27	1.39	4.57	1.04	4.35	0.77
2008	1.43	1.80	4.62	1.07	4.63	1.41
2009	1.33	0.09	4.84	1.61	5.15	2.42
2010	1.66	2.65	4.87	1.04	4.98	0.78

195

5.5　环保投融资渠道优化方向

5.5.1　主要问题

5.5.1.1　投融资机制缺乏

我国环保投资主体单一，私人资本介入较少。监管力度不够，也造成环保投资的潜在需求没有完全转化成有效需求。目前，我国大部分的环境保护法律法规缺乏关于环保基础设施市场化方面的具体内容，特别是在关系城市环保基础设施建设与运营市场形成的污染治理责任主体、产权制度和价格制度等方面没有规定或规定的内容不利于市场化。"污染者付费原则"的制度基础还不健全，企业生产对环境造成负外部成本还没有完全内部化，环境保护领域的垄断仍未真正打破，国家缺少相关

第 5 章　环保投融资渠道

的激励和引导政策，银行信贷、私人资本等社会资金难以介入。政府还未退出企业生产投资与经营决策领域。长期以来，排污收费标准远远低于治理成本，极大地制约着企业治污积极性。我国中小企业数量众多，中小企业的污染主要集中在技术水平低、污染治理难的造纸、制革、电镀、印染、水泥、制砖、煤炭、有色金属、非金属和黑色金属矿物采矿业等行业。由于相当多的中小企业经济实力弱，用于污染治理的自有资金非常有限；融资成本高和信贷风险大，很难获得污染治理资金；在申请政府环保资金，如环境保护专项资金和一些地方政府实施的财政补贴等投融资安排上，往往处于劣势，这些都严重制约着中小企业的污染治理。

5.5.1.2 投资渠道不畅

1984 年，城乡建设环境保护部、国家计委、科委、经委、财政部、中国人民银行、中国工商银行联合发布的"关于环境保护资金渠道的规定的通知"中规定了 8 条投资渠道，分别为：①基本建设项目"三同时"的环保投资；②更新改造资金中拿出 7%用于污染治理；③利用城市建设维护税的专项资金用于城市环境基础设施建设；④超标排污费的 80%补助用于企业治理污染；⑤凡综合利用"三废"生产产品的利润 5 年内可不上缴，留给企业继续用于治理污染；⑥企业从银行和金融机构贷款用于治理的投资；⑦各级政府利用财政建立的污染治理专项资金，用于一些重点污染源和重点区域的治理；⑧环境保护部门自身建设的投资。分析来看，"三同时"、城市建设维护费投资渠道还比较顺畅，但是其他渠道都存在一定问题。由于国家财税体制改革后，企业实行资本金制度，取消了更新改造基建等专项基金管理，原更新改造基金中提取 7%作为环保技改基金的政策已经不能实施。由于污染治理设施难以产生直接经济效益，由此银行环保贷款和国外环保投资往往总量较小。"三废"综合利用留成是指允许企业将综合利用利润交财政的那部分资金在头 5 年内可留在企业治理污染，但"八五"期间经济体制改革后企业税后利润全部归企业自有，这条政策就不起作用了。

5.5.1.3 效益评估缺乏

长期以来，环保投资领域缺乏有效的评估手段，项目投资效果差，资源配置不合理、盲目建设、重复建设现象时有发生。在市场经济条件下，一个突出的特点就是财政支出要讲求效率，用尽可能少的支出达到既定目的，取得最佳效益。需要按照"成本—效益"理论的要求，建立一整套效益评估的体系和方法，对各项预算支出进行详细的评估和考核，提高支出的经济效益和社会效益。

5.5.2 优化方向

在进一步夯实政府环保投资并强化其引导作用的同时，应积极推进环境保护投入多元化，即以环境事权划分为基础，以建立稳定的环保投资渠道为保障，以政府、企业、社会为投资主体，统筹政府预算支出、银行贷款、企业自筹、社会参与等资金筹措方式，构建中央政府引导，地方政府到位，企业和社会资本为主体的多元化投融资模式。

5.5.2.1　以环境事权划分为基础构建主体多元化、模式灵活化的环境保护投入模式

科学合理地建立与财力匹配的环境事权划分机制，是环境保护得以顺利进行的关键。环境事权划分的一个重要方面即中央与地方的环境事权划分，在环保事权得以较清晰界定的基础上，还需要强化合理的财力匹配机制建设。按照公共物品和外部性理论，合理处理环境保护的政府和市场关系。结合污染者付费和受益者补偿原则，完善体制，落实责任，科学界定中央与地方的环境事权，明确中央与地方、地方各级政府之间，以及政府与企业、社会的环境事权划分及其投资范围和责任，构建与财权相匹配的环境事权分配格局。按照环境事权划分，强化中央、地方政府对环境保护的财政支出，充分利用银行信贷、债券、信托投资基金和多方委托银行贷款等多渠道的商业融资手段，鼓励和吸引企业、社会资本对环境保护的投入，构建多元化环境保护投入模式。

投融资主体多元化是指落实政府、企业治污责任和资金投入，引导社会、金融机构等资金投入，使其共同成为环境保护的投资主体。模式灵活化是指通过更加灵活有效的资本运作、融资抵押等模式创新，解决企业环保融资难的问题。投融资主体多元化、模式灵活化是落实环保投资的重要保障。投资主体和产权主体的多元化是社会大生产和市场经济进一步发展的一种客观需要，也是弥补政府、企业环保资金不足的有效措施。加强模式创新，采用灵活化的融资模式，对提高投资主体的积极性和主动性，加强治污企业融资能力具有重要的作用。

各地在加大政府资金环保投入的同时，积极制定和完善鼓励企业、金融机构及社会化资金环境保护投入的引导政策，逐步形成多元化的投入格局。①积极引导企业和金融机构环境保护投资，如山西省矿山环境恢复治理保证金制度等正向引导机制，以及重庆、江苏、浙江、福建等开展的信息公开、绿色信贷、绿色证券等反向倒逼机制。②利用灵活的政策吸引社会资本的环境保护投入，如江苏省对治污投资按照略高于社会平均投资回报率核定价格和收费标准，利用优惠政策鼓励、支持拥有专业资质的环保企业或实体作为第三方来承担环保设施的建设与运营，吸引更多的社会资本参与环境基础设施建设。③通过环境资本运作和模式创新筹措环境保护资金，如江苏省鼓励各地通过做美做优环境带动土地增殖反哺环境整治，重庆市将污染场地修复作为土地招拍挂前置条件纳入土地开发成本。重庆市对搬迁企业用地进行储备的土地兜底政策等，市政府先后借助渝富集团、城投公司、重庆地产集团等一批投融资平台筹资 400 亿元，按照企业老厂现规划用地性质的市场价格，进行土地储备，提前支付 50%的搬迁资金为企业搬迁提供资金保障，采用了新厂开建同时老厂仍然保持生产三年的"假死"优惠模式，并出台了税费、土地、迁建、环保、电力、提前退休、社保、银行 8 项污染企业环保搬迁优惠政策。江苏、浙江等开展了融资担保基金、收费权质押、股权质押、排污权质押等融资担保模式创新，提高了企业融资能力。

目前，部分地区已经实施的鼓励多元化环保投入的政策措施和模式创新，为完善企业、社会环保投融资政策，提高企业融资能力具有有益的借鉴。加大企业环保

197

投资其关键是激励和约束并重，对银行等金融机构其关键是制定优惠的政策措施加以引导，对社会资本加大环保投资其关键是让其有利可图，从中受益。在吸引社会资金和模式创新方面，可参考合同能源管理的方式，通过开展合同环境服务模式，吸引第三方服务企业落实污染治理设施改造资金，也是环境保护资金筹措的一种选择。严格落实排污收费制度，提高排污收费标准，开展排污权有偿取得与排污交易制度等，将为实施合同环境服务创造更为有利的环境。

5.5.2.2 财政资金使用专项化、来源渠道化

在环境保护受到各界广泛关注的同时，政府环境保护投资的力度也在逐年加大，并在资金使用和资金来源方面探索实施了更为有效的举措。在环保财政资金使用方面，各级政府高度重视环境保护工作，并积极拓展新的环保财政专项，专款专用，确保资金发挥效益。如"十一五"期间国家和各地陆续建立的主要污染物减排专项资金、农村环境综合整治专项资金、重金属污染防治专项资金、环保产业发展专项资金等。为建立有效的资金来源渠道，部分地区探索将特定的收入用于环境保护，如江苏、河南等地方在土地出让收益、城市建设配套费、环保行政处罚的罚没款、超标排放处罚、水资源费等一定比例用于环境保护，确保了环境保护资金"有渠有水"。

中央政府环境保护投入在保障资金、引导地方环保投入方面具有重要的作用。中央政府通过配套资金投入、以奖代补、贴息等方式，能够有效地拉动地方及企业和社会的环保投入，增加环保投资总量，提高中央政府环保投入资金的效益。通过优化预算支出结构、调整环保专项资金使用方式、制定环保投资优惠措施等手段，进一步提高中央政府投入的拉动作用，带动地方及企业、社会的环保投入。

环保财政资金使用专项化是指通过设立环保专项资金的形式，规定资金使用用途。来源渠道化是指为拓宽环保资金的来源渠道，将特定来源渠道的资金规定用于环境保护，如排污收费等。环境保护财政资金使用专项化、来源渠道化是实现环境保护投资制度化、约束化的关键环节。环境保护作为公益性行业，并非是地方政府投资所偏好的领域，如果压缩环保财政专项的比例，将使环境保护失去资金保障能力。因此在加大一般性转移支付力度，降低专项转移支付比例大背景下，应充分考虑环境保护行业的特殊性、环保投资领域欠账的严重性，制定针对环境保护领域的差异性政策，适当提高环保财政专项的力度，结合环境保护需要，将资金使用专项化。来源渠道化则有利于保障资金到位，避免出现一成不变、水涨船高、大起大落的局面以及投资的随意性，有利于保持环境保护资金的稳定性。

环保财政资金使用的专项化、来源渠道化的实践和经验，可供国家和地方层面借鉴推广。在水利、教育、城建、交通等其他领域，有关部门和地区也制定了落实资金来源渠道的政策措施可供借鉴。财政部《关于从土地出让收益中计提农田水利建设资金有关事项的通知》（财综[2011]48号）提出，各地统一按照当年实际缴入地方国库的招标、拍卖、挂牌和协议出让国有土地使用权取得的土地出让收入，扣除当年从地方国库中实际支付的征地和拆迁补偿支出、土地开发支出等相关成本性支

出项目后，按 10%计提农田水利建设资金。《中华人民共和国城市维护建设税暂行条例》（国发[1985]19 号）规定，城市维护建设税专款专用，用来保证城市的公共事业和公共设施的维护和建设。车辆购置税具有专门用途，由中央财政根据国家交通建设投资计划，统筹安排。国务院关于修改《征收教育费附加的暂行规定》的决定（国务院令[2005]448 号）要求，地方征收的教育费附加，按专项资金管理，由教育部门统筹安排。环保资金来源渠道化的建立理论上并非没有可能，关键问题是在目前既定的预算分配体制下，政策制定协调的难度较大，需要结合污染防治的实际形式，因势利导地将投入方向、规模等固化，扩大专项资金数量和规模。

5.5.2.3 建立制度化、约束化的政策措施

环保投资是执行环境保护基本国策和实施可持续发展战略的必要保证，长期以来环保投资不足是制约环境保护的主要障碍之一。缺乏稳定、约束、制度性的投资渠道保障是环保投资不足的最根本原因，包括政府投入在内的各主体长期缺位，导致环保投资仍然处于"一事一议""一时一策"的应急性状态。今后一段时间，应从财税体制入手，着力形成机制、建立渠道、明确基数，中央投入积极引导，加大各级政府财政供给，引导银行信贷，促进社会融资，扩大总量，优化结构，提高绩效，力争改变我国环保投入长期不足的基础性问题。

部分地区在建立环境保护预算支出增长机制方面开展了大胆的创新和尝试，对环境保护投入规模提出了制度化、约束化的要求，并取得了一定的成效。总结各地普遍的做法，主要包括两个方面：

（1）将环保投融资政策通过政府颁布的相关文件等予以提出，要求各级政府加以落实，并逐步将其制度化 如在《江苏省人民政府关于推进环境保护工作的若干政策措施》、《江苏省太湖水污染治理工作方案》、《陕西省人民政府印发贯彻〈国务院关于环境保护若干问题的决定〉的实施意见的通知》（陕政发[1996]65 号）、《河南省环境保护"十二五"规划》等文件中，均提出了加强环保投资的要求和具体措施，并使这些政策得以普遍接受和延续。

（2）在环保投资规模、增幅、新增财力用于环保等方面，提出了定量的约束化要求 在环保投资规模要求方面，如一般预算支出中环保类支出比重、环保投资占GDP 的比重等定量约束。在环保投资增幅要求方面，如江苏省提出的确保财政对环保支出的增幅高于经济增长速度等。在新增财力用于环保方面，如江苏省提出的太湖地区各市、县（市）要从新增财力中划出 10%～20%专项用于水污染治理，陕西省提出的省财政每年新增可用财力的 10%列为省级环保专项治理资金等。

环保投资政策制度化是指将部分环保投资政策从特殊的、一事一议的方式向被普遍认可的固定化模式的转化；环保投资要求约束化是指将环保投资规模、增幅等要求指标化、具体化和定量化，并要求确保实现。环保投融资政策制度化、要求约束化是落实环保投资的前提。政策制度化、要求约束化不但有利于建立长期稳定的环境保护投资增长机制，有利于明确政府及社会环境保护投资的责任，而且更加有效地保障了环保投资政策的实施和资金的落实。

环保投融资政策机制化、要求约束化的实践做法，为国家制定和完善环保投融资政策提供了经验，可以在其他各地进行移植和推广，具有较强的借鉴意义。在教育领域，1993 年中共中央、国务院颁布的《中国教育改革和发展纲要》提出了"财政性教育经费占国民生产总值的比重，在 2000 年达到 4%"，这个数字也被作为唯一的数字性指标写入《中共中央关于构建社会主义和谐社会若干重大问题的决定》，并要求保证财政性教育经费增长幅度明显高于财政经常性收入增长幅度。这一做法也为实现环保投融资政策制度化、要求约束化提供了参考。考虑到政府环境保护投入是环境保护投资的重要来源，且对企业、社会环境保护投资具有重要的引导作用，而企业、社会投资具有不确定性、缺乏约束性等特点，因此其最为重要的价值在于，建立政府环保投入的制度化和约束化要求并予以落实。由于各地情况差异较大，如若不将其纳入政府考核性要求并明确责任主体，该项政策在实施中将存在较大的难度。

5.5.2.4 以激励性政策为手段，提高企业环境保护投入主动性

企业自筹资金是环保投资的主要组成部分，其中工业污染源治理投资中企业自筹资金占资金总量的 90% 以上。应采取监管和激励并重的方式，通过完善财税政策，制定并实施鼓励企业治污的增值税转型、加速折旧、税前还贷、土地、用电价格优惠等优惠政策，提高企业环境保护投入的积极性和主动性，促进企业加大环境保护投入。

第6章

环保投资事权财权划分

事权是指行政机关按照相关法律法规进行行政事务管理的权力。我国中央与地方政府事权关系不顺的一个重要原因就在于中央与地方的事权未能合理界定，导致"错位""缺位"现象严重。

十七大报告中指出，要"健全中央与地方财权与事权相匹配的体制"。财权的划分应以事权的划分为基础，合理划分中央与地方的事权，使财权与事权相匹配，是处理中央与地方关系的关键。环境事权划分同样也是建立健全环境投融资体系、明确资金来源、确定资金支出范围的重要前提和基础。环境事权划分包括政府与市场及政府间环境事权划分，目前我国最为迫切的是要明晰中央与地方政府之间的环境事权划分。

6.1 国外环境事权划分

6.1.1 国外实践情况

6.1.1.1 美国环境事权划分

美国属于联邦制体制，政府包括联邦、州及地方三个级别。与三级结构的政府相对应，其财政体制也划分为三级，每一级政府都有财政收入和支出的权力、责任与范围，且不同级别各有侧重，同时又相互弥补交叉。

联邦制政府事权划分的特点是在美国宪法的框架下，不同级别政府相对独立地行使其职权。此外，在具体的事权划分上，联邦政府主要负责宏观层面的，如国防、外交等国际事务以及关系到下级政府利益的事务，州政府主要负责上级政府即联邦政府以外的，且没有授权地方政府的一切事务。具体包括：收入再分配、促进本州经济发展、提供基础设施和社会服务等。地方政府则根据上级政府即州政府的法律规定负责其授权事务，相比较而言，地方政府事权范围广，但一般都限于上级政府的管辖范围之内，主要有：公共福利、基础教育、消防和地方基础生活设施、地方治安等。

美国财权的划分是在事权划分的基础上进行的。联邦政府的财政支出由物力资源开支、人力资源经费、净利息、国防开支等组成；而保险、消防基础、教育、公共福利、项目煤气、水电供应公路建设、警察、医疗和保健开支等属于州政府财政的主要开支；地方政府的主要开支范围有一般行政经费、道路和交通、家庭和社区服务、公共事业、教育、消防、治安等。教育支出等项目存在交叉内容时，联邦、州及地方政府各自负担的比例为 7.6%、24.5% 和 67.95%。

20 世纪 80 年代以前，美国环境基础设施建设投资主体是联邦和州政府，80 年代以后，政府投资比例逐步下降，鼓励私人投资公共环境设施。以市政污水处理为例，1956 年对于市政污水处理，联邦政府拨款占建设费用的 55%；1972 年联邦资助份额增加到 75%，并且总量增加，3 年累计 180 亿美元；1977 年后的 6 年中增加的联邦资助为 255 亿美元；1981 年，联邦资助份额减少到 55%，改变分配优先条款，在接下来的 4 年里，将拨款减少到每年 24 亿美元；1987 年由联邦拨款转变为州级周转信贷资金。如 1983 年，芝加哥建设生活污水处理厂的费用为 3 500 美元，其中州政府投资 35%，75%由当地企业或实体投资；1999 年，波士顿州政府对新建成的污水处理厂只投资 10%，90%的费用来源于每个家庭，即污水的排放者，洛杉矶污水处理厂建成后，每个排污家庭每月固定上交 20 美元的污水处理费，通过这种办法，大约 10 年的时间污水处理厂的投资就可以收回。

通常情况下，企业污染治理费用要由企业全部承担，这样能体现"污染者付费"原则。但对于条件不允许的企业，各级政府、尤其是联邦和州政府，可通过补助或优惠政策，为企业提供科学的污染治理援助机制。

6.1.1.2 德国事权划分

德国也属于联邦制国家，但州和地方政府相对宽松的自主权职能在联邦法律允许的范围内行使。

德国在《基本法》中对联邦、州及地方三级政府承担的任务有明确的规定。联邦政府主要负责国防和国家安全、全国性的运输、财政管理（包括海关）、外交事务和国际关系、社会保障等。州政府主要负责州一级行政、社会文化和教育事业、体育事业、财政管理、环境保护卫生、法律事务和司法管理等。地方政府负责地方公路建设和公共交通事务、医疗保障、地方一级行政、科学文化和教育事业、地方公共秩序维护、财政管理等。

除了上述事权划分之外，地区间的扩建、调整及改建都由联邦和州共同承担。为了降低成本和提高收入，经过审批程序后，联邦航空运输、公路、节能、水运研究等任务也可以委托州来完成。

德国的事权特征决定相应的财权特征，实行"分担分配原则"，即在一、二级政府进行各自的行政任务时，费用的支出由州和联邦政府各自承担；州执行联邦委托的任务，费用专款专用，并由联邦承担；属于联邦和州共同承担的职责，双方可协议负担的比例；对于超过各州财政负担的事务，联邦政府有义务通过拨款支付的方式给予协助。

6.1.1.3 澳大利亚环境事权划分

同属于联邦制国家的澳大利亚，其三级政府所承担的环境保护职能不同，但它们既分工明确又密切协作。

国家层次利益属于联邦政府的主要职责，其负责的环境保护职能包括与州政府在环保方面的联合行动、国际环保公约谈判及签订、重要环保科学技术的研究及推广、国内环保法规制定、少数重要生态区域的直接管理、外海水域管理、跨州环保事务协调等。

为完成其主要职能，联邦政府设立了环境保护的 11 个司局：气象局、战略发展司、人文遗产司、政策协调司、自然遗产司、许可及立法司、国家公园司、环境质量司、南极司、海洋及水利司、科学监测司。此外，还设有如悉尼港事务办公室、大堡礁海洋公园事务办公室、全国海洋办公室、全国温室办公室等一些其他专门机构。

澳大利亚州政府负责的主要生态环境建设职责有：与联邦政府的联合行动、环保法规的制定和实施、环境标准的制定和监督执行、环保执法、环保科学研究和技术推广、污染综合治理、大气、水、土壤、近海的环境监测和管理、企业环境许可证的发放和监督、生态植被的保护和建设、资源及废弃物的循环利用、野生动物和自然人文遗产的保护，国家公园的建设和管理等。

澳大利亚地方政府的权力是由州政府赋予的，因而州政府要指导和干预地方政府的环保行为，并且要在州政府的环保计划框架内进行。地方政府所承担的生态环境建设职能主要是：在州政府发展计划框架下制定和执行社区环保规划等、垃圾清理和管理、社区环境摩擦的协调、噪声等影响环境因素的控制、住户发展对环境影响的控制等。

澳大利亚是世界上最早设立政府环保部门的国家之一，其生态环境建设属于典型的政府主导型模式。1970 年维多利亚州就成立了环境保护局。目前，从联邦到地方的三级政府都设有专门的环保机构，联邦政府设有环境与遗产部。州一级的环保机构较为复杂，以维多利亚州为例，政府设立了自然资源局和生态再循环局、下设环境保护局、自然资源与环境厅。政府为生态环境保护和建设提供了充足的人力和资金投入。

澳大利亚废弃物管理、大气治理和气候保护方面的主要投资者是公司和企业，其次是个人，政府在这方面的投入较少。相反，在保护生物多样性和景观方面，公司、企业和个人投入很少，而政府投入相对较多。个人投资主要是用于废水治理和水资源保护。同样，公司、企业的投入也主要在这方面，政府在这些方面投入的相对较少。

6.1.1.4　加拿大环境事权划分

加拿大环境保护实行联邦、省和市三级管理。这种管理体制的分级体现了行政自上而下的分工，使环境保护工作的职能更加明确。

在联邦一级，加拿大的环保工作由多个部门综合管理，其中环境部是加拿大联邦政府的第一大部，联邦环境部承担环境管理事务的主要职责，如大气环境保护、自然环境保护、公园环境管理等。环保部在全国 5 个主要地区设有地区环保办公室，负责贯彻联邦环境部制定的全国性政策法规、原则标准。联邦环保部之上有环保董事会，主要职能是制定全国性的环保方针、政策和目标；国会两院设有相应的环保立法和咨询机构；参议院设有能源环境和自然资源委员会；众议院设有环境和持续发展委员会；全国有一个环境部长协会、设立气候变化论坛和环保与经济发展圆桌会议等；农业与农业食品部还下属环境保护与持续发展署和环境评估署等机构；联邦政府所辖的土地和设施内的环境保护及协调土著民族社区的环保工作。通常，国际环境事务由联邦政府决策，省际间的环境事物由联邦政府协调。

在省政府一级，各省均有自己的环境部，该部通常下设环保、土地管理、公园管理 3 个局，并在省内各地区设派出机构——地区环保办公室。除了农、林、牧、副、渔、野生动植物的保护之外，环保办公室的主要职责是实施对工业污染、市政污染、特殊有害物质及环境质量的控制。各级省政府的职责包括：负责省区内的空气、水源、土地和生物资源等有关的环境保护立法、管理和具体工作，审批颁发和核实抽查环保专业执照、抽水及排污许可标准、自来水厂及污水处理厂操作人员资格证书等文件。

而省辖区域或市的环保联合体主要负责公共交通、污水和垃圾的处理。市环保局则主管工业生产和民用生活给排水、城市垃圾处理及"三废"治理工程等。在环境部之外还有环境影响评价局，它独立于环境部，全权负责保证环境影响评价法的执行。环境影响评价局还负责起草环境影响评价的总则，局长可直接与环境部长和内阁对话。

6.1.1.5　日本环境事权划分

日本是典型的中央集权制国家，行政机构分为中央、都道府县和市町村三级。在中央和地方的关系上，日本有两个重要特色：一是财权高度集中于中央；二是事权大多分散于地方，即在政府内部的事权划分上，日本以"大地方政府"而著称。

日本在各级政府间的财政体制中突出了地方财政的重要性，大约 70%的政府支出是通过地方预算安排的。

在事权划分上，地方各级政府具有一定的相对独立性，地方无力承担的事务划归中央或由中央出面加以协调。如果中央独立承担的事务最终发生在地方，则作为中央对地方的委托事项加以处理。立法、司法、外交、国防、金融管理、国际收支、物价指数控制、产业政策等属于中央政府的事务，而社会福利、卫生保健、治安、教育、基础设施建设等事务属于地方政府。

在中央和地方经费划分上，日本也做了明确规定：中央事业费、地方自治团体及其机构所需的业务经费，原则上由中央和地方分别负担。中央和地方政府共同承担的事务，有两种费用分摊方式：一是将该事务划分为许多细项，然后明确各自的责任和支出范围；二是预先确定中央和地方的经费分担比例，由双方按规定承担。在大多数情况下，日本采取第一种费用分摊方式。日本政府为了协调财权集中在中央、事权分散于地方的矛盾，建立了规范的财政转移支付制度。

日本环境投资的主体分为中央政府及其附属的金融机构、地方政府和企业。政府负责环境基础设施建设的投资；企业除了负担企业内部的污染防治投资外，还要部分承担相关的公共污染控制设施的建设费用；中央政府附属的金融机构负责对企业和部分环境基础设施建设提供资金支持。

6.1.2　经验总结与借鉴

国外发达国家环境事权划分主要是政府行为。西方市场经济国家大体上分为两种类型：一是联邦制国家，如美国、德国、澳大利亚和瑞士等，中央政府所拥有的权力，都在国家宪法中予以明确规定，地方权力较大，自治色彩很强。另一种是单一制国家，如英国、法国、日本等国以及许多发展中国家，地方政府的权力由中央政府的立法机关以普遍的形式授予，宪法并不明确划分中央与地方的权力，而是笼统地都交给了中央政府，地方的权力来自中央。

从国外环境事权划分的实践分析，对于国家与地方环境事权划分并无清晰的界限，而且各国存在一定的差异。从环境事权划分的演进分析，不同时期环境事权的划分也会有所变化，如20世纪80年代以前美国联邦和州政府在环境基础设施建设中的投入较多，但80年代以后政府投资比例逐步下降，并着力鼓励私人投资公共环境设施。

国外环境事权划分可以提供一定的参考与经验借鉴，但对中国环境事权的划分，应充分考虑中国所处的发展阶段，以及中国的体制问题，并在环境事权划分中，要充分考虑目前中央与地方政府财政收入划分。

6.2 我国环境事权划分现状

6.2.1 中央及地方政府事权划分概况

我国宪法规定：中华人民共和国国务院，即中央人民政府是最高国家权力机关的执行机关，是最高国家行政机关。它负责贯彻执行党的路线、方针、政策和全国人大及其常委会通过的法律、法令，统一领导国务院各部、各委员会和其他所属机构以及地方各级政府的工作，管理中国的外交、国防、财政、经济、文化、教育等事务，领导社会主义现代化建设。中央政府拥有最广泛的事权：行政领导权、行政立法权、行政提案权、行政监督权、人事行政权、建制权及全国人大及其常委会授予的其他职权。在地方组织法中所设立的地方政府的事权也是很大的，它们有：行政执行权、行政领导权、行政监督权、行政管理权、人事行政权等其他事项的办理权。

将法律规定的中央政府事权和地方政府事权作比较可知：中央政府对地方政府的控制是有充分的法律依据及前提的，宪法对中央和地方政府职责范围作出的规定没有明显的区别，除了少数事权如外交、国防等专属中央政府外，地方政府拥有的事权几乎与中央政府的事权一致。在单一制、集权型政府结构中，中央政府对地方政府拥有足够的领导权，而这种领导关系在我国往往以行政领导的方式出现。它一方面体现在国务院对地方政府的直接领导；另一方面体现在中央政府的主管部门对地方政府工作部门的领导或业务指导，而地方政府各部门隶属于地方政府的组成部门。这种中央政府对地方政府的双重的、垂直的领导关系与我国事权划分的模糊导致地方政府处在软弱无力的地位。

近几年，这种状况有所改观，但总体框架尚未有质的改变，也是由于事权财权划分模糊，使得中央政府总是陷入繁杂的小事，没有过多的精力全面统筹事务，也使得地方政府在处理本区事务中，由于受到财力及权限的束缚而表现出执行力缺乏。

6.2.2 环境事权划分

计划经济体制下政府独立承担环境事权,随着市场经济体制的建立,政府、企业和个人将对其进行重新分配,政府将退出生产投资和经营决策领域,企业和个人的作用得到加强。

1989 年颁布的《中华人民共和国环境保护法》对各级政府的环境事权作了部分规定。我国中央政府的环境事权主要包括:国务院环境保护行政主管部门制定国家环境质量标准;国务院环境保护行政主管部门根据国家环境技术条件、国家经济、国家质量标准来制定国家污染物排放标准;环境保护行政主管部门制定监测规范、建立监测机制,加强对环境监测和管理,同有关部门组织监测网络。地方政府环境事权包括:制定地方环境质量标准,省、自治区、直辖市人民政府对国家环境质量标准中未作规定的项目,报国务院环境保护行政主管部门备案;对国家污染物排放标准中未作规定的项目,省、自治区、直辖市人民政府可以制定地方污染物排放标准;对中央污染物排放标准中已作规定的项目,省、自治区、直辖市人民政府可以制定严于中央污染物排放标准的地方污染物排放标准,但地方污染物排放标准须报国务院备案。

环境状况公报应由中央、省、自治区、直辖市政府环境保护行政部门定期发布。县级以上环境保护行政部门,应当会同有关部门拟订环境保护规划、对当地环境状况进行调查和评价,经计划部门综合平衡后,报同级人民政府批准实施。县级以上政府环境保护部门或者其他环境监督管理部门,有权对管辖范围内的排污单位进行现场检查。对于跨行政区污染和环境破坏的防治工作,由有关行政政府协商,或者直接递交到上级政府解决。本辖区环境质量应由当地各级政府负责,政府应采取措施来改善环境质量。

除此之外,《中华人民共和国大气污染防治法》《中华人民共和国水污染防治法》《中华人民共和国海洋环境保护法》等环境法律法规中,也依据《中华人民共和国环境保护法》的要求,作了具体的规定。从上述环境事权划分可以看出,目前政府间环境事权的划分较为笼统,尤其是在环境污染防治方面并未细化,可操作性不强。

根据上述分析,结合现行法律法规和"三定"方案,目前中央政府与地方政府在环境保护方面的主要事权如下:

6.2.2.1 中央政府主要事权

(1)决策类 制定国家环境保护的方针、政策、法规、标准和规划;编制全国环境功能区划;对重大经济和技术政策、发展规划以及重大经济开发计划进行环境影响评价,对涉及环境保护的法律法规草案提出有关环境影响评价方面的意见;提出有利于环境保护的国家财税、贸易、价格等经济政策建议。

(2)协调类 牵头协调重特大环境污染事故和生态破坏事件的应急处理;协调解决跨省区域环境污染纠纷;统筹协调国家重点流域、区域、海域污染防治工作;协调解决跨部门重大环境问题。

（3）管理类　落实国家减排目标，研究确定总量控制指标，组织减排指标、监测、考核三大体系建设；按国家规定审批重大开发建设区域、项目环境影响评价文件，实施区域、流域、行业限批制度；按权限实施行政许可；组织评估生态环境质量状况；负责农村生态环境保护；管理生物技术环境安全；牵头负责生物物种（含遗传资源）和生物多样性保护；管理国家级自然保护区；处理涉外的环境保护事务；组织有关环境保护国际条约的履约工作，负责环保国际合作和利用外资项目；审批有害废物的进出口、越境申请和有毒化学品进出口申请；组织环境保护重大科学研究和技术工程示范，推动环境技术管理体系建设；组织环境保护宣传教育工作。

（4）监督类　监督管理核安全和一类放射源安全；组织建设和管理国家环境监测网和全国环境信息网，统一发布国家环境综合性报告、污染事故信息和重大环境信息；监督环境保护规划、政策、法规、标准的执行，建设华北、华东、华南、西北、西南、东北等 6 大区域环保督察派出机构，健全"国家监察"体系；对违反环保法规的行为给予行政处罚，并开展行政复议；调查处理重大环境污染事故和生态破坏事件。

6.2.2.2　地方政府主要事权

（1）决策类　依据国家环境保护的政策、法规、标准和规划，制定本辖区环境保护的法规、规章、标准和规划。

（2）协调类　牵头协调辖区内环境污染事故和生态破坏事件的应急处理；协调解决跨市、县区域环境污染纠纷；统筹协调地方重点流域、区域、海域污染防治工作。

（3）管理类　落实地方减排目标，分解总量控制指标，发放排污许可证；按权限审批环境影响评价文件，实施辖区内区域、流域、行业限批；按权限实施行政许可；组织评估辖区内生态环境质量状况；负责辖区内农村生态环境保护、生物技术环境安全、生物物种（含遗传资源）和生物多样性保护；管理国家级以外自然保护区；组织地方环境保护科研、宣传教育工作。

（4）监督类　监督管理一类以外放射源；组织建设和管理地方环境监测网、环境信息网，统一发布地方环境信息；在辖区内监督环境保护规划、政策、法规、标准的执行；按权限对违反环保法规的行为给予行政处罚，并开展行政复议；调查处理辖区内环境污染事故和生态破坏事件。

6.3　存在的主要问题

事权和财权的统一是各级政府有效履行其职责的内在要求。现行的有关财政体制的规范性文件中，政府间事权划分的相关内容偏宏观，过于原则，缺乏相应的分类指导，且缺少政府职责。在具体的环境保护、污染治理中，又存在政府和企业事权划分模糊、中央和地方事权不清晰，没有科学合理的分类分级事权财权划分目录，而财政资金投入的理论也未形成，这些不清晰与转移支付等交叉在一起，导致政府财政资金严重滞后于企业行为。同时，由于基层财政投入责任落实不到位，相互推诿的现象比较严重。

新中国成立以来一段时间内，我国政府对环境保护工作未能足够重视，与此同时，又受我国事权划分进展滞后的影响，导致目前我国环境事权财权划分落后国外发达国家，还尚处于起步阶段。1994 年，我国进行了分税制财税体制改革，但却未有明显成效，很大程度上仍然是按照行政隶属关系进行收入格局的划分，而环境事权因素也未引起中央和地方财政划分的重视。虽然由于经济的蓬勃发展，环境问题日益尖锐，而我国环境事权财权划分不清带来的矛盾更加突出，主要体现在以下 3 个方面。

6.3.1　环境事权划分尚不明确

诸如跨省流域环境治理、国家环境管理能力建设、国家级自然保护区管理、核废料处置设施建设、历史遗留污染物处理、国际环境公约履约等具有全国性和跨区域外溢的应当由中央政府负责的环境保护事务没有强劲有效的财政资金投入或资金保障。市场和各级地方政府在这些问题不能及时弥补的条件下很难发挥作用，导致国家的环境安全和经济社会发展面临严峻的风险。此外，地方管辖的环境治理、地方环境管理能力建设及城市环境基础设施建设等一些应当由地方政府负责、具有地方公共物品属性的环境保护事务也同样需要地方财政安排。但由于我国环境事权划分不清，导致环境保护财权和资金责任不明，地方政府向中央政府推脱责任的现象也比较普遍。

现行政府事权界定存在一定的"内外不清"、市场与政府职能界定不明确、政府越位与缺位同时存在等问题。政府越位主要表现为：政府承担了应由市场去做的事情，财政尚未退出营利性领域，继续实行企业亏损补贴和价格补贴等方面。此外，能力较低的政府承担了能力较高的政府需要承担的职能。我国政府职能"缺位"还体现在对基础教育、基础科学、卫生保健、农业等投入不足。

6.3.2　政府环境事权与财权不匹配

环境污染防治具有明显的外部性，受害和受益者经常在跨区域或跨流域范围内发生，但我国具体的环境保护工程实施载体却定位于各级行政区域。依据各级政府分级负责原则，环境事权大部分都属于地方政府。但 1994 年财政体制改革以来，我国的环境财权出现了从中央到地方，财权和财力层层上收，而事权却层层下放的普遍现象。直接影响着下级支出规模和支出方向，影响着下级政府的预算平衡，从而造成流域上下游环境财政支出事权部分、中央和地方、企业和政府之间事权部分的混乱局面。我国分税制改革并没有以规范的方式确定不同政府的事权关系，使得各级政府间也存在事权划分不科学，政府间越位、缺位和错位的现象。

这种环境事权财权划分不对称、不清晰导致两方面明显的后果。一方面，增强了地方政府保护主义的心理。事权财权不匹配导致中央和地方利益的冲突，地方政府以追求辖区利益最大化为目的。因此，在执行环境政策时，当地官员在经济发展和环境发展的博弈中总是倾向于经济发展，而将环境保护的责任推于中央。地方政府为保护当地各部分利益和税源，总是对污染严重却对财税贡献较大的重污染企业"网开一面"，采取"睁一只眼闭一只眼"的态度。另一方面，目前地方环保投入不足问题也不能由中央财政转移支付有效解决。由于基层财政来源不稳定，而且我国很多基层财政不饱和，中央政府必须承担高昂的转移支付责任和成本。而事权财权的不匹配，加之我国转移支付制度的不成熟，导致转移支付的结构不科学，很难解决地方环保投入不足等问题。而很多政府也正以资金短缺为借口，将责任推于中央，使得我国环境保护目标落空。而企业由于环保资金筹措渠道不畅、经济政策不完善，许多历史遗留环境问题、企业破产后的污染治理问题，都要事发多年后由当地政府来承担，而我国地方政府财税支撑条件与环境责任不对等，在贫困地区、经济欠发达地区财力更难以承担治污投入，"211 环境保护科目"在相当一部分地区处于"有渠无水、有账无钱"状态，地方政府环境责任和财税支持条件不对等。

自财政体制改革以来，我国不同级别政府间的关注改革主要表现在财政收入划分层次上。我国财政支出划分进展缓慢，主要是由于支出划分涉及市场与政府边界的界定，包括各级政府职能的科学划分，难度较大。

由于我国制度安排和体制设计上的"先天不足"，政府在很多事项上都存在"你中有我，我中有你""内外不清""上下不明"等问题，这些问题制约着合理的分税制财政体制的有效构建。我国财政转移支付项目日益增多，中央和地方的事务重叠逐渐增大，很多支出项目设置了专款，这不但提高了资金分配期望，还强化了不同部门间的设置专项，影响了整体财政资金效益的发挥。实际上，只有地方政府对自己管理辖区的公共服务最为清楚，也对资金的优化分配更有把握，但由于我国庞杂的专款、要求繁多的配套，限制了地方财政的统筹安排。若赋予地方政府一定的权力，因地制宜，通过一般转移支付将财政资金下达地方的同时，明确政府事权，财政资金的使用效果将会改善很多。

我国现行的环境保护投入体制没有明确政府、企业和个人之间的环境产权和环境事权，没有建立投入产出和成本效益核算机制，导致本应由企业承担的污染治理责任过多地由政府承担，而应当由政府承担的公共需求投入又缺乏资金。按照环境保护责任原则，明晰环保投入的责任主体，有助于确保环保投入水平，提高环保投入的资金效率。

世界各国开展环境保护的实践表明：要解决好环境事权划分，对制度进行创新，将政府干预与市场相结合，构建多层次的环境保护融资体制来解决环境问题势在必行，任何单一制度的设计都不能适应环境保护需求的多样性。

6.3.3　跨界治污需求与行政体制不协调

根据《中华人民共和国环境保护法》，我国当前环境管理体系奉行的是属地管理原则，即各级地方政府应对自己所管辖区内的环境质量负责，并要采取相应的治理措施，改善环境。环境管理的属地原则在涉及跨界污染时，很难避免地方政府及地方保护主义的干预，以及对跨界、跨流域治理的被动。在地方保护主义的保护下，环境影响评价、"三同时"、限期治理等相关法律法规的执行度会大打折扣。例如，流域水环境最为重要的公共资源，具有完整的环境系统，不会因流经不同的区域而产生改变。流域的任何一部分水受到污染都会影响整个流域，呈现区域性污染特征。我国的环境管理奉行属地管理原则是导致流域跨界污染问题的根本原因，上游企业排污引起下游水体污染，而下游地方政府又无权管理上游排污企业，无权要求其减少污染或者对污染实施补偿；而且上游的政府也没有动力去控制排污企业；因为排放只给上游地区带来经济利益，并不造成损害；或者说带来的损害上下游一起承担。由于跨界河流的受益的不可分性，再加上"搭便车"现象的存在，许多地方政府不愿意建设污染处理设施，从而导致污染治理投入不足。据中国水网专题报道，"十五"规划期间，郑州市日均向下游排放污水 240 万 t，但经过处理的仅 37 万 t；安徽省蚌埠、淮南等城市的生活污水平均处理量更是不到产生量的 1/10。

6.4 环境事权划分原则

我国环境事权划分应按照建立公共财政框架的基本要求，界定省以下各级政府职责，即经济社会事务管理责权范围，进一步明确划分省以下各级政府的财政支出责任。根据公共商品的层次性理论和供给效率来划分地方各级政府的职能，确定其事权和支出范围。凡是市场能发挥作用的领域和事务，应充分让市场实现自我调节。同时，在合理划分公共产品不同范围的基础上，地方政府负责地方性公共产品的提供，中央则负责提供全国性公共产品，或统筹协调若干地区共同提供跨地区的公共产品，由粗到细地逐步形成事权明细单。

6.4.1 环境公共物品层次性划分原则

环境公共物品的层次性划分原则，即在明确界定政府职能的基础上，对这些职能进行层次划分：全国性公共产品和事项，以及跨区域性事项，应由中央政府负责；兼有全国性和地方性公共产品特征的事项，应由中央和地方政府共同承担，并按具体项目确定分担的比例；其他地方性公共产品和服务，应由地方财政负责。

6.4.2 效益最大化原则

环境公共物品效益最大化就是要以一定的社会环境资源投入和优化配置，达到环境保护的最大效益。为了使环境公共物品效益最大化，需要建立明确的环境产权，明确各级政府或政府与市场提供公共产品的效率与成本，在达到预期的环境效益的前提下，实现资源的最少投入。

6.4.3　职能下放原则

凡是能够由较低一级政府行使的职责，就尽量下放事权。因为基层政府更接近公共商品的消费者——居民，能更好地了解居民的偏好，具有信息上的优势。需要明确的是科学划分地方各级政府间的事权、财权关系只是一个方面，最重要的还是要将这种划分制度化、法制化。与此同时，各级政府间事权和财权的调整也需要通过法律的程序加以规范，而不能再依据行政上的权力随意改变，以保障各级政府都能独立地行使其职权，从根本上理顺地方各级政府间的财政关系，消除基层财政困难的制度因素。

6.4.4　环境基本公共服务均等化原则

基本公共服务是指由政府提供的与民生密切相关的，在一定发展阶段，对社会公众的生存和发展具有基础性作用的最低标准的公共服务，包括两个层面：一是最小范围，二是最低标准。均等也就是指均衡相等，包括两个方面：一是机会均等，二是结果相等。环境保护属于公共服务的范畴，是公共服务典型领域，同时环境保护是当前最大的民生之一，政府有责任和义务提供环境基本公共服务。明确政府是环境基本公共服务提供的责任主体，考虑到环境基本公共服务具有的性质和特点，由于其涉及面广且具有更大的外部性，主要应由中央政府和省级政府提供，由县级政府管理。明确事权划分后，应通过法律制度固定下来，从而规范中央和地方的职能和权限。在合理划分事权和财权的基础之上，法制化明确政府提供环境基本公共服务职责，是责任的主体。推进污水处理厂、垃圾填埋场等环境基础设施建设，提升区域环境监管水平与应急能力均衡发展等环境基本公共服务均等化应属于政府事权范畴。

6.5　环境事权划分方案

6.5.1　中央与地方政府环境事权划分

科学合理地建立与财权匹配的环境事权划分机制是环境保护得以顺利进行的关键。环境事权划分的一个重要方面即中央与地方的环境事权划分，在环保事权得以较清晰界定的基础上，还需要强化合理的财权匹配机制建设。

研究环境保护政府间事权财权划分方案，界定中央与地方及地方各级政府在环境保护的责任范围，重点在于厘清跨行政区域生态保护、跨流域水污染防治、跨省界环境质量改善事权，界定各级政府在不同区域层次水污染防治中的职责。在此基础上，根据事权与财权相匹配的原则，提出优化财权分配格局的政策建议。

完善体制，落实责任，科学界定中央与地方的环境管理事权。具体来说，根据公共财政的原则和要求，中央政府的环保事权应主要包括：①全国性的统一规划和政策制定的战略性工作，如统一制定环境法律法规、编制中长期环境规划和重大区域和流域环境保护规划，统一进行环境污染治理和生态变化监督管理；②对全社会污染减排监测、执法，对全国环境保护的评估、规划、宏观调控和指导监督。加强区域、流域环保工作的协调和监督，查处突出的环境违法问题；③负责具有全国性公共物品性质的环境保护事务等全局性工作，如跨省流域（大江、大河）环境治理、国家级自然保护区管理、历史遗留污染物的处理处置，以及大气污染、温室效应的监测和应对；④负责一些外溢性很广、公益性很强的环境基础设施的建设投资，跨地区、跨流域的污染综合治理，特别是加强对重点流域、大气和土壤面源污染防治的投入；⑤国际环境公约履约、核废料处置设施建设、国家环境管理能力建设；⑥全国性环境保护标准制定、环境监测建设等基础性工作；⑦组织开展以全国性环境科学研究、环境信息发布以及环境宣传教育；⑧平衡地区间环保投入能力，进行环保财政转移支付等。

地方政府负责具有地方公共物品性质的环境保护事务。我国《环境保护法》第十六条明确规定："地方各级人民政府，应当对本辖区的环境质量负责，采取措施改善环境质量"。具体来说，地方环境事权可包括：①辖区环境规划、地区性环保标准的制定和实施；②辖区内的环境污染治理如环境治理、垃圾、固体废物无害化处理；③辖区内环境基础设施建设，如污水处理厂投资建设、营运；④地方环境管理能力建设，包括环境执法、监测、监督等；⑤辖区所属单位的环保宣教、科研等。

上述环保事权只是一个粗线条和原则性的划分，具体还应因地制宜根据当地所处的流域、区位、环境特征进行分类界定，同时还需进一步在省以下地方政府各层级之间合理划分和配置。

中央政府与地方政府的环境事权划分是一个非常错综复杂的、由粗到细的、不断调整的动态过程，需要纳入国家财政体制整体改革中进行通盘、综合性地部署，也需要在国家整个行政体制改革中进行协调配套。

各级环境行政部门和管理机构是政府环保事权的执行主体，也是企业和社会环保事权的监管主体。在政府间环境事权合理划分的基础上，也需要科学合理界定不同级次环保机构的环境管理职能和职责。总体来说，中央、区域、地方环境管理机构应分别从宏观、中观、微观三个层次来落实环境事权和行使环境资源管理职能。具体来说，中央环境管理机构的主要职能是制定中长期战略规划、环境立法、环境政策和标准的制定，把握国家整体生态发展和环境保护的大方向；中央环境管理具有长期性、稳定性、宏观性的特点；区域环境管理机构的主要职能是传达宏观环境管理的政策，评估本区域的生态状况和环境问题，选择与之匹配的政策条款和管理方法，主要包括环境经济政策、环境技术政策、环境贸易政策、环境社会政策的选择和管理。区域环境管理政策对于中央环境管理政策而言是分政策，它必须遵循中央环境保护政策的指导；对于地方环境管理而言，则是总指导，是地方环境管理的行动指南。地方环境管理机构的主要职能在国家环境管理的宏观调控下，传达区域环境管理政策，实施具体的环境管理，接受管理对象的反馈信息，对具体的环境问题、生态现象进行直接管理地方环境管理的管理对象是特定的主体，具有直接性、灵活性、适用性的特点。此外，还应根据环境资源类别的不同对环境资源进行分类，由中央、省（市）、市、区（县）分别代表国家进行产权管理，行使出资人的责、权、利，改变我国环境资源的产权不确定或不存在的现象。

6.5.2 政府与企业环境事权划分

理论上，环境事权可划分为两个层次，除了各级政府之间尤其是中央与地方政府之间的环境责任及其投资范围以外，还有一个层次是政府与市场主体之间的环境投资事权划分。

在市场经济条件下，环境保护多元投资主体包括政府、污染者和其他营利性机构。各投资主体之间合理的环境事权分配应该是：营利性机构按照"受益者负担"的原则对污染防治设施建设和运营进行投入；污染者按照"谁污染、谁治理"的原则对环保进行投入。其中，企业以"污染者付费"的方式，直接削减产生的污染或补偿有关环境损失的投资。个人则在可以操作实施的情况下，以"使用者付费"的方式有偿使用或购买环境公共物品或环境服务，如缴纳生活污水处理费、生活垃圾处理费等，为环境基础设施建设和运营出一份力。与前两者相比，政府的财政投入是一种广泛的公民负担，政府通过财政支出向全社会提供生态产品（或服务）的主要目的是弥补市场不能提供的缺陷，满足社会公共需求。因此，财政应重点投向那些公益性强的、私人部门没有力量提供的生态产品和服务领域，包括环境基础设施建设、跨区域的污染综合治理以及环境管理部门自身建设和发展等。

具体来说，政府应当是环境保护经济手段、技术手段、法律手段、行政手段和宣传教育手段的主要参与者，政府应按照社会公共物品效益最大化原则，行使规制、管理和监督职能，建立合理的市场竞争和约束机制，使企业把污染治理事权转嫁给消费者的可能影响减至最小。政府投资应当逐步从由市场配置资源的经营性和竞争性生产领域，逐步转移到保证政府机构正常运转、社会公共事业和社会保障等公共需求。在我国社会主义市场经济体制转轨和完善过程中，政府的其中一个重要职责就是对建立市场经济进行规制和监督。因此，与市场经济国家的政府相比，中国更应加强政府在环境保护中的规制和监督作用，如统一制定环境法律法规，统一编制中长期环境规划和重大区域和流域环境保护规划，统一进行污染治理和生态变化监督管理，组织开展环境科学研究、环境标准制定、环境监测建设、环境信息发布以及环境宣传教育等。政府还应当承担一些公益性很强的环境基础设施建设、跨地区的污染综合治理，同时履行国际环境公约和协定。

在政府范畴内，还应明确各级政府的环境事权划分及其投资范围和责任，公共需求的层次性是各级政府环境事权划分的基本依据。按受益范围，公共需求分为全国性公共需求和地方性公共需求。全国性公共需求的受益范围覆盖全国，凡本国的公民或居民都可以无差别地享用它所带来的利益，因而应由中央来提供。地方性公共需求受益范围局限于本地区以内，适于由地方来提供。按受益范围区分公共需求的层次性，不仅符合公平原则，同时也符合效率原则。因为受益地区最熟悉本地区情况，掌握充分的信息，也最关心本地区公共服务和公共工程的质量和成本。从效率原则出发，跨地区的巨大工程属于全国性公共需求，如三峡工程建成后，它的输电范围遍及北京、上海、广州等广大地区，后续效益将泽及子孙万代；京九铁路工程南北贯通 8 个省、市、区，如果这类工程由地方举办或由沿路的省、市、区联合举办，将会矛盾重重，难以确保工程质量和工程进度，也会提高工程成本。相反，一个地区性的水库由中央提供，就不一定能做到因地制宜，符合地方需要。

对那些营利性、以市场为导向的环境保护产品或技术，其开发和经营事权应全部留归企业；对那些不能直接赢利而又具有治理环境优势的环保投资的企业或个人，政府应制定合理的政策和规则，使投资者向污染者和使用者收费，帮助其实现投资收益。企业作为在市场经济中生产经营活动的主体，是环境污染物的主要产生者。企业首先要根据市场规则进行经济活动，在严格遵守国家环境法规和政策的前提下获取经济利润。企业应承担包括环境污染的风险在内的投资经营风险，不能把治理环境污染的责任转嫁给社会公众，按照"污染者付费"原则，直接削减产生的污染或补偿有关环境损失。为了降低削减污染的全社会成本，可以允许企业通过企业内部处理、委托专业化公司处理、排污权交易、缴纳排污费等不同方式实现环境污染外部成本内部化。但是，无论采取哪种方式或手段，企业都需要为削减污染而付费。此外，按照投资者受益原则，有些企业可以直接对那些可赢利的、以市场为导向的环境保护产品或技术开发进行投资，也可以通过向污染者和使用者收费，实现其对某个环境产品投资的收益。例如，城市生活污水不同于工业污水，工业污水的排放主体一般比较明确，按照"谁污染、谁治理"的原则，工业污水应当以排放企业治理为主。但城市生活污水主要来自居民生活，不能要求居民自己去处理，地方政府制定合理的政策和规则，向使用者收费来保障生活污水处理，同时这一领域也是公共财政应该保障的重点。

在安排公共需求特别是地方性公共需求的布局时，为了提高效率，还要考虑公共需求或公共物品本身的特性，如"外溢性"就是一个必须关注的问题。所谓外溢性，是指公共设施的效益扩展到辖区以外，或者对相邻地区产生负效应，即造成损失。水利工程在上下游以及周边地区的利益外溢是最典型的例子。显然，全国性公共需求不存在国内的利益外溢，只有地区性公共需求才存在利益外溢问题。从财政上解决利益外溢的主要措施就是由主受益地区举办，中央给予补助。因此，规范的分级预算体制对环境事权的划分应该以法律形式具体化，力求分工明确，依法办事。

在市场经济中，社会公众应当是法律手段和宣传教育手段的主要参与者，社会公众既是环境污染的产生者，往往又是环境污染的受害者。公众要按照使用者付费原则，在可操作实施的情况下有偿使用或购买环境公共用品或设施服务，如居民支付生活污水处理费和垃圾处理费。作为环境污染的受害者，公众应该从自身利益出发，积极参与对环境污染者的监督，成为监督企业遵守环境法规的重要力量，以克服市场环境资源信息的稀缺性，防止或减少环境问题的进一步产生。

根据环境外溢性、污染者付费、使用者付费等多项原则，可简要列举我国政府、企业、社会、公众等多元主体环境事权的配置项目（表6-1、表6-2）。当然这些事权的列举还不可能涵盖到所有的环境事项，但目的在于反映出基本的逻辑路线，其他相关更细的环境事务可依此逻辑，在相关责任主体之间进行合理划分和科学配置。

表6-1　中国环境保护和污染防治多元主体事权

环境保护和治污领域	责任主体	费用负担模式	融资渠道
工业污染防治	污染企业	污染者负担	自有资金、排污费、商业融资渠道，政府扶持（特别是针对中小企业）
城市生活污染	地方政府	受益者负担	使用者付费，地方财政、中央财政
生活污水、垃圾	居民	政府补贴	补贴、商业融资渠道、民间或海外资本直接投资、国际援助和贷款等
机动车污染	机动车所有者、地方政府	污染者（机动车所有者和制造商）负担、地方政府补贴	污染者付费，政府补助
生态建设与保护、自然保护区	政府、社会	政府负担、受益者负担	财政、商业融资渠道、民间或海外资本直接投资、国际援助和贷款等
农业面源污染及农村环境保护	政府	化肥使用者负担、政府补贴	化肥使用者付费、财政、商业融资渠道等
流域/区域环境治理	政府、企业	政府和污染责任方负担	财政、排污费、受益者收费、商业融资渠道、民间或海外资本直接投资、国际援助和贷款等
国际环境履约	政府、相关责任方、国际组织	政府和相关责任方负担	财政、国际资金机制
环境管理能力建设	各级政府	政府负担	财政预算支出

资料来源：中国环境保护投资融资机制课题组总结报告。

表6-2　政府、企业和社会公众的环境事权划分

环境保护主体	事权划分所遵循的原则	主要事权	主要手段
政府	环境公共物品效用最大化原则	制定法律法规、编制环境规划；环境保护监督管理；组织科学研究、标准制定、环境监测、信息发布以及宣传教育；履行国际环境公约；生态环境保护和建设；承担重大环境基础设施建设，跨地区的污染综合治理工程；城镇生活污水处理；支持环境无害工艺、科技及设备的研究、开发与推广，特别是负责环保共性技术、基础技术的研发等	行政手段、宣传教育手段、经济手段
企业	污染者付费原则、投资者受益原则	治理企业环境污染，实现浓度和总量达标排放；不自行治理污染时，缴纳排污费；清洁生产；环境无害工艺、科技及设备的研究、开发与推广；生产环境达标产品；环境保护技术设备和产品的研发、环境保护咨询服务等	技术手段、经济手段、法律手段
社会公众	污染者付费原则、使用者付费原则	缴纳环境污染费用、污水处理费；有偿使用或购买环境公共用品或设施服务；消费环境达标产品；监督企业污染行为等	法律手段、经济手段、宣教手段

政府与市场之间的环境事权划分要从理论上阐释清楚，从政策上界定明确，还需要在社会主义市场经济体制改革过程中不断完善。特别是要根据市场经济体制改革和环境形势的变化，重点研究当前和未来可能出现的一些新生的环境事权和边界容易在有关责任主体间"漂移"的事权，以及目前政策尚未明晰化界定的一些共担事权、交叉性事权和混合型事权。

6.6　环境基本公共服务视角下的政府间关系

6.6.1　环境基本公共服务均等化

6.6.1.1　环境基本公共服务的概念和内涵

环境基本公共服务是指由政府提供的，在一定发展阶段，保障公众基本环境权益的最小范围、最低标准的公共服务。它主要包含两个方面的意思：一是环境基本公共服务应该保障公民最基本的环境权益，另一方面是指最小范围和最低标准，是一个阶段性概念，具有动态性。

（1）环境基本公共服务应该保障公民最基本环境权益　公民的环境权一般包括程序性权利和实体性权利两方面的主要内容。实体性权利包括生态性权利和经济性权利。生态性权利即良好环境享有权，人们享有清洁、健康的环境的权利，体现为公民对一定质量水平环境的享有并于其中生活、生存、繁衍，公民有在良好、适宜、健康环境中生活的权利。这是保障公民身体健康的首要条件，也是公民环境权内容的基本组成部分。具体包括：①清洁水权，指公民享有饮用清洁、卫生的水的权利；②清洁空气权，指公民有呼吸新鲜、清洁空气的权利；③宁静权，指公民有不受噪声、振动污染的权利；④优美环境享受权，指公民享有对风景名胜区等具有特殊文化价值的环境观赏游玩的权利等。经济性权利表现为环境法律关系主体对环境资源的开发和利用，其具体可分为环境资源拥有权、开发、利用环境资源权（环境使用权）、环境处理权等。程序性权利是指公民有参与国家环境管理的权利，参与政府有关环境的行动的决策过程，要求政府听取公民的意见和建议的权利。具体包括环境知情权（又称为环境信息权，是国民对自身的环境状况以及国家的环境管理状况等有关信息获得的权利）、环境立法参与权、环境行政执法参与权、环境诉讼参与权、环境监督权（即公民有对污染破坏环境的政策和行为进行监督、检举和控告的权利）等。

（2）环境基本公共服务范围和标准具有阶段性　环境基本公共服务主要是由国家财政支出来提供的，所以受限于国家的经济发展水平和财政能力，在一定发展阶段所提供的环境基本公共服务的范围和水平是有差别的，没有一成不变或放之四海而皆准的环境基本公共服务清单和标准。随着经济发展水平的不断提高，社会制度的成熟，历史文化理念的不断进步，环境基本公共服务的涵盖范围会越来越广，标准也会越来越高。

6.6.1.2　环境基本公共服务范围

根据定义，环境基本公共服务是指由政府提供的、与公众的环境权益密切相关的一种公共服务。所以要确定环境基本公共服务的范围，必须科学、合理地把握公众的基本环境服务需求。

环境基础设施理论上是一种准公共服务，可以由政府和市场共同提供，但由于人们的"搭便车"心理和容易造成"公地悲剧"，所以政府还是应该负主体责任。长期以来，我国环境保护投资不足，环境基础设施建设历史旧账较多，特别是中西部偏远地区及广大的农村地区环境基础设施更是匮乏，甚至是空白，导致我国污染物排放总量严重超过环境容量。环境基础设施是一种能够消除环境污染巨大负外部性的有效手段和工具，是一种为了保障民生必须主要由政府提供的基本公共服务。所以建设污水处理厂、垃圾填埋场等环境基础设施，消除环境污染的环境基础性服务是环境基本公共服务的核心构成。

干净的水、清洁的空气和放心的食物是事关公众生存的根本问题，是最基本、最低层次的民生要求，是政府必须提供和保障的最基本公共服务。但是当前我国环境污染严重，公众的基本生存和发展得不到充分保障。因此，对水、大气等环境质量变化进行监测和评估以及对造成水、大气等环境质量变化的污染行为进行监管，保障公众清洁水权、清洁空气权及宁静权等基本民生性服务是环境基本公共服务的主要内容。

按照马斯洛的层次需求理论，安全需求是公众的基本需求之一，环境安全事关公众的生命财产和国家的整体利益，政府有责任提供基本的环境安全服务。但目前我国处于环境安全事故高发期，环境安全形势严峻，东北松花江、四川沱江、太湖蓝藻危机、湖南省浏阳市镉污染、陕西省凤翔铅污染等突发环境事件多发、高发，影响范围广，危害大，对建设和谐社会，维护社会稳定具有较大的影响。所以，健全环境事故应急机制，防范环境突发事故的环境安全性服务也成为环境基本公共服务的重要组成。

我国是人民当家做主的社会主义国家，人民是国家的主人，人民有参与国家环境管理的权利，有获得自身的环境状况以及国家环境管理状况等有关信息的权利，政府要保障人们这种最基本的环境知情权，提供环境信息知情服务。所以环境信息知情服务也是环境基本公共服务的有益部分。

根据上面的分析和总结，我们把环境基本公共服务分为 4 个方面（不同阶段有不同的重点领域）：①建设污水处理厂、垃圾填埋场等环境基础设施，消除环境污染的环境基础性服务；②对环境质量变化进行监测和评估以及对造成水、大气等环境质量变化的污染行为进行境监管，保障公众清洁水权、清洁空气权及宁静权等生存的基本民生性服务；③健全环境事故应急机制，防范环境突发事故的环境安全性服务；④保障参与国家环境管理的环境信息服务。

6.6.1.3　环境基本公共服务标准

目前环境基本公共服务均等化概念为首次提出，还处于理论探索阶段，关于环境基本公共服务标准的制定将是下阶段的工作研究重点，有必要在借鉴国外经验及国内其他各行业经验的基础上建立健全我国的环境基本公共服务标准。建立健全我国的环境基本公共服务标准应该遵循以下几个原则。

（1）可行性原则　制定我国的基本公共服务标准必须考虑我国的基本国情和财政负担能力，要宽严适度，标准既不能太高，难以实现，也不能太低，否则难以达到缩小区域、城乡差距，推进均等享受环境基本公共服务的目的。

（2）动态性原则　环境基本公共服务均等化的实质是让每个公民在同一标准上实现环境基本公共服务的机会均等和结果均等。随着经济和社会发展条件的变化，公众环境基本公共服务需求也会随之变化，公共服务标准也要适时调整，形成环境基本公共服务标准与均等化的良性互动。

（3）国际性原则　要借鉴国外先进国家制定环境基本公共服务标准的经验，尽量实现与国际接轨。

6.6.2　基于均等化视角的环境事权关系

在一定程度上，环境保护的事权财权划分是动态的，涉及的因素较大，且应该与财税体制（如税源税基等适度关联）完全科学划分具有较大的难度，但以环境基本公共服务均等化视角划分事权财权，相对简单、具有可操作性，即上级财政应该弥补缺口、确保环境基本公共服务在区域、城乡之间基本均衡，在当前尤其应该确保城乡安全饮水、城市污水垃圾收集处理服务、环境监测评估服务的基本达标。

6.6.2.1　环境基本公共服务事权在政府

实现城乡基本公共服务均等化已经成为我国各级政府的基本职责。随着我国经济社会的快速发展，与人民群众全面、快速增长的公共需求相比，公共服务供给的总量与人均水平明显不足，城乡间、地区间与不同阶层群体间基本公共服务的差距日益扩大，这些问题已经成为我国经济发展与和谐社会建设的主要瓶颈因素。不断改善基本公共服务的供给，推进城乡基本公共服务的均等化，不仅可以为经济的可持续发展创造良好的社会条件，而且还可以有效地缓解城乡差距，促进社会公平正义和社会和谐。

2005年，十六届五中全会通过的《中共中央关于制定国民经济和社会发展第十一个五年规划的建议》中要求，按照公共服务均等化原则，加大国家对欠发达地区的支持力度，加快革命老区、民族地区、边疆地区和贫困地区经济社会发展。十七大报告把实现基本公共服务的均等化放在更加突出的位置，两次阐述了这个问题，基本服务均等化成为了一个热点问题。《中华人民共和国国民经济和社会发展第十二个五年规划纲要》强调要"坚持以人为本、服务为先，履行政府公共服务职责，提高政府保障能力，逐步缩小城乡区域间基本公共服务差距""县具备污水、垃圾无害化处理能力和环境监测评估能力，保障城乡饮用水水源地安全"。《国家环境保护"十二五"规划》中要求推进区域环境保护基本公共服务均等化。着力推进基本

219

公共服务均等化，已成为科学发展、和谐发展的重大战略任务，成为各级政府的基本职责。

在推行环境基本公共服务均等化的过程中需要把握和辩证理解政府和市场的关系，以及政府承担提供基本公共服务职责与提供服务手段的差异两者之间的关系。政府承担职责和提供服务手段可以理解为目标和手段的关系，政府为了达到提供均等化环境基本公共服务的目的，必须发挥主体（主导）作用，也可以在方式方法上引入市场机制、多元参与，但即使是多元化提供机制，政府也不能一推了之，市场机制只能作为一种手段，责任主体在于政府。

环境基本公共服务的出现主要是由于存在"失灵市场"，使得市场机制在一些领域难以达到"帕累托最优"，特别是由于环境基本公共服务具有消费的非竞争性与受益的非排他性两个特征，使得在公共服务消费中人们存在一种"搭便车"动机，每个人都想不付或少付成本享受环境基本公共服务，导致市场机制不愿意提供这种服务。但环境公共服务由于对社会公众的生存和发展具有基础性作用，不可或缺的，这时就需要政府出面来提供公共服务。发达国家的经验和我国改革开放的实践证明，在提供私人物品和私人服务方面，市场机制的作用不可替代，但在提供公共服务方面，市场机制却存在失灵或局限性。因此，需要通过政府提供公共产品和建立基本公共服务均等化的机制，来有效解决市场公共品供给的失灵问题。

虽然环境基本公共服务的性质决定了政府要承担提供环境基本公共服务的责任，但限于财力、效率等原因，基本公共服务均等化并不等于"政府完全埋单"，可以存在政府完全付费、政府和个人分担付费，消费者独立付费等多种付费机制。同时环境基本服务并不意味着政府要"大包干"，要完全靠政府自身来提供环境基本公共服务，也可以根据不同环境基本公共服务具有的非竞争性和非排他性程度的不同，部分通过市场机制来提供，以补充政府公共服务的不足。除了直接生产和供给外基本公共服务外，政府还可以通过委托授权、特许经营、公私合作及购买服务等多种方式，鼓励引导民间组织和企业，特别是非营利组织提供环境公共服务，扩大环境基本公共服务的供给能力，同时也提高环境基本公共服务的供给效率。政府在这个过程中既可以是生产者，也是提供者，也可以只是提供者（购买者），抑或仅仅是监管人。但在推行市场机制的过程中政府必须要加强协调和监督力度，使市场机制真正成为政府环境基本公共服务的重要助手，不能片面地将一些提供公共服务的责任推给了市场，造成公共责任空白，引发公共部门的责任危机，最终损害公共利益。

6.6.2.2 实现均等化的事权在上级政府

基本公共服务主要是由国家和地方财政支出来提供的，受限于国家的经济发展水平和财政能力，政府只能提供最基本的公共服务，而且在一定发展阶段所提供的基本公共服务的范围和标准是不断变化的，首先是最低标准，然后是中级标准，最后是高级标准。总的趋势是随着经济发展水平的不断提高、社会制度的成熟、历史文化理念的不断进步，基本公共服务的涵盖范围会越来越广，标准也会越来越高。

　　提供环境基本公共服务属于地方政府的事权，由地方财政予以承担。县级政府重点保障城乡环境基本公共服务均等化的实现。区域环境基本公共服务均等化的事权在上级政府。在下级政府财政无法为实现环境基本公共服务标准提供保障时，上级财政应予以补助和支持。可采取一般性转移支付、专项转移支付、以奖代补等方式来实现，具体的共担比例则可根据具体环境项目的地区外溢性程度和地方财政能力而定。上级财政在资金安排上，应更多地基于均等化标准差距等因素将预算资金分配到对地方的一般性转移支付甚至均衡性转移支付，并纳入地方预算体系。

　　社会主义初级阶段推行环境基本公共服务均等化，首先是建立有利于推进均等化的制度安排和财政政策体系。明确政府提供环境基本公共服务的主体责任，在管理理念、政策设计、阶段重点上将民生、服务等有机融入。建立政府环境基本公共服务绩效评价体系，着力实现环境管理向环境服务的转变，在指标设计上，多考虑以人为本类型的指标，将受益人口等作为环境保护的效益予以评价。将环境基本公共服务纳入公共财政范畴予以重点保障，在现有环保投资（投入）统计的基础上，把政府环保投资（投入）作为指标试行纳入考核。其次应该加大投入。环境基本公共服务均等化的核心在于提高服务供给能力。改革完善公共财政制度，加大环境基本公共服务领域支出，着力增强政府环境基本公共服务能力，保证新增财力向环境基本公共服务均等化领域倾斜，公共财政要逐步成为"民生财政""绿色财政"，落实"工业反哺环保"。

　　基本公共服务均等化是公共财政的基本目标之一，政府要为社会公众提供基本的、在不同阶段具有不同标准的、最终大致均等的公共产品和公共服务。转移支付制度是实现环境基本公共服务均等化的最重要手段，对均等化的公平和效率目标的实现有着重要的影响。要进一步完善转移支付制度，确立环境基本公共服务均等化的转移支付目标，调整财力性转移支付，加大对贫困地区的支持力度，科学界定专项转移支付标准，控制准入条件和规模，用"因素法"取代"基数法"，将环境基本公共服务均等化列入财政转移支付的支持重点，建立新增财力向环境保护方向的倾斜机制。在统筹城乡、统筹区域的背景下进行整体考虑，根据我国经济社会发展的不同阶段，应制定阶段性的环境基本公共服务均等化目标，通过财政转移支付逐步实现均等化目标。

　　中央财政着力解决环境基本公共服务不均衡问题。完善中央与地方的事权责任关系，加大政府体制改革力度。中央财政着力解决环境基本公共服务不均衡问题，安排专项资金对地方不能达到环境基本公共服务水平的地区予以支持，以环境基本公共服务提供能力为参数设计专项转移支付或作为一般转移支付的考虑因素之一，保证国家环境意志和地方全国性公共产品的效率。

第7章

环境保护预算支出经费保障

7.1 国外环境保护预算支出保障

7.1.1 国外实践分析

西方发达国家具有相对成熟的环境财政预算决策制度，将环保资金纳入国家财政预算体系内，有效保证了环保投资来源，且做到了专款专用。2003 年，美国、加拿大和瑞典等国家，中央或联邦环保部门的预算支出占中央或联邦政府总预算支出的比例分别为 0.7%、0.5%和 0.51%，对于环保资金的使用，都有明确的使用规定。如美国环保局的年度预算与实现环境保护目标密切相关。

美国环保局制定了一个 5 年的环境战略规划，提出相应的十大战略目标和指标以及相应的措施，根据这一规划制定年度实施计划并制定相应的预算。美国环保局 2006 财政年度预算中"清洁空气与全球气候变化"预算资金约为 9.7 亿美元，占总预算的 12.8%，主要用于改善户外与室内空气质量，保护平流层臭氧层以尽量减少辐射风险，减少温室气体浓度，资助相关科研项目；"清洁与安全的水体"预算资金约 28 亿美元，占美国环保局年度总预算的 37.2%，主要用于加强水质监测、改善地表水与饮用水水质；"土壤保护与修复"预算资金为约 16.9 亿美元，占美国环保局年度总预算的 22.3%，主要用于继续 2003 年启动的土地振兴计划，部分预算用于有害物质减量化和补充超级基金。美国环保局 2013 财政年度预算中"气候变化和空气质量改善"预算资金约为 11.25 亿美元，占总预算的 14%；"水环境保护"预算资金约为 19.38 亿美元，占总预算的 45%；"清洁美化社区"预算资金约为 37.82亿美元，占总预算的 23%；"确保化学品安全以及防治污染"预算资金约为 6.99 亿美元，占总预算的 8%；"执行环境法"预算资金约为 8.3 亿美元，占总预算的 10%（图 7-1）。

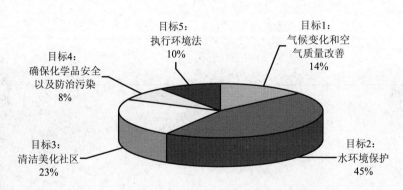

注：总预算 83.44 亿美元不包括前一年余下的 3 000 万美元，而分目标预算包含前一年剩余资金，因而分项总计为 83.74 亿美元。

图 7-1　2013 财政年度美国环保局预算项目比例

日本政府的环境投资方向也发生了很大的变化，主要集中在环境基础设施的建设上。20 世纪 90 年代以来，中央政府环境预算的 83%用于环境基础设施建设，11%用于主要包括国家公园、准国家公园及一般生活区公园的建设和海岸、港口及文物古迹等地的自然环境保护。

德国环境财税政策的实施主要是通过政府投资和改革完善环境税收和收费政策来实现的。政府投入方面，联邦政府统一各部门用于环保的预算，其中一部分由联邦环境部组织实施，并列入环境部预算，其他分散在联邦各职能部门。20 世纪 70 年代，德国环保投资占 GNP 2.1%。2005 年列入环境部的预算为 7.69 亿欧元，主要用于可再生能源促进支助、太阳能热水器用木材取暖设备购置资助、新技术开发等。考虑其他预算在内，联邦政府用于与环保相关的总支出为 74.38 亿欧元，占联邦总预算的 4%。

英国政府对环保节能的投入，按照预算直接拨给基金会，由基金会具体执行有关项目，但支持领域、支持方向是由有关政府部门来决定的。目前基金主要用于节能技术的推广、高效节能技术的研发和示范以及对终端用户采用高效节能技术、设备给予适当补贴 3 个方面。上述 3 个方面分别通过一个国家级的、持续的项目来实施。

法国环保预算支出由法国环境保护部来负责掌握。法国的环保资金先由环境保护部拨给全国 6 个大区的环境保护中心，再由它们来负责安排各项支出。每年的各项环保支出都要编制专门的预算，并由审计院负责监督预算的执行与资金的使用情况。

芬兰环保投资包括产业投资和公共投资。其中，中央或地方政府的环保支出属于公共投资；而不同生产部门在污染治理和环境管理上的支出为产业投资。2000 年，芬兰中央政府对环保的财政预算为 37 亿芬兰货币，约占总财政预算的 2%，其中 12 亿货币用于农业环保（一半为欧盟基金援助）。

新西兰是一个农业大国，政府对农业生态环境保护特别关注。中央政府对与农业相关的环保项目投资约 1.51 亿美元，地方政府对与农业相关的环保投资约 1.58 亿美元。政府对农业环境保护的投资资金大约有 40%用于农业环境污染治理，60%则用来预防农业自然灾害侵蚀。

俄罗斯从 1991 年开始按排放污染物的重量征收环境税，凡是按规定标准或超标准排放污染的企业或个人均是环境污染税的纳税人，所得税额全部缴入俄罗斯国家生态基金中，用于环境保护的专项资金。

韩国在 1995 年设置了环境保护特别账户，并将排放收费、废弃物押金、回收收费、废弃物收费、水质改善收费、生态保护支持收费作为环境保护特别账户的主要资金来源。20 世纪 80 年代，韩国环境总支出预算占政府预算比例的 1%，占 GNP 的 0.2%，该时期环境保护支出主要用于河流的水质改善。90 年代早期，环境支出比例占政府支出比例的 2%，GNP 的 0.5%，环境支出中用于水污染治理的比例稍有下降，用于自然保护与空气质量保护的支出有所增加。

表 7-1　国家及地方环境机构的年度预算

国家	美国（2007/2008）	日本（2007）	德国（2007）	英国（2007/2008）
国家	331 亿美元 联邦政府在自然资源和环境方面的全部预算（包括美国环保局的 72 亿美元预算）	174 亿美元 联邦政府的所有环境预算（包括环境省预算 18 亿美元）	114 亿美元 联邦政府的所有环境预算 （包括环境、自然保护及核能安全部（BMU）的 12.5 亿美元预算）	73 亿美元* 环境、食品及农村事务部（DEFRA）其中 36 亿美元用于环境保护（不包括单列的自然资源保护预算）
区	150 亿美元 州级机构（2003 年估计值）30% 来自联邦基金	93 亿美元 各县（2001）84% 用于污水及废弃物处理服务及设施	1 465 亿美元 州及地方政府环境支出包括 50 亿美元联邦基金	20 亿美元 英格兰、威尔士、苏格兰及北爱尔兰的环境部
地方	1 350 亿美元 地方政府的环境支出（2003/2004 年估计值）	395 亿美元 各市（2001）95% 用于污水及废弃物处理服务及设施		116 亿美元 政府的所有环境支出（2004 年的 DEFRA 统计数据）
大致总计	1 830 亿美元	660 亿美元	1 580 亿美元	210 亿美元

注：* 基于现有信息的不同财年的总计，不包括其他联邦部门环境有关的支出。

表 7-2　2007 年各国家相关环境支出比例

国家	美国	日本	德国	英国
国家环境支出在联邦总预算中所占比例/%	1.2	2.2	2.9	1.2*
环境支出在 GNP 中所占比例/%**	1.2	1.5	5.8	0.9*
人均 GNP/美元	44 850	33 752	32 676	37 829
年度人均环境总支出/美元***	608	518	1 917	345*
年度人均环境支出在人均 GNP 中所占比例/%	1.3	1.5	5.8	0.9

注：*不包括其他联邦部门环境相关的国家支出；**国际货币基金组织估算的国民生产总值，以购买力平价为基础计算；***用不同财年的总额计算的大致金额。

7.1.2　经验总结与借鉴

由于西方发达国家很早就确立了相对公开透明的公共财政预算决策制度，因此，作为公共财政支出一个分支的环境支出，其框架基本完善成熟。西方发达国家采用征税、收费、补贴等多种手段，取得了较好的效果，政府的环境保护支出涵盖了污水处理、大气污染治理、水质管理、噪声控制及自然资源保护等几个方面。此外，西方国家对有利于改善环境的技术或行为的补贴大都来源于环境方面的税收、收费等，真正做到了专款专用。除征收环境税外，税收减免优惠也是重要的政策手段，即通过减少政府财政收入，支持环保企业的发展和减少污染。如美国对达到国家规定的大气标准的区域，财政给予的补贴相当于环保支出的 50%，日本则对能减轻污染的技术、设施等减免的税收力度相当于原税额的 75%。

各国环境保护事业的顺利发展都是建立在财政资金大力支持的基础之上的，只有财政预算支出给予环境保护足够的关注，才能有效解决日趋严重的环境问题。

为此，国家应当加大环保的支出力度，主要表现在以下几个方面：首先，将环保支出列入财政预算当中，加大力度使"211"环境保护科目的投入落到实处；其次，政府应加大对环保配套设施的投资，促进有利于环保的各项目建设；再次，制定法律法规，加大各级政府对环保的财政预算，使得环保财政支出占 GDP 的比重得以提高，达到环境保护的目的。

7.2 我国环境保护预算支出现状

2006 年，财政部制定《政府收支分类改革方案》及《2007 年政府收支分类科目》，将环境保护作为类级科目纳入其中，使环境保护在财政支出中第一次有了户头。"211 环境保护"支出科目体系的正式建立是政府环保投入的重大突破，也是环境保护财政预算支出的重要保障。

7.2.1 "211 环境保护"预算支出科目的设立

与基本建设支出、文教科卫支出等作为一个独立的支出科目不同，环保投资是被列在基本建设支出、科技三项费用专项支出等科目之下。尽管最近几年环境保护的重要性正在被各级政府部门重视，环保投入力度不断加大，但稳定的预算机制尚未建立，环境保护资金安排的随意性较大，在资金紧张的情况下环境保护支出往往成为被削减的对象。

2006 年，财政部制定《政府收支分类改革方案》及《2007 年政府收支分类科目》，将环境保护作为类级科目纳入其中（"211 环境保护"），并于 2007 年 1 月 1 日起全面实施。这是各地加强环保队伍和能力建设、推进环保机构经费保障工作、提高环境保护投入的基础。"211 环境保护"科目包括环境保护管理事务支出、环境监测与监察支出、污染防治支出、自然生态保护支出、天然林保护支出、退耕还林支出等 10 款 48 项。"211 环境保护"支出科目第一次以"类"级科目的形式出现，使环保在政府预算支出科目中有了户头，把各个部门分别管理、散落在不同科目、以不同形式存在的环境财政支出资金，如"基本建设支出"、"科技三项费用"、"工业交通事业费"、"行政管理费"、"排污费支出"等，统一纳入环保科目，并细化了预算科目，较为全面、系统地反映了政府各项环境保护支出。

表 7-3　2007 年"211 环境保护"科目设置

代码	科目
211	环境保护
21101	环境保护管理事务
2110101	行政运行
2110102	一般行政管理事务
2110103	机关服务
2110104	环境保护宣传
2110105	环境保护法规、规划及标准
2110106	环境国际合作及履约
2110107	环境保护行政许可
2110199	其他环境保护管理事务支出
21102	环境监测与监察
2110201	环境监测与信息
2110202	环境执法监察
2110203	建设项目环评审查与监督
2110204	核与辐射安全监督
2110299	其他环境监测与监察支出
21103	污染防治
2110301	大气
2110302	水体
2110303	噪声
2110304	固体废弃物与化学品
2110305	放射源和放射性废物监管
2110306	辐射
2110307	排污费支出
2110399	其他污染防治支出
21104	自然生态保护
2110401	生态保护
2110402	农村环境保护
2110499	其他自然生态保护支出
21105	天然林保护
2110501	森林保护
2110502	社会保险补助
2110503	政策性社会性支出补助
2110504	职工分流安置
2110505	职工培训
2110506	天然林保护工程建设
2110599	其他天然林保护支出

代码	科目
21106	退耕还林
2110601	粮食折现挂账贴息
2110602	退耕现金
2110603	退耕还林粮食折现补贴
2110604	退耕还林粮食费用补贴
2110605	退耕还林工程建设
2110699	其他退耕还林支出
21107	风沙荒漠治理
2110701	京津风沙源禁牧舍饲粮食折现补助
2110702	京津风沙源治理禁牧舍饲粮食折现挂账贴息
2110703	京津风沙源治理禁牧舍饲粮食费用补贴
2110704	京津风沙源治理工程建设
2110799	其他风沙荒漠治理支出
21108	退牧还草
2110801	退牧还草粮食折现补贴
2110802	退牧还草粮食费用补贴
2110803	退牧还草粮食折现挂账贴息
2110899	其他退牧还草支出
21109	已垦草原退耕还草
21199	其他环境保护支出

7.2.2 "211 环境保护"预算支出科目的发展

2008 年，政府收支分类"211 环境保护"科目具体划分与 2007 年度科目一致。2009 年，能源节约利用、污染减排、可再生能源、资源综合利用等也相继纳入"211 环境保护"。并对原有科目进行了调整。新增退牧还草工程建设、污染减排、减排专项支出、其他污染减排支出、资源综合利用等 5 项，另外对环境保护科目说明进行了修改，将能源节约利用、环境监测与信息、环境执法监察、清洁生产专项支出、可再生能源等的相关代码进行了修改，放入"211 环境保护"科目或对其所在的款进行了调整。修改后的 2009 年"211 环境保护"预算科目共包括 14 款 57 项。2010 年，政府收支分类科目中将能源管理事务也纳入"211 环境保护"预算科目，共包括 15 款 70 项。

7.2.3 "十一五"预算支出科目资金安排

2007 年以来，中央财政预算环境保护支出累计预算支出 4 417.3 亿元，重点用于环境保护、生态建设以及节能等领域。

表 7-4　"十一五"期间"211 环境保护"预算支出

年份	全国财政预算环境保护支出/亿元	中央财政预算环境保护支出/亿元	增长比例/%
2006	—	—	—
2007	995.82	782.1	—
2008	1 451.36	1 040.3	33.0
2009	—	1 151.8	10.7
2010	2 425.85	1 443.1	25.3

数据来源：财政统计年鉴、年度财政预算报告，数据中包括生态建设、节能等投资。
注：数据包含中央本级支出及对地方税收返还和转移支付。

2010 年中央财政环境保护支出 1 443.1 亿元（表 7-4），完成预算的 102.1%，增长 25.3%。其中，中央本级支出 69.48 亿元，对地方转移支付 1 373.62 亿元。

表 7-5　环境保护部 2006—2010 年部门预算指标统计　　　　单位：亿元

年份	本年预算指标			科研类	基建类	行政事业类
	合计	年初数	年中调整数			
2006	7.40	5.60	1.80	0.94	0.98	5.48
2007	16.97	8.42	8.54	1.51	3.38	12.08
2008	24.30	12.61	11.69	4.09	7.54	12.67
2009	24.34	11.87	12.47	12.78	1.01	10.56
2010	27.31	15.56	11.75	15.72	0.70	10.88
合计	100.32	54.07	46.26	35.04	13.61	51.68

7.3　预算支出科目调查

7.3.1　预算支出科目调查范围

开展预算支出科目调查的目的是通过调查了解地方环保部门"211 环境保护"预算支出科目执行情况，评估科目设置的科学性，完善科目体系；跟踪排污费收缴及使用情况，落实排污费专款专用。调查范围为 2006—2007 年各地区预算支出及排污费征收使用情况。

预算支出科目调查包括 01—04 款科目，另外在 04 款中附加 03-自然保护区和 04-生物及物种资源保护两项。调查科目范围涉及污染防治、自然生态保护、管理事务及监测监察、排污费收缴使用情况等。天然林保护、退耕还林、风沙荒漠治理及退牧还草未纳入调查范围。

2006 年 3 月，国家财政预算首次设立"211 环境保护"科目，2007 年正式运行一年。本次分省、市、县对 31 个省（自治区、直辖市）各级环保部门进行调查，按照市、区县对 5 个计划单列市各级环保部门进行调查，调查年度为 2006[①]年和 2007年。调查发现共有 29 个省（自治区、直辖市）、计划单列市数据齐全。考虑数据可得性，此次数据统计不包含新疆、海南和云南 3 个省份。由于 2006 年 211 预算科目并未真正实施，2007 年首次实施，因而调查数据的可得性、规范性尚需加强，不排除调查数据存在部分误差的可能。

7.3.2 预算支出科目实施情况

2006 年，我国环境保护经费来源总额 198.10 亿元，支出总额 199.13 亿元，收支基本平衡。2007 年，我国环境保护经费来源总额 260.29 亿元，支出总额 258.62 亿元，收支基本平衡。

7.3.2.1 预算支出

支出方式包括财政拨款支出、其他支出和专项支出。财政拨款支出占较大比例，财政拨款支出包括基本支出和项目支出，人员经费占基本支出的比例较高，基本建设占项目支出的比例较低。

支出规模与构成

（1）预算支出总规模与构成 2006 年，我国环境保护预算支出总额 199.13 亿元（见表 7-6），其中：财政拨款支出 141.33 亿元，占总支出的 71%；其他支出[②]18.66亿元，占总支出的 9%；专项支出[③]39.14 亿元，占总支出的 20%。

2007 年，我国环境保护预算支出总额 258.62 亿元，其中，财政拨款支出 177.72亿元，占总支出的 69%；其他支出 20.11 亿元，占总支出的 8%；专项支出 60.79 亿元，占总支出的 23%。与 2006 年相比，支出总额增加 59.49 亿元，增长 30%。其中：财政拨款支出、其他支出、专项支出分别增加 36.39 亿元、1.45 亿元、21.65 亿元，分别增长 26%、8%、55%。专项支出增长较快，其他支出增长较慢。财政拨款支出保持占较大比重，其次是专项支出和其他支出。

2007 年比 2006 年环境保护预算支出增长 59.49 亿元（表 7-6）。但来自排污费使用实际增加 30.52 亿元（统计数据显示 2007 年比 2006 年全国排污费收入增加 34.17亿元，两者基本持平），占预算支出增加量的 51.3%。除排污费外，其他经费增长 28.97亿元，仅为全国财政支出新增量（9 358 亿元）的 0.31%，与 2006 年经费支出相比增长 14.5%，低于同期财政支出增长率（23.2%）。由此表明，环境保护支出经费增长主要是因为排污费增长较快，新增财力向环保领域倾斜并不明显，科目设立后的经费保障提升作用并不明显。

---

① "211 环境保护"预算支出科目 2006 年并未实际运行，数据是转换得来的，2007 年正式运行。
② 其他支出是指用事业收入、经营收入等安排的支出。
③ 专项支出是指财政部门通过环保部门安排的专项支出（未列入环保部门预算部分）。

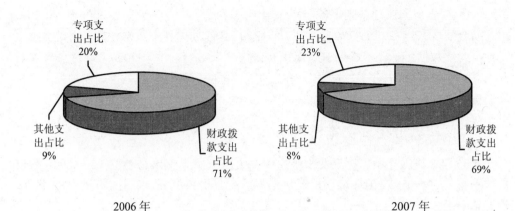

2006 年　　　　　　　　　　　　　　　　2007 年

图 7-2　2006 年与 2007 年预算支出总额占比构成

表 7-6　2006—2007 年我国环境保护预算支出构成　　　　单位：万元

年份	支出总计	财政拨款支出	其他支出	专项支出	经费收入
2006	1 991 222.33	1 413 260.14	186 587.81	391 374.38	1 981 064.34
2007	2 586 120.5	1 777 184.13	201 060.8	607 875.57	2 602 960.91

（2）省、市、县三级预算支出规模与构成　2006 年，省本级环境保护预算总支出 55.77 亿元（图 7-3），其中：财政拨款支出 33.07 亿元，其他支出 7.98 亿元，专项支出 14.72 亿元，分别占总支出的 59%、14%、27%；市本级环境保护预算总支出 83.57 亿元，其中：财政拨款支出 62.05 亿元，其他支出 6.01 亿元，专项支出 15.51 亿元，分别占总支出的 74%、7%、19%；县本级环境保护预算总支出 59.79 亿元，其中：财政拨款支出 46.21 亿元，其他支出 4.67 亿元，专项支出 8.91 亿元，分别占总支出的 77%、8%、15%。

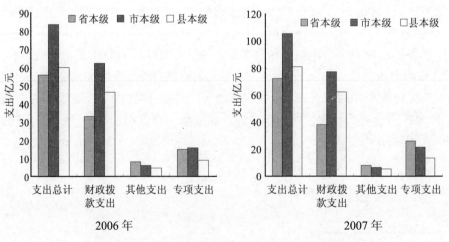

2006 年　　　　　　　　　　　　　　　　2007 年

图 7-3　2006 年与 2007 年预算支出分省市县构成

2007 年，省本级环境保护预算总支出 72.23 亿元，其中：财政拨款支出 38.19亿元，其他支出 8.22 亿元，专项支出 25.82 亿元，分别占总支出的 53%、11%、36%；市本级环境保护预算总支出 105.45 亿元，其中：财政拨款支出 77.26 亿元，其他支出 6.67 亿元，专项支出 21.52 亿元，分别占总支出的 73%、6%、21%；县本级环境保护预算总支出 80.93 亿元，其中：财政拨款支出 62.26 亿元，其他支出 5.22 亿元，专项支出 13.45 亿元，分别占总支出的 77%、6%、17%。

相对省级而言，地市和区县级其他支出、专项支出比例较低。与 2006 年相比，2007 年省、市、县三级环保机构环保总支出都有所增加，分别增加 16.46 亿元、21.88亿元和 21.14 亿元，但是财政拨款支出和其他支出占总支出的比例略微下降，而专项支出稍有增长。

（3）分科目预算支出规模与构成　本研究调查的环境保护预算资金按照科目设置主要用于环境保护管理事务、环境监测与监察、污染防治和自然生态保护四个方面。2006 年，我国环境保护预算资金用于环境保护管理事务 43.03 亿元，占支出总额的 24%；用于环境监测与监察 38.77 亿元，占支出总额的 21%；用于污染防治 96.84 亿元（见表7-7），占支出总额的 53%；用于自然生态保护 3.71 亿元，占支出总额的 2%。东部支出总额 107.89 亿元，占支出总额的 54%，其中：用于环境保护管理事务 26.73 亿元，占 25%；用于环境监测与监察 22.31 亿元，占 21%；用于污染防治 55.69 亿元，占 52%；用于自然生态保护 3.16 亿元，占 2%。中部支出总额 46.92 亿元，占支出总额的 24%，其中：用于环境保护管理事务 10.15 亿元，占 22%；用于环境监测与监察 10.13 亿元，占 22%；用于污染防治 26.36 亿元，占 56%；用于自然生态保护 0.28 亿元，占 0.6%。西部支出总额 27.54 亿元，占支出总额的 22%，其中：用于环境保护管理事务 6.15 亿元，占 22%；用于环境监测与监察 6.33 亿元，占 23%；用于污染防治 14.79 亿元，占54%；用于自然生态保护 0.27 亿元，占 1%。可以看出，东部占全国的预算资金比例较大，中西部较小，主要用于污染防治，用于环境保护管理事务、环境监测与监察、自然生态保护支出较少。

表 7-7　2006—2007 年我国环境保护预算支出分科目构成　　　单位：万元

科目	2006 年			2007 年		
	东部	中部	西部	东部	中部	西部
环境保护管理事务	267 262.25	101 453.87	61 535.042	300 504.17	125 882.29	92 517.186
环境监测与监察	223 060.67	101 267.79	63 252.936	280 333.57	158 082.47	117 528.33
污染防治	556 901.68	263 568.31	147 904.97	695 057.93	364 940.82	154 283.41
自然生态保护	31 552.03	2 780.02	2 734.69	46 821.35	8 608.24	5 501.27
总计	1 078 776.60	469 069.99	275 427.64	1 322 717.02	657 513.82	369 830.2

2007 年，环境保护预算资金用于环境保护管理事务 51.89 亿元，占支出总额的 22%；用于环境监测与监察 55.59 亿元，占支出总额的 24%；用于污染防治 121.43 亿元，占支出总额的 52%；用于自然生态保护 6.09 亿元，占支出总额的 2%。与 2006 年相比，

分别增加 8.86 亿元、16.82 亿元、24.59 亿元、2.38 亿元，分别增长 21%、43%、25%、64%，用于环境监测与监察和污染防治增幅较大，支出比例没有太大变化。东部支出总额 132.27 亿元（见表 7-7），占支出总额的 51%，其中：用于环境保护管理事务 30.05 亿元，占 23%；用于环境监测与监察 28.03 亿元，占 21%；用于污染防治 69.51 亿元，占 53%；用于自然生态保护 4.68 亿元，占 3%。中部支出总额 65.75 亿元，占支出总额 25%，其中：用于环境保护管理事务 12.59 亿元，占 19%；用于环境监测与监察 15.81 亿元，占 24%；用于污染防治 36.49 亿元，占 55%；用于自然生态保护 0.86 亿元，占 2%。西部支出总额 36.98 亿元，占支出总额的 24%，其中：用于环境保护管理事务 9.25 亿元，占 25%；用于环境监测与监察 11.75 亿元，占 32%；用于污染防治 15.43 亿元，占 42%；用于自然生态保护 0.55 亿元，占 1%。2007 年，东部占全国的预算资金比例较大、中西部占比较小的局面没有改变，但是受能力建设投入因素的影响，资金用途开始倾向于环境监测与监察和污染防治，支出结构发生变化。

表 7-8　2006—2007 年预算支出科目分省市县构成　　　　　单位：万元

科目	2006 年			2007 年		
	省本级	市本级	县本级	省本级	市本级	县本级
环境保护管理事务	63 380.58	179 480.55	196 660.40	57 402.08	227 917.59	241 318.78
环境监测与监察	93 854.23	165 341.43	140 644.23	155 312.58	242 036.95	185 864.15
污染防治	341 228.37	450 172.77	233 251.31	417 538.64	519 431.00	344 720.23
自然生态保护	12 512.48	12 338.04	17 603.16	24 016.16	24 840.00	23 290.34

注：不包含其他项。

2006 年，环境保护预算支出科目按省、市、县划分，省本级环境保护管理事务支出 6.34 亿元（见表 7-8），占省本级的 12%；环境监测与监察支出 9.39 亿元，占省本级的 18%；污染防治支出 34.12 亿元，占省本级的 67%；自然生态保护支出 1.25 亿元，占省本级的 3%。市本级环境保护管理事务支出 17.95 亿元，占市本级的 22%；环境监测与监察支出 16.53 亿元，占市本级的 20%；污染防治支出 45.02 亿元，占市本级的 56%；自然生态保护支出 1.23 亿元，占市本级的 2%。县本级环境保护管理事务支出 19.67 亿元，占县本级的 33%；环境监测与监察支出 14.06 亿元，占县本级的 24%；污染防治支出 23.33 亿元，占县本级的 40%；自然生态保护支出 1.76 亿元，占县本级的 3%。

2007 年，环境保护预算支出科目按省、市、县划分，省本级环境保护管理事务支出 5.74 亿元（见表 7-8），占省本级的 9%；环境监测与监察支出 15.53 亿元，占省本级的 24%；污染防治支出 41.75 亿元，占省本级的 64%；自然生态保护支出 2.40 亿元，占省本级的 3%。市本级环境保护管理事务支出 22.79 亿元，占市本级的 22%；环境监测与监察支出 24.20 亿元，占市本级的 24%；污染防治支出 51.94 亿元，占市本级的 51%；自然生态保护支出 2.48 亿元，占市本级的 3%。县本级环境保护管理事务支出 24.13 亿元，占县本级的 30%；环境监测与监察支出 18.59 亿元，占县本级的 23%；污染防治支出 34.47 亿元，占县本级的 43%；自然生态保护支出 2.33 亿元，占县本级的 4%。

2006 年，省、市、县三级环境保护支出重点是污染防治，所占比例自上而下逐级递减。环境保护管理事务、环境监测与监察、自然生态保护市、县两级支出较多，与这两级事权集中、难以有较多资金投入污染防治、现有预算仅维持基本运行等原因有关，自然生态保护是支出的薄弱环节，所占比例很小。2007 年与 2006 年情况基本一致，变化不大。

基本支出

（1）分省、市、县基本支出规模与构成 2006 年，环境保护预算基本支出[①]为 66.22 亿元。按省、市、县三级划分，省本级基本支出 8.85 亿元（表 7-9），占 13%；市本级基本支出 26.42 亿元，占 40%；县本级基本支出 30.95 亿元，占 47%。2007 年，环境保护预算基本支出 80.24 亿元。按省、市、县三级划分，省本级基本支出 9.97 亿元，占 12%；市本级基本支出 32.69 亿元，占 41%；县本级基本支出 37.58 亿元，占 47%。与 2006 年相比，2007 年省、市、县基本支出分别增加 1.12 亿元、6.27 亿元、6.63 亿元，分别增长 13%、24%、21%，市、县两级基本支出增长幅度较大，人员经费和基本办公费用保障程度有所提高。

表 7-9　2006—2007 年分省市县基本支出情况　　　　　　　　单位：万元

| | 2006 年 | | | | 2007 年 | | | |
| | 财政拨款支出 | | 其他支出 | | 财政拨款支出 | | 其他支出 | |
	总计	其中：基本支出	总计	其中：基本支出	总计	其中：基本支出	总计	其中：基本支出
省本级	330 652.71	60 563.24	79 768.75	27 939.75	381 938.11	65 421.72	82 162.22	34 289.65
市本级	620 497.8	230 706.24	60 118.69	33 520.9	772 637.64	290 827.17	66 695.29	36 148.71
县本级	462 109.63	280 181.1	46 700.37	29 304.6	622 608.38	344 007.63	52 203.29	31 771.92

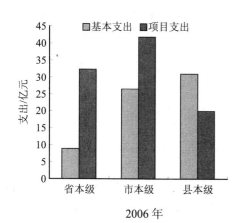

2006 年

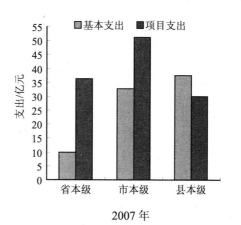

2007 年

图 7-4　2006 年与 2007 年基本支出由省市县构成

---

① 基本支出包括人员经费和公用经费等。

（2）分东、中、西部基本支出规模与构成 2006 年，环境保护预算基本支出 63.84 亿元[①]。按东、中、西区域划分，东部基本支出 36.03 亿元（表 7-10），占 56%；中部基本支出 17.88 亿元，占 28%；西部基本支出 9.93 亿元，占 16%。2007 年，环境保护预算基本支出 76.97 亿元。按东、中、西区域划分，东部基本支出 40.67 亿元，占 53%；中部基本支出 21.96 亿元，占 29%；西部基本支出 14.34 亿元，占 18%。支出结构东部占较大比例，支出不均衡。与 2006 年相比，2007 年东、中、西分别增加 4.64 亿元、4.08 亿元、4.41 亿元，分别增长 13%、23%、44%，其中西部增长较快。

表 7-10 2006—2007 年分东中西部基本支出情况 　　　　　　　　单位：亿元

	2006 年				2007 年			
	财政拨款支出		其他支出		财政拨款支出		其他支出	
	总计	其中：基本支出	总计	其中：基本支出	总计	其中：基本支出	总计	其中：基本支出
东部	791 737.05	310 650.69	97 452.62	49 584.54	915 763.83	347 578.6	107 173.51	59 075.05
中部	289 519.42	153 166.95	50 667.19	25 648.01	427 007.22	191 295.97	68 292.36	28 261.88
西部	263 367.14	92 891.54	15 306.45	6 439.75	347 171.93	130 650.62	22 348.23	12 728.75

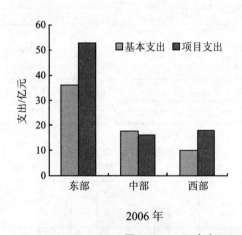

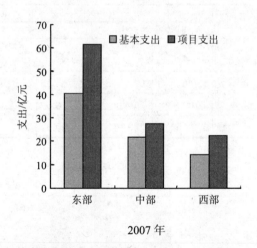

2006 年　　　　　　　　　　　　　　　　2007 年

图 7-5 2006 年与 2007 年基本支出分东中西构成

（3）人员经费支出分析 2006 年，"211 环境保护"预算支出中人员经费 37.18 亿元（表 7-11），占基本支出的 58%。财政拨款支出中，人员经费占基本支出的 62%。东部省、市、县三级人员经费占基本支出的比例较高，占 50% 以上；中部省本级占比较小，占 48%，市、县两级都在 60% 以上；西部省、市、县三级占比也都在 50% 以上，也较高。其他支出中，人员经费占基本支出的 32%。东部省本级人员经费占

[①] 因为统计不包含 4 个计划单列市（大连、青岛、宁波、厦门），所以小于按省、市、县统计的基本支出。

基本支出较低，仅占 12%，其次是市、县两级；中部省本级基本支出中没有人员经费支出，而市、县两级占比较大；西部省本级人员经费支出很小，市本级较高，县本级较低。

2007 年，"211 环境保护"预算支出中人员经费 46.9 亿元（表 7-11），占基本支出的 60%。财政拨款支出中，人员经费占基本支出的 64%。东部省、市、县三级人员经费占基本支出比例高，都在 60%以上；中部也一样；西部只有省本级占 50%以下，市、县两级也很高，接近 70%。其他支出中，人员经费占基本支出的 30%。东部省本级人员经费占基本支出的比例较低，仅 14%，市、县两级相对较高；中部同东部情况类似；西部市、县两级占比较低，20%左右，省本级基本支出中基本没有人员经费支出。这说明西部基层（市县两级）"养人"支出比重大，"干事"经费相对不足。

表 7-11 2006—2007 年我国人员经费占基本支出构成　　　　单位：万元

| 区域 | 行政级别 | 2006 年 | | | | | |
| | | 财政拨款支出 | | | 其他支出 | | |
		基本支出	其中：人员经费	占比/%	基本支出	其中：人员经费	占比/%
东部	省	37 486.36	20 219.3	54	23 578.59	2 738.4	12
	市	112 236.54	72 341.98	64	14 540.81	5 524.66	38
	县	167 523.09	106 249.47	63	11 461.61	5 229.43	46
中部	省	14 077.53	6 784.82	48	252.14	0	0
	市	60 450.5	37 428.27	62	10 059.75	3 716.87	37
	县	78 637.92	47 665.33	61	15 339.62	7 316.22	48
西部	省	8 998.35	4501	50	889.17	1.16	0
	市	51 042.9	32 988.56	65	3 418.52	1 094.78	32
	县	29 246.11	17 756.79	61	2 048.47	271.6	13
合计		559 699.3	345 935.52	62	81 588.68	25 893.12	32

| 区域 | 行政级别 | 2007 年 | | | | | |
| | | 财政拨款支出 | | | 其他支出 | | |
		基本支出	其中：人员经费	占比/%	基本支出	其中：人员经费	占比/%
东部	省	37 553.09	22 628.75	60	27 814.99	3 847.6	14
	市	137 885.76	89 500.41	65	16 469.64	5 851.71	36
	县	193 650.03	120 382.52	62	14 182.97	5 871.14	41
中部	省	13 541.68	8 844.18	65	1 671.4	327.14	20
	市	75 083.83	51 869.12	69	10 611.17	4 555.63	43
	县	102 696.8	66 154.5	64	16 006.9	7 813.62	49
西部	省	14 175.95	6 321.65	45	4 799.77	0	0
	市	68 887.16	47 409.46	69	5 844.4	1 360.3	23
	县	41 733.81	25 891.93	62	1 874.54	365.28	19
合计		685 208.11	439 002.52	64	99 275.78	29 992.42	30

财政拨款支出中，东、中、西部省、市、县三级人员经费占基本支出的比例都较高，说明"吃饭财政"问题普遍存在，公用经费得不到充分保障。其他支出中，东、中部市、县两级人员经费占基本支出的比例较高，省级较低，说明财政经费保障难以落实，不能满足环保机构实际需求。西部略有不同，普遍较低。

项目支出

（1）分省、市、县项目支出规模与构成　2006年，环境保护预算项目支出93.76亿元。按省、市、县三级划分，省本级项目支出32.19亿元（表7-12），占34%；市本级项目支出41.64亿元，占44%；县本级项目支出19.93亿元，占22%。2007年，环境保护预算项目支出117.57亿元。按省、市、县三级划分，省本级项目支出36.44亿元，占31%；市本级项目支出51.23亿元，占44%；县本级项目支出29.9亿元，占25%。与2006年相比，省、市、县项目支出分别增长4.25亿元、9.59亿元、9.97亿元，分别增长13%、23%、50%。由于基础较低，县本级项目支出增长较快。

表7-12　2006—2007年分省市县项目支出情况　　　　　　单位：万元

	2006年				2007年			
	财政拨款支出		其他支出		财政拨款支出		其他支出	
	总计	其中：项目支出	总计	其中：项目支出	总计	其中：项目支出	总计	其中：项目支出
省本级	330 652.71	270 089.47	79 768.75	51829	381 938.11	316 516.39	82 162.22	47 872.57
市本级	620 497.8	389 791.56	60 118.69	26 597.79	772 637.64	481 810.47	66 695.29	30 546.58
县本级	462 109.63	181 928.53	46 700.37	17 395.77	622 608.38	278 600.75	52 203.29	20 431.37

（2）分东、中、西部项目支出规模与构成　2006年，环境保护预算项目支出86.98亿元。按东、中、西区域划分[①]，东部项目支出52.90亿元（表7-13），占61%；中部项目支出16.14亿元，占19%；西部项目支出17.94亿元，占20%。2007年，环境保护预算项目支出111.81亿元。按东、中、西区域划分，东部项目支出61.63亿元，占55%；中部项目支出27.57亿元，占25%；西部项目支出22.61亿元，占20%。与2006年相比，东、中、西分别增加8.73亿元、11.43亿元、4.67亿元，分别增长17%、71%、26%，中部增长幅度大。2007年东部项目支出明显降低，中部增长较明显，西部变化不大。

表7-13　2006—2007年分东中西部项目支出情况　　　　　单位：万元

	2006年				2007年			
	财政拨款支出		其他支出		财政拨款支出		其他支出	
	总计	其中：项目支出	总计	其中：项目支出	总计	其中：项目支出	总计	其中：项目支出
东部	791 737.05	481 086.36	97 452.62	47 868.08	915 763.83	568 185.23	107 173.51	48 098.46
中部	289 519.42	136 352.47	50 667.19	25 019.18	427 007.22	235 711.25	68 292.36	40 030.48
西部	263 367.14	170 475.6	15 306.45	8 866.7	347 171.93	216 521.31	22 348.23	9 619.48

---

① 统计不包含4个计划单列市（大连、青岛、宁波、厦门）。

（3）基本建设支出分析　2006年，"211环境保护"预算支出中基本建设支出10.55亿元（表7-14），占项目支出12%。财政拨款支出中，基本建设占项目支出12%。东部省、市、县三级基本建设支出占项目支出的比例都较小，最高县本级，只有10%；中部市本级较低，占9%，省、县两级也不高；西部省、市两级较低，均低于10%，而县本级相对较高，占20%。其他支出中，东、中、西基本建设占项目支出的比例均较低，只有中部县本级较特殊，占比较高，达到39%，其余均在10%左右。

表7-14　2006—2007年我国基本建设占项目支出的构成　　　　　单位：万元

区域	行政级别	2006年					
		财政拨款支出			其他支出		
		项目支出	其中：基本建设	占比/%	项目支出	其中：基本建设	占比/%
东部	省	143 997.74	2 931.2	2	30 989.49	2 171.81	7
	市	218 260.75	41 365.99	19	8 878.82	598.02	7
	县	121 765.1	21 354.58	18	7 995.27	778.66	10
中部	省	33 957.73	6 210.00	18	5 418.02	0	0
	市	69 886.78	6 469.77	9	13 474.1	1 992.57	15
	县	32 542.76	4 128.33	13	6 115.53	2 384.37	39
西部	省	92 131.69	5 880.00	6	5 650.02	0	0
	市	56 557.9	4 991.93	9	2 756.7	101	4
	县	20 548.07	4 105.1	20	408.48	44.68	11
合计		789 648.52	97 436.9	12	81 686.43	8 071.11	10
		2007年					
东部	省	153 739.99	6 307.03	4	28 747.21	0	0
	市	245 667.1	32 567.03	13	8 547.01	1 496.08	18
	县	178 329.84	22 132.72	12	10 799.74	2 457.97	23
中部	省	64 976.62	4 639.7	7	13 777.84	2500	18
	市	107 088.79	10 863.39	10	17 667.02	2 221.77	13
	县	63 666.44	9 724.96	15	9 053.12	3 169.28	35
西部	省	97 936.42	13 219.25	13	5 343.02	0	0
	市	86 687.02	9 454	11	3 821.05	87	2
	县	28 913.64	5 148.52	18	444.01	74.6	17
合计		1 027 005.9	114 056.6	11	98 200.02	12 006.7	12

2007年，"211环境保护"预算支出中基本建设支出12.61亿元，占项目支出的11%。财政拨款支出中，东、中、西基本建设占项目支出的比例比较均衡，但是均偏低，占10%～20%，只有东部和中部的省本级占比较低，分别为4%和7%。其他支出中，东部和西部的省本级项目支出中没有基本建设支出。东部市、县两级基本建设占项目支出的比例在20%左右；中部占比均较高，尤其是中部县本级达到最高，占35%；西部市本级最低，只占2%，县级也只占17%。

总体来看，基本建设占项目支出的比例东、中、西部省、市、县三级均不高，相对省级偏低，支出并不均衡，政府应加大基本建设支出。

<u>专项支出</u>

（1）分省、市、县专项支出规模与构成 2006年，环境保护预算支出中专项支出39.14亿元。按省、市、县三级划分，省本级专项支出14.72亿元（图7-6），占38%；市本级专项支出15.51亿元，占40%；县本级专项支出8.91亿元，占22%。2007年，环境保护预算支出中专项支出60.79亿元。按省、市、县三级划分，省本级专项支出25.82亿元，占42%；市本级专项支出21.52亿元，占35%；县本级专项支出13.45亿元，占23%。与2006年相比，省、市、县专项支出分别增长11.1亿元、6.01亿元、4.54亿元，分别增长75%、39%、51%，省、市、县三级环保机构专项支出增长幅度都较大，尤其省、县两级增幅超过50%。

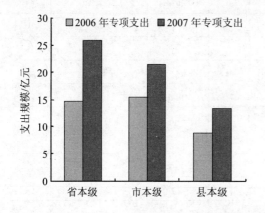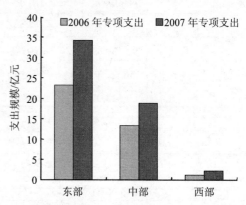

图7-6　2006—2007年专项支出分省市县与东中西部构成

（2）分东、中、西部专项支出规模与构成 2006年，环境保护预算支出中专项支出37.88亿元。按东、中、西区域划分[1]，东部专项支出23.36亿元（图7-6），占62%；中部专项支出13.37亿元，占35%；西部专项支出1.15亿元，占3%。2007年，环境保护预算支出中专项支出55.32亿元。按东、中、西区域划分，东部专项支出34.25亿元，占62%；中部专项支出18.80亿元，占34%；西部专项支出2.27亿元，占4%。与2006年相比，东、中、西分别增加10.89亿元、5.43亿元、1.12亿元，

---

[1] 统计不包含4个计划单列市（大连、青岛、宁波、厦门）。

分别增长 47%、41%、97%，东部增长幅度较大，西部增长速度很快。但是，东部专项支出仍占较大比例，支出结构几乎没有变化。

7.3.2.2 经费来源

经费来源渠道包括财政预算、排污费和其他收入。其中，财政预算占较大比例，是经费来源的主要渠道，其次是排污费和其他收入。但从排污费实际支出看，排污费支出占预算支出总额的 50% 左右，但由于统计归类的问题，在经费来源调查中这一问题基本被掩盖。财政预算中，中央财政预算占比不高。

来源构成

（1）2006 年环境保护经费来源规模与构成　2006 年，我国环境保护经费来源总额 198.10 亿元（不含国家级，但包括国家补助地方或者下达地方环保系统的经费），其中：财政预算 108.86 亿元，占经费总额的 55%，中央预算 16.68 亿元，占财政预算的 15%；排污费 73.87 亿元[①]，占经费总额的 37%；其他收入[②]15.37 亿元，占经费总额的 8%。

2006 年，省本级环境保护经费来源总额 54.50 亿元（表 7-15），占经费总额的 28%。其中：财政预算 28.52 亿元（其中中央 8.85 亿元，占 31%），占经费总额的 52%；排污费 19.28 亿元，占经费总额的 35%；其他收入 6.70 亿元，占经费总额的 13%。市本级环境保护经费来源总额 84.43 亿元，占经费总额的 43%。其中：财政预算 48.83 亿元（其中中央 5.33 亿元，占 11%），占经费总额的 58%；排污费 31.16 亿元，占经费总额的 37%；其他收入 4.44 亿元，占经费总额的 5%。县本级环境保护经费来源总额 59.18 亿元，占经费总额的 29%。其中：财政预算 31.51 亿元（其中中央 1.74 亿元，占 6%），占经费总额的 53%；排污费 23.43 亿元，占经费总额的 40%；其他收入 4.24 亿元，占经费总额的 7%。中央拨款主要集中在省本级，并逐级减少。区县一级排污费来源比重较大。

表 7-15　2006—2007 年环境保护分省市县经费来源情况

| | 2006 年 | | | | 2007 年 | | | |
| | 经费来源 | | | | 经费来源 | | | |
	总计	其中：财政预算	其中：排污费	其中：其他收入	总计	其中：财政预算	其中：排污费	其中：其他收入
省本级	545 025.64	285 235.01	192 815.66	66 974.97	750 579.04	401 330.65	270 142.07	79 106.32
市本级	844 269.84	488 295.56	311 595.92	44 378.36	1 056 845.88	635 925.09	360 340.11	60 580.68
县本级	591 768.86	315 118.45	234 262.8	42 387.61	795 535.99	430 254.45	316 934.5	48 347.04

---

① 由于部分地区未将排污费清晰划分，将部分排污费归入财政预算，所以经费来源中的排污费小于 2006 年排污费使用情况中的 101.22 亿元。2007 年同样存在这种情况。
② 其他收入是指事业收入、经营收入等。

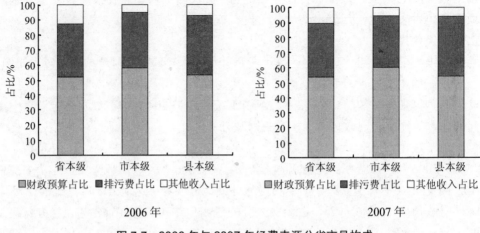

图 7-7　2006 年与 2007 年经费来源分省市县构成

（2）2007 年环境保护经费来源规模与构成　2007 年，我国环境保护经费来源总额 260.29 亿元。其中：财政预算 146.75 亿元，占经费总额 56%；排污费 94.74 亿元，占经费总额 36%；其他收入 18.80 亿元，占经费总额 8%。中央预算 34.21 亿元，占总财政预算 23%。与 2006 年相比，经费来源总额增加 62.19 亿元，增长 31%。其中：财政预算增加 37.89 亿元，增长 35%；排污费增加 20.87 亿元，增长 28%；其他收入增加 3.43 亿元，增长 22%。

2007 年，省本级环境保护经费来源总额 75.05 亿元（表 7-15），其中：财政预算 40.13 亿元（其中中央 13.12 亿元，占 33%），占经费总额 53%；排污费 27.01 亿元，占经费总额 36%；其他收入 7.91 亿元，占经费总额 11%。市本级环境保护经费来源总额 105.68 亿元，其中：财政预算 63.59 亿元（其中中央 13.14 亿元，占 21%），占经费总额 60%；排污费 36.03 亿元，占经费总额 34%；其他收入 6.06 亿元，占经费总额 6%。县本级环境保护经费来源总额 79.55 亿元，其中：财政预算 43.03 亿元（其中中央 6.22 亿元，占 14%），占经费总额 54%；排污费 31.69 亿元，占经费总额 40%；其他收入 4.83 亿元，占经费总额 6%。按省、市、县划分，环境保护经费来源主要集中在市本级，其次是县本级，省本级最少。

与 2006 年相比，环境保护经费来源总额省、市、县分别增加 20.55 亿元、21.25 亿元、20.37 亿元，分别增长 38%、25%、34%，省、市、县三级增长幅度接近，但省、县两级增长速度较快。省本级财政预算、排污费和其他收入分别增加 11.61 亿元、7.73 亿元、1.21 亿元，分别增长 41%、40%、18%；市本级财政预算、排污费和其他收入分别增加 14.76 亿元、4.87 亿元、1.62 亿元，分别增长 30%、16%、36%；县本级财政预算、排污费和其他收入分别增加 11.52 亿元、8.26 亿元、0.59 亿元，分别增长 37%、35%、14%。可以看出，省、市、县三级经费增长都源于财政预算和排污费，但是省、县两级财政预算和排污费增长较快，市本级财政预算和其他收入增长较快。

（3）分科目经费来源规模与构成　2006 年，环境保护按照科目划分，环境保护管理事务经费来源 45.59 亿元，其中：财政预算 38.42 亿元（见表 7-16），占 84%，中央预算 0.34 亿元，占财政预算 0.9%；排污费 2.66 亿元，占 6%；其他收入 4.51 亿元，占 10%。环境监测与监察经费来源 40.58 亿元，其中：财政预算 30.95 亿元，占 76%，中央预算 1.61 亿元，占财政预算 5%；排污费 3.79 亿元，占 9%；其他收入 5.84 亿元，占 15%。污染防治经费来源 102.01 亿元，其中：财政预算 33.64 亿元，占 33%，中央预算 6.14 亿元，占财政预算 18%；排污费 67.30 亿元，占 66%；其他收入 1.07 亿元，占 1%。自然生态保护经费来源 4.60 亿元，其中：财政预算 4.03 亿元，占 88%，中央预算 0.29 亿元，占财政预算 7%；排污费 0.53 亿元，占 12%；其他收入 0.04 亿元，占 0.9%。

2007 年，环境保护按照科目划分，环境保护管理事务经费来源 52.55 亿元，其中：财政预算 46.12 亿元，占 88%，中央预算 0.30 亿元，占财政预算 0.7%；排污费 3.04 亿元，占 6%；其他收入 3.38 亿元，占 6%。环境监测与监察经费来源 60.37 亿元，其中：财政预算 48.75 亿元，占 81%，中央预算 9.24 亿元，占财政预算 19%；排污费 4.54 亿元，占 8%；其他收入 7.08 亿元，占 11%。污染防治经费来源 130.82 亿元，其中：财政预算 40.80 亿元，占 31%，中央预算 7.14 亿元，占财政预算 18%；排污费 87.93 亿元，占 67%；其他收入 2.08 亿元，占 2%。自然生态保护经费来源 6.32 亿元，其中：财政预算 5.70 亿元，占 90%，中央预算 0.37 亿元，占财政预算 6%；排污费 0.54 亿元，占 9%；其他收入 0.08 亿元，占 1%。

纵观 2006 年、2007 年，环境保护管理事务、环境监测与监察经费来源主要是财政预算，环境管理事务上使用排污费的仍然发生；环境监测与监察使用了较多的中央预算资金，这反映了能力建设的投入；污染防治经费来源主要是排污费；自然生态保护经费来源较少，财政预算占绝对比例。

表 7-16　2006—2007 年环境保护分科目经费来源情况

科目	2006 年				2007 年			
	财政预算		排污费	其他收入	财政预算		排污费	其他收入
	总计	其中：中央			总计	其中：中央		
环境保护管理事务	384 189.18	3 408.8	26 583.66	45 116.24	461 201.22	2 978.44	30 428.02	33 830.14
环境监测与监察	309 459.68	16 099.86	37 933.22	58 386.87	487 463.15	92 375.62	45 432.15	70 795.54
污染防治	336 409.03	61 443.9	672 952.76	10 717.27	408 005.92	71 358.97	879 346.36	20 807.75
自然生态保护	40 302.13	2 906.9	5 345.98	351.24	57 005.17	3 671.1	5 439.56	779.93

地区差异

（1）2006 年环境保护经费来源分东、中、西部规模与构成　按照区域划分东、

中、西部，东部经费 112.62 亿元（表 7-17），占经费总额 59%，其中：财政预算 61.85
亿元，占 55%，中央预算 1.3 亿元，占财政预算 2%；排污费 40.41 亿元，占 36%；
其他收入 10.36 亿元，占 9%。中部经费 47.79 亿元，占经费总额 25%，其中：财政
预算 20.23 亿元，占 42%，中央预算 3.74 亿元，占财政预算 18%；排污费 24.59 亿元，
占 51%；其他收入 2.97 亿元，占 7%。西部经费 30.63 亿元，占经费总额 16%，其中：
财政预算 21.65 亿元，占 71%，中央预算 3.09 亿元，占财政预算 14%；排污费 7.46
亿元，占 24%；其他收入 1.52 亿元，占 5%。中西部中央财政预算占财政预算比重较
大，东部较小。

表 7-17　2006—2007 年环境保护分东中西部经费来源情况　　　　单位：亿元

| | 2006 年 | | | 2007 年 | | | |
| | 经费来源 | | | | 经费来源 | | |
	总计	其中：财政预算	其中：排污费	其中：其他收入	总计	其中：财政预算	其中：排污费	其中：其他收入
东部	1 126 200.25	618 469.08	404 095.21	103 635.96	1 363 689.38	764953	476 995.92	121 740.46
中部	477 858.48	202 268.7	245 851.16	29 738.62	730 446.11	321 379.49	368 777.32	40 289.3
西部	306 358.09	216 509.02	74 624.63	15 224.44	426 141.13	314 898.4	90 558.71	20 684.02

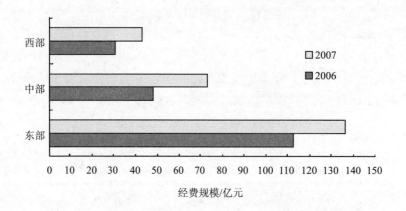

图 7-8　2006—2007 年经费来源分东中西构成对比

（2）2007 年环境保护经费来源分东、中、西部规模与构成　按照区域划分东、
中、西部，东部经费 136.37 亿元（表 7-17），占经费总额 54%，其中：财政预算 76.50
亿元，占 56%，中央预算 3.43 亿元，占财政预算 4%；排污费 47.70 亿元，占 35%；
其他收入 12.17 亿元，占 9%。中部经费 73.05 亿元，占经费总额 29%，其中：财政
预算 32.14 亿元，占 44%，中央预算 7.69 亿元，占财政预算 24%；排污费 36.88 亿元，
占 50%；其他收入 4.03 亿元，占 6%。西部经费 42.62 亿元，占经费总额 17%，其中：
财政预算 31.49 亿元，占 74%，中央预算 5.74 亿元，占财政预算 27%；排污费 9.06
亿元，占 21%；其他收入 2.07 亿元，占 5%。

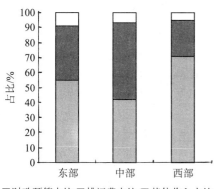
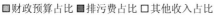

2006 年

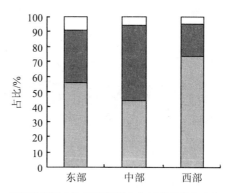

2007 年

图 7-9　2006 年与 2007 年经费来源分东中西比例

245

与 2006 年相比，东部经费增加 23.75 亿元，增长 21%，其中财政预算、排污费和其他收入分别增加 14.65 亿元、7.29 亿元、1.81 亿元，分别增长 24%、18%、17%，但占总经费的比例保持基本不变；中部经费增加 25.26 亿元，增长 53%，增长幅度大，其中财政预算、排污费和其他收入分别增加 11.91 亿元、12.29 亿元、1.06 亿元，分别增长 59%、50%、35%，财政预算增长较快，而其他收入增长较慢，三者占总经费比例变化不大；西部经费增加 11.99 亿元，其中财政预算、排污费和其他收入分别增加 9.84 亿元、1.60 亿元、0.55 亿元，分别增长 45%、21%、36%，增幅不一，三者占总经费比例变化不大。与 2006 年相比，经费主要集中于东部的局面没有改变，东部经费比例在缩小，中部略有增长，但来源于排污费比例较高，西部比例反而略微降低，且中西部对于中央财政预算的依赖比较重。

7.3.3　排污费收缴与使用

调查表明，2006 年排污费入库数 136.97 亿元，排污费使用 101.22 亿元（2006 年度安排排污费使用实际来自 2005 年征收的排污费，且不包括中央集中 10% 的部分，下同）。2007 年排污费入库数 169.48 亿元，排污费使用 131.74 亿元。目前排污费收缴与使用中仍然存在征收范围、方式、标准不合理，征收程序可操作性不强，排污量核定困难，收费政策不协调，人员编制与经费难以保障，缺乏激励机制，"变相吃排污费"现象严重，排污费用于平衡财政预算等问题。

7.3.3.1　排污费收缴

从本次调查情况看，全国省级排污费征收基本上严格按照有关文件规定，全额纳入省级财政国库管理；市州级排污费征收基本上纳入同级财政，作为预算资金专项管理；县级排污费征收形式多样，虽均为收支两条线管理，但有的县纳入统计预算外收入专户，有的县采用行政事业性收费收据。之所以这些现象依然存在，是因为同级财政极为困难，资金缺口大。

2006 年，全国收缴排污费 136.97 亿元[①]（调查入库数，不含云南、海南、新疆，下同）。由于个别省市未区分省市县三级，故全国汇总数据与省市县三级汇总数据略有差异，按照省市县三级合计为 135.38 亿元，其中：省级收缴排污费 38.86 亿元，占排污费收入的 28.7%；地市级收缴排污费 51.48 亿元，占排污费收入的 38%；县级收缴排污费 45.04 亿元，占排污费收入的 33.3%。排污费收缴较多的省份为山西、江苏、广东、山东、河南、浙江、辽宁等。

2007 年，全国收缴排污费 169.48 亿元[②]（调查入库数）。按照省市县三级合计为 167.5 亿元，其中：省级收缴排污费 41.07 亿元，占排污费收入的 24.5%；地市级收缴排污费 63.81 亿元，占排污费收入的 38.1%；县级收缴排污费 62.62 亿元，占排污费收入的 37.4%。排污费收缴较多的为山西、江苏、山东、广东、河北、浙江、辽宁、河南等省份。

与 2006 年相比，2007 年排污费收入增加 32.51 亿元，增长 23.74%；省级排污费收入增加 2.21 亿元，增长 5.69%；地市级排污费收入增加 12.33 亿元，增长 23.95%；县级排污费收入增加 17.58 亿元，增长 39.03%。排污费增长较快与部分省份提高排污收费标准有一定的关系，如江苏省废气排污费由 0.6 元/污染当量提高到 1.2 元/污染当量，其中二氧化硫排污费由 0.63 元/kg 提高到 1.26 元/kg；污水排污费由 0.7 元/污染当量提高到 0.9 元/污染当量。

中西部地区排污费收缴增长比例明显高于东部地区，尤其是中部。这与东中西部地区经济发展趋势基本一致（2007 年中西部地区工业增加值增长率均在 35%以上，东部地区仅为 24%，均为当年价格）。从区域分布来看，2007 年东部地区收缴排污费 83.08 亿元，占全国（169.48 亿元，下同）的 49.02%，较 2006 年增加 11.7 亿元，增长 16.39%。其中江苏省排污费收缴增加 4.85 亿元，这与江苏省从 2007 年 7 月 1 日起提高排污费的征收标准有关。除此之外，山东省增加 3.49 亿元。中部地区收缴排污费 58.10 亿元，占全国的 34.28%，较 2006 年增加 16.25 亿元，增长 38.83%。其中山西省增加 12.01 亿元，占中部增加量的 73.9%，其主要原因与提高了焦炭生产排污费收费标准有关，2007 年山西省环保局与省物价局和省财政厅联合下发了《关于我省焦炭生产排污费暂行收费标准及有关问题的通知》（晋价行字[2007]129 号），要求将焦炭生产排污费征收的上限提高到每吨 200 元，仅 2007 年 1—10 月山西完成征收焦炭生产排污费 15.8 亿元（来源：山西日报）。西部地区收缴排污费 28.29 亿元，占全国的 16.7%，较 2006 年增加 4.55 亿元，增长 19.17%。

2007 年应收缴排污费 178.67 亿元，高于实际入库数 9.19 亿元，应缴未缴排污费的企业主要是：①经营状况差而关停或倒闭，产生永久性的欠费；②营业执照未注销但无法追踪欠费；③排污单位经营变更，以前欠费无法追缴。

---

① 2006 年，环境统计排污费收入为 144.14 亿元。
② 2007 年，环境统计数据全国 173.60 亿元。

7.3.3.2 排污费使用

排污费的使用按照国家关于排污费使用管理的办法，主要用于重点污染源治理、重点区域流域污染防治、环境监察与监测能力建设、生态建设等方面，为改善和提高全省环境质量提供资金保障。

（1）全国排污费使用情况 2006 年，全国共安排排污费使用 101.22 亿元（不含新疆、海南、云南，2006 年度安排排污费使用实际来自 2005 年征收的排污费，且不包括中央集中 10% 的部分，2005 年全国排污费收入为 123.16 亿元），其中：用于污染源点源治理项目 47.90 亿元，占总支出的 47.32%（图 7-10）；用于区域、流域污染防治项目 18.89 亿元，占总支出的 18.66%；用于新技术新工艺推广应用项目 2.85 亿元，占总支出的 2.82%；环保机构支出 31.55 亿元，占 31.17%（改革前的 1998—2000 年调查数据显示，每年有近一半的排污费支出用于环保机构包括环保部门和所属单位自身建设，环保机构经费的六成来源于排污费。1998—2000年三年排污费收入为 162.1 亿元，三年排污费支出为 155.1 亿元，用于环保机构自身建设为 75.3 亿元，占排污费支出的 48.5%，与目前县本级排污费用于环保机构支出的比例相当，说明县级在排污费改革和 211 科目实施以后并无显著变化），其中：环保机构基本支出 7.33 亿元[①]，占当年排污费总支出的 7.24%；环保机构项目支出 24.22 亿元，占当年排污费总支出的 23.93%，项目支出中能力建设支出 14.63 亿元，占当年排污费总支出的 14.46%。

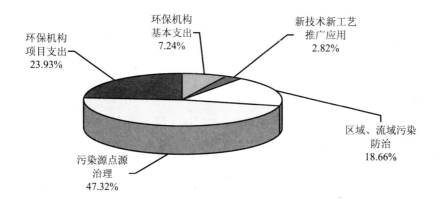

图 7-10 2006 年全国地方排污费支出结构

2006 年，省级共安排排污费使用 33.40 亿元，其中：用于污染源点源治理项目 17.92 亿元，占总支出的 53.65%（图 7-11）；用于区域、流域污染防治项目 8.13 亿元，

---

① "211 环境保护"预算支出科目经费来源调查统计结果显示：2006 年 21101 与 21102 两个款级科目经费来源总额 85.27 亿元，其中排污费 6.45 亿元，占经费来源总额的 7.57%，2007 年两个款级科目经费来源总额 111.36 亿元，其中排污费 7.59 亿元，占经费来源总额的 6.81%。2006 年排污费用于环保机构支出 31.54 亿元，其中基本支出 7.33 亿元；2007 年为 44.84 亿元，其中基本支出为 8.34 亿元，与排污费支出用于环保机构基本支出的金额相当。

占总支出的 24.34%；用于新技术新工艺推广应用项目 1.24 亿元，占总支出的 3.71%；用于环保机构支出 6.09 亿元，占总支出的 18.23%，其中：环保机构基本支出 0.025 亿元；环保机构项目支出 6.07 亿元，占当年排污费总支出的 18.17%，项目支出中用于能力建设 5.08 亿元，占总支出的 15.21%。

2006 年，地市级共安排排污费使用 37.90 亿元，其中：用于污染源点源治理项目 19.19 亿元，占总支出的 50.63%；用于区域、流域污染防治项目 6.45 亿元，占总支出的 17.02%；用于新技术新工艺推广应用项目 1.08 亿元，占总支出的 2.85%；用于环保机构支出 11.17 亿元，占总支出的 29.47%，其中：环保机构基本支出 1.84 亿元，占当年排污费总支出的 4.85%；环保机构项目支出 9.33 亿元，占当年排污费总支出的 24.62%，项目支出中用于能力建设 5.99 亿元，占总支出的 15.8%。

2006 年，县级共安排排污费使用 28.21 亿元，其中：用于污染源点源治理项目 9.97 亿元，占总支出的 35.9%；用于区域、流域污染防治项目 3.96 亿元，占总支出的 14.04%；用于新技术新工艺推广应用项目 0.39 亿元，占总支出的 1.38%；用于环保机构支出 13.87 亿元，占总支出的 49.17%，其中：环保机构基本支出 5.46 亿元，占当年排污费总支出的 19.35%；环保机构项目支出 8.41 亿元，占当年排污费总支出的 29.81%，项目支出中用于能力建设 3.32 亿元，占总支出的 11.77%。

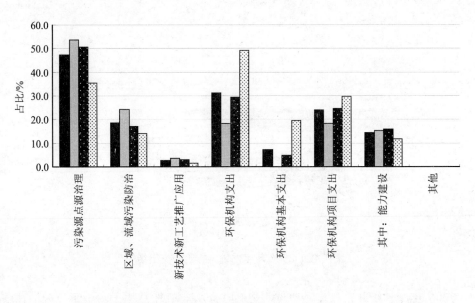

图 7-11　2006 年排污费支出结构比较

2007 年，全国共安排排污费使用 131.74 亿元，其中：用于污染源点源治理项目 55.52 亿元，占总支出的 42.14%（图 7-12）；用于区域、流域污染防治项目 27.44

亿元，占总支出的 20.83%；用于新技术新工艺推广应用项目 3.87 亿元，占总支出的 2.94%；环保机构支出 44.84 亿元，占 34.04%，其中：环保机构基本支出 8.34 亿元，占当年排污费总支出的 6.33%；环保机构项目支出 36.50 亿元，占当年排污费总支出的 27.70%，项目支出中能力建设支出 22.47 亿元，占当年排污费总支出的 17.06%。

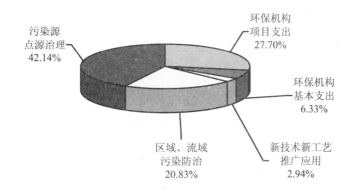

图 7-12　2007 年全国地方排污费支出结构

2007 年，省级共安排排污费使用 44.38 亿元，其中：用于污染源点源治理项目 17.11 亿元，占总支出的 38.55%；用于区域、流域污染防治项目 11.98 亿元，占总支出的 26.99%；用于新技术新工艺推广应用项目 1.59 亿元，占总支出的 3.58%；用于环保机构支出 13.65 亿元，占总支出的 30.76%，其中：环保机构基本支出 0.13 亿元，占当年排污费总支出的 0.29%；环保机构项目支出 13.52 亿元，占当年排污费总支出的 30.46%，项目支出中能力建设支出 9.81 亿元，占当年排污费总支出的 22.10%（图 7-13）。

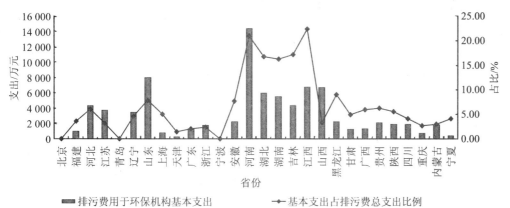

注：大连、厦门、青海未填报省、市、县分级数据。

图 7-13　2007 年各省地方排污费用于环保机构基本支出及占排污费支出比例

2007 年，地市级共安排排污费使用 44.04 亿元，其中：用于污染源点源治理项目 21.70 亿元，占总支出的 49.27%；用于区域、流域污染防治项目 7.36 亿元，占总支出的 16.71%；用于新技术新工艺推广应用项目 1.70 亿元，占总支出的 3.86%；用于环保机构支出 13.28 亿元，占总支出的 30.15%，其中：环保机构基本支出 2.21 亿元，占当年排污费总支出的 5.02%；环保机构项目支出 11.07 亿元，占当年排污费总支出的 25.14%，项目支出中能力建设支出 7.17 亿元，占当年排污费总支出的 16.28%（图 7-14）。

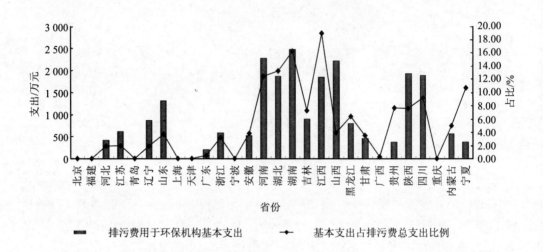

注：大连、厦门、青海未填报省、市、县分级数据。

图 7-14　2007 年全国市本级排污费用于环保机构基本支出及占排污费支出比例

2007 年，县级共安排排污费使用 40.94 亿元，其中：用于污染源点源治理项目 15.66 亿元，占总支出的 38.25%；用于区域、流域污染防治项目 7.50 亿元，占总支出的 18.32%；用于新技术新工艺推广应用项目 0.54 亿元，占总支出的 1.32%；用于环保机构支出 17.22 亿元，占总支出的 42.06%，其中：环保机构基本支出 6.01 亿元，占当年排污费总支出的 14.68%；环保机构项目支出 11.21 亿元，占当年排污费总支出的 27.38%，项目支出中能力建设支出 4.98 亿元，占当年排污费总支出的 12.16%。县本级排污费用于环保机构支出数量较大的省份包括河南（1.86 亿元）、江苏（1.62 亿元）、浙江（1.45 亿元）、山东（1.39 亿元）、河北（1.21 亿元）（图 7-15）。县本级排污费用于环保机构支出占总支出比例较大的省份包括江西（79.23%）、吉林（78.94%）、湖北（75.87%）、河南（71.51%）、广西（70.07%）。

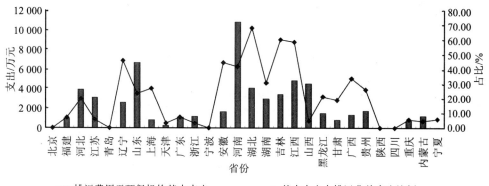

注：陕西、四川无县级数据。大连、厦门、青海未填报省、市、县分级数据。

图 7-15　2007 年全国县本级排污费用于环保机构基本支出及占排污费支出比例

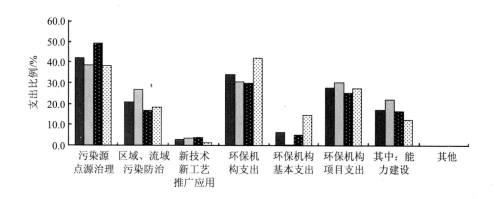

图 7-16　2007 年排污费支出结构比较

251

2007 年与 2006 年相比，全国排污费使用增加 30.52 亿元，增长 30.15%。从使用主体上划分，省级增加 10.98 亿元，增长 32.87%；地市级增加 6.14 亿元，增长 16.2%；县级增加 13.73 亿元，增长 45.13%。在使用结构上，污染源点源治理增加 7.62 亿元，增长 15.91%；区域流域污染防治增加 8.55 亿元，增长 45.26%；新技术新工艺推广增加 1.02 亿元，增长 35.79%；环保机构支出增加 13.29 亿元，增长 42.12%，高于排污费支出增长比例（30.15%），同时也高于排污费收入（入库数）增长比例（23.74%），其中：环保机构基本支出增加 1.01 亿元，增长 13.78%；环保机构项目支出增加 12.28 亿元，增长 50.70%，项目支出中能力建设支出增加 7.84 亿元，增长 53.59%（图 7-16）。由此看出，211 科目建立后"变相吃排污费"的现象仍然严重，排污费用于环保机构支出的比例在逐步加大。从省市县三级来看，县级排污费用于环保机构的绝对量和占排污费使用总量的比例均高于省市两级，且中西部地区尤为突出。

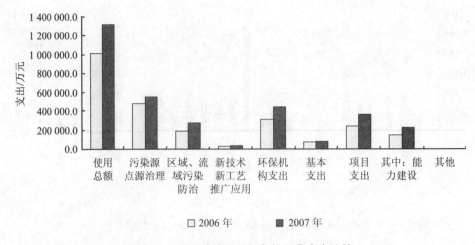

□ 2006 年　■ 2007 年

图 7-17　2006 年与 2007 年排污费支出比较

（2）东中西部排污费使用情况　2007 年，东部地区排污费使用 61.21 亿元，比 2006 年增加 7.72 亿元，其中：用于污染源点源治理 24.77 亿元（图 7-18），占 2007 年排污费支出总额的 40.47%，比 2006 年减少 0.3 亿元；区域、流域污染防治 13.65 亿元，占 2007 年排污费支出总额的 22.3%，比 2006 年增加 3.52 亿元；新技术新工艺推广应用项目 1.78 亿元，占 2007 年排污费支出总额的 2.9%，比 2006 年减少 0.18 亿元；环保机构支出 20.93 亿元，占 2007 年排污费支出总额的 34.19%，比 2006 年增加 4.63 亿元；环保机构支出中基本支出 2.45 亿元，占 2007 年排污费支出总额的 4%，比 2006 年增加 0.03 亿元；环保机构支出中项目支出 18.48 亿元，占 2007 年排污费支出总额的 30.19%，比 2006 年增加 4.6 亿元；项目支出中能力建设 11.06 亿元，占 2007 年排污费支出总额的 18.07%，比 2006 年增加 2.83 亿元。

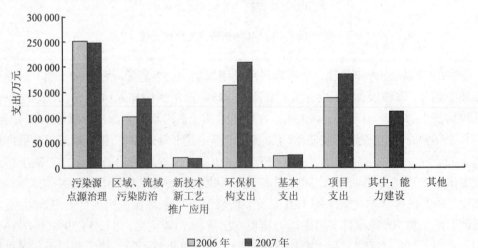

■2006 年　■ 2007 年

图 7-18　2006—2007 年东部地区排污费使用结构比较

2007 年，中部地区排污费使用 45.14 亿元，比 2006 年增加 15.17 亿元，其中：用于污染源点源治理 18.16 亿元（图 7-19），占 2007 年排污费支出总额的 40.23%，比 2006 年增加 4.42 亿元；区域、流域污染防治 9.35 亿元，占 2007 年排污费支出总额的 20.71%，比 2006 年增加 4 亿元；新技术新工艺推广应用项目 1.04 亿元，占 2007 年排污费支出总额的 2.3%，比 2006 年增加 0.7 亿元；环保机构支出 16.58 亿元，占 2007 年排污费支出总额的 36.73%，比 2006 年增加 6.05 亿元；环保机构支出中基本支出 4.79 亿元，占 2007 年排污费支出总额的 10.61%，比 2006 年增加 0.66 亿元；环保机构支出中项目支出 11.79 亿元，占 2007 年排污费支出总额的 26.12%，比 2006 年增加 5.39 亿元；项目支出中能力建设 6.39 亿元，占 2007 年排污费支出总额的 14.16%，比 2006 年增加 2.74 亿元。

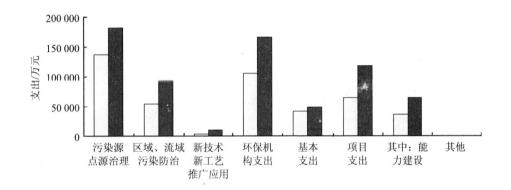

□ 2006 年　■ 2007 年

图 7-19　2006—2007 年中部地区排污费使用结构比较

2007 年，西部地区排污费使用 25.40 亿元，比 2006 年增加 7.64 亿元，其中：用于污染源点源治理 12.58 亿元（图 7-20），占 2007 年排污费支出总额的 49.53%，比 2006 年减少 3.49 亿元；区域、流域污染防治 4.44 亿元，占 2007 年排污费支出总额的 17.48%，比 2006 年增加 1.03 亿元；新技术新工艺推广应用项目 1.05 亿元，占 2007 年排污费支出总额的 4.13%，比 2006 年减少 0.51 亿元；环保机构支出 7.33 亿元，占 2007 年排污费支出总额的 28.86%，比 2006 年增加 2.61 亿元；环保机构支出中基本支出 1.10 亿元，占 2007 年排污费支出总额的 4.33%，比 2006 年增加 0.32 亿元；环保机构支出中项目支出 6.23 亿元，占 2007 年排污费支出总额的 24.53%，比 2006 年增加 2.29 亿元；项目支出中能力建设 5.02 亿元，占 2007 年排污费支出总额的 19.76%，比 2006 年增加 2.27 亿元。

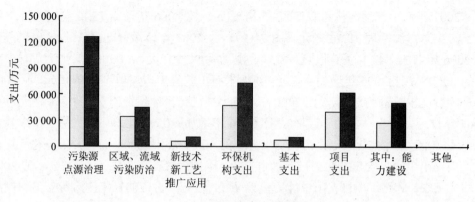

图 7-20　2006—2007 年西部地区排污费使用结构比较

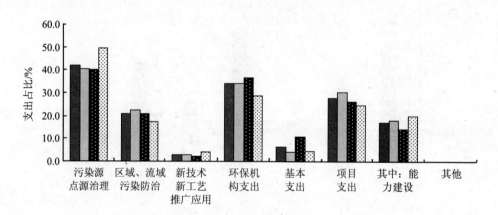

图 7-21　2007 年全国与东中西部排污费支出结构比较

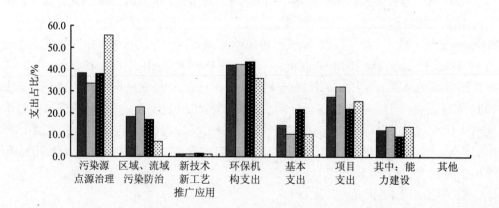

图 7-22　2007 年全国与东中西部地区区县本级支出结构比较

表 7-18 2006年全国排污费征收使用情况

单位：万元

类别	全国	东部全省 总计	东部全省 其中:县本级	中部全省 总计	中部全省 其中:县本级	西部全省 总计	西部全省 其中:县本级	省本级	市本级	县本级
收缴情况 上年国库结存数	245 894.2	109 680.3	37 442.9	76 767.7	7 729.3	59 446.2	10 867.7	106 615.7	82 519.6	56 039.9
本年应缴数	1 462 106.1	808 358.3	234 544.4	407 467.2	158 131.5	246 280.6	55 174.8	425 020.3	532 125.7	447 850.7
本年入库数	1 369 653.9	713 755.2	248 142.2	418 544.1	146 429.3	237 354.6	55 787.9	388 571.6	514 839.4	450 359.4
本年国库结存数	425 049.7	179 042.9	78 919.6	150 682.0	36 319.8	95 324.8	34 458.8	145 940.6	127 921.0	149 698.2
使用情况 总计	1 012 158.5	534 863.8	157 949.6	299 685.8	99 321.3	177 608.9	24 797.9	333 976.9	378 955.9	282 068.7
污染源点源治理	479 011.8	250 663.4	55 668.4	137 449.2	38 358.1	90 899.2	5 672.6	179 162.6	191 868.1	99 699.1
区域、流域污染防治	188 930.8	101 310.8	22 918.4	53 532.1	15 117.6	34 088.1	1 594.7	81 262.7	64 545.7	39 630.6
新技术新工艺推广应用	28 460.5	19 611.8	3 217.1	3 421.4	645.8	5 427.3	68.3	12 449.3	10 837.1	3 931.2
环保机构经费支出	315 482.6	163 005.2	76 063.1	105 283.1	45 199.9	47 194.5	17 462.3	60 912.5	111 704.7	138 725.3
其中 基本支出	73 261.0	24 176.4	21 499.8	41 290.1	29 451.0	7 794.5	3 635.9	250.0	18 424.3	54 586.7
项目支出	242 221.7	138 828.8	54 563.3	63 993.1	15 748.9	39 399.8	13 826.4	60 662.5	93 280.4	84 138.6
能力建设	146 317.2	82 319.0	19 948.8	36 498.0	7 278.7	27 500.2	5 937.8	50 831.9	59 912.9	33 165.3
其他	272.61	272.61	82.61	0	0	0		190	0	82.61

中国环境保护投资研究

表 7-19 2007 年全国排污费征收使用情况

单位：万元

类别		全国	东部全省		中部全省		西部全省		省本级	市本级	县本级
			总计	其中：县本级	总计	其中：县本级	总计	其中：县本级			
收缴情况	上年国库结存数	370 504.7	157 993.3	68 904.0	125 855.8	20 137.1	86 655.6	25 096.8	145 940.6	108 895.2	114 137.9
	本年应缴数	1 786 713.0	917 426.4	312 992.1	579 043.5	283 600.8	290 243.1	66 036.3	449 368.2	654 808.1	662 629.2
	本年入库数	1 694 780.2	830 841.8	312 825.9	581 040.8	245 871.5	282 897.6	67 505.9	410 657.3	638 130.3	626 203.2
	本年国库结存数	533 842.2	223 501.6	101 429.0	198 694.0	84 619.0	111 646.7	48 721.5	125 449.0	168 864.8	234 769.4
使用情况	总计	1 317 404.6	612 066.7	197 792.7	451 350.0	156 109.9	253 987.9	55 504.7	443 771.3	440 409.0	409 407.2
	污染源点源治理	555 182.8	247 749.2	66 479.7	181 628.9	59 245.1	125 804.7	30 924.9	171 143.4	217 020.7	156 649.7
	区域、流域污染防治	274 400.9	136 544.3	44 672.3	93 490.5	26 382.2	44 366.2	3 903.9	119 762.6	73 583.1	74 958.4
	新技术新工艺推广应用	38 730.8	17 792.9	2 552.7	10 400.0	2 240.0	10 538.0	645.0	15 913.2	16 999.3	5 437.7
	环保机构支出	448 423.0	209 313.3	83 921.9	165 830.6	68 242.5	73 279.1	20 030.9	136 451.1	132 805.8	172 195.3
	其中 基本支出	83 440.3	24 505.5	20 495.2	47 938.2	33 804.7	10 996.7	5 801.2	1 230.0	22 109.2	60 101.2
	项目支出	364 982.6	184 807.8	63 426.7	117 892.5	34 437.8	62 282.4	14 229.6	135 221.1	110 696.7	112 094.2
	能力建设	224 708.8	110 614.3	27 359.9	63 917.5	14 759.8	50 177.0	7 677.3	98 088.2	71 749.4	49 797.1
	其他	667.1	667.11	166.11	0	0	0	0	501	0	166.1

专栏 7-1　2010 年 "211 环境保护" 预算支出

2010 年财政拨款支出预算 76 810.18 万元，其中：

1. 基本支出 11 268.53 万元，其中：人员经费 6 600.97 万元，公用经费 4 667.56 万元。

2. 项目支出 65 541.65 万元，共安排 51 个项目，其中：基本建设项目 3 个，2010 年安排投资 3 500 万元；财政专项资金项目 48 个，2010 年安排预算支出 62 041.65 万元。主要项目预算安排情况：国家环境监测与信息 15 500 万元，主要用于保障 136 个国家水质自动监测站、759 个国家地表水环境监测断面、340 个重点城市空气自动监测站、14 个国家空气环境背景监测站以及 450 个国家酸雨监测点、85 个沙尘暴监测站、93 个沙尘暴监测点等开展自动监测、现场对比监测、分析报告、数据传输的运行维护及相关管理工作以及为了提高环境监测的质量而集中开展的环境监测质量监管专项工作；国家环境保护规划 1 795 万元，主要用于 "十二五" 规划研究和编制，在前期基本思路和框架研究的基础上，最终形成国家环境保护 "十二五" 规划的任务、方案、措施、政策，确定主要污染物排放和环境质量、治理水平等目标、技术路线、投入政策，对关键的领域和要素形成基本蓝图；国家环境政策及配套名录制定 2 300 万元，主要用于环境经济政策配套综合名录的制定、排污权有偿使用和交易试点、环境损害评估鉴定与能力建设框架设计以及循环经济推进研究等工作；国家环境标准制修订 4 000 万元，主要用于 "十一五" 规划中已确定的 400 余项标准制修订工作、环保技术管理工作以及国家 "十二五" 环境保护科技、标准、环境健康规划编制工作；环境监察执法 5 000 万元，主要用于环境保护部环境监察局以及环境保护部 6 个督查中心对全国六大区域开展相关执法工作，包括承办重大环境污染与生态破坏案件查办，协调处理跨省区域和流域重大环境纠纷，进行应急响应等工作；环境国际合作及履约行动 5 500 万元，主要用于开展国际合作以及履行环境国际公约的相关工作，包括：履行斯德哥尔摩公约国家履约行动与运行管理、生物多样性公约、国际环境合作及履约项目、中美战略经济对话中的环保合作、国家领导人机制下发展中国家环境合作项目等；环境影响评价 5 000 万元，主要用于建设项目环境保护管理、环境影响报告书技术评估、环境影响评价基础数据库建设等工作；污染物总量控制与减排目标监管 3 000 万元，主要用于污染减排监督管理、温室气体排放统计核算与环境监管能力建设及排放源清单与统计体系建立、全国主要污染物排放总量控制、重点水污染物总量分配技术研究等工作；全国生物物种资源联合执法检查和调查项目 2 000 万元，主要用于 2010 年开展全国生物物种联合执法和调查各项经费。

资料来源：环境保护部网站。

257

7.4　存在的主要问题分析

"211 环境保护" 预算支出科目使环保在政府预算支出科目中有了户头，从而为政府环保投入提供重要保障，但是 "211 环境保护" 支出科目的设置上存在一定的问题。总体来看，"211 环境保护" 预算支出科目尚不能准确、全面、真实地反映各级环境保护的支出，从执行情况来看，除省本级执行情况较好外，绝大部分市（州）、县（区、市）财政部门未按"211环境保护"支出科目执行或执行不到位，"211环境保护"预算支出科目处于"有渠无水"的状态，从调查分析结果来看，科目设置不尽合理，资金保障机制需要健全。

7.4.1　科目划分不合理，交叉、重复现象存在

"211环境保护"支出科目的设置上存在一定的问题，体系尚不完善，主要体现在以下五个方面：

（1）科目的设置所涵盖的范围还不够全面和广泛，还没充分体现预算科目细化、透明的要求。支出科目中缺少环保科研、新技术开发支出科目，各级环保科研部门基本支出、项目支出没有相应预算科目。

（2）科目设置逻辑不严谨，体现的意图不明确　目前没有明确的规范，省、市、县各级对"211环境保护"所设置科目的理解不同。如监察执法单位的人员经费是体现在"环境保护管理事务的行政运行"科目还是"环境监测与监察的环境执法监察"科目，按照国家科目调整说明应当用"环境保护管理事务的行政运行"科目，但有的市财政局实际使用"环境监测与监察的环境执法监察"科目；"环境监测与信息"（2110201）科目反映的是监测与信息两方面内容，无法进行单独分析；建设项目验收支出属于"环境保护管理事务的行政许可"科目还是属于"环境监测与监察的建设项目环评审查与监督"科目，界定不清；省核与辐射安全在科目使用上是"2110204核与辐射安全监督"，但在机构分类上属于"环境监测与信息"类，科目使用与机构类别上还没有完全对应。

（3）科目设置存在不合理的问题　目前"211环境保护"科目中，随着"21111污染减排"款的设立，环境监测与信息、环境执法监察等列入"污染减排"款，原有的"21102环境监测与监察"款下仅有"建设项目环评审查与监督"、"核与辐射安全监督"、"其他环境监测与监察支出"3项，科目设置明显不合理。

（4）科目设置存在争议　有的"项"级科目设置过细，存在个别重复设置的情况，如"污染防治"下的项级科目设置过细过多；有的"项"级科目设置又过粗，如对"环境监测与监察"支出科目的细化又不够，无法完整地反映环境监测等事业机构的基本支出和项目支出，导致一些市、县在"其他环境监测与监察支出"中列支环境监测机构的经费，不利于统一预算口径。

（5）资金来源与资金支出去向交叉，科目归类存在重复问题　排污费支出、减排专项支出、清洁生产专项支出等是按照资金来源划分的，而其他科目是按照资金支出去向划分的，由此造成科目归类重复与统计不完整现象；"21103污染防治"款中，下分"大气"、"水体"、"噪声"、"固体废弃物与化学品"、"放射源和放射性废物"、"辐射"、"排污费支出"、"其他污染防治支出"等，与"21111污染减排"存在一定的交叉重复；"2110307的排污费支出"科目反映过于简单，如将排污费用于水污染防治、大气污染防治、自然生态保护、环保能力建设等方面，只笼统列入"2110307

排污费支出"项，不能反映支出细项，统计缺乏完整性，如果分项填报，则此项支出不再需要，且此部分主要反映资金来源，与其具体用途（如 21103 污染防治等）存在一定的交叉。

7.4.2 资金保障机制尚未建立，资金难以保障

促进环保财政资金稳定增长的政策法规保障体系尚未建立。尽管我国的公共财政体制已进行了多年的改革，但目前还没有建立起有利于财政环保投资稳定增长的政策法规体系，尤其是在政府对环保投入的刚性要求方面。一些基层环保部门经费较为紧张，办公经费等大都从排污费中列支。2007 年开始在财政预算支出中开列了环保科目，将环境保护作为财政支出的一大类单列。但按照现行体制，还缺乏明确的立法形式及具体的实施细则来保证经费的落实，因此尚无法确定一定时期内政府环保投资的稳定性。

对地方 2006—2007 年"211 环境保护"预算支出科目实施情况的调查表明，"211 环境保护"预算支出科目实施以后，环境保护在政府预算支出科目中有了自己的账户，但是若无资金保障机制跟进，其"增流"作用不突出，一些地方"211 环境保护"预算支出科目还处于"有渠无水"的状况，突出表现在排污费之外的财政预算经费增速比同期其他行业增速偏低，不少支出执行不到位、仍然处于空白状态。经费来源中财政预算资金总量偏低，排污费占据经费来源的半壁江山。按排污费支出计算，2007 年排污费支出 131.74 亿元，环境保护预算支出总额 258.62 亿元，占总预算支出的 50%以上。

"211 环境保护"预算支出科目实施以后，我国环境保护支出尽管有所增加，但主要是受排污费增长较快和财政收入增加的水涨船高的影响，受科目设立的影响较小，科目设立后的保障作用并不明显。2006 年我国环境保护预算支出总额 199.13 亿元，2007 年支出总额 258.62 亿元，增加了 59.49 亿元。其中排污费使用增加 30.52亿元，占预算支出增加量的 51.3%。其余经费增长 28.97 亿元，仅为财政支出新增量（9 358 亿元）的 0.31%。与 2006 年经费支出相比增长 14.5%，远低于同期财政支出增长率（23.2%）。

环保机构经费仍难以保障，财政根据排污费征收情况及其规模拨付环保经费情况仍然较为普遍，环保机构的基本支出和项目支出很大一部分是财政从排污费中安排的。"吃饭财政"问题普遍存在，公用经费得不到充分保障的局面可能长期存在。环保机构建设相对滞后，纳入财政拨款的机构和人员比例总体不高，人员经费和公用经费定额标准偏低。2007 年全国环保系统机构中未纳入财政拨款（补助）的机构数占全国总编制数的 15%。市、县以下环保机构建设相对滞后、人员力量配备相对薄弱。基层环保系统人员超编严重，人员经费保障困难，县级环保机构的人员和工作经费基本上没有纳入财政保障体系。

7.5 环境保护预算支出保障建议

建立制度化的、有约束力的环境保护预算支出保障机制，构建硬性、稳定、可持续的资金来源渠道，是加强环境保护资金保障的重中之重，也是目前政府环境保护投入中迫切需要解决的问题。加强环境保护财政预算资金保障，其重点一是根据事权划分，明确政府环境财权，使各级政府的环境事权与环境财权相匹配，确保量力而行；二是建立长期稳定的环境保护预算支出内生增长机制，在各级政府的财力能力范围内，确保环境保护预算支出的稳定性与可持续性。

7.5.1 实施"一级环境事权、一级财政保障"制度

目前环境保护的事权、财权不匹配，建议中央政府在污染减排和环境保护上发挥与财权相适应的事权权责，承担较大的环境保护财权，改变以事权确定减排财权或者认为环境保护是地方事权的做法，加强政府财政的环境保护经费投入。在短期事权划分难以明确的情况下，可先借鉴美国、日本等国家的经验，以国家统一编制、批复专项规划、计划的形式确定中央政府财权和事权。考虑到污染减排的紧迫性和长期性，建议借鉴美国等联邦政府在污水、垃圾处理建设上承担较大财权的做法，中央财政加大环保在优先领域的份额，制定国家在环保领域更积极的投资政策。

7.5.2 优化调整环境保护预算支出科目

针对环保投资历史欠账严重和治理污染压力不断增加的现实情况，需要更进一步明确政府在污染防治方面的投资重点和方向，需要进一步细化和完善现有的"211"科目。根据环保形势任务的新变化，应适时调整"211 环境保护"支出科目。"211环境保护"科目优化调整建议侧重于传统环境保护领域，不涉及生态建设、资源综合利用与节能领域。具体建议如下：

7.5.2.1 明确环境保护预算科目的分类依据

"211 环境保护"科目的设置建议以资金支出去向为分类依据，将涉及资金来源的排污费支出、减排专项支出、清洁生产专项支出等科目去掉。

将排污费支出、污染减排支出、清洁生产专项支出分解到各细项，通过其他数据或信息反映资金来源情况。

7.5.2.2 将部分款项进行归并调整

（1）将"污染减排"科目与"环境监测与监察"、"污染防治"等款项进行合并 污染防治与污染减排存在明显的重复，目前仅将环境监测与信息、环境执法监察等项目列入污染减排款中并不合适，科目与对应的款之间不匹配。

（2）将 2110402 农村环境保护归并到污染防治中 "十二五"期间农村环境保护是环境保护工作的重要领域，面源污染控制将作为污染防治的重点。建议将农村环境保护放入污染防治款中，体现农村环境污染防治支出。

（3）将 21102 环境监测与监察调整为环境监管　监测与监察是环境监管的重要方面，但并非环境监管的全部。建议将 21102 环境监测与监察调整为环境监管，以综合反映环境监测、监察、信息、科研、宣教等方面的支出。

（4）将 2110203 建设项目环评审查与监督调整到 21101 款中，并与 2110107 环境保护行政许可进行合并。2110107 款中已包含建设项目环境影响评价审批等方面的支出，建议进行合并，避免重复与科目不清的问题。

（5）调整部分科目名称　建议将 2110104 环境保护宣传修改为环境保护宣传与培训，将"2110305 放射源和放射性废物监管"调整为"放射源和放射性废物"。

7.5.2.3　增加环境科研、应急等预算支出科目

（1）增加环境应急预算支出科目　目前，我国已进入环境事故的突发期，各类环境事故的发生必将带来环境应急支出的增加。建议在 21102 款下增加环境应急科目，以全面反映在环境应急项目方面的支出。

（2）增加环境科研预算支出科目　环境科研是环境监管能力的重要方面，是环境监管的重要技术支撑。国家高度重视环境科研工作，对环境科研工作的经费支持也日渐增多。自"十一五"以来，环境科研支出明显增加，一方面是用于环境科研机构的建设与运行经费增加，另一方面环境科研项目经费也逐步加大。建议在 21102 款中单设环境科研科目。

（3）增加土壤污染防治预算支出科目　土壤污染治理与土壤修复是关系到粮食安全的重要方面，也是"十二五"环境保护的重要方面。建议在 21103 污染防治款中增加"土壤"预算支出科目。

（4）将环境监测与信息划分为两个独立的科目　目前，环境监测与信息科目较为笼统。环境监测是环境监管能力的重点，在监管能力建设中财政支出力度也最大，同时环境监测运行费用也存在较大的需求。环境信息能力是环境监管能力现代化水平的重要体现，与环境监测、环境监察等均是环境监管能力建设的重点。建议将原来的环境监测与信息调整为两个科目，即环境监测、环境信息。

表 7-20　"211 环境保护"预算支出科目调整（不含生态建设、资源综合利用与节能）

代码	科目
211	环境保护
21101	环境保护管理事务
2110101	行政运行
2110102	一般行政管理事务
2110103	机关服务
2110104	环境保护宣传与培训
2110105	环境保护法规、规划及标准
2110106	环境国际合作及履约
2110107	环境保护行政许可
2110199	其他环境保护管理事务支出

代码	科目
21102	环境监管
2110201	环境监测
2110202	环境执法监察
2110203	环境科研
2110204	环境信息
2110205	核与辐射安全监督
2110299	其他环境监测、监察、科研与信息支出
21103	污染防治
2110301	大气
2110302	水体
2110303	噪声
2110304	固体废弃物与化学品
2110305	土壤
2110306	农村环境保护
2110307	放射源和放射性废物
2110308	辐射
2110399	其他污染防治支出
21104	自然生态保护
2110401	生态保护
2110402	自然保护区
2110403	生物及物种资源保护
2110499	其他自然生态保护支出
21199	其他环境保护支出

7.5.3　建立长期稳定的环境保护预算支出增长机制

建立环境保护预算支出增长机制，确保环境保护预算科目"有渠有水"，是稳定和保障环保投资的重要方面。努力构建环保支出与 GDP、财政收入增长的双联动机制，确保环保科目支出额的增幅高于 GDP 和财政收入的增长速度。在建立稳定增长的环保预算经费来源方面，可以逐步采用以下 4 种方法：

（1）确定增幅指标，规定各级财政预算安排的环保资金要高于同期财政支出的增长幅度　建议把环保投资定位为国家战略性投资，确定环境保护预算支出增长比率指标，确保财政环保投入增长幅度应高于经常性财政支出增长幅度，使政府环境保护预算支出占财政支出和环保投入的比重逐步提高。一般预算安排难以满足时，将缺口环保支出纳入国债资金安排，必要的情况下，可研究发行环保专项国债。

专栏 7-2　财政性教育经费

1993 年，中共中央、国务院颁布的《中国教育改革和发展纲要》提出了"财政性教育经费占国民生产总值的比重，在 2000 年达到 4%"，这个数字也被作为唯一的数字性指标写入《中共中央关于构建社会主义和谐社会若干重大问题的决定》，并要求保证财政性教育经费增长幅度明显高于财政经常性收入增长幅度。

（2）确定比重指标，规定财政环保支出应占国内生产总值或财政总支出的一定比例　建议确定环境保护预算支出占国内生产总值或财政预算支出比例，各级预算科目的资金额度要根据环境保护五年计划对政府的投资要求来安排，确保在新增财力中的份额持续、稳步增加，保障"211"科目"有渠有水"、良性循环，并形成制度化的规定。建议将增加环保投入作为环保法重要的修改内容，明确政府在环保投入方面的引导作用，确保财政投入底线。

专栏 7-3　陕西省人民政府提出增加环保投入的具体要求

陕西省人民政府印发贯彻《国务院关于环境保护若干问题的决定》的实施意见的通知（陕政发[1996]65 号），要求："九五"期间，全省环境保护投入占国内生产总值的比例不得低于 1%，其中西安市要达到 1.5%，宝鸡、咸阳、铜川、渭南、汉中等市要达到 1.2% 以上。

环境保护专项资金要列入各级财政预算。从 1997 年起，省财政每年新增可用财力的 10% 列为省级环保专项治理资金，专款专用。各地财政也要相应确定污染治理专项资金比例，并列入本级预算，支持重点污染源治理。

资料来源：陕西省人民政府印发贯彻《国务院关于环境保护若干问题的决定》的实施意见的通知（陕政发[1996]65 号）。

263

（3）规定当年政府新增财力应向环保投资倾斜　新增财力更多地用于环境保护。为了落实相关政府部门和行政官员的环保责任，在人大预算讨论的环节，要确立环保支出的优先和重点保障地位，设定具有约束力的环境投入目标要求。建议中央在每年新增财政收入中按照 5%～10% 的比例专项用于环境保护，专项资金纳入环境保护预算支出体系统一管理。例如，江苏省政府制定《江苏省太湖水污染治理工作方案》，规定太湖地区各市县每年都应从本级新增财力中划出 10%～20%，专项用于本地区太湖水污染治理。这一做法，取得了较好成效，有力地保障了太湖水污染治理资金需求。

专栏 7-4   江苏省建立太湖流域水污染治理专项资金

太湖水污染治理需要大量的资金投入，必须建立政府引导、企业为主、社会参与的污染治理投入机制。各级政府要按照建立公共财政的要求，较大幅度地增加对太湖水污染治理的投入，着重支持基础性、公益性治污项目建设。江苏省财政每年安排专项资金，支持太湖调水引流、疏浚清淤、污水处理、生态修复、监测预警等重点工程建设。江苏省级环境保护引导资金、污染防治资金等专项资金，重点向太湖水污染防治倾斜。太湖地区各地要把污染治理作为基本建设投资和财政支出的重点，切实加大资金投入，支持重点治污工程建设，确保实现规划目标。从 2008 年起，太湖地区各市、县（市）要从新增财力中划出 10%～20%，专项用于水污染治理。

资料来源：江苏省人民政府关于印发《江苏省太湖水污染治理工作方案》的通知（苏政发 [2007]97 号）。

预算超收部分支出向环境保护倾斜。近年来每年国家财政收入增幅均超过 20%，但中央财政超收的部分主要用于出口退税、教育科研、各种转移支付、农村税费改革、粮食生产、社会保障基金、企业关闭破产补助、抗灾救灾等，基本没有用于环境保护。中央政府应该发挥带头和示范作用，建议中央将每年预算超收部分中一定比例专项用于环境保护。

专栏 7-5   2010 年中央财政超收收入使用

根据有关法律法规和第十一届全国人民代表大会第三次会议有关决议要求，在中央财政超收的 4 410 亿元中，用于增加对地方税收返还和一般性转移支付 650 亿元，增加对地方公路养护等经费转移支付 242 亿元，增加教育支出 260 亿元，增加科学技术支出 56 亿元，增加公路建设支出 454 亿元。其余 2 748 亿元，用于削减中央财政赤字 500 亿元，补充中央预算稳定调节基金 2 248 亿元，留待以后年度预算安排使用。2010 年中央财政超收收入安排使用情况，国务院已向十一届全国人大常委会第 18 次会议报告。

资料来源：财政部网站。

（4）规定特定收入用于环境保护   借鉴欧盟国家利用上级政府转移支付手段为污染治理融资的经验，应将上级政府转移支付作为政府在环境保护上融资的重要补充手段，尤其是拨款或软贷款，加大政府财政转移支付中对环境保护的支持力度。探索将某些环境资源性的公共收入专项用于环境和生态补偿支出，如将石油特别收益金所得资金部分用于环境污染治理工程。目前国家正在研究出台环境税，随着环境税的实施，专项用于环境污染治理的排污费将逐步取消，环境保护的资金来源渠道将逐步缺失。建议将部分与环境保护相关的税收收入用于环境保护，如将来实施的环境税、目前已经实施的出口退税以及一定比例的消费税、资源税等专项用于减排治理工程，拓宽污染减排的融资渠道，保障资金筹措到位。

第8章

基于环境的一般性转移支付

8.1 基于环境的转移支付政策分类

我国中央对地方的转移支付分为一般性转移支付和专项转移支付两类。2010 年中央财政环境保护支出 1 443.1 亿元，完成预算的 102.1%，增长 25.3%。其中，中央本级支出 69.48 亿元，对地方转移支付 1 373.62 亿元。环境保护专项转移支付资金主要来源于环境保护专项资金，但基于环境的一般性转移支付日益成为关注的重点，本章将重点就基于环境的一般性转移支付政策的优化问题进行探讨。

8.1.1 一般性转移支付

一般性转移支付又称均等化转移支付、财力性转移支付等，指中央政府对有财力缺口的地方政府（主要是中西部地区），按照规范的办法给予的补助。一般性转移支付是实现地区间基本公共服务均等化的有效手段，其基本思路是在确定各地区的标准财政收入和支出的基础上，以各地标准财政收支的差额作为分配依据。具体计算公式是：

某地区一般性转移支付额＝（该地区标准财政支出–该地区标准财政收入）×该地区转移支付系数

一般性转移支付主要面向欠发达地区，地方政府可自主安排使用，主要包括均衡性转移支付、民族地区转移支付、县乡基本财力保障机制奖补资金、农村税费改革转移支付、义务教育转移支付、农村义务教育化债补助、资源枯竭城市财力性转移支付等 17 个方面。为贯彻落实科学发展观，体现以人为本的理念，2008 年按照财政管理科学化、精细化、规范化的要求，在原一般性转移支付办法的基础上，中央财政又进一步完善了中央对地方一般性转移支付测算办法，制定了《2008 年中央对地方一般性转移支付办法》。2010 年中央对地方税收返还和转移支付 27 349.3 亿元，较 2008 年增长 46.54%。其中一般性转移支付 13 237.81 亿元，较 2008 年增长 52.22%。

表 8-1 2008 年与 2010 年中央对地方转移支付比较

分类	2008 年支出/亿元	2010 年支出/亿元	2010 年比 2008 年增长/%
中央对地方转移支付	18 663.42	27 349.3	46.54
一般性转移支付	8 696.49	13 237.81	52.22
专项转移支付	9 966.93	14 111.49	41.58
其中：环境保护	974.09	1 373.62	41.02

8.1.2 专项转移支付

专项转移支付是指中央政府对承担委托事务、共同事务的地方政府，给予的具有指定用途的资金补助，以及对应由下级政府承担的事务，给予的具有指定用途的奖励或补助。专项转移支付重点用于教育、科学技术、社会保障、医疗卫生、环境保护、农林水事物等领域。2010 年，专项转移支付 14 111.49 亿元，较 2008 年增长41.58%。专项转移支付中环境保护专项转移支付 1 373.62 亿元，较 2008 年增长 41.02亿元。环境保护专项转移支付增长率低于中央对地方转移支付和专项转移支付的平均水平。

表 8-2 2010 年专项转移支付构成

专项转移支付构成	2010 年预算支出/亿元	占专项转移支付的比例/%
一般公共服务	130.99	0.93
国防	5.92	0.04
公共安全	237.7	1.68
教育	878.79	6.23
科学技术	67.04	0.48
文化体育与传媒	165.87	1.18
社会保障和就业	1 927.52	13.66
医疗卫生	1 395.51	9.89
环境保护	1 373.62	9.73
城乡社区事务	152.52	1.08
农林水事务	3 384.37	23.98
交通运输	1 109.67	7.86
资源勘探电力信息等事务	339.39	2.41
商业服务等事务	661.94	4.69
金融监管等事务	14.3	0.10
地震灾后恢复重建支出	756.44	5.36
国土气象等事务	193.65	1.37
住房保障支出	739.25	5.24
粮油物资储备管理事务	298.12	2.11
其他支出	278.88	1.98

8.2 基于环境的一般性转移支付现状

8.2.1 国外基于环境的一般性转移支付

8.2.1.1 美国

一般性转移支付和特殊性转移支付是美国政府间转移支付的主要方式。一般性转移支付是为解决中央与地方、各地区之间的财政纵向不平衡与横向不平衡问题，由上级政府根据政府税收能力与支出需求方面和各地区间在资源、人口、贫富等方面存在的差别，制定统一的法定标准公式，将财政资金转移给下级政府；特殊性转移支付是在社会保障、健康、教育、交通和环保等方面提高州和地方政府提供公共服务的能力。近年来，一般目的的补助在政府转移支付中地位下降，用于社会保障、教育和环保等方面的特殊性转移支付比重升高，这一方面的补助占美国转移支付补助总额的 80%左右。美国在环境方面的转移支付主要以专项补助的方式出现，也有少量的分类补助项目。分类补助具有明确的资金使用范围，且要求下级政府完成一定数量的配套资金投入。纵向的环境财政转移支付制度一般通过专项拨款的方式进行，如针对水资源及"三废"处理的专项拨款。横向的环境财政转移支付以州际财政平衡为目标，涉及一系列复杂计算。

转移支付的操作方式主要包括有条件拨款和无条件拨款两种。有条件拨款要求下级政府按照一定比例的资金进行配套，一般为 50%左右。无条件拨款即"无条件分享"，是指不附带任何条件的拨款，联邦政府一般不对州和地方政府的资金使用加以限制，可以按照自己的意愿使用资金。

8.2.1.2 德国

德国实行的是以共享税为主体的分税制，联邦、州和地方三级政府各自拥有相对独立的财权和责任明确的事权。由于德国财力分配相对来说比较分散，联邦政府财力集中程度较低，因此，政府间转移支付制度的实施也别具一格，其主要特点是通过转移支付建立了联邦对州、州对地方的纵向平衡体系和州与州之间的横向平衡体系。

德国的纵向财政平衡体系分两个层次：第一层次是联邦对州的财政平衡；第二层次是州对所属地方政府的财政平衡。第一层次主要通过 4 条渠道实现转移支付：①调整增值税分享比例；②对财力特别薄弱、收支矛盾突出的州，联邦政府从本级分离的增值税份额中再按一定的比例予以资助；③在完成联邦和州的共同事务时，联邦向州提供各种财政资助；④对属于州和地方政府事权范围的一些重要投资项目，联邦财政根据宏观经济政策有时也给予适当的补助，包括改善经济结构、改善地方交通和市政建设等。第二层次主要目的是使州内各个地方之间财政收支水平比较接近。由于各州实现平衡的方式不尽相同，因而每个预算年度都要重新计算，归纳起来主要有 4 种拨款形式：①行政开支补贴拨款，按各地方政府管辖人口计算；②横向财务平衡拨款，占州对地方纵向拨款总额的一半以上；③对特别困难地方的特殊拨款，需经过申请和批准才能得到；④专项拨款，必须按州指定项目使用，主要用于学校、幼儿园、医院、道路、公共交通、停车场、文化娱乐及体育设施、水资源及"三废"处理、养老金和社会救济等项目。

德国横向转移的州际财政平衡的资金来源主要包括两部分：①由州分享增值税份额的 1/4，其余 3/4 按每个州人口数量直接分配给各个州；②财政较富裕的州按计算结果直接划拨给较穷的州的资金。横向转移支付的一个重要特点是州际间横向转移支付是以州际财政平衡基金为主要内容，基金由两种资金组成：一是增值税由州分享部分的 1/4；二是财政较富裕的州按照统一标准计算结果拨给穷州的补助金。德国州际间的横向财政平衡是在联邦法律规范和联邦财政部主持下实施的，并非州与州之间的自主自愿的授受行为。通过各州间收入的再分配，财政能力较弱的州得到了一定的补助，以保证各州间的财政状况不至于过分悬殊。

8.2.1.3　日本

日本的环境转移支付制度以税收返还为主。中央政府财政收入占全部财政收入的 2/3，但地方政府财政支出占财政总支出的比重约 66%。国家下拨税（属于一般性转移支付）、国库支出金、国家让与税、特殊交通补助和固定资金转移税等是日本政府间转移支付的主要形式，其中国家下拨税和国库支出金之和占转移支付总额的90% 以上。

以国库支出金为例，在环境保护转移支付方面，纵向上主要采用委托金（主要涉及重大的环境基础设施投资等有中央委托地方承办的事务）、国库负担金（中央与地方共同承办，中央按照份额拨给地方经费）、国库补助金（中央对地方的补助）等形式。近年来，日本政府对公路、桥梁、公园、河坝、港口和贫困者住房等公共工程建设的转移支付达 40% 左右。

8.2.1.4　经验总结与借鉴

国际上环境转移支付制度主要包括 3 种基本类型：美国等补助金型转移支付模式；澳大利亚、德国等财政均等化型转移支付模式；日本、韩国等税收返还型转移支付模式。美国、澳大利亚专项转移支付的比例均在 80% 以上，德国、日本主要是无条件转移支付。就美、德、日而言，可以说美国注重效率，德、日更注重公平。

依据各国政体组织形式，财政转移支付制度可以分为以美国、澳大利亚、德国、加拿大为代表的联邦制，和以英国、意大利、日本等为代表的单一制财政转移支付制度。无论哪个国家，政府间财政转移支付制度设计并没有本质区别。各国财政转移支付制度并没有完全统一的模式，各国财政转移支付制度与政体组织形式也无直接的关系，一些单一制国家的财政转移支付制度也具有财政联邦主义性质。

在建立基于环境的财政转移支付政策方面，我国应采用循序渐进的方式，采用以补助金制度为主要手段、以实行财政均等化为主要目的的转移支付模式，建立财政对重要生态保护区、环境基本公共服务均等化等转移支付政策。

逐步加大一般性转移支付的力度，一般性转移支付最能起到均等化效用，但是在我国所占规模尚小，必须扩大其规模。在转移支付资金有限的情况下，最可行的办法是开征税种，比如环境税。因为我国西部一些贫困省份资源丰富，开发多，并且在开发过程中造成了严重的污染。其大部分能源被东部地区利用，但利用效率低下。通过中央集中征收环境税，再以补助的形式向贫困省份倾斜，既能促进西部地区发展，又能激励东部地区提高能源利用效率、节约能源。

发挥专项补助的均等化潜力。我国用于环境基本公共服务均等化转移支付的资金规模过小，且不可能在短时间内突然增加大量财政资金用于环境保护一般性转移支付，可以考虑加强专项转移支付在环境基本公共服务均等化方面的作用，在资金分配时考虑地方在支付能力和提供公共产品成本上的差异，以及人均收入等指标，使资金的再分配实现公平的目的。

各国事权的划分都以法律规定，转移支付法律化是各国的普遍做法。各级政府各有主要事权和主要支出职责。在美国，教育是州和地方政府的最大支出，另外州在社会福利、交通、健康和医院服务支出方面也占了较大比例，而地方政府主要集中于环境和住房、交通、警察和消防以及健康和医院等方面的支出。法国省政府侧重于公共福利，而市镇偏重于基本公共服务。因此，进一步明确我国环境保护的事权与财权划分，并赋予法律化，对于推进环境保护基本公共服务均等化有着深远意义。

8.2.2　我国基于环境的一般性转移支付

在经济快速发展的同时，中国区域间资源禀赋差异巨大，区域间经济发展、资源能源消耗以及财力水平也存在很大差异。自 1994 年实施分税制以来，财政转移支付成为中央平衡地方发展和补偿的重要途径，如 2001 年中央财政收入和支出分别占全国财政收入和支出的 52.4%和 30.5%。大量的财政转移支付资金为实施环境生态补偿提供了良好的资金基础。

近些年来，随着公民环保意识的增强，保护生态、治理环境的呼声也越来越高。中央财政增加了用于限制开发区和禁止开发区生态保护的预算规模和转移支付力度，以及生态补偿科目。2005 年，《国务院关于落实科学发展观　加强环境保护的决定》（国发[2005]39 号）要求"要完善生态补偿政策，尽快建立生态补偿机制。中央和地方财政转移支付应考虑生态补偿因素，国家和地方可分别开展生态补偿试点"。同年，出台了《关于进一步完善生态补偿机制的若干意见》，通过政府的转移性支出，把生态修复和环保所面临的补偿问题统筹起来。2006 年，原环保总局、财政部、国土资源部联合下发了《关于逐步建立矿山环境治理和生态恢复责任机制的指导意见》。2007 年，《国务院 2007 年工作要点》（国发[2007]8 号）将"加快建立生态环境补偿机制"列为抓好节能减排工作的重要任务。国家《节能减排综合性工作方案》（国发[2007]15 号）明确要求改进和完善资源开发生态补偿机制，开展跨流域生态补偿试点工作。《国务院关于编制全国主体功能区规划的意见》（国发[2007]21 号）文件也明确提出，实现主体功能区定位要调整完善财政政策，以实现基本公共服务均等化为目标，完善中央和省以下财政转移支付制度，重点增加对限制开发和禁止开发区域用于公共服务和生态环境补偿的财政转移支付，逐步使当地居民享有均等化的基本公共服务。在考虑各地区之间财政转移支付分配时，除考虑东中西部地区差异外，还应将四类主体功能区的因素考虑在内，合理确定不同地区不同主体功能区间的转移支付的标准、规模。

为加快民生工程和生态环境建设，考虑到青海三江源等国家级重点生态保护区的生态补偿机制亟待建立，财政部从 2008 年起开始实施重点生态功能区转移支付。为优化资金分配办法，提高资金使用效益，以鼓励有关地区开展生态保护和建设为目标，2009 年财政部特制定了《国家重点生态功能区转移支付（试点）办法》，研究完善了转移支付办法，着力研究建立了资金分配与使用绩效的监控及评价体系，对建立生态屏障保护的长效机制、推动实现科学发展具有重要的意义。2011 年财政部正式制定《国家重点生态功能区转移支付办法》，该文件是中央财政在均衡性转移支付项下设立的国家重点生态功能区财政转移支付。

与此同时，地方政府也制定了生态转移支付的相关措施。2008 年，浙江省制定出台了《浙江省生态环保财力转移支付试行办法》，从 2008 年开始，除了宁波市（计划单列）以外，处于浙江省八大水系源头地区的 45 个市、县（市）每年将获得不同额度的省级生态环保财力转移支付资金。2009 年，上海市政府常务会议通过了《关于本市建立健全生态补偿机制的若干意见》和《生态补偿转移支付办法》。

8.3 基于生态补偿的转移支付

8.3.1 基于生态补偿的转移支付分类

生态补偿是以保护生态环境、促进人与自然和谐为目的，根据生态系统服务价值、生态保护成本、发展机会成本，综合运用行政和市场手段，调整生态环境保护和建设相关各方之间利益关系的环境经济政策。生态补偿有广义和狭义的理解。广义的生态补偿包括对生态环境和自然资源保护所获得收益的奖励或对破坏生态环境和自然资源所造成损失的赔偿，同时也包括对环境污染者所征收的费用。狭义的生态补偿则主要是指对生态系统和自然资源保护所获得收益的奖励或对破坏生态系统和自然资源所造成损失的赔偿。

转移支付是一种政府转移财力的制度，在很多国家的生态补偿实践中转移支付是直接和重要的手段之一。政府间的转移支付有两种分类：一是按财力转移的方向分为横向转移支付和纵向转移支付；二是按财力是否规定用途分为一般性转移支付和专项转移支付。横向转移支付是财力在地方政府间的转移，而纵向转移支付则是中央政府对地方政府进行的财力转移。从目前情况看，各个国家政府使用纵向转移支付手段比较普遍。一般性转移支付所转移的资金并不规定用途，而是由接受方政府自行安排使用，实施一般性转移支付的目的一般是为了给地方政府提供额外的收入来源，弥补收支差额，增强其提供公共服务的能力，或者缩小地区间的贫富差距。专项转移支付会明确规定资金的使用用途，接受方政府不得随意改变资金的使用方向，实施专项转移支付则是为了对地方政府提供的收益外溢的产品和劳务进行补偿，如生态环境保护与建设。

目前，我国建立生态补偿的重点领域有四个，分别为自然保护区的生态补偿、重要生态功能区的生态补偿、矿产资源开发的生态补偿、流域水环境保护的生态补偿。2005 年 12 月颁布的《国务院关于落实科学发展观　加强环境保护的决定》提出："完善生态补偿政策，尽快建立生态补偿机制。中央和地方财政转移支付应考虑生态补偿因素。"2008 年新修订的《水污染防治法》第七条也对生态补偿做了明确规定：国家通过财政转移支付等方式，建立健全对位于饮用水水源保护区区域和江河、湖泊、水库上游地区的水环境生态保护补偿机制。2011 年颁布的《国家环境保护"十二五"规划》中提出：推进区域环境保护基本公共服务均等化，中央财政通过一般性转移支付和生态补偿等措施，加大对西部地区、禁止开发区域和限制开发区域、特殊困难地区的支持力度，提高环境保护基本公共服务供给水平。本章重点研究基于生态补偿的一般性转移支付，以及公共财政为实现地区环境基本公共服务均等化而进行的一般性转移支付。

8.3.2 基于生态补偿的一般性转移支付设计方法

基于生态补偿的转移支付是关于生态利益相关者之间的一种经济利益协调机制，通过财政能力保障法设计一般性转移支付，可以保障地方政府公共服务能力和水平均等化。财政能力保障法是以保障受偿地区公共财政能力和公共服务提供水平为基础，测算地方由于生态保护而出现的标准财力缺口并通过设立生态补偿转移支付予以补足，以满足地方增强公共服务能力。基于财政能力法的财政转移支付生态补偿是从强化激励和约束的角度而设立的，这种方式的好处是可以充分调动地方政府加强环境保护和污染治理的积极性，有利于各地区根据自身特点来统筹当地经济社会发展与环境保护之间的合理关系，同时数据测算要求不高，实施成本较低，有利于引导和督促接受生态补偿的地区加快经济发展方式转型，调整当地产业结构，积极发展环境污染少的产业，走环境友好型经济发展道路。这种方式也存在一定的不足，主要是生态补偿转移支付的生态环境保护功能直接体现不足，同时考虑到地方与中央利益目标的不一致，还需要配套强有力的环境质量监测和问责体系，以确保地方确实将生态补偿转移支付（直接或间接）用于当地的污染治理和生态环境改善。

图 8-1 中横轴为地方经济发展的规模，尤其指随着经济发展规模的壮大，带来环境污染和能源消耗的增大（这里不考虑产业结构转型的因素），左边纵轴是财税收入，对应解释"经济财税收入"曲线，右边纵轴是地方所获得的生态补偿转移支付量，对应解释"生态补偿金"曲线。一般来说地方财税收入的规模与当地经济发展的规模呈正相关关系，而以弥补标准财政收支缺口为主要依据的生态补偿金则与经济规模和财政收入呈负相关关系。因此，就地方总收益（即财税收入+生态补偿金）来说，应该存在一个对应的最优经济发展规模，如图中 E 点所示，在这个规模上，地方通过有选择地发展环境友好型经济，再加上生态补偿转移支付，可以达到总收益的最大化。生态补偿政策的最优状态就是追求这一最优均衡点，使得地区经济和生态保护和谐发展。

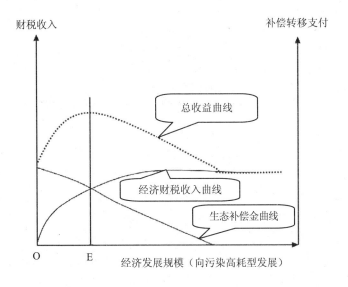

图 8-1　生态补偿转移支付与激励地方经济发展和转型的关系

其他用于设计生态补偿的方法还包括成本法、生态效益法、灰箱系统法。成本法（又称边际成本法和机会成本法）设计生态补偿的依据包括两部分：生态建设和保护的额外成本（也可称边际成本）及发展机会成本，成本法计算不同责任主体对生态环境保护承担的成本时带有较大的不确定性；生态效益法主要是对生态保护或者环境友好型的生产经营方式所产生的水土保持、水源涵养、气候调节、生物多样性保护、景观美化等生态服务功能价值进行综合评估和核算，随着现代科学技术的发展，此方法的利用已经有了重大进展。灰箱系统法建立在"灰箱系统理论"（或"灰色系统理论"）基础之上，是在系统内部错综复杂的关系尚不清楚或不完全清楚的情况下，通过整体把握对系统施加的影响和反馈之间的关系，对系统实施有效控制和管理的方法，由于环境保护活动与地方财税之间存在着这种内在联系，灰箱系统法可运用于财政手段开展生态补偿工作。

8.3.3　政府财力水平对生态补偿的影响分析

8.3.3.1　政府财力水平对生态补偿资金保障的影响

财政是生态补偿的重要手段之一，各级政府的财力水平对生态补偿效果会产生影响。从收入角度来看，我国政府的财力收入一直在不断增加，"十一五"期间增速较快，增幅较大，从 2006 年的 38 760.20 亿元增长到 2010 年的 83 101.51 亿元。自 1994 年分税制以来，除 1996 年、1997 年、1998 年外，中央财政收入都超过了地方财政收入，且差距呈波动状态。从中央和地方占财政总收入比重来看，两者之间的比例基本变化不大。

表 8-3　中央和地方财政收入及比重

年份	财政收入/亿元			比重/%	
	总额	中央	地方	中央	地方
1994	5 218.10	2 906.50	2 311.60	55.7	44.3
1995	6 242.20	3 256.62	2 985.58	52.2	47.8
1996	7 407.99	3 661.07	3 746.92	49.4	50.6
1997	8 651.14	4 226.92	4 424.22	48.9	51.1
1998	9 875.95	4 892.00	4 983.95	49.5	50.5
1999	11 444.08	5 849.21	5 594.87	51.1	48.9
2000	13 395.23	6 989.17	6 406.06	52.2	47.8
2001	16 386.04	8 582.74	7 803.30	52.4	47.6
2002	18 903.64	10 388.64	8 515.00	55.0	45.0
2003	21 715.25	11 865.27	9 849.98	54.6	45.4
2004	26 396.47	14 503.10	11 893.37	54.9	45.1
2005	31 649.29	16 548.53	15 100.76	52.3	47.7
2006	38 760.20	20 456.62	18 303.58	52.8	47.2
2007	51 321.78	27 749.16	23 572.62	54.1	45.9
2008	61 330.35	32 680.56	28 649.79	53.3	46.7
2009	68 518.30	35 915.71	32 602.59	52.4	47.6
2010	83 101.51	42 488.47	40 613.04	51.1	48.9

数据来源：《中国统计年鉴 2011》。

从支出角度来看，我国财政支出水平也一直不断提高，"十一五"期间支出的增速较快，增幅较大，从 2006 年的 40 422.73 亿元增长到 2010 年的 89 874.16 亿元。在中央和地方财政支出关系上，无论从绝对数还是从相对数来看，地方财政支出都远远超过了中央财政支出，占总支出的较大部分，且两者之间的差距呈逐年增大趋势。从中央和地方占财政总收入比重来看，除 1996 年、1997 年、1998 年外，两者之间的比例基本变化不大。

对我国各年份财政收入和支出进行比较不难看出，虽然我国财政收入一直保持增长，但支出也不断增加，自 1994 年以来，除 2007 年外，每年均出现财政赤字，即便其中有宏观调控需要的因素，但不能否认我国的财政压力一直很大，政府财力有限，这也是一些生态环境问题始终无法妥善解决的原因之一。

表 8-4　中央和地方财政支出及比重

年份	财政支出/亿元			比重/%	
	总额	中央	地方	中央	地方
1994	5 792.62	1 754.43	4 038.19	30.3	69.7
1995	6 823.72	1 995.39	4 828.33	29.2	70.8
1996	7 937.55	2 151.27	5 786.28	27.1	72.9
1997	9 233.56	2 532.50	6 701.06	27.4	72.6
1998	10 798.18	3 125.60	7 672.58	28.9	71.1
1999	13 187.67	4 152.33	9 035.34	31.5	68.5
2000	15 886.50	5 519.85	10 366.65	34.7	65.3
2001	18 902.58	5 768.02	13 134.56	30.5	69.5
2002	22 053.15	6 771.70	15 281.45	30.7	69.3
2003	24 649.95	7 420.10	17 229.85	30.1	69.9
2004	28 486.89	7 894.08	20 592.81	27.7	72.3
2005	33 930.28	8 775.97	25 154.31	25.9	74.1
2006	40 422.73	9 991.40	30 431.33	24.7	75.3
2007	49 781.35	11 442.06	38 339.29	23.0	77.0
2008	62 592.66	13 344.17	49 248.49	21.3	78.7
2009	76 299.93	15 255.79	61 044.14	20.0	80.0
2010	89 874.16	15 989.73	73 884.43	17.8	82.2

数据来源:《中国统计年鉴 2011》。

8.3.3.2　政府财力水平对生态补偿标准与效果的影响

从政府财力水平角度看,财力水平会影响补偿标准的制定和补偿措施的实施效果。

(1)财力水平影响补偿标准的制定　在制定生态补偿标准时,如果资金来源于政府,那么除了生态环境各种损失和外部性之外,政府财力水平也是必须考虑的因素之一。在制定补偿标准时,必须对所需资金量也进行相应的测算,从而判断政府是否有财力进行相应的补偿,再对补偿标准作相应调整,以使补偿标准与政府财力水平相适应。同时,地方的财力水平也是中央生态补偿一般性转移支付考虑的重要因素之一,用以平衡各地财力,实现环境基本公共服务均等化。

(2)财力水平影响补偿效果的实现　影响生态补偿效果的因素有很多,补偿资金是否充足便是其中之一。当政府财力有限时,势必会在各项支出中进行权衡,这难免会影响到在生态补偿方面的资金安排。如果补偿资金不足,就无法达到财税收入加上生态补偿金等于社会总收益的均衡点,从而影响到最终的补偿效果。

8.3.4 基于生态补偿的财力性转移支付案例

8.3.4.1 浙江省实施生态补偿财力性转移支付的意义

党的十七大提出了建立健全生态环境补偿机制，推进基本公共服务均等化和主体功能区建设等战略部署和构想。建立生态环保财力转移支付制度是浙江省深入贯彻科学发展观、全面落实"创业富民、创新强省"总战略的客观要求和具体体现，也是完善公共财政体系的重要举措。浙江省的重要生态功能区包括江河源头、饮用水水源涵养地区、自然保护区、森林和生物多样性保护区等，承担了十分重要的生态保护和建设任务，当地的经济社会发展也因此受到了更多的条件制约。基于生态补偿的财力转移支付制度的建立，使生态功能区得到相应的经济回报，有利于引导全省各地牢固树立科学发展理念，加快创业创新步伐，在发展中更加注重生态建设和环境保护，推进资源的可持续利用，加快环境友好型社会建设，实现人与自然的和谐发展；有利于缓解不同地区之间由于环境资源禀赋、生态系统功能定位导致的发展不平衡问题，实现不同地区、不同利益群体的和谐发展，推动"基本公共服务均等化行动计划"的实施，促进基本公共服务均等化。2008 年，省政府办公厅印发了《浙江省生态环保财力转移支付试行办法》(浙政办发[2008]12 号)，为转移支付提供实施办法和管理原则，这是一项重大的制度创新，是一个长效机制，可以引导、激励市、县（市）政府重视和加强生态环境保护，促进全省经济社会的又好又快发展，这在全国也是首创。

8.3.4.2 浙江省生态补偿财力性转移支付的资金来源

省级财政作为省域范围内进行生态补偿转移支付的主体，所需转移支付资金由省级财政统筹解决，从省级财政收入"增量"中筹措安排，由市、县（市）政府统筹使用安排，包括用于当地环境保护等方面的支出。这样确保了市县政府的既得利益和积极性，符合客观实际，解决了生态补偿的责任主体问题。转移支付的资金总量一年一定，列入当年省级财政预算。2007 年，浙江省安排生态环保财力性转移支付资金 6 亿元，以后年度将视财力情况逐步增加。

8.3.4.3 浙江省生态补偿财力性转移支付的支持领域

浙江省境内八大水系（即：钱塘江、曹娥江、甬江、苕溪江、椒江、鳌江、瓯江、运河)干流和流域面积 100 km^2 以上的一级支流源头及流域面积较大的市、县（市）均可享受该项政策。源头地区主要是指干流和流域面积 100 km^2 以上的一级支流、境内一级支流 100 km^2 以上面积占一级支流总面积 65%以上及一级支流 100 km^2 以上的流域面积大于 1 200 km^2。按照这个标准，八大水系源头地区的范围覆盖全省 45 个市、县（市）。

8.3.4.4 浙江省生态补偿财力性转移支付的补助标准

浙江省围绕国家对水环境功能区所规定的标准，进一步具体明确和落实上游和中下游地区保护生态环境所应承担的责任和义务，明确了"谁保护，谁得益"、"谁改善，谁得益"、"谁贡献大，谁多得益"的转移支付原则，同时设置生态功能保护、环境（水、气）质量改善两大类因素相关指标作为计算补助的依据，结合污染减排工作有关措施，运用因素法和系数法，计算和分配各地的转移支付金额。

8.3.4.5 浙江省生态补偿财力性转移支付的考核体系

浙江省对基于生态补偿的财力性转移支付实施年度考核并制定相应的奖惩措施。考核指标共有两类，分别为生态功能保护和环境（水、气）质量改善。生态功能保护类指标两类，其中：省级以上公益林面积占 30%，大中型水库面积占 20%。省级以上生态公益林面积根据省林业厅确认的各市县考核年度省级以上公益林面积占全省面积的比例计算。大中型水库面积根据省水利厅确认的大中型水库折算面积占全省面积的比例计算，但每个市、县（市）可得数额最多不超过该项分配总额的20%。主要是鉴于目前新安江水库面积占到全省大中型水库总面积一半左右，为避免水面补助向个别地区过度集中，因此采取"限高"办法，即每个县应得补助最多不超过该项分配总额的 20%，其超出 20% 的部分拿出来按面积计算分到其他水库地区。环境质量改善类指标两类，其中：主要流域水环境质量占 30%，大气环境质量占 20%。主要流域出境水质和大气环境则分别设立警戒指标，即水环境的警戒指标为水环境功能区标准，大气环境的警戒指标为空气污染指数（API 值）低于 100 的天数占全年天数的比例不低于 85%。

省财政依据有关职能部门每年考核的结果，按照设定的公式和系数计算各市、县应奖应罚的数额。凡市、县（市）主要流域各交界断面出境水质全部达到警戒指标以上的，省财政给予市、县（市）100 万元的奖励资金补助。同时，对各地考核年度和上年度的总系数进行比较，凡考核年度较上年每提高 1 个百分点，给予 10 万元的奖励补助；反之，每降低 1 个百分点，则扣罚 10 万元补助，依此类推。大气环境质量考核也实行类似的奖罚机制。对原纳入《钱塘江源头地区生态坏境保护省级财政专项补助暂行办法》试点的 10 个县（市）设立 2 年的过渡期。在过渡期内，按新方法计算所得的当年转移支付补助额，与 2006 年度已得专项补助额相比，补助数额减少的县（市），省财政将给予一次性补足；过渡期结束后，统一执行新办法。

8.4 国家重点生态功能区转移支付

为维护国家生态安全，引导地方政府加强生态环境保护力度，提高国家重点生态功能区所在地政府基本公共服务保障能力，促进经济社会可持续发展，2009 年财政部制定了《国家重点生态功能区转移支付（试点）办法》，明确中央财政在均衡性转移支付项下设立国家重点生态功能区转移支付，将关系国家区域生态安全并由中央主管部门制定保护规划确定的生态功能区，生态外溢性较强、生态环境保护较好的省区，以及国务院批准纳入转移支付范围的其他生态功能区域纳入资金分配范围。选取影响财政收支的客观因素，适当考虑人口规模、可居住面积、海拔、温度等成本差异因素，采用规范的公式化方式进行分配。享受转移支付的基层政府要将资金重点用于环境保护以及涉及民生的基本公共服务领域。同时，该办法提出了实施绩效考评机制，对生态环境保护较好和重点民生领域保障力度较大的地区给予适当奖励；对因非不可抗拒因素而生态环境状况恶化以及公共服务水平相对下降的地区，采取扣减转移支付等措施。

8.4.1 重点生态功能区转移支付内涵及测算方法

8.4.1.1 内涵

重点生态功能区是指在涵养水源、保持水土、调蓄洪水、防风固沙、维系生物多样性等方面具有重要作用的区域，需要国家和地方共同管理，并予以重点保护和限制开发的区域。重点生态功能区转移支付是一项财力性转移支付，用于弥补生态功能区因规划上开发受限（或被禁止）和生态保护建设投入而导致的财力不足。转移支付资金重点用于环境保护以及涉及民生的基本公共服务领域。

8.4.1.2 测算方法

国家重点生态功能区转移支付按县测算，下达到省，省级财政根据本地实际情况分配落实到相关市县。选取影响财政收支的客观因素，适当考虑人口规模、可居住面积、海拔、温度等成本差异因素，采用规范的公式化方式进行分配。测算公式如下：

某省（区、市）国家重点生态功能区转移支付应补助数＝（∑该省（区、市）纳入试点范围的市县政府标准财政支出－∑该省（区、市）纳入试点范围的市县政府标准财政收入）×（1–该省（区、市）均衡性转移支付系数）＋纳入试点范围的市县政府生态环境保护特殊支出×补助系数。

其中：

（1）纳入试点范围的市县政府标准财政收入＝该地方政府实际财政收入×所在省均衡性转移支付标准财政收入÷所在省实际财政收入。

（2）实际财政收入包括地方一般预算收入和转移性收入。

（3）纳入试点范围的市县政府标准财政支出根据总人口、全国人均支出水平、成本差异系数等因素，参照均衡性转移支付办法测算。按省汇总纳入试点范围市县标准收支时，仅计算标准收支存在缺口的市县。

（4）生态环境保护特殊支出是指按照中央出台的重大环境保护和生态建设工程规划，地方需安排的支出。

（5）为调动地方政府加强环境保护的积极性，对生态环境保护较好的省份给予适当奖励。

8.4.2 国家重点生态功能区转移支付实施情况

按照党的十七大提出的"围绕推进基本公共服务均等化和主体功能区建设，加快形成统一规范透明的财政转移支付制度"的精神，中央财政从维护国家生态安全、促进生态文明建设的大局出发，在主体功能区规划尚未出台的背景下，从2008年起，额外安排资金，在均衡性转移支付项下，通过明显提高均衡转移支付补助系数等方式，率先实行国家重点生态功能区转移支付试点。

2008 年，中央财政将天然林保护、青海三江源和南水北调中线等国家重点生态工程所涉及的 230 个县纳入国家重点生态功能区转移支付补助范围。具体包括青海三江源自然保护区所辖 17 个县、南水北调中线工程丹江口库区及上游 40 个县、天然林保护工程区 170 多个县。在中央对地方均衡性转移支付框架下，以提高均衡性转移支付系数和适当考虑地方用于生态环境保护方面的特殊因素等方式，加大对上述地区的转移支付。2008 年中央财政对国家重点生态功能区补助兑额为 60 亿元。

2009 年，中央财政将"水土保持"和"防风固沙"两大类型，包括黄土高原丘陵沟壑水土流失防治区、广西贵州云南等地喀斯特石漠化防治区、塔里木河荒漠区、阿尔金草原沙漠化防治区、科尔沁沙漠化防治区等 10 个生态功能区 150 多个县纳入试点范围，涉及人口 4 500 多万。参照 2008 年测算办法，2009 年中央财政对国家生态重点功能区的 380 多个县，通过提高转移支付系数的办法给予补助，并对生态建设和环境保护工作做得好、森林覆盖率最高的福建省给予适当奖励。2009 年中央安排此项财政转移支付额达到 120 亿元。

2010 年，《全国主体功能区规划（2010—2020 年）》正式出台后，中央财政将其中生态类限制开发区、三江源和南水北调中线水源地等共涉及 451 个县全部纳入补助范围。2010 年在广泛征求地方意见的基础上，中央财政按照"范围扩大、力度不减、重点突出、分类处理"的原则，进一步完善中央对地方国家重点生态功能区转移支付办法。一是提高限制开发区域（生态类）所属县市的转移支付系数。原则上在确保 2009 年试点范围内的县市享受转移支付力度不减的前提下，兼顾中央财政的承受能力，考虑生态保护特殊支出及困难程度，适当提高转移支付系数。二是适当体现对国家级禁止开发区域的财政支持。考虑到禁止开发地区的生态环境保护任务较重，根据各省禁止开发区域的面积和保护区个数给予引导性补助，由省级统筹安排用于对所属禁止开发区域生态保护等相关支出。三是给予相关省级政府一定的引导性与奖励性补助。为引导省级政府加大对省内限制开发区域的支持力度，减缓矛盾，参照环境保护部《全国生态功能区划》对部分省给予引导性补助。此外，加大对生态保护比较好的省区的奖励力度。2010 年国家重点生态功能区转移支付总额达到 249 亿元。

2011 年，为推动地方政府加强生态环境保护和改善民生，充分发挥国家重点生态功能区转移支付的政策导向功能，引导地方政府加强生态环境保护力度，提高国家重点生态功能区所在地政府基本公共服务保障能力、促进经济社会可持续发展以及维护国家生态安全，中央财政正式设立国家重点生态功能区转移支付。国家重点生态功能区转移支付的资金支持范围包括青海三江源自然保护区、南水北调中线水源地保护区、海南国际旅游岛中部山区生态保护核心区等国家重点生态功能区、《全国主体功能区规划》中限制开发区域（重点生态功能区）和禁止开发区域、生态环境保护较好的省区等。

8.4.3 国家重点生态功能区转移支付绩效考评

2011年，财政部正式制定的《国家重点生态功能区转移支付办法》对资金分配、绩效评估、激励约束等提出了明确要求，并提出考核指标体系，如表8-5所示。

表8-5 国家重点生态功能区转移支付考评体系

考核目的	考核指标	指标要求	奖惩办法
资金分配	资金到位率	省级是否将资金按中央制定范围足额分配给市县	责令整改
	省级对下转移支付"挤出"效应	①测算一般性转移支付时该项转移支付不计入财力；②专项转移支付补助比例不得低于财政状况相同地区	扣减省转移支付总额的10%
生态环境保护	生态环境保护指标	按照环境保护部发布的《县域生态保护考核指标体系》测算	①明显改善，适当奖励；②比上年恶化暂缓下达20%，待好转后下达，连续三年指标恶化，暂停享受转移支付
基本公共服务	基本公共服务状况指标	学龄儿童净入学率、每万人口医院（卫生院）床位数、参加新型农村合作医疗保险人口比例、参加城镇居民基本医疗保险人口比例不得低于前三年平均水平	任何一项指标下降，扣除转移支付的20%，多项指标下降，不重复扣除

为了使生态环境保护达到预期效果，2011年财政部与环境保护部共同发布了《国家重点生态功能区县域生态环境质量考核办法》，提出生态环境指标体系（表8-6），并规定采取定期普查、年度抽查以及专项检查相结合的方式对相关地区环境进行评估。

表8-6 生态环境指标（EI）体系

指标类型	一级指标		二级指标
共同指标	自然生态指标		林地覆盖率、草地覆盖率、水域湿地覆盖率、耕地和建设用地比例
	环境状况指标		SO_2排放强度、COD排放强度、固废排放强度、工业污染源排放达标率、Ⅲ类或优于Ⅲ类水质达标率、优良以上空气质量达标率
特征指标	自然生态指标	水源涵养类型	水源涵养指数
		生物多样性维护类型	生物丰度指数
		防风固沙类型	植被覆盖指数
			未利用地比例
		水土保持类型	坡度大于15°耕地面积比
			未利用地比例

8.4.4 国家重点生态功能区转移支付效果

随着转移支付办法不断完善、补助范围逐步扩大、补助力度逐年增加，中央对地方国家重点生态功能区转移支付在推进生态建设方面的作用日益显现。国家通过对重点生态功能区转移支付，大大减轻了重点生态功能区市县政府的工业化压力，有效提高了基本公共服务保障能力。地方政府逐年提高对百姓的生态补偿和公共服务水平，转移支付资金从 2008 年的 60 亿元增加到 2010 年的 249 亿元，享受国家重点生态功能区转移支付的人口从 2008 年的 5 000 多万人增加到 2010 年的 1.2 亿人，全国约 1/10 的人口直接受益，也为子孙后代保存了生存和发展空间。地方政府真正从保护生态环境中得到了实惠，也增强了责任感，有利于地方政府重新审视原有发展思路，在"开发"与"保护"间做出合理选择。

8.5 基于环境的一般性转移支付存在的问题

8.5.1 一般性转移支付未充分考虑环境因素

党的十七大提出建立健全生态环境补偿机制，推进基本公共服务均等化，建设生态文明的战略部署和构想。作为政府预算支出的重要领域，环境保护是落实科学发展观与加强民生的重要体现。但一直以来，我国财政体制财力配置上未充分考虑到环境生态问题。

自 1994 年实施分税制以来，财政转移支付成为中央平衡地方发展和补偿的重要途径。但生态补偿并没有成为财政转移支付的重点，不属于当前中国财政转移支付的十个最重要的因素（如经济发展程度、都市化程度、少数民族人口比例等）之列。

财政部制定的《2008 年中央对地方一般性转移支付办法》中，规定一般性转移支付资金是以人口规模、人口密度、海拔、温度、少数民族、运输距离、少数民族、地方病等影响财政支出的客观因素确定成本差异，结合各地实际财政收支情况按照一定的方法进行分配。按照各地标准财政收入和标准财政支出差额以及转移支付系数是一般性转移支付计算的依据。计算公式是：

某地区一般性转移支付额＝（该地区标准财政支出−该地区标准财政收入）×该地区转移支付系数。

各省的标准财政收入由地方本级标准财政收入、中央对地方返还及补助（扣除地方上缴）、计划单列市上缴收入等构成。标准财政支出以各地总人口为主要因素，分省、市、县（含乡镇级）3 个行政级次测算标准财政支出。各地区标准财政支出构成包括行政部门标准财政支出、公检法部门标准财政支出、教育部门标准财政支出、文体广部门标准财政支出、卫生部门标准财政支出、其他部门标准财政支出、农业标准财政支出、林业标准财政支出、城市维护费标准财政支出、基本建设标准财政支出、离退休标准财政支出、村级管理标准财政支出、其他支出、据实测算的相关支出等 14 个方面。由此可以看出，环境保护支出未单独作为各地区标准财政支出的构成，一般性转移支付分配公式中也未包含环境因素。

与此同时，地区间基于环境因素的横向转移支付制度尚不健全。区域之间、流域之间、行业之间、经济主体之间的环境保护转移支付仍然处于刚刚起步或空白状态。

8.5.2 基于环境的一般性转移支付资金不足

目前，基于环境的一般性转移支付尚处于起步阶段，国家对于生态保护和建设的资金补助力度还不够大，难以形成对生态保护工作的强有力支撑。以国家重点生态功能区转移支付为例，尽管近年来国家重点生态功能区转移支付资金增长较快，但资金量仍偏低。国家重点生态功能区转移支付并没有成为财政转移支付的重点对象，所占的比例还偏低。2008 年约为 60 多亿元，2009 年约为 120 多亿元，2010 年约为 180 多亿元，与 2010 年中央财政一般性转移支付 13 237.81 亿元、均衡性转移支付 4 770 亿元相比，资金总量偏少。另一方面，转移支付资金测算是基于标准缺口，而未考虑重点生态功能区发展的机会成本，因此造成转移支付的标准偏低。

8.5.3 国家重点生态功能区转移支付政策尚不完善

国家重点生态功能区转移支付政策的建立对提高国家重点生态功能区所在地政府环境基本公共服务保障能力具有重要意义。但从目前的政策来看，还存在以下问题：

（1）资金激励机制不强 尽管《国家重点生态功能区转移支付（试点）办法》明确"资金重点用于环境保护以及涉及民生的基本公共服务领域"，并实施了资金考评机制，但环境保护作为公益性行业，缺乏资金盈利机制，地方政府缺乏投入的主动性。国家重点生态功能区转移支付资金作为均衡性转移支付的一部分，地方政府将资金用于环境保护的可能性较小，部分资金作为县级财力补助用于其他公共服务项目配套和其他支出。同时，环境保护的专项转移支付中并未将重要生态功能区作为专项转移支付的重点。因此，国家对重点生态功能区环境保护的资金投入依然不足，国家重点生态功能区转移支付资金安排并不能保障其环境保护投入。

（2）相关制度尚待完善和细化、考核监督不到位 国家重点生态功能区转移支付资金管理存在一定问题，影响了其效益的最大化发挥。项目申报、审批程序不够规范，生态环境项目前期可行性研究和初步设计前期准备不足。项目管理制度不健全，资金审批拨付环节程序不健全，项目内控管理制度不严。审计工作存在一定的困难，资金缺乏监督机制。

8.6 基于环境的一般性转移支付优化建议

结合基于环境的一般性转移支付中存在的主要问题，其政策优化建议把在一般性转移支付中充分体现环境因素、加大基于环境的一般性转移支付力度及进一步完善国家重点生态功能区转移支付政策三个方面作为重点。

8.6.1 一般性转移支付应充分考虑环境因素

转移支付制度是调节政府间关系的一项重要工具，也是弥补地方政府在履行环境事权中财力不足的一项重要工具。而现有的转移支付制度并没有考虑环境因素。可以考虑在中央一般性转移支付制度中增加环境因素，将环境本底状况、重要生态功能区、环境基本公共服务水平等作为一般性转移支付的重要因素，在转移支付系数的确定中予以考虑，并适当加大环境因素指标的权重。

8.6.1.1 将环境保护支出作为标准财政支出的构成

环境保护已经以类的形式纳入政府财政收支科目中，且近年来环境保护预算支出规模不断增加，增长速度也不断加大，环境保护支出已成为政府预算支出中的重要构成，2010 年中央财政环境保护支出占当年中央财政支出的比例达到 3.0%（图 8-2）。应将环境保护支出作为标准财政支出的重要方面予以考虑。

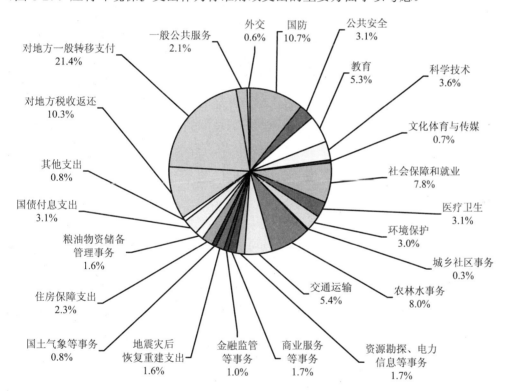

资料来源：关于 2010 年中央和地方预算执行情况与 2011 年中央和地方预算草案的报告。

图 8-2　2010 年中央财政支出结构

8.6.1.2 对环境本底状况、区域环境敏感性在支出成本差异系数中予以考虑

将环境本底状况作为一般性转移支付的因素予以考虑。环境本底状况决定了环境保护工作的难度，环境本底状况较差的地区要付出更多的成本已达到环境质量状

况改善的目标。应将环境本底值作为一般性转移支付的因素予以考虑，在支出成本差异系数中予以体现，对环境本底状况较差的地区，加大一般性转移支付的力度。

将区域环境敏感性作为一般性转移支付的因素予以考虑。区域环境敏感性越高，对环境保护的重视程度就越高，其环境保护的投入往往越大，对地区财力保障要求越高。应将区域环境敏感性作为一般性转移支付的重要因素予以考虑，在支出成本差异系数中予以体现，并提高区域环境敏感性高的地区的一般性转移支付力度。

8.6.1.3 将重要生态功能区、环境基本公共服务水平在转移支付系数中予以考虑

将重要功能区作为一般性转移支付的因素予以考虑。可将重要生态功能区面积占本地区面积的比例作为考虑的重要因素。在分档确定一般性转移支付系数时，考虑主体功能区的因素，适当提高限制和禁止开发区的转移支付系数，降低重点开发区的转移支付系数，以体现财政对生态保护地区的倾斜。

将环境基本公共服务水平作为一般性转移支付的因素予以考虑。环境保护是政府的基本公共服务内容之一，实现环境基本公共服务均等化需要政府财力的保障。环境基本公共服务水平较低的区域，通常也是政府财力不足的地区。一般性转移支付中应考虑政府环境基本公共服务水平，在转移支付系数中予以体现。

8.6.2 加大基于环境的一般性转移支付力度

加大基于环境因素的一般性转移支付力度是增强地方政府履行环境事权的重要资金保障。基于现行一般性转移支付政策的实施情况，结合上述政策优化建议，在加大基于环境因素的一般性转移支付力度上，可考虑采用以下两种方法：

（1）加大一般性转移支付中环境因素的比重，通过提高支出成本差异系数、转移支付系数，增加环境本底状况差、环境敏感度高、环境基本公共服务能力较低地区的转移支付力度，提高地区财政可支配能力，以此加大环境保护的资金保障力度。

（2）提高国家重点生态功能区转移支付总额、支付标准 由于国家重点生态功能区转移支付政策实施时间较短，转移支付资金总额相对较低。建议进一步增加重点生态功能区转移支付总额，提高国家重点生态功能区转移支付资金占一般性转移支付资金的比重。实施禁止区与限制区政策之后，两地存在"放弃"经济效益而损失的公共服务效益的补偿需求，对重点生态功能区转移支付标准不应只是从资金缺口角度入手，更应充分体现其发展的机会成本，进一步提高补偿标准。

8.6.3 完善国家重点生态功能区转移支付政策

完善国家重点生态功能区转移支付政策是保障生态安全、引导地方政府加强生态环境保护力度、提高政府基本公共服务保障能力的重要途径。主要包括：

（1）整合多项相关财力性转移支付，加强对限制开发区和禁止开发区转移支付力度，拓宽重点生态功能区转移支付范围 针对主体功能区战略，整合现行多项相关财力性转移支付，如将少数民族地区转移支付和农村义务教育转移支付之外的

农村税费改革转移支付、工资转移支付、县乡奖补转移支付以及其他财力性转移支付进行合并，加强限制开发区和禁止开发区的转移支付，根据限制开发区域和禁止开发区域的标准财政收支差额、实施生态环境保护的增支减收因素等确定转移支付系数和转移支付规模。在现有重点生态功能区转移支付政策的基础上，进一步拓宽资金补助范围。环境保护部和中国科学院共同编制完成的《全国生态功能区划》将全国划分为 216 个生态功能区，根据各生态功能区对保障国家生态安全的重要性，以水源涵养、土壤保持、防风固沙、生物多样性保护和洪水调蓄 5 类主导生态调节功能为基础，初步确定了 50 个重要生态服务功能区域，涉及 707 个县级行政区，占全国县级行政区划总数（2 859 个）的 24.7%，总面积大约 220 万 km^2，占全国陆域面积的 22.9%。建议拓宽转移支付的范围，对 50 个重要生态服务功能区域 707 个县级行政区实施转移支付。

（2）明确国家重点生态功能区转移支付资金的用途，作为专项资金的配套资金使用，定向用于环境保护　环境保护专项转移支付资金是地方政府加强环境保护工作的重要资金来源。作为专项转移支付资金，中央政府在下达预算安排时要求地方政府安排一定比例的配套资金。而国家重点生态功能区转移支付资金作为均衡性转移支付资金，并未明确指定资金的使用方向。因此，可以考虑将国家重点生态功能区转移支付资金作为环境保护专项转移支付资金的配套资金，定向用于环境保护，提高地方政府环境保护项目资金配套能力，发挥中央财政资金的环境效益。

（3）将国家重点生态功能区转移支付资金作为国家生态保障专项资金，用于环境保护与生态建设　环境保护作为公益性行业，并非是地方政府投资所偏好的领域，如果压缩专项转移支付的比例，将使环境保护失去资金保障能力。因此，在加大一般性转移支付力度，降低专项转移支付比例的同时，应充分考虑环境保护行业的特殊性，可考虑将国家重点生态功能区转移支付资金作为国家生态保障专项资金，用于环境保护与生态建设方面。同时，将环境功能区因素作为转移支付系数确定的因素之一，在一般性转移支付资金分配中体现对重点生态功能区的倾斜，以提高重点生态功能区所在地政府的财政支配能力。

（4）制定项目中长期规划，建立健全管理制度　政府应提前制定生态环境保护项目计划，项目计划要从国家生态安全的全局出发，并结合当地实际情况统筹考虑，进行充分的前期可行性研究。进一步完善重点生态功能区转移支付资金管理办法，严格资金使用方向，确保资金安全、规范、有效使用，以提高重点生态功能区公共服务保障能力。针对生态环境保护和生态建设建立转移支付考核的长效机制，加强监督检查和绩效评估，及早稳妥地解决存在的问题，将评估结果和整改情况作为分配资金的重要依据。

第 9 章

环境保护财政专项资金

9.1 环境保护财政专项资金设立与发展

环保专项资金是随着我国环境保护事业的不断发展，为加大环保执法力度，加强环境污染防治而逐渐形成的专项资金。省级环保专项资金是指除行政事业经费以外由省级环境保护部门会同省级财政等有关部门安排的用于环境保护的专用资金。环保专项资金纳入本级财政预算管理，专项用于环境保护。环保专项资金是治理环境污染、加强生态保护、改善环境质量的重要保障，是落实环境保护基本国策、实施可持续发展的重要资金保障，中央财政环境保护专项资金是中央政府环境保护投入的主要渠道，对引导地方财政、企业、社会环境保护投入起到了积极的作用，但环境保护专项资金较为分散，难以形成有效的合力，导向性较弱。环保专项资金以应急性为主，缺乏长期统筹考虑。环保专项资金具有应急性、临时性、孤立性等特点，对环境保护工作缺乏长期统筹考虑，难以形成稳定的环保投入。

因而，整合现有资金，优化资金使用方式，建立中央预算环境保护专项资金，是重要的发展趋势之一。资金来源包括排污费上缴中央部分收入与其他中央财政预算收入。中央财政在每年预算收入或财政新增量中按照一定比例纳入中央预算环境保护专项资金，以维持专项资金逐年稳定增加。资金使用重点支持环境监管能力建设项目、重大环境污染防治项目、污水和垃圾等城市环境基础设施建设项目、自然生态保护与建设项目等。

9.1.1 中央环境保护资金投入

中央政府环境保护资金分为国家发改委基本建设投资和财政部中央财政专项资金两部分。2008 年，国家基本建设投资分 11 个专项，资金总额约为 113 亿元（不含四季度新增）；中央财政专项资金分 7 个专项，资金总额约为 164 亿元；环境保护部门预算资金 24.3 亿元。

表 9-1 中央财政环境保护支出（含部门预算）占中央财政支出的比例 单位：亿元

年份	部门预算	中央政府环保投资	中央政府环境保护支出合计	中央财政支出（含补助地方支出）	中央政府环境保护支出占中央财政支出（含补助地方支出）比例/%
2006	7.4	116	123.4	23 492.85	0.53
2007	16.97	235	251.97	29 579.95	0.85
2008	24.3	345	369.3	36 334.93	1.02
2009	24.34	423.63	447.97	43 901.14	1.02
2010	27.31	446.58	473.89	48 322.52	0.98
合　计	100.32	1 566.21	1 666.53	181 631.39	0.92

"十一五"期间，中央财政环境保护支出（含中央财政环保投资与部门预算两部分），合计 1 666.53 亿元，占中央财政支出（含补助地方支出）的比例为 0.92%。其

中：中央财政专项资金为 746.33 亿元，部门预算资金 100.32 亿元，合计 846.65 亿元，占中央政府环境保护支出的 50.8%；国家预算内基本建设资金 819.88 亿元，占中央政府环境保护支出的 49.2%。

中央环境保护财政专项资金占中央政府环境保护资金总额的一半左右，且各个专项资金年度相对较为稳定。

9.1.2　省级环境保护专项资金

"十一五"期间，各地高度重视环保投融资和项目管理工作，增设了一批环保财政专项，探索创新了一批环保投融资政策，结合地方实际有效地加强了专项资金项目管理，环境保护投资力度明显增加，有力地支持了"十一五"污染减排和环境保护目标的实现。

江苏省省级环保专项资金从"十一五"初的每年 3 000 万元提高到 2011 年的每年 8 亿元。从 2007 年起，江苏省财政每年安排 20 亿元，专项用于太湖流域水污染防治工作。各市县普遍设立了环境保护和生态建设方面的专项资金，据不完全统计，专项资金总量已超过 15 亿元。

浙江省省级环保专项资金累计安排 176.27 亿元，其中 2010 年安排 45.83 亿元，比 2006 年增长 98.91%。专项资金确保了生态环保重点工程和重点领域污染减排工作的顺利实施。

表 9-2　"十一五"江苏省省级环保专项资金设立及投入情况

专项资金名称	专项资金投入/亿元					
	2006	2007	2008	2009	2010	"十一五"合计
省级环境保护引导资金	0.3	3	3	3	3	12.3
省级节能减排专项引导资金	0	5	5	5	8	23
太湖水环境治理专项资金			20	20	20	60
总计	0.3	8	28	28	31	95.3

表 9-3　"十一五"浙江省环保专项资金设立及投入情况

专项资金名称	专项资金投入/亿元					
	2006	2007	2008	2009	2010	"十一五"合计
"150"生态文明建设推进行动（环保部分）专项资金	0.25	0.25	0.5	0.5	0.5	2
省级环境保护专项资金	2.2	2.2	2.2	2.2	1.9	10.7
生态环境保护专项资金	0.4	0.4	0.3	0.3	0.3	1.7
自然保护区专项资金			0.2	0.2	0.2	0.6
全省环境质量自动监测系统运行维护补助资金					0.1	0.1
总计	2.85	2.85	3.2	3.2	3	15.1

专栏 9-1　江苏省设立环境保护基础设施建设引导资金

江苏省环境保护基础设施建设引导资金于 2006 年设立,由省财政预算安排,用于支持纳入省"十一五"规划的区域供水、污水处理和生活垃圾处理三类环境保护基础设施中的非营利性建设项目。引导资金由省财政厅、省建设厅共同管理,市、县(市)财政部门和建设部门参与管理。采用"以奖代补"的方式,即对经省确认的项目建设年度目标计划完成情况进行考核后,按规定标准给予资金补助。补助标准为区域供水类项目一、二、三、四类地区补助标准分别为投资总额的 12%、9%、7%、5%;生活垃圾填埋场项目一、二、三、四类地区分别按新增建设规模每 t/d 补助 1.6 万元、1.3 万元、1 万元、0.65 万元的标准执行;压缩式垃圾中转站重点项目补助标准为 10 万~15 万元/个。考核补助的期限为 2006—2010 年,实行分年度考核。

专栏 9-2　江苏省将各类环境保护专项资金整合为省级环境保护引导资金

2011 年,江苏省将使用方向相近的有关省级环境保护专项资金进行了整合使用,纳入整合使用范围的包括省级环境保护引导资金、省级节能减排(重点污染排放治理)专项引导资金等。中央返还江苏省的排污费资金也一并纳入。纳入整合使用范围的各项资金名称暂时不变,安排和来源渠道不变,即省级环境保护引导资金由省级财政预算安排,省级节能减排(重点污染排放治理)专项引导资金用省级排污费收入安排。纳入整合使用范围的各项环境保护资金统称"省级环境保护引导资金"。其使用管理围绕国家、省制定的"十二五"环境保护规划及相关专项规划确定的工程项目以及国家、省下达的重要环境保护目标任务,优先集中用于以政府投入为主体的公益性环境污染防治项目。

9.1.3　中央环境保护财政专项资金分类

所谓的中央环境保护财政专项资金,是指中央财政预算安排的,并专项用于环境保护的财政资金。从中央财政环境保护专项资金支持的重点领域与范围来看,大体可以划分为以下 3 种类型:

(1)综合性专项资金　是指支持多个区域、多个领域、包含多种要素的环境保护专项资金,如中央环保专项资金等。

(2)特定区域性专项资金　是指支持范围为某个或某几个特定区域的中央环境保护专项资金,如"三河三湖"及松花江流域水污染防治专项资金。

(3)特定领域与要素类专项资金　是指支持范围为特定领域或环境要素的专项资金,如城镇污水处理设施配套管网以奖代补资金、自然保护区专项资金、中央农村环境保护专项资金等。

9.1.4　环境保护财政专项资金使用

中央环境保护财政专项资金目前主要包括中央环保专项资金、中央财政主要污染物减排专项资金、"三河三湖"及松花江流域水污染防治专项资金、城镇污水处理设施配套管网以奖代补资金、中西部执法专项资金、自然保护区专项资金、集约化畜禽养殖专项资金等。中央财政环境保护专项资金的设立，对筹集环境保护资金，加大中央环境保护投入具有极其重要的意义。"十一五"期间，中央财政对环境保护的支持力度进一步加大，主要污染物减排专项、中央农村环保专项、重金属污染防治专项等专项资金相继设立，财政资金的投资渠道不断增加，累计投入环境保护专项资金 746.33 亿元，用于解决重点领域、重点区域的重大环境问题，对实现环境保护目标，保障环境安全起到了重要的作用。

表 9-4 "十一五"中央财政环境保护专项资金

序号	专项资金名称	"十一五"期间累计/亿元
1	中央环境保护专项资金	78.59
2	主要污染物减排专项资金	68.09
3	"三河三湖"及松花江流域水污染防治专项资金	209
4	城镇污水处理设施配套管网以奖代补资金	330
5	中央农村环境保护专项资金	40
6	重金属污染防治专项资金	15
7	国家级自然保护区能力建设专项资金	4
8	集约化畜禽养殖专项资金	0.45
9	环境监察执法专项资金	1.2
	合计	746.33

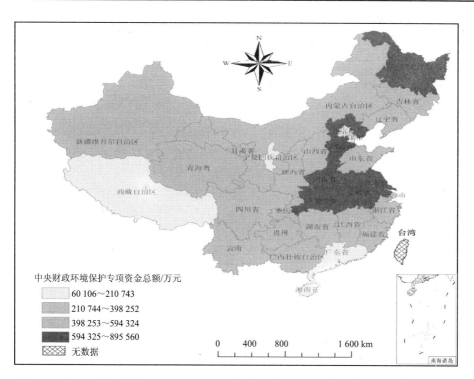

图 9-1 "十一五"期间各省（直辖市、自治区）中央财政环境保护专项资金安排情况

9.1.4.1 中央环境保护专项资金

设立背景

为加强排污费征收、使用的管理，2003 年国务院颁布 369 号令，批准实施《排污费征收使用管理条例》（以下简称《条例》），标志着我国排污收费制度正式确立。依据条例规定，排污费的征收、使用必须严格实行"收支两条线"，征收的排污费全部上缴财政，专门用于环境污染防治。为落实此条例，财政部、原国家环境保护总局于 2003 年制定《排污费资金收缴使用管理办法》，依据该办法，当年收缴排污费收入总额的 10%缴入中央国库，作为中央环境保护专项资金管理，相应设立中央环境保护专项资金制度。

支持重点与方式

2004 年，财政部设立了中央环境保护专项资金。"十一五"期间，中央环境保护专项资金重点支持"三河三湖"及松花江流域、"锰三角"地区等区域污染防治，支持项目类型包括环境监管能力建设项目、集中式饮用水水源地保护项目、区域环境安全保障项目、建设社会主义新农村小康环保行动项目、污染防治新技术新工艺推广应用项目等。

表 9-5　历年中央环保专项资金支持重点

年份	支持重点
2004	"三河三湖"、东北老工业基地和西部贫困地区造纸及纸制品业、食品及饮料制造业、化工原料及化学制品制造业、纺织工业（印染行业）、皮革制造业、黑色金属冶炼及压延加工业、医药工业等七个重污染行业的污水治理项目；行业水污染防治新技术、新工艺推广应用及示范项目
2005	地级以上城市环境监测能力；重点流域/区域环境污染综合治理项目；造纸及纸制品业、电力供应业、化工原料及化学制品制造业、金属冶炼及压延加工业、医药工业、纺织工业等六个行业水污染防治新技术新工艺推广应用及示范项目
2006	①环境监管能力建设项目，包括地、县级环境监测能力建设项目、地级环境监察执法能力建设项目、环境保护重点城市环境应急监测能力建设项目、重点污染源自动监测项目；②集中式饮用水水源地污染防治项目；③区域环境安全保障项目，包括燃煤电厂脱硫脱硝技术改造项目、区域性环境污染综合治理项目、排放重金属及有毒有害污染物的冶金、电镀、焦化、印染、石化等行业或企业的污染防治项目、严重威胁居民健康的区域性大气污染治理项目、重大辐射安全隐患处置项目；④建设社会主义新农村小康环保行动项目，包括土壤污染防治示范项目、规模化畜禽养殖废弃物综合利用及污染防治示范项目；⑤新技术新工艺推广应用；⑥根据党中央、国务院有关方针政策，财政部、环保总局确定的其他污染防治项目
2007	同 2006 年，但对"三河三湖"和松花江流域以及奥运环境保障等相关项目给予倾斜
2008	同 2006 年，环境监管能力建设项目纳入中央财政主要污染物减排专项资金，增加脱硫项目
2009	同 2006 年，环境监管能力建设项目纳入中央财政主要污染物减排专项资金
2010	同 2006 年，环境监管能力建设项目纳入中央财政主要污染物减排专项资金

中央环保专项资金的支持方式主要有4种：

（1）申报-补助方式　2004—2008年，中央环保专项资金主要采取"项目法"对各地给予支持，即各地按照当年项目申报通知的要求，将符合支持方向的项目提交给环保部和财政部，两部委委托专家对申报项目开展审查，最终依据专家审查结果对项目给予一定的无偿资金补助。

（2）贴息方式　2004—2008年，对于一部分符合支持要求的已建项目，采取建设贷款贴息的方式进行支持，如燃煤电厂脱硫脱硝技术改造项目。

（3）因素分配方式　2008年开始，中央财政决定调整中央集中的排污费资金分配方式，首次将中央集中的部分排污费资金调整为按因素法分配给地方，分配考虑因素为各省SO_2排放量、COD排放量、SO_2削减量、COD削减量、上缴中央国库排污费金额；因素分配法计算公式如下：

分省（自治区、直辖市、计划单列市）资金分配额=因素法分配资金总额×｛5%×（全国2005年SO_2排放量－本地区2005年SO_2排放量）/∑（全国2005年SO_2排放量－分地区2005年SO_2排放量）+5%×（全国2005年COD排放量－本地区2005年COD排放量）/∑（全国2005年COD排放量－分地区2005年COD排放量）+20%×（上年本地区SO_2实际削减量/上年全国SO_2削减总量）+20%×（上年本地区COD削减量/上年全国COD削减总量）+50%×（上年本地上缴中央资金额/上年排污费缴入中央国库资金总额）｝。

（4）中央统筹定向支持　从2008年开始，中央排污费资金中统筹一部分资金用于解决党中央、国务院和环保部、财政部对社会关注度高、关系社会民生的重大环境问题，中央统筹资金由两部委根据当年需要解决的重大环境问题，商讨确定后采取定向支持方式。2008年，从中央排污费中拿出约1.39亿元用于湖南等省冰雪灾害和四川灾后重大环境应急监管能力建设，2009年、2010年分别下达1.6亿元和1亿元对"锰三角"地区综合整治进行支持。

实施情况与效益

2004—2010年，中央环保专项资金共计下达资金近90亿元，支持项目近1 600个（不包括因素法分配资金支持的项目数），通过发挥中央环保专项资金引导和示范作用，带动地方投资520亿元，有力地推动了地方污染治理设施建设和环境监测、监察能力建设，对改善区域环境质量起到了重要作用。主要体现在以下六个方面：

（1）发挥了显著的环境效益　通过项目的全面推进，进一步削减了SO_2和COD两项主要污染物及其他污染物排放，对实现各地"十一五"期间主要污染物减排目标、改善区域环境质量发挥了重要的作用。以天津市为例，2004—2009年，共有29个污染治理项目获得中央环保专项资金支持，其中21个项目已竣工，新增污水能力633.5万t/a、固体废物处理能力1.250 2万t/a、实际减排废水1 060万t/a、COD 1.84万t/a、氨氮922.043 t/a、SO_2 1 053.6 t/a、烟尘229.918 t/a、工业粉尘7 017 t/a、固体废物7 560 t/a。在建项目建成后将新增污水能力116.5万t/a、减排废水154万t/a、

COD 380.39 t/a、氨氮 23.85 t/a、SO_2 1.8 t/a、烟尘 0.5 t/a。

（2）落实党中央、国务院领导关心的重大环境问题 通过支持一批重大环境保护项目，落实党中央、国务院领导就有关重大环境问题批示的精神。2008 年，从中央环境保护专项资金中央统筹部分安排 1 亿元资金用于支持甘肃省 8 个重灾县（区）恢复重建环境综合整治项目。2009 年，安排 1.6 亿元用于湖南、贵州、重庆三省（市）交界的"锰三角"地区环境综合整治。通过中央环境保护专项资金的支持，能够及时、有效地促成相关问题的解决。

（3）解决一批关系人民群众利益、社会关注度高的重大环境问题 支持大规模暴发蓝藻的太湖和其他具有潜在蓝藻威胁的重点湖泊以及松花江流域等社会关注热点区域的面源污染治理、脱磷脱氮及监测能力建设；为保证北京奥运会和济南全运会顺利召开，支持相关区域的大气污染防治项目。

（4）先行先试，发挥了积极的引导和技术示范作用 中央环境保护专项资金不仅促进重点、热点环境问题的解决，也紧跟环境保护的新形势、新任务，先行先试，积极引导社会和地方解决环境保护的新问题，促进环境保护新技术、新工艺的应用和示范。率先采取贷款贴息方式支持火电厂脱硫脱硝项目建设和氮肥企业"污水零排放"综合整治项目；通过支持农村土壤污染防治示范项目和规模化畜禽养殖废弃物综合利用及污染防治示范项目，促进社会主义新农村建设；通过鼓励实施新技术、新工艺示范项目，进一步促进了《国家鼓励发展的环境保护技术目录》和《国家先进污染治理技术推广示范项目名录》的推广应用。

（5）开辟了环境监管能力建设资金渠道 环境监管能力建设属于环保系统自身能力建设的重要任务，资金来源问题不落实一直是制约能力建设的主要瓶颈。从2005 年起，中央环境保护专项资金将环境监管能力建设纳入支持范围，并将支持内容由最初的地级城市环境监测、监察能力达标建设扩展到县级监测、监察能力达标建设、环保重点城市环境应急监测能力建设、重点污染源在线监测建设等，为环保系统监测、监察能力建设开辟了资金渠道。通过环境监管能力项目实施，共支持地方配备环境监测、监察设备约 24 000 台（套），环境监管能力得到显著提升，省、地（市）、县监管体系初步建立。专项资金还针对环境监管能力相对较弱的中西部地区，予以重点扶持，使得中西部地区能力水平上了一个台阶。结合 2006 年和 2007年"211 环境保护"预算支出科目调查结论，中央环境保护专项资金已成为地方环境保护能力建设项目资金的重要来源。

（6）形成一套资金使用和管理的良性机制 通过几年的不断摸索和实践，项目申报指南和资金分配方式逐步得以完善，已形成一套从项目申报、审查到项目组织实施、监督管理，再到项目验收和绩效评价全过程资金使用和管理的良性机制，提高了环境保护部门在项目前期组织、项目执行、运营管理等流程的运作能力和实际管理水平，积累和丰富了项目管理的经验，锻炼了一批项目管理人才，建立了中央环境保护专项资金项目审查专家库。为地方环境保护专项资金使用和管理机制树立标杆，通过调研发现，各地环保专项资金的使用和管理模式广泛采取中央环境保护专项资金的使用和管理模式，并取得了良好的效果。

表9-6　2004—2010年中央环保专项资金总体情况　　　　单位：万元

年份	下达资金	其 中		
		项目法	中央统筹法	因素分配法
2004	27 670	27 670		
2005	81 400	81 400		
2006	114 000	114 000		
2007	132 752	130 772	1 980	
2008	160 039	96 270	13 909	49 860
2009	205 194		96 500	108 694
2010	173 884		105 580	68 304
合计	894 939	450 112	217 969	226 858

注：上述项目法下达资金中含贴息方式支持资金。

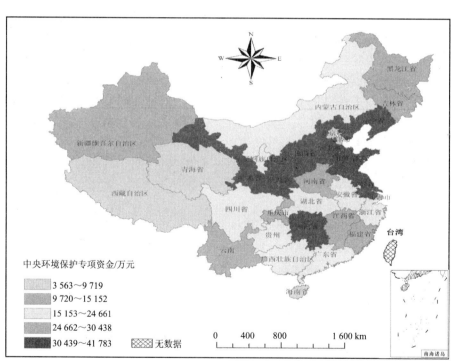

中央环境保护专项资金/万元

3 563～9 719
9 720～15 152
15 153～24 661
24 662～30 438
30 439～41 783　　无数据

图9-2　"十一五"期间各省（自治区、直辖市）中央环境保护专项资金安排情况

9.1.4.2 主要污染物减排专项资金

设立背景

《国民经济和社会发展第十一个五年规划纲要》和《国家环境保护"十一五"规划》将 COD、SO_2 减排 10% 作为两项约束性指标。污染减排指标、监测和考核体系建设是实现污染减排目标的必然要求，是建立先进的环境监测预警体系和完备的环境执法监督体系的重要内容。

党中央、国务院高度重视污染减排工作。胡锦涛总书记、温家宝总理、曾培炎副总理对做好污染减排工作做了一系列重要指示，为污染减排工作进一步指明了方向。2007 年年初，胡锦涛总书记对环保工作作出了重要批示："当前，环保任务十分繁重。望尽心尽责，强化依法管理，加大治理力度，努力实现总量控制的目标。"2007 年 2 月 20 日，温家宝总理在国办秘书二局《关于加快污染减排指标、监测和考核体系建设的请示》的签报上批示："要充分论证，周密制定建设方案，既要吸收借鉴世界先进经验，又要勇于创新，务必使污染减排指标、监测和考核体系达到国际一流水平。项目组织要科学，讲求质量和效益。为此，要建立严格的责任制。"曾培炎副总理也对此作了多次重要批示。发改委、财政部认真贯彻落实党中央、国务院领导同志的批示精神，大力支持污染减排"三大体系"能力建设。财政部在现有中央环境保护专项资金等四个专项的基础上，增设主要污染物减排专项资金，制定了《中央财政主要污染物减排专项资金管理暂行办法》和《中央财政主要污染物减排专项资金项目管理办法》，主要用于支持主要污染物减排的监测、指标和考核体系建设。这是继设立"211 环境保护"预算科目之后又一重大进展。

支持的重点与方式

财政部制定的《中央财政主要污染物减排专项资金管理暂行办法》明确了资金支持的重点项目主要有六点：①国家、省、市国控重点污染源自动监控中心能力建设；②补助污染源监督性监测能力建设和环境监察执法能力建设；③补助国控重点污染源监督性监测运行费用；④补助提高环境统计基础能力和信息传输能力项目；⑤支持围绕污染减排开展的排污权交易等改革；⑥用于主要污染物减排工作取得突出成绩的企业和地区的奖励。

实施情况及效益

2007 年，分两批下达预算 17.5 亿元，主要支持全国环境监察执法标准化建设、国控重点污染源自动监控能力建设、国控重点污染源自动监控中心运行费、国控重点污染源监督性监测运行费。2008 年、2009 年、2010 年分别下达主要污染物减排专项资金 21 亿元、15 亿元、14.59 亿元，"十一五"期间累计投入 68.09 亿元，对确保国家环境监管能力建设，提升环境监管水平起到了积极的作用。

主要污染物减排专项资金在资金安排的空间分布上，中西部地区的资金安排力度普遍高于东部地区。

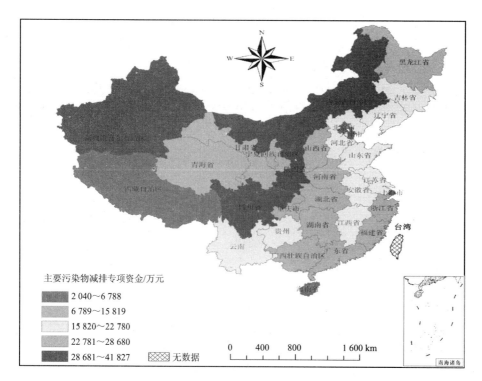

图 9-3　"十一五"期间各省（自治区、直辖市）主要污染物减排专项资金安排情况

9.1.4.3　"三河三湖"及松花江流域水污染防治专项资金

设立背景

2005 年 11 月 13 日，中石油吉化双苯厂爆炸导致松花江发生重大环境污染事件，形成的硝基苯污染带流经吉林、黑龙江两省，在我国境内历时 42 天。此事引起国内外广泛关注。2006 年 3 月 29 日，国务院常务会议审议并原则通过了《松花江流域水污染防治规划（2006－2010 年)》。《规划》提出，认真吸取松花江水污染事件教训，集中解决松花江流域突出的水污染问题。同时，为确保"十一五"减排目标的实现，加强重点流域水污染防治工作，中央政府从 2007 年开始设立专项资金用于"三河三湖"及松花江流域的水污染防治。财政部于 2007 年 12 月发布了《"三河三湖"及松花江流域水污染防治专项资金管理暂行办法》。

支持的重点与方式

专项资金支持的重点是《"三河三湖"及松花江流域水污染防治规划》（以下简称规划）确定的项目和建设内容，其中已享受中央财政其他专项补助资金的项目，原则上不再安排。专项资金支持的具体项目包括：污水、垃圾处理设施以及配套管网建设项目；工业污水深度处理设施，清洁生产项目；区域污染防治项目，包括饮用水水源地污染防治、规模化畜禽养殖污染控制、城市水体综合治理等；规划范围内其他水污染防治项目。专项资金不支持的项目包括：不属于规划范围内的项目、未履行基本建设程序的项目。

297

专项资金实行中央对省级政府专项转移支付，采用因素法进行分配，不再另行组织项目申报。分配标准综合考虑国家规划确定的项目投资需求、有关省（自治区、直辖市）COD削减任务量两个因素，其权重各为50%。计算公式：

某地区应分配专项资金额＝{（该地区规划项目中央投资需求额÷全国重点流域规划项目中央投资需求总规模×50%）＋（该地区COD削减任务量÷全国重点流域地区COD削减任务总量×50%）}×中央财政专项补助资金年度规模。其中：

中央投资需求额＝城镇污水垃圾项目总投资×中央财政补助比例 40%＋区域污染防治项目总投资×中央财政补助比例 30%＋工业污染治理项目总投资×中央财政补助比例20%。

考虑到太湖、松花江流域是水污染治理的重点，太湖、松花江流域规划项目中央财政补助额，在按上述公式计算的基础上再提高20%。

实施情况及效益

2007年、2008年、2009年分别下达专项资金50亿元，2010年下达专项资金59亿元，"十一五"累计下达209亿元，主要用于支持"三河三湖"及松花江流域环境监测能力建设、农村面源污染治理、污水处理厂脱氮除磷技改项目、太湖流域COD排污权交易等约3 000多个项目建设。

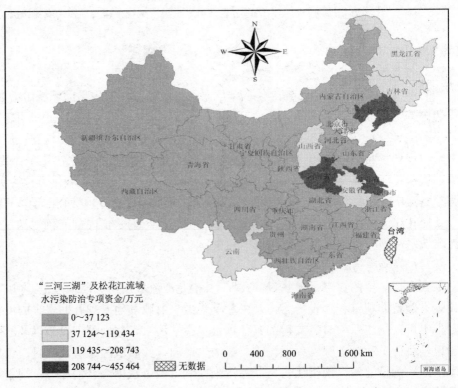

图9-4 "十一五"期间各省（自治区、直辖市）三河三湖及松花江流域水污染防治资金安排情况

2009 年，全国地表水河流国控断面高锰酸盐指数平均浓度比 2005 年下降 20%以上，重点流域 70%以上的断面达到规划目标，松花江流域 2008 年提前完成了"十一五"减排任务，取得了较好的社会效益和环境效益。

9.1.4.4 城镇污水处理设施配套管网以奖代补资金

设立背景

《国家环境保护"十一五"规划》提出，到 2010 年，所有城市都要建设污水处理设施，城市污水处理率不低于 70%，全国城市污水处理能力达到 1 亿 t/d。污水处理厂的建设要按照"集中和分散"相结合的原则优化布局，大力推进技术进步，采用先进适用技术。为全面推进节能减排工作，2007 年国务院下达了《国务院关于印发节能减排综合性工作方案的通知》（国发[2007]15 号）。根据通知及国务院关于推进主要污染物减排工作的有关部署，为支持中西部地区城镇污水处理设施建设，鼓励中西部地区提高城镇污水处理能力，中央财政决定设立城镇污水处理设施配套管网建设专项奖励补助资金。

支持的重点与方式

2007 年，环保专项资金支持方式改革的亮点是在原来的拨款补助、贷款贴息两种方式的基础上增加了以奖代补方式，鼓励并优先支持贷款贴息和以奖代补申请方式的项目，尽快减少无偿拨款，也就是说所有污染治理项目只要经验收合格并具备一定条件，即可获得贷款贴息和以奖代补资金支持。

为明确责任，充分调动地方政府做好城镇污水处理设施配套管网建设积极性，促进中西部地区城镇污水减排工作，2007 年 11 月财政部颁布了《城镇污水处理设施配套管网以奖代补资金管理暂行办法》。该办法规定中央财政对专项资金采取以奖代补方式，通过转移支付方式下拨专项资金，全部用于规划内污水处理设施配套管网建设，专款专用。实行以奖代补的范围为中西部地区纳入《全国城镇污水处理及再生设施建设"十一五"规划》的城镇污水处理设施配套管网。专项资金不得用于不属于国家规划范围内的项目、未履行基本建设程序的项目。地方财政部门配合进行合理的安排，优先考虑重点流域区域内污水处理能力大的设施配套管网建设，重点考虑水源地污水处理设施配套管网建设，同时兼顾废水排放量大的人口集聚地城镇的污水处理设施配套管网建设和规划内其他污水处理设施配套管网建设。

中央财政将专项资金按规划确定的范围，按一定标准补助到省级政府，具体项目由各地确定。2007 年专项资金按因素法分配到中西部地区各省（区、市）。具体分配公式如下：

分省（区、市、兵团）专项资金分配额=（规划内该地污水处理需配套管网总长度/规划内中西部地区污水处理需配套管网总长度）×年度中央财政专项补助规模×70%+（规划内该地新增污水处理能力/规划内中西部地区新增污水处理能力）×年度中央财政专项补助规模×30%

地方财政部门应会同建设等部门将专项资金奖励到规划内的具体项目。奖励标准如下："十一五"规划内配套管网已建成并使用的，每公里奖励标准为 20 万元；"十一五"规划内日污水处理能力每增加 1 万 m³ 奖励 40 万元；对于完成"十一五"规划年度主要污染物 COD 减排目标的地市、市县城镇适当提高奖励标准。采取上述奖励措施后，当年未用完的专项资金，可用于"十一五"规划内在建的配套管网建设，每公里补助 10 万元。

从 2008 年开始，中央财政将根据各地上一年度污水处理配套管网建设完成情况、主要污染物减排目标进行考核。根据鼓励快建、多建并早日投入使用的原则，对因素分配法进行适当调整，加大以奖代补力度。规划内各省（区、市、兵团）建设完成并投入使用的配套管网，按建成管网长度每公里奖励 20 万元，日污水处理能力每增加 1 万 m³ 奖励 40 万元。奖励标准与 COD 减排目标完成情况挂钩，对于完成"十一五"规划年度 COD 减排目标的，适当提高奖励标准；对于没有完成 COD 减排目标的，将适当降低奖励标准。采取上述奖励措施后，年度内专项资金如有余额，中央财政将再按 2007 年的因素法分配到补助范围内各省（区、市、兵团）。已享受在建管网每公里奖励 10 万元的项目，建设完成投入使用后每公里再奖励 10 万元。省级财政部门在收到专项资金后两个月内将具体实施项目清单报财政部备案。

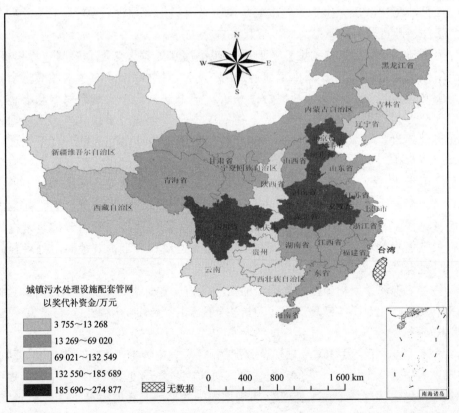

图 9-5 "十一五"期间各省（自治区、直辖市）城镇污水处理设施配套管网以奖代补资金安排情况

实施情况及效益

2007 年、2008 年、2009 年、2010 年分别下达专项资金 65 亿元、65 亿元、90 亿元和 110 亿元，"十一五"累计下达资金 330 亿元。城镇污水处理设施配套管网以奖代补资金在资金安排上，也主要集中于中西部地区，东部地区资金规模普遍较低。

9.1.4.5 中央农村环境保护专项资金

设立背景

在 2008 年的全国农村环保工作会议上，李克强副总理曾提出了"以奖促治、以奖代补"环保投入新机制的思路，其基本精神就是"哪个地方的环保工作做得好，哪个地区环境保护得好，国家财政就给予更多的鼓励和资金支持"。根据当年 7 月 24 日国务院召开的全国农村环境保护工作电视电话会议有关精神，中央财政从 2008 年起，以村庄为重点，安排资金专项用于对原来污染突出，但经过整治见到成效的地方实行"以奖促治"，对达到标准的生态村实行"以奖代补"。2008 年，中央设立农村环境保护专项资金，着力解决群众反映强烈、危害群众健康、影响可持续发展的突出环境问题。2009 年 2 月，国务院办公厅转发了环境保护部等部门《关于实行"以奖促治"加快解决突出的农村环境问题实施方案》的通知（国办发[2009]11 号），全面实行"以奖促治、以奖代补"政策，强化奖补资金监管，建立健全农村环境综合整治目标责任制。

自专项资金设立以来，国家已陆续发布了一系列项目管理和资金管理文件，主要包括：财政部、环境保护部关于印发《中央农村环境保护专项资金管理暂行办法》的通知（财建[2009]165 号），环境保护部、财政部关于印发《中央农村环境保护专项资金管理环境综合整治项目管理暂行办法》的通知（环发[2009]48 号），《中央农村环保专项资金环境综合整治项目申报指南》等，建立健全了农村环境保护专项资金的管理体系。

支持重点与方式

中央农村环保专项资金以"以奖促治"和"以奖代补"的方式支持农村环境保护综合整治与示范村建设。

对通过生态环境建设达到生态示范建设标准的村镇，实行"以奖代补"。以奖代补资金主要用于奖励达到国家级环境优美乡镇和国家级生态村标准的村镇。"以奖代补"资金主要用于农村生态示范成果巩固和提高所需的环境污染防治设施或工程（如提高生活污水处理率等），以及环境污染防治设施运行维护支出等。国家级环境优美乡镇奖励金额为 50 万元，国家级生态村奖励金额约为 30 万元。

对开展农村环境综合整治的村庄，实行"以奖促治"。2008—2010 年，专项资金重点支持了农村饮用水水源地环境保护、农村生活污水和垃圾处理、畜禽养殖污染治理、历史遗留的农村工矿污染治理、生态示范建设等类型项目。支持的重点范围包括：淮河、海河、辽河、太湖、巢湖、滇池、松花江、三峡库区及其上游、南水北调水源地及沿线等水污染防治重点流域、区域，以及国家扶贫开发工作重点县范围内，群众反映强烈、环境问题突出的村庄。农村环境综合整治项目所需资金由中央财政专项资金、地方财政资金和自筹资金共同构成。专项资金支持对象为建制村，为一次性补助资金，每个村庄的平均补助金额为 60 万元。

实施情况及效益

2008—2010 年，中央农村环保专项资金分别安排 5 亿元、10 亿元和 25 亿元，用来开展"以奖促治"和"以奖代补"工作。三年共安排资金 40 亿元，带动地方资金投入近 80 亿元，支持 6 600 多个村镇开展环境综合整治和生态示范建设，2 400 多万农村人口直接受益。从 2010 年开始，为进一步强化地方政府职责，财政部、环境保护部与宁夏、辽宁、江苏、浙江、湖南、湖北、福建、重庆等 8 个省（区、市）签订了农村环境连片整治示范协议，安排 20 亿元专项资金，支持示范省开展农村环境连片整治示范工作，使示范区域危害群众健康、影响农村可持续发展的突出环境问题得到有效解决，并取得完善工作机制、引导资金投向、强化资金效益、推广实用技术等示范效益。

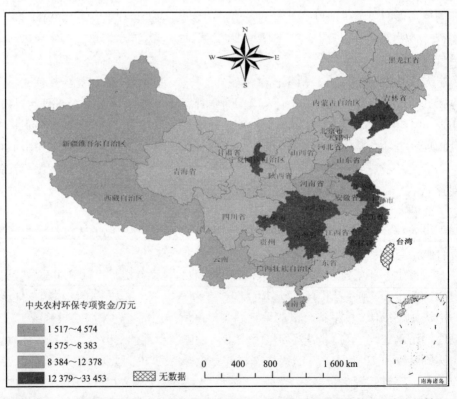

图9-6 "十一五"期间各省（自治区、直辖市）中央农村环境保护专项资金安排情况

9.1.4.6 重金属污染防治专项资金

设立背景

近年来，我国频发重金属污染事件，严重威胁群众健康，影响社会的和谐稳定，引起全社会广泛关注。党中央、国务院高度重视，对加强重金属污染防治工作连续做出一系列重要决策部署。2009 年 11 月，经国务院同意，国务院办公厅转发环境保护部、发展改革委、工业和信息化部、财政部、国土资源部、农业部、卫生部制定的《关于加强重金属污染防治工作的指导意见》（国办发[2009]61 号，以下简称《指导意见》），明确了当前和今后一段时期的目标任务、工作重点和政策措施。

根据《指导意见》的有关要求，环境保护部会同发展改革委、工业和信息化部、财政部、国土资源部、农业部、卫生部等部门，组织编制了《重金属污染综合防治规划（2010—2015 年）》。国务院于 2011 年 2 月 9 日正式批复，并要求各级政府认真组织实施。

为做好重金属污染防治工作，根据《指导意见》精神，中央财政设立了重金属污染防治专项资金，按照"防治结合、以防为主，突出重点、分步实施，地方为主、中央补助"的原则，对重金属污染防治重点项目予以补助。2010 年 6 月 4 日，财政部、环境保护部联合下发《关于组织申报 2010 年重金属污染防治专项资金项目的通知》，明确 2010 年度重金属污染防治专项资金对 14 个重点省区的铅、汞、镉、铬、砷五种重金属污染物污染防治的重点防控区综合防治项目和新技术示范和推广项目予以补助。并于 2010 年年底，开始组织编制《重金属污染防治专项资金及项目管理暂行办法》，建立重金属专项资金管理制度，确保专项资金的管理和使用更加规范化、制度化。

支持的重点

重金属污染防治专项资金支持项目防控的重金属污染物主要是铅（Pb）、汞（Hg）、镉（Cd）、铬（Cr）和类金属砷（As）等，兼顾镍（Ni）、铜（Cu）、锌（Zn）、银（Ag）、钒（V）、锰（Mn）、钴（Co）、铊（Tl）、锑（Sb）等其他重金属污染物；支持的重点行业为：重有色金属矿（含伴生矿）采选业（铜矿采选、铅锌矿采选、镍钴矿采选、锡矿采选、锑矿采选和汞矿采选业等）、重有色金属冶炼业（铜冶炼、铅锌冶炼、镍钴冶炼、锡冶炼、锑冶炼和汞冶炼等）、铅蓄电池制造业、皮革及其制品业（皮革鞣制加工等）、化学原料及化学制品制造业（基础化学原料制造和涂料、油墨、颜料及类似产品制造等）。

重金属污染防治专项资金支持的重点地区是依据《重金属污染综合防治规划（2010—2015 年）》，在全国范围内划定的 138 个重点区域，涉及 169 个区（县）。重点省区为内蒙古自治区、江苏省、浙江省、江西省、河南省、湖北省、湖南省、广东省、广西壮族自治区、四川省、云南省、陕西省、甘肃省、青海省 14 个重金属污染防治部际联席会议成员省区。

实施情况及效益

2010 年，财政部安排 15 亿元专项资金用于重金属污染防治。依据《关于组织申报 2010 年重金属污染防治专项资金项目的通知》，重金属污染防治专向资金共对 84 个项目予以支持，其中，重点区域综合防治项目 20 个，补助资金 8.44 亿；新技术示范与推广项目 64 个，补助资金 6.56 亿。获得专项资金金额最高的为河南、广西、云南、甘肃等省。

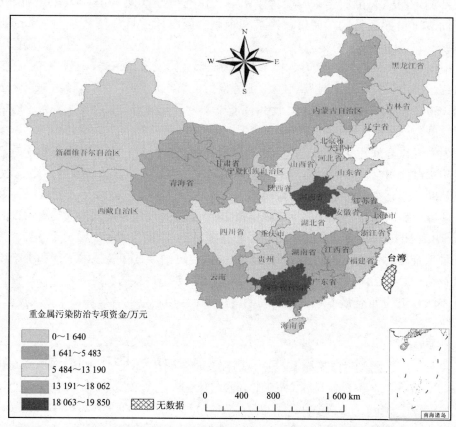

图 9-7　"十一五"期间各省（自治区、直辖市）重金属污染防治专项资金安排情况

9.1.4.7　国家级自然保护区专项资金

为加强和规范自然保护区专项资金的管理，提高资金使用效益，2001 年财政部制定了《自然保护区专项资金使用管理办法》。资金重点支持中西部地区具有典型生态特征和重要科研价值的国家级自然保护区；基础条件好、管理机制顺，具有示范意义的国家级自然保护区；具有重要保护价值，管护设施相对薄弱的国家级自然保护区。资金主要用于野外自然综合考察、保护区发展与建设规划编制费用；与保护区的性质、规模及人员能力相适应的，必要的科研及观察监测仪器设备购置费用；能够有效保护珍稀濒危物种、保持保护区生物多样性的管护设施建设及科研试验费用；自然生态保护宣传教育费用；经财政部批准的其他支出。

2006—2010 年，中央财政累计下达自然保护区专项资金 4 亿元，重点支持自然保护区规划编制与调整、管护设施及巡护设备购建、必要的科研及监测仪器设备购置、本底资源调查及科学研究、宣传教育能力建设等。

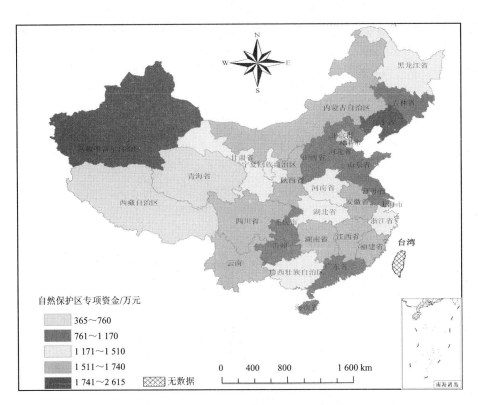

图 9-8　"十一五"期间各省（自治区、直辖市）自然保护区专项资金安排情况

9.1.4.8　其他专项资金

除上述中央财政环保专项资金以外，国家还通过中央集约化畜禽养殖污染防治专项资金、环境监察执法能力建设专项资金等对畜禽污染防治项目、环境监察执法能力建设给予资金补助，2006—2010 年分别下达预算 0.45 亿元和 1.2 亿元。

另外，中央财政还设立了节能技术改造财政奖励资金、淘汰落后产能中央财政奖励资金、高效节能产品推广财政补助资金等与环境保护关系较为紧密的专项资金，对加强环境保护工作，筹措环境保护资金具有重要意义。

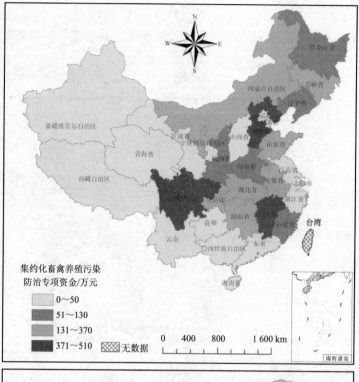

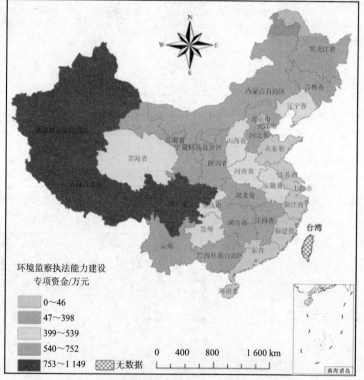

图 9-9 "十一五"期间各省(自治区、直辖市)

畜禽养殖污染防治与检查执法能力建设专项资金安排情况

表 9-7　与环保相关的主要财政专项资金汇总

序号	专项资金名称	支持范围与重点	起始时间	管理部门
1	自然保护区专项资金	中西部地区具有典型生态特征和重要科研价值的国家级自然保护区；基础条件好、管理机制顺，具有示范意义的国家级自然保护区；具有重要保护价值，管护设施相对薄弱的国家级自然保护区	2001 年	财政部、原国家环境保护总局
2	集约化畜禽养殖污染防治专项资金	中西部地区畜禽养殖大省集约化畜禽养殖企业污染防治与综合利用示范及技术推广项目；养殖总量多、规模化程度高、污染负荷重的地区；中央集约化畜禽养殖污染防治专项资金补助相对不足的地区；农村环保工作积极性较高、力度较大的地区	2003 年	财政部、原国家环境保护总局
3	中央环保专项资金	环境监管能力建设项目、集中饮用水水源地保护项目、区域环境安全保障项目、建设社会主义新农村小康环保行动项目、污染防治新技术新工艺推广应用项目以及财政部、环保总局根据党中央、国务院有关方针政策确定的其他污染防治项目	2004 年	财政部、原国家环境保护总局
4	中央财政主要污染物减排专项资金	重点用于支持中央环境保护部门履行政府职能而推进的主要污染物减排指标、监测和考核体系建设，以及用于对主要污染物减排取得突出成绩的企业和地区的奖励	2007 年	财政部、原国家环境保护总局
5	三河三湖及松花江流域水污染防治财政专项资金	污水、垃圾处理设施以及配套管网建设项目；工业污水深度处理设施和清洁生产项目；区域污染防治项目，主要为饮用水水源地污染防治，规模化畜禽养殖污染控制，城市水体综合治理等；规划范围内其他水污染防治项目	2007 年	财政部、原国家环境保护总局
6	城镇污水处理设施配套管网以奖代补资金	优先考虑重点流域区域内污水处理能力大的设施配套管网建设；重点考虑水源地污水处理设施配套管网建设；兼顾废水排放量大的人口集聚地城镇的污水处理设施配套管网建设；规划内其他污水处理设施配套管网建设	2007 年	财政部、建设部
7	中央农村环境保护专项资金	农村饮用水水源地保护；农村生活污水和垃圾处理；畜禽养殖污染治理；历史遗留的农村工矿污染治理；农业面源污染和土壤污染防治；其他与村庄环境质量改善密切相关的环境综合整治措施	2008 年	财政部、环保部
8	重金属污染防治专项资金	重点支持污染源综合整治、重金属历史遗留问题的解决、污染修复示范和重金属监管能力建设四类项目	2009 年	财政部、环保部
9	节能技术改造财政奖励资金	《"十一五"十大重点节能工程实施意见》中确定的燃煤工业锅炉（窑炉）改造、余热余压利用、节约和替代石油、电机系统节能和能量系统优化等项目。财政奖励资金主要是对企业节能技术改造项目给予支持，奖励金额按项目实际节能量与规定的奖励标准确定	2007 年	财政部、国家发展改革委

序号	专项资金名称	支持范围与重点	起始时间	管理部门
10	淘汰落后产能中央财政奖励资金	《国务院关于印发节能减排综合性工作方案的通知》规定的电力、炼铁、炼钢、电解铝、铁合金、电石、焦炭、水泥、玻璃、造纸、酒精、味精、柠檬酸13个行业。奖励资金必须专项用于淘汰落后产能的相关支出，不得用于平衡地方财力	2007年	财政部
11	再生节能建筑材料生产利用财政补助资金	再生节能建筑材料企业扩大产能贷款贴息；再生节能建筑材料推广利用奖励；相关技术标准、规范研究与制定；财政部批准的与再生节能建筑材料生产利用相关的支出	2008年	财政部
12	高效节能产品推广财政补助资金	补助资金主要用于高效节能产品推广补助和监督检查、标准标识、信息管理、宣传培训等推广工作经费	2009年	财政部、国家发展改革委
13	可再生能源发展专项资金	专项资金重点扶持潜力大、前景好的石油替代、建筑物供热、采暖和制冷，以及发电等可再生能源的开发利用；石油替代可再生能源开发利用；生物乙醇燃料是指用甘蔗、木薯、甜高粱等制取的燃料乙醇；生物柴油是指用油料作物、油料林木果实、油料水生植物等为原料制取的液体燃料；建筑物供热、采暖和制冷可再生能源开发利用；可再生能源发电重点扶持风能、太阳能、海洋能等发电的推广应用；国务院财政部门根据全国可再生能源开发利用规划制定的其他扶持重点	2006年	财政部

9.2 环保财政专项资金作用与存在的问题

9.2.1 专项资金作用

国家高度重视环境保护工作，随着环保投资政策的不断完善，以及政府、企业环保投资力度的逐步加大，环保投资规模逐年上升。环保投资的逐年增加为强化污染治理、促进环境质量改善提供了重要的资金保障。中央财政环境保护专项资金是中央政府环境保护投入的主要渠道，对引导地方财政、企业、社会环境保护投入，引导经济行为，推动环境保护重大技术示范推广起到了积极作用。

9.2.1.1 资金保障功能

中央财政预算资金是环保投资的重要组成，是环境保护的重要资金保障。按照国家环境保护"十一五"规划要求，"十一五"期间环保投资需求约为1.53万亿，约占同期国内生产总值的1.35%。其中十大重点工程项目投资需求为5 830亿元，占"十一五"投资总需求的38%。按照规划要求，中央政府环境保护投入为1 530亿元左右，占环保投资的比例约为10%，主要用于十大重点工程建设。截至目前，中央财政专项资金与发改委预算内基本建设资金共投入约 1 566 亿元，约占环保投资总额的 8%左右，对保障污染减排目标的实现起到重要作用。

9.2.1.2　资金投向引导

中央财政环保专项资金对加强环保投资具有重要的引导功能。中央财政预算资金在对环保投资注入资金的同时，也对地方政府、企业、社会的环保投资具有积极的引导作用。一方面，国家财政预算资金在项目的投入多以补助性质，要求地方及企业具有一定的配套资金投入。另一方面，财政资金的使用方式本身具有一定的激励和引导作用，如采用以奖代补、基于污染治理效果的因素分配等方式，在很大程度上调动了地方加大环保投入和改善环境质量的积极性。以农村环保专项资金为例，2008—2009 年农村环保专项资金累计投入 15 亿元，带动地方财政、村镇自筹等资金约为 25 亿元，极大地带动了地方及农民群众的积极性，推进了农村环境保护工作的开展。

9.2.1.3　经济行为引导

中央财政资金对产业结构调整、优化经济增长具有重要作用。中央财政资金在引导经济行为方面具有重要作用，国家设立的淘汰落后产能、产业发展等专项资金，有力地推动了我国产业结构调整，促进了经济发展方式转变，有效缓解了环境污染治理压力。同时，中央财政环保专项资金对污染治理项目的支持，有力拉动了技术开发、产品设计、装备制造、建设安装、运营维护等环保产业的发展。

9.2.1.4　技术示范推动

中央财政资金是重大环境保护技术示范推广的重要资金来源，中央环境保护专项资金、中央农村环保专项资金等均对列入环境保护部最佳可行技术导则目录等技术示范项目推广给予资金支持，一定程度上解决了先进环保技术应用难的问题。

9.2.2　主要问题分析

中央环境保护专项资金的设立对加大中央环境保护投入起到了重要的促进作用，中央环境保护投入逐年增加，但同时也存在资金缺乏有效整合、应急式特征明显、使用效益总体不高等问题。

9.2.2.1　环保投资缺乏有效的整合，未能形成合力

支持的重点领域各有侧重，且部分资金支持重点存在一定的交叉，存在重复投资的可能性。环境保护专项资金较为分散，资金总量较小，难以形成有效的合力，国家环境保护工作的重点难以体现，导向性较弱。"三河三湖"及松花江流域水污染防治财政专项补助资金与中央环境保护专项资金均对"三河三湖"及松花江流域水污染防治项目给予支持。环境监察执法能力建设专项资金、中央环境保护专项资金以及主要污染物减排专项资金均对中西部环境监察能力建设给予了支持，建设资金分散于不同的专项，难以发挥专项资金的合力。

9.2.2.2　环保专项资金以应急为主，缺乏长期统筹考虑

目前，环保专项资金的设立和支持范围以应急为主，重点解决当前出现的重大

环境问题。以"三河三湖"及松花江流域水污染防治专项资金为例，2005 年 11 月松花江重大环境污染事件发生，2007 年 5 月太湖蓝藻暴发，造成水体的严重污染，为此财政部设立了"三河三湖"及松花江流域水污染防治专项资金，并于 2007 年 11 月制定《"三河三湖"及松花江流域水污染防治财政专项补助资金管理暂行办法》，同年在中央环境保护专项资金中对"三河三湖"及松花江流域水污染防治项目给予了一定的支持。"十一五"期间，国家加大主要污染物减排"三大体系"建设，为支持国家确定的主要污染物减排工作，中央财政设立了主要污染物减排专项资金。在资金来源方面，未能形成稳定的资金渠道，缺少稳定的资金来源。环保专项资金具有应急性、临时性、孤立性等特点，对环境保护工作缺乏长期的、系统的考虑，难以形成稳定的环境保护投入。

9.2.2.3 缺乏有效的监管，重投资轻效益

对于环保专项资金项目，缺少相应的绩效评估机制，项目执行过程中存在的问题难以及时有效地调整。环保投资实施后的环境效益缺乏相应的监管机制，环保投资的环境效益缺乏有效的评估，资金投入后，对污染治理设施的建设情况、建成后的运行情况等监管措施不到位，造成污染治理设施资金难以到位、建设滞后、不能有效运行等问题，资金效益的发挥还存在优化的空间。

9.3 专项资金分配方式

9.3.1 资金分配方式分类

中央财政资金分配方式主要包括三种，即因素分配法、项目法、协议法。

因素分配法主要是由财政部按照一定的因子，将资金分配到地方，由地方政府按照特定的资金用途，确定项目并组织实施。因素分配法在资金分配中操作较为方便，资金安排周期短，操作成本低。因素分配法的突出特点是支持范围一般涉及全国各地，在项目确定之前已根据因素分配公式预先安排各地预算支持额度。

项目法是指采用地方申报、中央审查的方式进行预算安排。该种方式的特点是不会预先确定各省的资金及项目数量差异，而是采用限定项目数量的方式，在各省项目数量上基本采用一刀切的模式，按照统一的数量要求由地方组织项目申报，中央根据申报项目质量确定支持的项目清单，安排预算。预算的安排额度仅与项目本身挂钩。中央统筹实际上是规定了使用范围的项目法。

协议法是指由环境保护部、财政部与地方政府签署协议（如示范协议等），明确项目实施范围与条件，确定预期效益与目标，由地方政府根据协议要求于地方实际选择项目并安排资金，在项目实施完成后，完成协议确定的预期目标。

9.3.2 应用实践

9.3.2.1 因素分配法

中央环保专项资金。2008 年开始，中央财政决定调整中央集中的排污费资金分配方式，财政部、环境保护部下发了《财政部环境保护部关于调整中央集中排污费分配方式的通知》（财建[2008]726 号），部分资金采用因素法分配。分配考虑因素为各省 SO_2 排放量、COD 排放量、SO_2 削减量、COD 削减量、上缴中央国库排污费金额。2008—2010 年，采用因素分配法共安排专项资金 22.72 亿元。

"三河三湖"及松花江流域水污染防治专项资金。"十一五"期间，"三河三湖"及松花江流域水污染防治专项资金实行中央对省级政府专项转移支付，采用因素法进行分配，不再另行组织项目申报。资金分配中综合考虑国家规划确定的项目投资需求、有关省（自治区、直辖市）COD 削减任务量两个因素。考虑到太湖、松花江流域是水污染治理的重点，中央财政补助额在此基础上再提高 20%。2007—2010 年，专项资金采用因素分配法共安排 209 亿元。

城镇污水处理设施配套管网以奖代补资金。2007 年设立的城镇污水处理设施配套管网专项资金采取以奖代补方式，实行专项转移支付。2007 年，专项资金按因素法分配到中西部地区各省（区、市），考虑的因素包括规划内污水处理需配套管网总长度、规划内新增污水处理能力等，并根据年度主要污染物 COD 减排目标完成情况对地市、市县城镇适当提高奖励标准。2008 年依据各地上一年度污水处理配套管网建设完成情况、主要污染物减排目标等对因素分配法进行了适当调整。2007—2010 年，中央财政共安排专项资金 330 亿元。

9.3.2.2 项目法

自然保护区专项资金。自然保护区专项资金实行项目管理，以自然保护区为项目承担单位进行申报。财政部组织国家环境保护部等部门专家根据全国自然保护区发展规划纲要、各个国家级自然保护区建设与管理状况以及年度自然保护专项资金安排的实际情况，对自然保护区专项资金的申请报告进行充分论证和认真审核，必要时经实地查验后，做出具体安排。财政部根据专家评审结果及当年预算安排情况编制下达自然保护区专项资金补助预算。

9.3.2.3 因素分配法与项目法相结合

中央农村环保专项资金。中央农村环保专项资金对于非示范省项目的支持，采用因素分配法与项目法相结合的方式。按照"因素法"将预算控制数下达地方，同时提出相关要求，包括整治重点区域、治理目标、配套资金、预期成效等，强化地方职责，提出奖惩措施。地方根据总体要求择优挑选项目，编制示范实施方案（示范省）或编制资金安排计划（非示范省），向财政部、环境保护部备案。

9.3.2.4 协议法

中央农村环保专项资金。从 2010 年起，环境保护部、财政部与部分省（市、自治区）人民政府签署农村环境连片整治示范协议，协议中明确示范区域、预期目标、资金投入、示范效应及相关制度建设，确保项目实施后达到预期目标。2010 年支持 8 个示范省，2011 年支持 9 个示范省。

9.3.3 资金分配方式对比

（1）因素分配法 因素分配法是近年来中央财政资金分配中广泛采用的一种方法，其突出特点在于：①方法本身具有一定的客观性，可以避免项目法中的人为干扰等主观因素；②方法简便，资金安排的行政成本较低，预算安排周期短；③能够体现一定的公平性与效率，在因素分配公式中考虑了公平和效率两个方面的因素。其不足之处在于：一是资金使用的效率不高，尽管在资金分配中体现了一定的效率，但对于资金使用方面缺乏有效指导，过于关注其公平性而降低了资金使用效率，环境效果不明显；二是因素分配法导致项目过于分散，难以形成资金合力，对区域性环境问题的解决力度不够。因素分配法较适用于注重公平性的资金分配方面。

（2）项目法 项目法是各个专项资金中最为普遍的资金分配方式，有利于体现国家对资金支持项目的具体要求，有利于效益的发挥，预算安排的项目均为体现资金使用的重点范围和方向的项目。其缺点在于项目审查的周期较长，项目与资金审查的尺度把握受主观因素影响，项目法的审查与资金安排主要在中央一级，对项目具体情况缺乏深入了解。项目法较适用于区域性突出环境问题的解决。

（3）协议法 由中央部门与地方政府签订示范协议，明确项目实施的具体要求，由地方政府根据地方实际，有针对性的选择项目并开展项目实施，在一定程度上其项目实施的针对性更强，目标更为明确，缩短了审查周期。同时，由于责任分工明确，地方政府积极性与项目实施效率相对较高。

表 9-8　资金分配方式比较

资金分配方式	行政成本	预算安排周期	资金分配的客观性	效益
因素分配法	较低	较短	客观性较强	一般
项目法	相对较高	相对较长	存在一定主观性	较显著
因素分配法与项目法相结合	相对较高	相对较长	客观性较强	较显著
协议法	相对较低	较短	存在一定主观性	较显著

9.3.4 资金分配方式建议

（1）正确处理好资金分配的效率与公平的关系 设立资金的主要目的和支持对象是资金分配和使用方式的决定性因素。效率优先与公平优先的原则是在资金分配、使用设计中首先需要考虑的问题。对部分资金而言，成立专项资金的目的是解决重点区域的重点环境问题，在资金使用中重点侧重于效率优先，应更加强调资金下达后的环境效果，体现集中力量办大事的思路，因此在资金分配中应加强资金合力，而非面面俱到，化整为零。有的专项资金，如主要污染物减排专项资金，是整体推进全国环境监管能力，对各省项目的支持是按照标准化建设要求存在的缺口给予一定补助，应侧重于资金分配的公平性。

（2）正确处理好因素分配法与项目法的关系　正确处理好因素分配法与项目法之间的关系，对提高资金使用效益具有积极的作用。因素分配法是近年来在资金分配中采用较多的一种方式，相对于项目法而言，更具有客观性和公平性，但缺乏一定的效率。项目法是采用较为广泛的一种方式，尽管存在项目审查中的尺度不一等主观因素，但在效率方面相对较高，更能体现资金的专项用途。在资金分配中，因素法和项目法各有优缺点，两者之间并不是非此即彼的关系，而是可以相互融合、取长补短。

（3）根据资金设立的主要目的确定资金分配方式　对以效率性为首要原则的资金，如为解决区域流域重大、突出、敏感性高的环境问题而设立的资金，应以项目法为主，将资金集中用于特定突出环境问题的解决。对以公平性为首要原则的资金，如部分奖励资金、支持地域范围涉及面广的资金等可采用以因素分配法为主、兼顾项目法的方式。具体操作可以采用签订协议的方式安排资金和项目。

资金安排方式上应提倡由因素分配法、项目法等单一方法逐步向两者综合运用转变。因素分配法与项目法各有所长，也各自存在不足之处。两者的结合更有利于提高资金使用效益。通过因素分配法，确定资金支持范围内各地资金分配数量，体现资金分配的公平性和客观性。在各地资金数量确定后，采用项目法，由各地申报项目，中央有关部门按照资金支持的重点和资金使用意图，合理选择支持的项目，提高资金使用的效益，确保资金的专款专用。

进一步创新资金分配方式。对用以解决突出环境问题的资金，在项目法的基础上，可创新资金分配方式，采用协议支付的方式进行。由财政部、环保部与有关地方签署环境质量改善或污染治理协议，确定协议期后的环境目标。在协议内明确：由地方负责组织项目实施，协议期后由环保部门对协议完成情况进行考核评估，完成预期目标后，由财政部按照协议资金全额支付给地方，用于该地区或其他地区环境质量的持续改善与污染治理投入；未完成预期目标，但环境质量或污染治理水平取得一定提升的，则按照协议资金额度的一定比例支付给地方，资金用于该区域环境质量改善与污染治理投入；对未完成预期目标，环境质量无改善的，取消资金拨付或追缴已拨付的资金。在资金下达方式上可按照年度分批逐年下达，或者在协议期满后一次性拨付。

9.4　专项资金支持方式

9.4.1　资金支持方式分类

资金支持方式主要分为三种类型：拨款补助、贷款贴息、以奖代补。

拨款补助是对正在建设或即将建设的项目，按照一定的额度给予资金补助，用于项目建设。拨款补助方式支持的项目一般为在建或未建项目。

财政贴息是对项目建设过程中的贷款在一段时间范围内产生的利息，给予补助。财政贴息支持的项目可以是在建项目，也可以是建成后的项目。资金主要用于银行利息还款。

以奖代补是为了提高资金使用效益，以奖代补方式支持能够制定具体量化评价标准的项目。对经审核符合条件的项目，在项目实施并取得预期效益后，根据规定的标准安排奖励资金。

9.4.2 应用实践

9.4.2.1 拨款补助

（1）中央环保专项资金 拨款补助主要支持环境监管能力建设项目、城乡集中式饮用水水源地污染防治项目、建设社会主义新农村小康环保行动项目、目前无责任主体的区域环境安全保障项目。

（2）中央财政促进服务业发展专项资金 对于营利性弱、公益性强、且难以量化评价等不适于以奖代补方式支持的项目，采取补助方式予以支持。项目承担单位自筹资金比例较高及地方财政给予支持的优先安排。这类补助是政府从某一方面或借助某一事项向企业提供财务支持，以促进企业的发展，而不是作为企业受到非常损失或承担特定费用的一种补偿与奖励，如科技专项拨款、高新技术产业专项补助资金、经认定的高新技术成果转化项目由政府返还项目用地的土地使用费、土地出让金等，以及国家对特定企业或特定行业在一定时期所给予的税收优惠等。

9.4.2.2 贷款贴息

（1）中央环保专项资金 燃煤电厂脱硫脱硝技术改造项目采用贷款贴息方式，其他项目根据项目实际情况可选择贷款贴息或拨款补助支持方式，优先支持贷款贴息项目。贷款贴息项目一般不超过三年，贷款贴息范围为项目实施期内实际支付的贷款利息。贴息方式为全部贴息或部分贴息。贴息时限为上年 6 月 21 日至本年 6 月 20 日。

（2）中央财政促进服务业发展专项资金 资金以贷款贴息方式支持投资规模大、能够获取银行贷款的项目。利息数是依据实际到位银行贷款、规定的利息率、贷款期限和实际支付等计算得到。贴息年限一般不超过 3 年，年贴息率最高不超过当年国家规定的银行贷款基准利率。

9.4.2.3 以奖代补

（1）节能减排专项资金 根据《国务院关于加强节能工作的决定》（国发[2006]28号）与《国务院关于印发节能减排综合性工作方案的通知》（国发[2007]15 号）要求，中央财政安排必要的引导资金，采取"以奖代补"方式对十大重点节能工程给予适当支持和奖励，奖励金额按项目技术改造完成后实际取得的节能量和规定的标准确定。《节能技术改造财政奖励资金管理暂行办法》规定，中央财政以奖励的方式支持节能量达到 1 万 t 标准煤以上的节能技术改造项目。奖励范围包括国家确定的"十一五"十大重点节能工程中的燃煤工业锅炉（窑炉）改造、余热余压利用等项目。奖励标准是东部地区每节约 1 吨标准煤奖励 200 元，中西部地区奖励 250 元。按照企业申报的节能量预拨 60%的资金，财政部委托机构审核确认项目实施前和竣工后的节能量，并按照实际节能量清算拨付奖励资金。2007 年，财政部预拨了 28 亿元财政奖励资金，支持了 546 个节能技术改造项目，预计可实现节能量 2 031 万 t 标煤。

（2）农村环保专项资金　2008 年，中央设立农村环境保护专项资金，以"以奖促治"和"以奖代补"的方式支持农村环境保护综合整治与示范村建设。在 2008 年安排的 5 亿元专项资金用于 700 个村镇"以奖促治、以奖代补"项目的基础上，2009 年中央安排 10 亿元农村环保专项资金，重点支持饮用水水源地环境保护、生活污水和垃圾处理、畜禽养殖污染治理、历史遗留的农村工矿污染治理、生态示范建设等 1 400 多个村庄，进一步加大了农村环境综合整治的力度，着力解决群众反映强烈、危害群众健康、影响可持续发展的突出环境问题。

（3）整顿关闭小煤矿专项资金　关闭小煤矿专项资金以实际关闭小煤矿数量为考核主体，兼顾生产能力、职工人数、地区差异状况等因素，遵循"突出重点、公开透明、严格管理、确保实效"的原则进行分配。专项资金补助金额测算公式为：某省（区、市）获得补助金额=该省（区、市）关闭煤矿总数×单位补助基数×（1+矿井平均生产能力系数+在职职工平均人数系数+地区差异系数）。关闭小煤矿专项资金采取"以奖代补"方式，通过中央财政专款形式拨付给省级财政部门，由各省级财政部门会同同级煤矿整顿关闭工作牵头部门、煤矿安全监察机构组织实施，资金主要用于关闭小煤矿的职工安置、消除安全隐患、补助地方关闭小煤矿财政支出等。

（4）小型农田水利工程建设补助专项资金　小型农田水利工程建设采用"民办公助"方式，对农户、农民用水户协会、农民专业合作经济组织和村组集体等自愿开展小型农田水利工程建设的项目，财政给予补助。中央财政积极探索建立小型农田水利专项资金"以奖代补"机制，通过"民办公助"增加补助小型农田水利建设专项资金的方式，对小型农田水利工程建设成效显著的地方实行"以奖代补"。

（5）风力发电设备产业化专项资金　为引导企业研究和开发适应市场需求的产品，产业化资金采取"以奖代补"办法，主要对产业化研发成果得到市场认可的企业进行补助。财政部对符合支持条件的企业，核定风电机组整机和关键零部件制造企业具体补助金额，并按规定下达预算。财政部门按照财政国库管理制度有关规定将产业化资金拨付到风电机组整机和关键零部件制造企业。

9.4.3　资金支持方式对比

9.4.3.1　拨款补助

拨款补助是中央财政资金采用较为普遍的一种资金支持方式，其特点在于：①能够在项目建设阶段提供有力的资金支持，解决资金缺口的问题，资金具有雪中送炭的效果；②拨款补助资金量相对较大，较贷款贴息等具有资金量大的优势；③资金使用具有一定的灵活性，绝大部分资金是由财政直接拨款到企业，由企业在项目实施过程中使用。当然，部分资金采用报账制，资金使用的灵活性方面受到一定的限制，如中央农村环保专项资金。因此，拨款补助的方式往往是最受项目主体欢迎的方式。其缺点在于拨款补助资金一般用于在建或未建项目的支持，对资金使用后的使用效果难以预知，在资金使用中也容易出现挪用等现象。

9.4.3.2　贷款贴息

贷款贴息的方式能够确保资金的专款专用，审查周期与难度不大，同时对于项目建成后的贴息补助，能够将资金用于效益显著的项目，能够体现一定的奖励作用。其不足在于贴息资金的额度相对较小，贴息时间周期不长，要求的审查材料等较为严格。但从实际实施情况来看，多数项目较少申请贷款贴息，其主要原因在于：一是贷款贴息相关材料要求较严格，对污染治理设施建设项目来说，要求对应于贴息部分的贷款必须是污染治理设施建设贷款，而非主体生产工艺设施建设贷款，但在实际操作中很难区分并出示银行的相关证明文件；二是贷款贴息补助一般是对一定时间范围内的利息进行补贴，往往利息的资金量较小，但在申请过程中相关材料准备等成本较高，因此企业申请贷款贴息的比例较低。

9.4.3.3　以奖代补

以奖代补能够更为直接地体现效率性原则，用于支持的项目一般具有较为显著的环境效果，在资金使用上，也相对较宽松，可用于污染治理项目设施建设或者已建成项目的运行支持，在资金功能方面更能体现锦上添花的作用。其缺点在于：由于以奖代补项目往往采用项目后补助的方式，因此，对解决项目建设过程中的资金短缺问题帮助不大。

表 9-9　资金支持方式比较

资金支持方式	资金额度	补助方式	资金功能	使用效益	资金使用
拨款补助	相对较大	事前补助	雪中送炭	不确定	项目建设
贷款贴息	相对较小	事前补助或事后补助	—	较好	贷款贴息
以奖代补	相对较大	事后补助	锦上添花	较好	项目建设或运行支出

9.4.4　资金支持方式建议

建立真正反映绩效的以奖代补的方式，是财政资金改革的方向。但以奖代补的方式并非适合所有的项目。是采用事前补助的方式，还是采用事后奖励的方式，应该充分考虑资金支持的对象与项目性质。对于城市环境基础设施建设、工业污染治理项目，其实施主体通常具有较强的融资能力，应以事后奖励的方式为主，一方面可以解决项目持续运行的资金问题，另一方面更能体现项目建成后的绩效。奖励资金可用于污染治理设施运行维护费用，奖励资金更能起到锦上添花的作用。而对于环境监管能力建设项目、农村环境污染治理项目等，其项目实施主体融资能力有限，采用事前补助的方式更有利于建设环节项目融资，起到雪中送炭的作用。

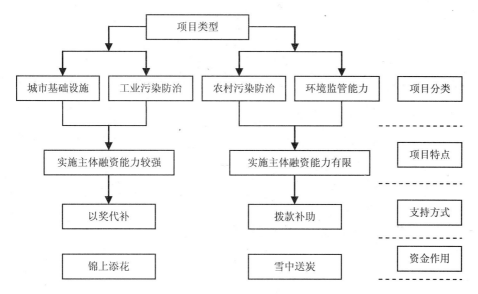

图 9-10　资金支持方式设计

9.5　专项资金使用方式

9.5.1　资金使用方式分类

资金使用方式可分为三种：设施建设补助、运行补助、贴息补助。

设施建设补助资金主要用于污染治理设施建设，属于固定资产投资范畴，资金使用后能够形成一定的固定资产，是环保投资的一部分。在污染治理设施建设运行环节上属于前段补助，多采用事前补助的方式，在项目建设初期给予资金支持。

运行补助资金主要用于污染治理设施建成后的运行经费补贴，属于经常性支出范畴，是环境保护投入的组成部分。多采用事后补助的方式，资金主要用于污染治理设施等运行费用。

贴息补助资金主要用于污染治理设施等建设过程中的银行贷款利息偿还，可采用事前补助与事后补助两种，但一般情况下多用于支持项目建成后的贷款贴息。贷款贴息的时间范围有一定的要求，对某一段时间范围内的银行贷款利息进行补贴。

9.5.2　应用实践

9.5.2.1　设施建设补助

目前，大部分中央财政环境保护资金采用设施建设补助的方式，如中央环保专项资金、重金属污染防治专项资金、农村环保专项资金、主要污染物减排专项资金、

317

城镇污水处理设施配套管网以奖代补资金等，资金均是用于污染治理设施建设与环境监管能力建设。设施建设补助资金一般要求地方政府或企业进行一定数量的资金配套。

9.5.2.2　运行补助

（1）主要污染物减排专项资金　主要污染物减排专项资金对污染源监督性监测、污染源自动在线监控中心运行等方面均给予了一定的资金支持。2007—2010 年，国控重点污染源自动监控中心运行费安排资金 2.06 亿元，国控重点污染源监督性监测运行费安排资金 15.98 亿元。

（2）中央农村环保专项资金　中央农村环保专项资金对达到国家环境优美乡镇、生态村标准的村镇实施以奖代补，可用于污染治理设施建成后的运行补助等方面。

（3）开放实验室运行补助费　对申请运行补助费的开放实验室，国家科委将根据专家评议的结果，按照择优支持的原则，对其中获得支持的开放实验室，按以下两类给予运行补助费：①评议成绩优秀者，给予甲类资助；②评议成绩良好者，给予乙类资助；③根据学科发展和国民经济建设的需要，对必须加强支持的某些学科领域的开放实验室，经国家科委批准，可给予适当的政策性补助费。运行补助费的开支限于以下几个方面：仪器设备运行中所需水、电、气的费用；科研工作中消耗性试剂和器材的补充费用；仪器设备的维修费用（包括零配件的加工、购置）；图书资料的购置费用。

9.5.2.3　贴息补助

（1）中央环境保护专项资金　中央环境保护专项资金燃煤电厂脱硫脱硝技术改造项目采用贷款贴息方式予以支持，资金用于偿还燃煤电厂脱硫脱硝技术改造项目的银行贷款利息。

（2）包装行业高新技术研发资金　该研发资金重点用于支持包装行业高新技术项目产品研发、技术创新、新技术推广等方面，主要采取无偿资助和贷款贴息两种扶持方式。对以自筹为主投入的研发项目，一般采取无偿资助的方式予以补助；对以银行贷款为主投入的研发项目，一般采取贷款贴息方式给予支持。两种方式只能申请一种。贷款贴息项目按企业先支付利息后贴息的程序进行，每个项目的贴息期限一般不超过两年。

（3）中央财政促进服务业发展专项资金　对于符合专项资金支持重点和银行贷款条件的项目采取贷款贴息的方式予以支持。贴息资金根据实际到位银行贷款、规定的利息率、实际支付的利息数计算。贴息年限一般不超过 3 年，年贴息率最高不超过当年国家规定的银行贷款基准利率。具体年贴息率由地方财政部门根据上述规定确定。

9.5.3　资金使用方式对比

9.5.3.1　设施建设补助

设施建设补助的优势在于资金以事前补助为主，可以解决项目建设过程中的融资问题，且采用无偿拨款的方式，资金量相对较大。其缺点在于项目建成后的效益存在不确定性，资金使用监管成本较高。

9.5.3.2　运行补助

由于运行费用补助多采用事后补助的方式，能够体现一定的绩效奖励，对实施较好的项目给予一定的奖励性质的资金支持，对确保项目建成后的正常运行具有积极的作用。其缺点在于不能有效缓解项目建设过程中出现的融资困难等问题。随着城市环境基础设施、工业污染治理设施、农村环境污染治理设施等的建成使用，对运行补助资金的需求会进一步加大。

9.5.3.3　贴息补助

贴息补助的方式与运行补助相似，多采用事后补贴的方式，可用于对项目实施绩效较好的项目以奖励性质的资金安排。

表 9-10　资金使用方式比较

资金使用方式	资金额度	资金用途	资金监管成本	应用情况	应用前景
设施建设补助	相对较大	设施建设	较高	应用较多	较好，资金监管需要加强
运行补助	相对较大	运行费用	较低	有一定应用	较好
贴息补助	相对较小	贷款利息	较低	应用较少	较好，可与政策性金融贷款结合

9.5.4　资金使用方式建议

在资金使用方式上，推进资金由重建设向重运营补助转变。到 2010 年，全国累计建成运行 5 亿 kW 燃煤电厂脱硫设施，火电脱硫机组比例从 2005 年的 12%提高到 80%。新增污水处理能力超过 5 000 万 t/d，全国城市污水处理率由 2005 年的 52%提高到 75%以上。一些多年难以建成的污水处理厂迅速建成运行。3 000 多家重点排污企业建成深度治理设施。2009 年，城市生活垃圾清运量 15 734 万 t，比 2005 年增长 1.0%。城市生活垃圾无害化处理率达到 71.4%，增长 19.7 个百分点。"十二五"期间，随着主要污染物减排工作的持续深入开展，环境污染治理设施建设力度进一步加强，县县基本建成污水处理厂，农村分散式污水处理设施建设力度进一步加大，"户分类、村收集、镇转运、县处理"的模式逐步推广，新建燃煤机组全部配套建设脱硫脱硝设施，环境监管能力建设稳步推进，仪器设备配置水平显著提升，对污染治理设施与环境监管能力长期稳定运行的经费保障提出了更高要求。因此，对于中央财政环境保护资金使用方式上，应逐步由重建设向重运营补助转变，拓宽资金使用范围，加大对污染治理设施、监管能力运行经费的补助。

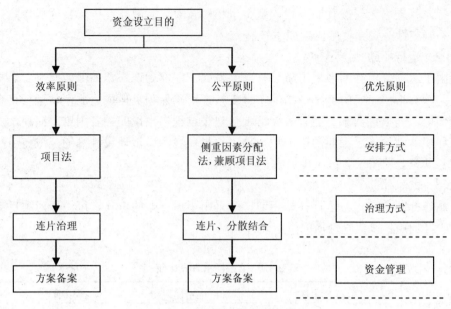

9.6　专项资金组织实施方式

9.6.1　组织实施方式分类

在资金安排过程中，对项目的申报、审查一般采用如下两种方式：①地方组织项目申报，中央有关部门组织项目审查；②地方组织项目申报，并由省级有关部门负责项目审查，报中央有关部门后进行备案。

地方申报，中央审查。该类型项目组织实施方式较为普遍，一般是由环保部与财政部发布项目申报指南和通知，由地方环保和财政部门按照指南和通知要求，组织项目申报。由环保部和财政部组织专家审查，支持的项目由财政部安排下达预算，地方有关部门负责组织项目实施。

地方审查，中央备案。该类型的项目组织实施方式在近些年应用较多，主要是由环保部、财政部下达资金申报指南和通知，由各级环保和财政部门组织项目申报，经省级环保和财政部门组织的专家审查后，报环保部和财政部进行形式审查并备案。在具体操作中还存在另外一种情况，就是部分项目在实施过程中，会由财政部、环保部与有关省人民政府签署协议，由省级环保部门编制项目实施方案，并对拟开展的项目进行技术审查。环保部和财政部对项目实施方案进行形式审查并备案。

中
国
环
境
保
护
投
资
研
究

320

9.6.2　应用实践

9.6.2.1　地方申报，中央审查

中央环保专项资金、重金属污染防治专项资金、农村环保专项资金非示范省项目、主要污染物减排专项资金等项目均采用地方申报、环保部和财政部联合审查的方式，确定年度支持的项目。

9.6.2.2　地方审查，中央备案

从 2010 年开始，中央农村环保专项资金选择了 8 个示范省开展农村环境综合整治连片示范，由财政部、环境保护部与 8 个省（直辖市、自治区）人民政府签署农村环境连片整治示范协议，确定中央资金支持的额度及对示范项目、示范区的具体要求以及项目实施后的环境效果，由各示范省编制项目实施方案和资金安排计划，并选择满足要求的项目，报财政部、环境保护部备案。

9.6.3　组织实施方式对比

两种方式比较而言，前者对地方而言存在一定的不确定性，上报的项目如果没有通过审查，从国家申请的资金将会随之减少。另外，中央有关部门组织审查与地方有关部门审查相比较而言，地方有关部门对项目的情况更为熟悉，对污染治理重点和需求更为了解，针对性更强。所以，采用签署协议，地方负责项目组织、审查的方式，更贴近于各地实际，有利于提升资金使用效果。

表 9-11　项目组织实施方式比较

组织实施方式	审查成本	地方资金额度	安排项目的必要性和针对性	资金监管方式
地方申报，中央审查	相对较高	不确定	更强	地方监管，中央抽查
地方审查，中央备案	相对较低	确　定	较弱	地方监管，中央抽查

9.6.4　组织实施方式建议

正确处理好中央与地方政府在资金使用管理中的职责。明确中央与地方政府在专项资金使用管理中的责任是加强环保专项资金管理、强化资金使用效益的基础。中央政府应侧重指导与考核，重点是制定资金与项目管理办法，发布专项资金项目（或实施方案）申报指南与通知，确定资金支持范围、支持重点、支持方式，建立专项资金绩效考评办法，加强项目实施的技术指导。地方政府是项目实施的主体，要加强项目与技术选取、项目审查、项目实施、项目管理、项目验收、运行维护等项目组织实施的全过程指导与管理。

在项目组织实施方式上，由中央审查向地方审查转变。地方政府对区域环境问题与项目实施情况更为了解，由地方政府负责编制实施方案，制定资金安排计划，

组织项目审查更能体现资金的使用效益，将有限的资金用于最为急需的地方和容易见效的项目上。建议采取签订协议的方式，由财政部、环保部与有关省份签订协议，明确资金的使用重点和方向，确定资金使用后的环境目标，由地方政府负责编制资金安排计划与实施方案，组织项目申报、审查，按照协议要求开展项目实施，达到协议签订的预期环境目标，强化地方政府资金监管、项目实施、环境绩效等方面的责任。环保部、财政部负责制定资金、项目管理办法、资金因素分配方法等。制定协议目标考核办法，建立考核与资金安排联动机制，对未达到协议要求的地方扣减其资金安排。

建立环保专项资金项目绩效评估机制。对资金使用情况进行监督检查，建立环保专项资金绩效管理办法，对项目申报与审批、项目实施、监督管理、竣工验收、运行等相关环节制定相应规定，发挥中央环保资金的使用效益，强化环境效益，加强项目的绩效管理。建立环保专项资金项目绩效评估办法，为加强中央环境保护专项资金的"跟踪问效"管理，提高资金使用效益，根据有关文件规定，对环境保护财政专项资金项目的资金使用情况进行绩效评估工作。

第10章

企业环境保护投融资

10.1 企业环保投融资现状与问题

10.1.1 企业环保投融资现状

"十一五"期间，城市环境基础设施建设投资的资金来源按照城市市政公共设施建设固定资产投资的资金来源比例估算，政府投资为 3 511.43 亿元；企业投资为 7 808.47 亿元（表 10-1）；工业污染源治理投资的资金来源可通过统计数据直接获得，其中政府投资为 119.84 亿元，企业投资为 2 298.45 亿元；建设项目"三同时"环保投资全部算做企业投资。经估算，"十一五"期间，政府投资总额为 3 631.27 亿元（其中中央政府投资为 1 566 亿元），占实际环保投资总额的 16.8%；企业投资为 17 991.92 亿元，占实际环保投资总额的 83.2%。

表 10-1 "十一五"期间按照投资来源统计的环境保护投资　　　单位：亿元

项目类型	政府投资	企业投资
工业污染源污染治理	119.84	2 298.45
建设项目"三同时"	—	7 885.00
城市环境基础设施	3 511.43	7 808.47
总计	3 631.27	17 991.92

10.1.2 企业环保投融资存在的问题

（1）工业污染源治理投资规模较小　以老工业污染源（现役）治理为例（表 10-2），其投资呈现先增后降的趋势，特别是自 2008 年以来，递减趋势比较明显。尽管我国工业污染投资及管理模式在不断完善，然而，这并不代表工业污染问题及工业污染投资需求不断减少。相比人们对改善环境质量不断增长的需求而言，我国工业污染治理投资规模仍然不足。

表 10-2 1991—2010 年我国老工业污染源污染治理投资情况

年份	老工业污染源污染治理投资/亿元	占环保投资比例/%
1991	67.1	39.5
1992	80.6	39.2
1993	105.9	39.4
1994	111.4	36.2
1995	127.5	35.9
1996	123.6	30.3
1997	116.4	23.2
1998	123.8	17.2

年份	老工业污染源污染治理投资/亿元	占环保投资比例/%
1999	152.7	18.5
2000	234.8	22.6
2001	174.5	15.8
2002	188.4	13.8
2003	221.8	13.6
2004	308.1	16.1
2005	458.2	19.2
2006	483.9	18.9
2007	552.4	16.2
2008	542.6	12.1
2009	442.6	9.8
2010	397.0	6.0

（2）部分企业事权的投资仍由政府分担　按照"谁污染，谁付费"的原则，工业污染治理投资费用应该由排放污染物的企业承担，政府可用补助或奖励资金的方式促进企业进行环保投资，政府投入部分应占据非常小的份额。然而，据统计，"十一五"期间，老工业污染源污染治理投资中政府投资大概占到投资总额的5%。伴随我国经济社会发展水平的不断进步，政府补贴企业进行环保投资的比例应进一步降低。

（3）企业环保设施运行缺乏有效监管　受环境监管能力限制，我国环保设施经常处于不运行的状态，超标排污和违法排污的现象屡见不鲜，加大了突发环境事件的发生概率。在环境监管能力难以对企业排污行为起到制约作用的情况下，作为追求经济利益最大化的企业，一般不会主动运行环保设施，以减少生产成本。对于企业治污设施运行监管的力度需要进一步加大，落实污染治理设施运行费用，建立设施运行长效机制，以提高污染治理设施建成后能够正常发挥效益，改变重投资轻效益的局面。

（4）企业投融资政策以间接性政策为主　企业环境保护投资以企业自筹为主，包括企业本身资金、银行贷款和其他融资资金等。原国家计委等四个部门联合颁布的《基本建设项目环境保护管理办法》中规定："防治污染和其他公害的设施，必须与主体工程同时设计、同时施工、同时投产。建成投产或使用后，其污染物的排放必须遵守国家或省、市、自治区规定的排放标准"。经过十余年的实践，中国已经建立起了相当完备的建设项目环境保护管理制度。建设项目的"三同时"环境保护资金一直是环境污染防治资金的重要组成部分。对于老工业污染源污染治理设施新改扩项目，资金也主要来源于企业自筹资金。除排污费、"三同时"环境保护资金外，其他促进企业环保投资的政策措施多为鼓励性、间接性的措施，缺乏必要的渠道和有效的保障措施，因此造成企业投资的积极性不高，企业环保投资落实缺乏有效手段，对企业融资的贡献有限。

10.2　企业环保投融资促进政策

企业环保投融资政策包括建设项目"三同时"制度、排污收费制度等直接融资制度，以及信息公开、价格政策、绿色信贷政策、上市公司环保核查制度、损害赔偿制度等促进环境保护投资的间接政策。

10.2.1 建设项目"三同时"制度

（1）"三同时"制度是促进企业环保投资的核心制度之一 "三同时"制度指防治污染和其他公害的设施，必须与主体工程同时设计、同时施工、同时投产。建成投产或使用后，其污染物的排放必须遵守国家或省、市、自治区规定的排放标准。

（2）"三同时"制度是实现主体工程生产功能的前提条件，是命令控制型的投资约束机制，是确保新建企业环保投资的重要制度安排 "三同时"制度规定了"必须投"的强制性要求，但并未提供资金筹措的来源渠道。该制度能够促使企业千方百计地筹集污染治理资金，方式包括企业自筹、银行贷款、企业债券、中期票据、股市融资、财政补助、社会资本注入等。"三同时"制度有效发挥作用的范围是具有资金筹措能力的新建企业，只要涉及受控污染物的排污行为，不管企业是否有积极性，都要进行环境保护投资，否则，将会面临新建项目不通过的窘境。

（3）建设项目"三同时"制度对促进企业环保投资发挥了重要作用 1991—2011年，建设项目"三同时"环保投资及其占环保投资总额的比重在波动中呈递增趋势。2011年，建设项目"三同时"环保投资较1991年增加约46.5倍（见图10-1）。"十一五"时期，建设项目"三同时"环保投资较"八五"时期增加约20.6倍（见图10-2）。

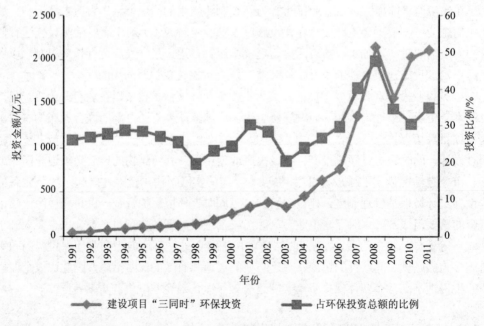

图 10-1　1991—2011 年建设项目"三同时"环保投资情况

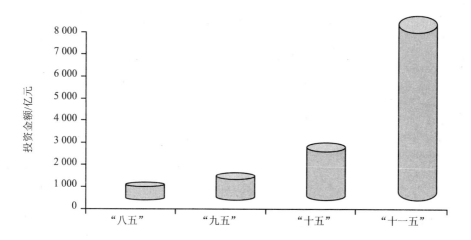

图 10-2　不同五年计划时期建设项目"三同时"环保投资情况

（4）作为命令控制型的政策手段，"三同时"制度对促进企业进行环保投资发挥了重要作用。命令控制型手段在一定程度上有助于环境管理既定目标的实现，其不足之处在于，若缺乏有效监管将很难迫使排污企业运行污染治理设施，即排污企业缺乏运行污染治理设施的积极性与主动性。此外，我国"三同时"项目验收监测工作得不到应有的重视，其数据缺乏法律效力。因而，采用命令控制型手段的同时需要辅之以经济激励手段。

10.2.2　排污收费制度

排污收费是环境保护活动重要的直接融资手段之一，早期排污费返还后用于企业污染治理，后来排污费经集中后仍用于污染治理。自从 1981 年开始征收排污费以来，经过 30 多年的发展，我国基本形成了较为健全的排污收费制度。排污收费政策的建立和实施，在一定程度上促进了企业的污染治理投资。排污收费的专款专用对于强化企业污染治理、加强环保能力建设起到了重要作用。

从征收的规模来看，基本呈递增趋势。2010 年排污费征收额为 188.19 亿元，较 2001 年增加 202.65%（图 10-3）；从征收的行业结构来看，主要集中于火力发电、化工、钢铁、造纸、水泥等高耗能、高污染行业；从征收类型来看，主要是空气污染物排污费和水污染物排污费，2007 年、2008 年、2009 年两者与排污费总征收额的比例分别为 20.3% 和 73.8%、16.3% 和 76.2%、15.0% 和 78.0%。水污染物排污费的比重在逐年增加。2010 年，空气污染物排污费和水污染排污费征收额的比例，分别为 78.2% 和 12.6%，空气污染物排污费开始远远超过水污染物排污费。随着各地深入推进污染减排，排污收费改革也受到高度重视。

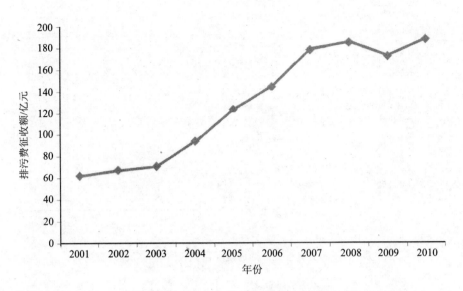

图 10-3 2001—2010 年排污费征收情况

排污收费是我国一项重要的环境经济政策，在筹集污染治理资金以及限制企业排污方面发挥了重要作用，然而，由于排污收费标准通常低于治污成本，导致企业宁愿缴纳排污费而不愿安装污染治理设施。为进一步发挥排污收费制度对企业污染减排的经济激励作用，山西、江苏、内蒙古、甘肃、新疆等地区纷纷提高排污收费标准（表 10-3）。江苏省 2007 年将水体排放污染物每污染当量征收标准由 0.7 元提升到 0.9 元，2010 年又进一步提高到 1.4 元。广东省自 2010 年 3 月起，水污染排污费上调 1 倍，为 1.4 元/污染当量。

表 10-3 我国部分地区排污收费标准调整情况

省份	排污收费标准调整情况	时间
山西	山西省环保、财政和物价三部门联合下文，提高焦炭生产企业排污费征收标准，将征收上限提高到 200 元/t。 据山西省有关部门负责人介绍，本次焦炭生产排污费将由每吨 18～120 元提高到每吨 18～200 元。新的收费标准主要根据炭化室高度和是否建有污染防治等设施、运行是否正常加以区别，炭化室高度越小的机械化焦炉征收的费用越高。如炭化室高度在 4.3 m 以上的机械化焦炉和炭化室高度大于 3.2 m 的捣固式机械化焦炉，建有污染防治等设施且运行正常的，按每吨焦炭 18 元征收；没有建设污染防治等设施的，按每吨 80 元征收。而炭化室高度在 2.8 m 以下的机械化焦炉，上述两项收费标准则为每吨 50 元、每吨 120 元。未在生产环节缴纳排污费或无规定票据运输焦炭的，按每吨 160 元征收。超过淘汰期限的小型机械化焦炉和明令取缔关闭但出现死灰复燃的土焦和改良焦，除坚决予以关闭外，还要对在非法生产期间已经生产的焦炭，按每吨 200 元追缴排污费。 为确保焦炭生产企业按时足额缴纳排污费，山西省规定焦炭生产企业在接到排污费缴纳通知单之日起 7 日内必须到其开户银行缴纳焦炭生产排污费，不得拖欠。对拒缴、欠缴焦炭生产排污费情节严重的，代征单位依据环保部门或同级政府的决定终止相应的铁路运输计划、停发相应公路运输票据；对应予以关闭的焦炭企业供电部门将不再供电；商务部门不予受理其焦炭出口资质申请，对已安排配额的，收回配额另行分配	2007

省份	排污收费标准调整情况	时间
江苏	从 2007 年 7 月 1 日起，江苏省统一调高排污费，对全市所有排污费征收企业提高排污费征收标准。 据介绍，排污费调整包括，一是提高了对废气排污费征收标准，由 0.6 元/污染当量提高到 1.2 元/污染当量。二是污水排污费征收标准，由 0.7 元/污染当量提高到 0.9 元/污染当量。三是明确对符合国家或地方规定的污染物排放标准，且排入城市污水集中处理设施的，不再征收污水排污费；对排放污水超过国家或地方规定标准的排污者，在缴纳污水处理费的同时，还应根据有关规定缴纳污水超标排污费（超标将加倍征收）	2007
内蒙古	为加强化学需氧量减排工作，内蒙古已提高排污费标准，逐步加大投入建设污水处理厂，加紧解决污水直接排放问题。 据内蒙古自治区环保局最新统计，内蒙古已建成污水处理厂 21 座，污水处理能力为 97.8 万 t/d，污水处理率为 53.53%。 现在，内蒙古已将污水处理平均收费标准从 0.35 元/t 提高到 0.8 元/t，其中生活污水收费标准为 0.7 元/t，工业污水收费标准为 0.9 元/t，以此增加污水处理厂运转投入。 同时，内蒙古加大城市污水处理厂建设力度，在建污水处理项目 35 个，总投资 31 亿多元，建成后新增污水处理能力 104.5 万 t/d	2007
甘肃	甘肃省 2007 年印发了《甘肃省节能减排综合实施方案》，确定将逐步提高二氧化硫排污费和城市污水处理费收费标准。提出要通过完善价格政策推进节能减排。方案确定，将二氧化硫排污费由每公斤 0.63 元分三年提高到每公斤 1.26 元，并全面开征城市污水处理费并提高收费标准，吨收费标准原则上不低于 0.8 元。另外，甘肃省确定将合理调整各类用水价格，加快推行阶梯式水价，对超过定额限制的超标用水，超标 50% 以内的加价 50%，超标一倍以内的加价 100%，超标二倍以内的加价 200%	2007
新疆	新疆维吾尔族自治区发改委印发《关于提高二氧化硫和化学需氧量排污费征收标准的通知》，宣布从 2012 年 8 月 1 日起将二氧化硫和化学需氧量排污费征收标准提高一倍。即二氧化硫排污费由每污染当量 0.60 元提高到 1.20 元，化学需氧量排污费由每污染当量 0.70 元提高到 1.40 元，其他污染物排污费征收标准按原规定执行	2012

10.2.3 企业污染治理保证金制度

与建设项目"三同时"制度类似，企业污染治理保证金制度亦是命令控制型的投资约束机制，主要针对矿山企业制定而成，根据其原煤产量提取一定数量的保证金，然后专款用于矿山环境治理。2006 年以来，山西省在煤炭资源开发生态环境保护责任机制落实上，特别是在长效资金机制建立上进行了有益探索，在全国首先建立了煤炭工业可持续发展基金、矿山环境治理恢复保证金。

（1）煤炭工业可持续发展基金 《山西省煤炭可持续发展基金征收管理办法》于 2007 年 3 月颁布实施，是山西省人民政府为实现煤炭产业可持续发展而设立的基金。作为国家唯一煤炭产业可持续发展试点省份，山西省设立煤炭可持续发展基金，目的是建立煤炭开采综合补偿和生态环境恢复补偿机制，弥补煤炭开采给山西造成的历史欠账，综合解决山西煤炭工业发展中存在的一系列问题，为实现山西煤炭可持续发展提供财力支持。

基金征收的办法由不同煤种标准、矿井核定产能规模调节系数、原煤产量等 3 个要素组成，按照乘法公式计算征收总额。全省统一的适用煤种征收标准为：动力煤 5~15 元/t、无烟煤 10~20 元/t、焦煤 15~20 元/t。具体年度的征收标准由省人民政府另行确定。为进一步支持山西省开展煤炭工业可持续发展政策试点，财政部批复同意山西省煤炭可持续发展基金征收标准吨煤提高 3 元，原矿井核定产能规模调节系数维持不变。2011 年调整后的适用煤种征收标准为：动力煤最高每吨 18 元，无烟煤最高每吨 23 元，焦煤最高每吨 23 元，提高煤炭可持续发展基金征收标准增加的基金收入用于解决引黄入晋工程及配套工程建设。

在基金开征后，煤炭经营企业在报送铁路运输计划及办理公路运输出省手续时，必须出具原煤生产单位或个人提供的煤炭可持续发展基金已缴证明，拒缴基金者要处以罚款。基金的征收主体为省人民政府，省财政部门负责基金的征收和预算管理，省发展改革部门负责基金使用的综合平衡和计划管理，省人民政府相关部门负责本行业领域项目的组织和实施。

煤炭可持续发展基金征收中存在的主要问题包括：①原煤生产环节基金征收管理力度不够，对一些隐匿的小煤矿税费控管难到位，实际产量难以准确核定，形成了漏洞；②煤炭运输户为了逃避税费，往往在夜间上路或绕路，有意躲避检查征收点，未开具煤炭可持续发展基金已缴证明，恶意逃避基金征收管理；③国税、地税、工商、煤管、公安、电力等相关部门的协调机制不完善，部门间缺乏有效配合，信息共享差，导致控管措施不到位，形成被动漏管；④由于煤矿征收和出境煤焦管理站对运输户查补的征收比率一致，查补不带有处罚性，造成部分运输户不愿在煤矿缴纳基金并开具可持续发展基金已缴证明，存在侥幸心理。

（2）矿山环境恢复治理保证金　《矿山环境恢复治理保证金提取使用管理办法（试行）》于 2007 年制定出台，按照每吨原煤产量 10 元标准按月提取，计入煤炭开采企业生产成本，在所得税前列支，由当地地税部门监督缴入同级财政部门专户储存。省属国有重点煤炭企业经省财政部门同意并报经省人民政府批准可以自设账户储存。财政部门按企业分设二级明细，单独核算，专款专用。截至 2010 年 8 月，山西省重点煤炭集团共提取矿山生态环境恢复治理保证金 103 亿元，使用保证金 33 亿元。同年，河南省、辽宁省亦出台了《矿山环境恢复治理保证金管理（暂行）办法》。

矿山污染治理保证金制度是确保矿山企业环保投资的重要制度安排。然而，其实施过程中依然存在一些问题：①该制度仍然停留在国务院文件和部门规章层面上，立法层次和效力偏低；②保证金的收取部门不统一。有些管理办法规定由财政部门收取和管理（如贵州省等），有些管理办法规定由国土资源部门收取（如云南省、辽宁省、新疆维吾尔自治区等），有些规定由国土资源部门和财政部门共同负责（如甘肃省等），有些规定保证金的缴纳标准由矿山所在地的国土资源行政主管部门核定，收缴工作由矿山所在地财政部门负责（如黑龙江省等）；③保证金返还参照标准不统一。矿山企业完成采矿任务之后，就涉及保证金的返还。返还时多数管理规定都要求由有关部门对矿山的治理情况进行检查，但治理依据的参照标准很不明确，也不统一；④保证金实际缴纳率不高。

10.2.4　绿色信贷政策

绿色信贷是促进企业进行环保投资的重要政策之一，企业若不进行环保投资，就会在环境保护方面留下不良记录，很可能在争取银行信贷融资方面受到限制，如停止放贷、压缩贷款规模以及降低还款年限等。

随着"绿色信贷"在国际金融市场的广泛实践以及我国产业结构调整和节能减排工作对运用信贷政策调控企业环境行为提出的需求，"绿色信贷"政策在"十一五"时期开始受到有关部门重视，可以说我国银行业正开始步入绿色金融的转型时期。绿色信贷政策就促进企业环境保护投融资而言，其作用表现在反向制约上，要求企业加强污染治理，对不符合产业政策和环境违法的企业和项目进行信贷控制。就企业而言，其作用力表现为一种间接的融资方式。2006 年 12 月，原国家环保总局与中国人民银行联合印发了《关于共享企业环境违法信息有关问题的通知》，标志着新时期"绿色信贷"政策的开始；国家开发银行在环保行业的贷款发放非常突出，至 2006年年底，其在水利、环境保护和公共设施管理的贷款余额达到 1 909.83 亿元，占当年全部贷款余额的 24%（不考虑口径差异因素），为实现"十一五"节能减排目标提供了资金保障。2007 年 7 月 12 日，原国家环保总局与中国人民银行、中国银行业监督管理委员会联合印发了《关于落实环保政策法规防范信贷风险的意见》，就加强环保和信贷管理工作的协调配合，强化环境监督管理，严格信贷环保要求，促进污染减排，防范信贷风险，提出了指导性意见；同年 11 月 23 日，银监会下发《节能减排授信工作指导意见》，要求对银行公布和认定的耗能、污染问题突出且整改不力的授信企业，除了与改善节能减排有关的授信外，不得增加新的授信，对存在重大耗能和污染风险的授信企业要实行名单式管理，金融机构要与节能减排主管部门主动沟通，对列入名单的授信企业要加强授信管理。这两个"意见"对加强地方金融与环保部门配合、促进银行业贯彻"绿色信贷"政策起到了积极作用，环保部门向金融部门提供了大量环境执法信息，但是一些环保部门提供的内容较为零散，银行征信系统无法使用。基于此，2008 年 6 月 10 日，环保部和人民银行联合印发了《关于全面落实绿色信贷政策进一步完善信息共享工作的通知》，进一步规范了环保信息报送的范围、方式、时限等，对银行部门反馈环境信息使用情况也做出了明确的规定；2009 年 12 月，央行联合银监会、证监会、保监会发布《关于进一步做好金融服务支持重点产业调整振兴和抑制部分行业产能过剩的指导意见》，明确信贷投放要"区别对待，有保有压"，要求金融机构"严把信贷关"，对符合国家节能减排和环保要求的企业和项目，按"绿色信贷"原则加大支持力度。地方各级环保部门继续通过"12369环保热线"网站中的"环境监察专用信息管理系统"和人民银行各分支机构征信部门，向人民银行征信系统提供有关环境违法企业信息、环评、建设项目竣工环境保护验收等环境信息。从 2009 年 5 月至今，共有 4 万多条企业环境违法信息，7 000多条项目环评审批、竣工验收、强制清洁生产审核等信息纳入人民银行征信系统。

（1）对节能减排项目给予优先支持　福建省制定了《关于金融支持福建省节能

减排的指导意见》，对于节能减排鼓励类项目，简化贷款手续，实行利率优惠，优先给与信贷支持。《太湖水污染治理工作方案》（苏政发[2007]97 号）提出，金融机构要加大对环境基础设施建设项目的信贷支持力度，允许用污水、垃圾处理收费许可进行质押贷款，并给予贷款利率方面的优惠。浙江省积极实施小微企业绿色节能贷款。台州银行积极加入由联合国环境规划署（UNEP）发起的气候融资创新贷款项目（CFIF），将原来只适用于大、中型企业的 CFIF 国际节能技术移植到小微企业，推出了"绿色节能贷款产品"，以优惠利率为小微企业提供了节能增效的融资途径，以鼓励、推动小微企业转变经济增长方式，促进节能降耗和产业结构升级。2012 年 1—6 月，浙江银行业金融机构（不含宁波）累计支持产能落后企业实施技术改造 100 户，为这些企业提供了 11.8 亿元贷款支持，累计支持节能减排项目 556 个，发放节能减排贷款 127.3 亿元。截至 6 月末，浙江银行业金融机构有余额的节能减排贷款项目 716 个，节能减排贷款余额 328.8 亿元。

（2）根据企业排污情况控制信贷发放　人民银行南京分行与江苏省环保厅于 2007 年建立了信息对接机制，把环保信用评级作为银行发放贷款的重要标准，把企业划分为绿、蓝、黄、红、黑 5 个等级。对环境信誉良好的绿色、蓝色企业，积极给予信贷支持；对于黄色企业，保持现有的信贷规模；对于黑色企业，则一律禁止发放新增贷款，逐渐收缩直至收回原有贷款。江苏省扬州市于 2011 年公布了市区 541 家企事业单位环境行为评级结果，评出 29 家绿色企业，472 家蓝色企业，34 家黄色企业和 6 家红色企业。对被评为绿色、蓝色等级的企业，简化贷款手续，积极给予贷款支持。对被评为黄色等级的企业，环保部门认定为中性，是否贷款由银行决定。对被评为红色等级的企业，严格控制贷款规模，禁止向企业发放除更新改造治污减排设施外的任何新增贷款。2012 年 1—6 月，浙江银行业金融机构（不含宁波）累计退出造纸、印染、制革等落后产能关闭企业 215 户，累计退出贷款金额 12.4 亿元。

专栏 10-1　环保不达标，压缩信贷规模

2011 年 12 月，江苏鑫东方环保设备科技有限公司向江苏银行扬州分行申请 400 万元授信。信贷业务人员查询征信报告，发现由于企业在生产过程中部分污水排放，其 2007 年在江苏省宝应县企业环境行为等级评定为蓝色，2008 年在江苏省宝应县企业环境行为等级评定为黄色。该行最终只同意向该企业发放流动资金 200 万元贷款，并将在以后的工作中视其评级等级变化情况，决定是否继续给予授信。

2011 年，江苏省常州市武进黄新园化工有限公司和常州市海联金属制品有限公司在江南农村商业银行原合并授信 370 万元，企业 2011 年新申请授信 500 万元，江南银行审贷人员查询企业征信系统时发现企业 2011 年环评结果为黄色，不符合江南农村商业银行《授信业务操作规程》对企业环保要求的规定，未通过授信审批。

专栏 10-2　加大投资整治力度，企业环境信用改善，重新通过信贷审查

南通市亚联针织染整有限公司 2007 年、2010 年两度因废水不达标排放而遭遇环境信用危机。面对被银行限贷、追回贷款等窘境，该企业积极整改，两次共投资 858 万元改造污染防治设施。南通市环保局于 2008 年 7 月和 2011 年 11 月分别向人民银行南通市中心支行出具证明，为该公司修复环境信用，银行恢复了该公司的贷款。

2007 年，江苏省南通永丰特种整理有限公司因废水不能稳定达标，被评为红色企业，原有的 200 万元贷款被要求提前还款。为修复企业环境信用，该公司投资 650 万元对污染防治设施进行改造，经环保部门监测保证稳定达标后，2008 年 7 月南通市环保局向人民银行南通市中心支行出具证明，说明该企业近两年环保等级由红色升为黄色，又升为蓝色，企业环境信用得以顺利恢复。2011 年，该企业授信额度达到 2 000 万元。

2011 年 9 月，南车戚墅堰机车有限公司向交通银行常州分行申请授信，交行审贷人员在查询企业征信系统时发现企业 2010 年下半年环评等级为"黄色"，审贷人员对企业出具了风险提示，同时暂缓授信审批。企业意识到问题的严重性后，对相关问题进行了全面整改，常州市环境保护局在验收合格后了 9 月 28 日出具了环境信用修复证明，将企业的环境行为等级动态调整为"蓝色"。交行在企业征信系统内重新查询确认后，才重新开启了授信审批流程。

江苏省农用激素工程技术研究中心有限公司是农业银行常州分行 2011 年度的 AA 级优质客户，年度授信 5 500 万元。2012 年 1 月，农行常州分行对企业进行贷后管理查询企业征信系统时发现"大事记"中有一条新的记录，即常州市环境保护局 2011 年 12 月将该企业环境行为等级动态下调为黄色，农行审贷人员出具风险提示。企业领导得知此事后高度重视，积极组织整改，加大了环保投入并取得明显成效，企业于 4 月向环保部门提出重新认定申请。环保部门验收合格后动态修复该企业环境行为信用等级为蓝色，农行重新开启了对企业的授信审批流程。

10.2.5　上市公司环保核查制度

上市公司环保核查制度是促进企业进行环保投资的重要政策之一，若企业不进行环保投资，很可能导致环保核查不过关，从而企业无法通过上市渠道进行融资。对于有实力且期待上市的企业而言，通常愿意安装污染治理设施，防止上市风险。该政策对企业加强环境保护投资起到反向约束作用。

我国在上市公司环保核查方面出台了系列政策措施。2007 年下半年，原国家环保总局下发了《关于进一步规范重污染行业生产经营公司申请上市或再融资环境保护核查工作的通知》，并对 10 家存在严重违反"环评"和"三同时"制度、发生过重大污染事件、主要污染物不能稳定达标排放，以及核查过程中弄虚作假的公司，做出了不予通过或暂缓通过上市核查的决定。2008 年 2 月 25 日，原国家环保总局又正式发布绿色证券的指导意见——《关于加强上市公司环保监管工作的指导意见》（以下简称《意见》），对上市公司提出环保核查、环境信息披露和环境绩效评估这三项制度。《意见》要求对从事火电、钢铁、水泥、电解铝行业及跨省经营的"双高"行

业的公司申请首发上市或再融资的，必须根据原国家环保总局的规定进行环保核查。环保核查的内容包括企业排放的主要污染物是否达到国家和地方规定的排放标准、企业是否依法领取排污许可证并达到排污许可证的要求，以及是否按规定缴纳排污费等。除了强制性的环保核查，《意见》还提出原国家环保总局将同证监会探索建立上市公司环境监管的协调与信息通报机制，拓宽公众参与环境监管的途径。上述指导意见出台之前，已经得到了证券监管部门的配合。2008 年 1 月中国证监会下发了《关于重污染行业生产经营公司 IPO 申请申报文件的通知》。该通知明确规定，"重污染行业生产经营公司申请首次公开发行股票的，申请文件中应当提供原国家环保总局的核查意见；未取得环保核查意见的，不受理申请"。

专栏 10-3　环境保护部规范上市公司环保核查工作

　　环境保护部于 2011 年 2 月发布了《关于进一步规范监督管理　严格开展上市公司环保核查工作的通知》（以下简称《通知》），要求企业一年内没有任何重大环境违法行为才能递交上市环保核查申请。

　　《通知》规定，各级环保部门不予受理在申请核查前一年内发生过严重环境违法行为的企业的上市环保核查申请。并界定，发生重大或特大突发环境事件、未完成主要污染物总量减排任务、被责令限期治理、限产限排和停产整治、受到环保部门 10 万元以上罚款等均属严重环境违法行为。这条规定自发布之日起 6 个月后开始实施。

　　《通知》规定，在审核过程中，对于存在违反环境影响评价审批和"三同时"验收制度、存在重大环境安全隐患、未完成必须实施的搬迁任务等违法情形且未改正的企业，环保部门将退回其核查申请材料，并在 6 个月内不再受理。

　　《通知》规范了上市环保核查工作程序。由环境保护部负责主核查的公司，应先取得相关省级环保部门的核查初审意见。在所有相关省级环保部门出具同意通过核查初审的意见后，环境保护部才受理公司的上市环保核查申请。省级环保部门负责主核查的公司跨省生产的，主核查的省级环保部门应请相关省级环保部门协助核查。

　　《通知》规定，严厉处罚弄虚作假行为。如发现公司存在弄虚作假、故意隐瞒重大违法事实的行为，各级环保部门应及时终止核查，且在 1 年内不再受理其上市环保核查申请。对于存有弄虚作假、故意隐瞒企业重大违法事实行为的上市环保核查技术咨询单位，省级及以上环保部门应予以通报批评，并在两年内不再受理其编制的技术报告。

　　该项政策实施中也存在一定的问题：①关于核查信息公开的问题，《规定》未作要求，而《通知》仅规定了对原国家环保总局进行核查的结论予以公示，对于由省级环保行政主管部门负责核查的信息是否也应当进行公示，该《通知》未作明确规定；②由于大部分企业的环保核查由省级环保行政主管部门负责，而申请上市的企业多是地方的利税大户，省级环保部门是否会迫于地方保护主义的压力而做出有失公允的核查结论，仍是一个需要关注的问题；③目前的环保核查是由环境保护部门一家进行，如何保证其核查结论的公信力尤为重要。对上市公司的环保核查涉及证

券市场主体的准入资格问题，对于企业能否顺利上市具有至关重要的作用。企业上市是市场行为，环保行政部门作为行政机构，其行政权力对市场行为的介入是否适当的问题，尚需探讨。此外，还存在信息披露内容不规范、不全面；信息披露缺乏统一标准；信息披露形式较为单一；披露信息内容陈旧，连续性不强；缺少对公开披露的环境信息的鉴证等问题。

10.2.6 信息公开

信息公开是促进企业进行环境保护投资的手段之一。若企业无环保投资或环保投资力度较小，污染物排放量较大，待排污信息公开后，公众和政府等消费者群体会对排污企业形成压力，出于对市场份额下降以及降低企业形象等多种因素的考虑，企业将愿意对污染治理设备进行投资。

《环境信息公开办法（试行）》已于 2007 年 2 月 8 日经原国家环境保护总局 2007 年第一次局务会议通过，自 2008 年 5 月 1 日起施行。该办法对政府环境信息和企业环境信息公开范围、公开程序及方式进行了详细规定。从 2009 年开始，公众环境研究中心（IPE）与美国自然资源保护委员会（NRDC）联合开发了污染源监管信息公开指数（PITI），并连续 3 年对全国 113 个环保重点城市的环境信息公开状况进行评价。总体来看，三年来 113 个城市污染源监管信息公开指数的平均分在稳步提高。其中，45.13%的城市得分连续两年攀升，75 个城市得分较 2008 年度有较为明显的上升。2011 年平均分达 40.14 分，比 2009—2010 年度提高 4.17 分，比 2008 年度提高 9.08 分。评价结果显示，我国 113 个城市污染源信息公开水平总体继续提升，环境信息公开制度已初步确立，但依然处于初级阶段。

专栏 10-4　山东省环境保护厅加大全省环境保护信息公开力度

2013 年 5 月 17 日，山东省环保厅印发了《关于进一步加强全省环境保护信息公开工作的通知》。通知要求切实加大各类环境信息的公开力度，主要抓好六项环保信息公开的工作。

一是环境监测信息公开。以实时报、月报、年度公报等方式公开城市空气环境质量状况；在各级环保部门网站、主要媒体发布辖区内重点污染源监督性监测信息和自行监测信息，并以月报、季报等方式发布辖区内重点流域监测断面点位信息、水质状况及集中式饮用水水源地水质状况；同时，做好环境监测信息解读工作。二是环境审批与核查信息公开。公开环境影响评价信息、行业环保核查信息及上市环保核查信息；公开辐射安全许可证、放射性同位素与射线装置豁免管理的审批程序、条件、时限和结果等信息；同时，公开国家环境保护模范城市等信息。三是违法排污企业和重点排污企业名单公开。定期公布环保不达标生产企业名单，公开重点行业环境整治信息。四是突发环境事件信息公开。五是污染物排放、排污费征收情况信息公开。六是对环境监察执法信息公开。

部分地区在环境信息公开方面进行了有益尝试。2012 年 8 月，江苏省常州市武进

区制定了《武进区企业环境行为信息公开工作实施办法》和《武进区企业环境行为等级评定标准》，武进区环保局公布了 2012 年上半年全区 766 家企业环境行为信息评定结果。2011 年，重庆市试行重点排污企业公开检查承诺制度，要求重点排污企业在经营活动中，由于环境意识不强、环保管理工作不到位引发环境违法行为致使公众环境权益受到损害的，除依法予以处罚外，企业法定代表人应在一定期限内在市级主要新闻媒体（包括报纸、电视、网络）向社会公开作出检查和整改承诺。每季度末，由环境保护行政主管部门组织有关人员成立考核小组，对企业整改情况进行考核。考核结果向社会公开，并作为企业环境行为等级评定或上市公司环保核查的参考依据。这些信息公开制度的实施，将激励企业加大投资力度、改善企业环境行为。

10.2.7　环境损害赔偿制度

环境损害赔偿制度是一项环境民事责任制度，是促进企业进行环保投资的反向约束机制，通过对环境不友好甚至是污染破坏的行为的否定性评价来引导人们不产生这些行为。任何人或者企业，如果不依法履行环境保护义务，有可能对周边人群造成人身伤害和财产损失，从而招致巨额赔偿。为减少巨额赔偿带来的潜在风险，个人或企业通常会选择安装污染治理设施。

目前，我国已经建立了以宪法为指导，民法和环境保护法为原则，环境单行法为主体，部门规章、地方性法规等相配套的环境损害赔偿法律体系。《宪法》规定：保障国家、社会、集体的利益，禁止任何组织或者个人侵占或者破坏自然资源。《环境保护法》第 41 条规定：造成环境污染危害的责任人，有义务和责任排除危害，并对因此受到直接损害的单位或个人赔偿损失。完全由于不可抗拒的自然灾害，而且经及时采取合理措施后，仍然不能避免损害后果而造成环境污染损害的，免予承担责任。《侵权责任法》第 66 条明确了环境污染因果关系推定原则以及免责事由的举证责任分担。第 68 条有一定创新，主要体现在求偿权上。即如果因第三人的过错而造成环境损害的，受害人既可以向加害者请求赔偿，也可以向过错第三人请求赔偿。加害人做出赔偿后，有权向第三人追偿。《民法通则》第 124 条规定：违反国家保护环境法律的规定，污染环境并造成他人损害的，应当依法承担民事责任。此外，对包括环境污染侵权在内的侵权行为的民事责任做出了原则性规定，还规定了承担环境侵权行为的民事责任的主要方式。

总体来看，我国已经建立的环境损害赔偿制度主要包括两个方面：一是传统意义上的环境侵权制度，即某种行为已经造成或者可能造成环境污染或破坏的后果，特定受害人所要求的损害赔偿。对此，《物权法》《侵权责任法》《环境保护法》以及相关法律法规、民事诉讼法对这一制度都做出了相应规定。《侵权责任法》和《环境保护法》虽然确立了环境污染损害的赔偿制度，但规定非常简略，且没有后续立法制定相应的实施细则，这就使法院无所适从。为有效解决环境污染损害赔偿纠纷、保障污染受害者合法权益和保护生态环境，我国应制定专门的环境损害赔偿法，明确环境损害赔偿范围，细化污染者承担环境损害赔偿责任的条件和责任形式，完善环境损害赔偿纠纷的处理途径。二是现代意义上的环境损害赔偿制度，即某种行为尚未造成但有环境污染或破坏的高度危险，且没有特定受害人的生态环境本身所遭受的损害的赔偿问题，这是所谓的"环境公益诉讼"制度。我国目前已经建立的环境损害赔偿制度，主要是对因环境污染所造成的人身损害和直接财产损害、精神损害的赔偿，基本上属于传统的民事损害赔偿制度的范围，注重对"个人"的赔偿。缺乏对环境公益损害、间接财产损害和环境健康损害等对"后代人"、"全人类"的赔偿。

专栏 10-5　损害赔偿的社会化——超级基金

美国环境损害赔偿法律最大的特色，主要体现在损害赔偿的社会化——超级基金。美国《超级基金法》设立了"危险物质信托基金"制度，它实际上是美国《综合环境反应赔偿和责任法》规定的一种基金制度。制度规定，向基金请求赔偿损失的人首先可以向责任人提出请求，如果没有得到赔偿，它可以向基金提出，然后基金就这一请求向责任者进行追索。

超级基金制度的创新主要体现在环境损害赔偿的分担方面。首先，环境损害赔偿的责任人的范围有所扩大，不只限于侵权行为人，而是几乎囊括了所有与最后环境损害结果有因果关系的人；其次，关于归责原则。上述的责任人即使对最终的环境损害结果的发生不存在过错，也要分担一些治理费用。

超级基金制度是针对环境利益这种公共利益受损的特殊对策，一方面，这一制度对环境损害进行了社会化的分担；另一方面，通过行政手段的干预，对社会利益进行了再分配，有效地平衡了公平与正义。

专栏 10-6　墨西哥湾漏油事故赔偿创历史纪录

2010 年 4 月 20 日，英国石油公司在美国墨西哥湾的海上钻井平台发生爆炸，引发原油泄漏事故，4 个半月后漏油事故才得到控制。漏油事故发生后，浮油面积超过数 10 万 km^2，对近海的渔业、船运、旅游业和生态造成了巨大的损失和破坏，威胁至少 600 种动物安全，漏油事故被称为美国史上最大的生态灾难。

墨西哥湾漏油事故引来成千上万受害者的起诉。原告涉及因事故而失业的渔民，参与油污清理致病的工人以及因漏油事件受到伤害的其他个人。诉讼事由包括：营业利润的损失和个人收入的损失；对环境的破坏；漏油事件导致财产损失；石油和化学分散剂所带来的健康问题和健康风险；清理工作中的伤害和健康危险等。

2012 年 3 月，英国石油公司与代表 10 万多人的原告方达成和解协议，了结泄漏事件的集体诉讼，英国石油公司向受事件影响的个人支付总额大约 78 亿美元的赔偿。78 亿美元的赔偿金额是美国历史上涉及索赔金额最高的集体诉讼和解案例之一。这笔资金将由英国石油公司先前设立的 200 亿美元赔偿基金支付。

2012 年 11 月，英国石油公司宣布已与美国司法部达成事故解决方案，同意在 5 年内向美国政府支付 45.25 亿美元的赔偿，用以解决漏油事故所引发的针对公司的所有刑事指控。英国石油公司为漏油事故支付的赔偿很可能超过 420 亿美元。

专栏 10-7　康菲和中海油合计为渤海溢油事故赔偿 30.33 亿元

2011 年 6 月，渤海 19-3 油田发生两次溢油事故，共造成约 700 桶（115 m³）原油溢出到海面，2 600 桶（416.45 m³）矿物油油基泥浆泄漏并沉积到海床。事故发生后，康菲石油中国有限公司（以下简称"康菲公司"）和中国海洋石油总公司（以下简称"中海油"）就赔偿问题与有关部门达成了协议。

对农业部的渔业损失赔偿共计 13.5 亿元人民币。其中，由康菲公司出资 10 亿元人民币，用于解决河北、辽宁省部分区县养殖生物和渤海天然渔业资源损害赔偿和补偿问题。此外，康菲公司和中海油从其所承诺启动的海洋环境与生态保护基金中，分别列支 1 亿元和 2.5 亿元人民币，用于天然渔业资源修复和养护、渔业资源环境调查监测评估和科研等方面工作。

对海洋生态损害赔偿共计 16.83 亿元人民币。康菲公司、中海油已与中国国家海洋局达成协议，康菲公司将出资 10.9 亿元人民币，赔偿溢油事故对海洋生态造成的损失；中海油和康菲公司再分别出资 4.8 亿元和 1.13 亿元人民币，承担保护渤海环境的社会责任。

据统计，康菲公司和中海油先后两次支付的赔偿和环境恢复资金共计 30.33 亿元，其中康菲支付 23.03 亿元，中海油支付 7.3 亿元。

10.2.8　价格政策

价格政策属于正向引导型政策，促使企业积极主动地进行环保投资。因为企业受经济利益的驱动，通常会主动安装污染治理设施，通过价格杠杆得到实惠，从中获利。价格机制在脱硫脱硝领域得到广泛应用，相关政策措施相继出台。

为确保完成"十一五"期间燃煤机组安装脱硫设施的任务，实现减排目标，鼓励企业加强烟气脱硫设施建设、提高脱硫效率，2007 年 6 月，国家发展改革委、原国家环保总局联合制定了《燃煤发电机组脱硫电价及脱硫设施运行管理办法（试行）》，要求新（扩）建燃煤机组必须按照环保规定同步建设脱硫设施，其上网电量执行国家发改委公布的燃煤机组脱硫标杆上网电价；对安装脱硫设施的电厂实行脱硫加价政策，现有燃煤机组完成脱硫改造后，其上网电量执行在现行上网电价基础上每度加价 1.5 分；对脱硫设施投运率不达标的电厂扣减脱硫电价，明确了脱硫设施建设、验收、运行监测等制度，规定了监督与处罚办法，促进了燃煤电厂脱硫设施的建设与投资。

同时，为加快燃煤机组脱硝设施建设，提高发电企业脱硝积极性，减少氮氧化物排放，促进环境保护，2011 年 11 月，国家发展改革委出台燃煤发电机组试行脱硝电价政策，对北京、天津、河北、山西、山东、上海、浙江、江苏、福建、广东、海南、四川、甘肃、宁夏 14 个省（自治区、直辖市）符合国家政策要求的燃煤发电机组，上网电价在现行基础上每千瓦时加价 8 厘，用于补偿企业脱硝成本。2012 年 12 月，国家发展改革委下发了《关于扩大脱硝电价政策试点范围有关问题的通知》，规定自 2013 年 1 月 1 日起，将脱硝电价试点范围由现行 14 个省（自治区、直辖市）

338

的部分燃煤发电机组，扩大为全国所有燃煤发电机组。脱硝电价标准为每千瓦时 8 厘。发电企业执行脱硝电价后所增加的脱硝资金暂由电网企业垫付，今后择机在销售电价中予以解决。

专栏 10-8　脱硫设施不运行，扣减脱硫电价形成的收入

依据环境保护部组织实施的主要污染物总量减排现场核查结果，环境保护部、国家发展和改革委员会发布了《2010 年脱硫设施不正常运行电厂名单及处罚结果的公告》（2011 年第 80 号），公开了河南国电民权发电有限公司、河南能信热电有限公司、江苏连云港新海发电有限公司、湖南华电石门发电有限公司、甘肃两固热电公司 5 家全年享受国家脱硫电价补贴政策的企业，2010 年年末正常运行脱硫设施。同时亦提出了处理措施和相关要求，责成该 5 家企业自公告之日起 30 个工作日内编制完成烟气脱硫设施整改方案，报送环境保护部备案，2011 年年底前，必须完成整改任务。要求企业所在地省级价格主管部门，根据《燃煤发电机组脱硫电价及脱硫设施运行管理办法（试行）》有关规定和机组脱硫设施投运率，扣减停运时间上网电量的脱硫电价款，对脱硫设施投运率低于 90% 的，按规定处以相应罚款。从发电企业扣减脱硫电价形成的收入，由省级价格主管部门上缴当地省级财政主管部门，处罚情况向社会公布。

10.3　企业环保投融资政策完善建议

10.3.1　拓宽企业环境保护融资渠道

（1）严格落实建设项目"三同时"环境保护投资制度　按照环境影响评价制度要求，加大企业新建、扩建及改建项目"三同时"环境保护投资力度，并作为建设项目"三同时"验收条件，促进企业不欠新账。逐步建立环境保护"三同时"保证金制度，规定工业项目、非工业项目按照项目投资额的一定比例缴存保证金。完善建设项目环境影响评价工作，确保具有资质的环评单位严格论证新、改、扩建项目污染防治设施建设方案，提高企业环保投资绩效水平。严格执行企业"三同时"环保验收工作，对没有按照相关要求建设的污染控制设施，坚决予以不通过处理。

（2）完善企业污染治理保证金制度　提高矿山企业环境恢复治理保证金制度的立法层次，确保制度发挥效力。规范企业环境恢复治理保证金征收、管理及使用办法，明确保证金的征收部门和管理部门。制定矿山环境治理检查细则，完善保证金返还参照标准。严格执行企业环境恢复治理保证金制度，提高保证金实际缴纳率。

（3）积极鼓励上市企业利用股市融资，筹措污染治理资金　支持符合条件的企业积极公开发行企业债和中期票据，拓宽企业融资渠道，为企业加大环境污染治理投资力度提供保障。对符合条件的企业的清洁生产、治污工程给予适当贴息。提高企业贷款融资能力，拓宽抵押担保范围。

10.3.2 完善正向引导性的企业环保投融资政策

（1）加强促进企业进行环保投资的价格政策 扩大脱硫脱硝电价试点范围，完善相关运行管理办法。明确脱硫脱硝设施建设、验收、运行监测等制度，提高监督管理水平。完善脱硫脱硝电价补贴标准，对投运率不达标的企业，加大惩治与处罚力度，促进脱硫脱硝设施有序建设与运行。对环境运营服务业企业与治污企业污染治理设施运行用电、用水、用地给予优惠，统一执行大工业电价、企业优惠水价，并且尽量保证污染治理设施用电量、用水量。将价格政策试点范围扩大到其他行业污染治理设施的投资与运行中。

（2）积极落实资源综合利用税收优惠政策 鼓励企业采用清洁生产技术，建立环境保护设施加速折旧政策，从源头防治污染。企业从事国家重点支持的环境基础设施项目经营所得，符合条件的环境保护、节能节水、固体废物处置利用项目所得，依法享受企业所得税优惠。

10.3.3 严格落实反向约束性的企业环保投融资政策

（1）完善绿色信贷政策 鼓励银行积极执行绿色信贷政策，对污染排放不达标等具有环境保护不良记录的企业实行信贷限制，采用终止贷款、压缩贷款规模以及缩短贷款年限等方式。对于主动进行污染治理设施整改从而达到排放要求的企业，要给予企业恢复环保良好记录的机会。完善绿色信贷政策信息共享平台，规范环保信息报送范围、内容、方式、时限等，对银行部门反馈环境信息使用情况做出明确规定。

（2）严格落实上市公司环保核查制度 对违反"环评"和"三同时"制度、主要污染物不能稳定达标排放，以及核查过程中弄虚作假的企业，不予通过或暂缓通过上市核查。制定环保核查、环境信息披露以及环境绩效评估实施细则，建立公众参与环保核查的常态机制，将企业环境绩效与上市融资有效挂钩。

（3）加大排污费征收力度 按照"排污费高于污染治理成本"的原则，尽快完善排污收费标准，加大征收力度，确保应收尽收，促进企业加大治污设施投资力度。加强对排污费征收、使用的管理，加大排污费支出用于环境保护污染防治工程的比例。

（4）加强监管与信息公开 明确环境保护要求，提高污染源监督性监测水平，加大执法力度，公开发布企业排污信息，按照"谁污染、谁治理"的原则，落实企事业单位治污责任，确保污染治理设施稳定可靠运行，创造或引导企业自主加大环境保护投资。

（5）完善排污单位责任追究和损害赔偿制度 对于超标排污、偷排污染物等违法行为，探索按日处罚的赔偿制度，延长环境污染起诉时效。建立和完善企业环境污染责任保险制度，在涉及危险化学品、重金属等高风险区域和行业逐步推行环境污染责任保险，出台强制要求购置环境污染责任保险的高风险行业和企业清单。建立和完善环境污染损害赔偿制度，制定实施细则，明确损害赔偿的原则、程序和标准。

第11章

金融机构环境保护投融资 ————

11.1 金融机构支持环境保护的现状与问题

11.1.1 金融机构支持环境保护现状

世界上第一家环保银行——波兰环保银行是波兰环保金融体系的一部分,主要负责向环保项目的投资者提供优惠贷款,贷款的利率比其他商业银行低,还款期长,贷款优惠范围根据贷款单位和国家环保项目投资政策的情况而定。波兰环保银行积极为波兰环保项目筹集资金并扩大其投资额,对环保现代化的项目进行贷款与投资,在波兰环保领域中发挥了重要的作用。

欧盟国家的金融机构对环境项目的援助形式主要有利息补贴、软贷款和贷款担保。利息补贴的表现形式为减少那些特定的信贷者和项目在商业贷款市场中的利息。软贷款是指优于一般商业贷款条件的贷款,通常有一个延长的还贷款期限。贷款担保是另一种出于环境目的的补助形式,商业贷款的条件取决于与特定的借贷者及其项目有关的风险。通常,小投资者的环境项目被银行认为具有更大的信贷风险,从而被收取很高的贷款利息。为了把利息降低到一个可以接受的水平,政府参与保护债权人的活动,通过建立某些基金为已知的风险做准备,在债务人不能偿还贷款时使用。软贷款、担保和低利息可以与拨款相结合,形成混合融资方式。如德国的复兴信贷银行(kFW)与 DB(Deutsche Bank)就是公立的促进银行,为那些在解决就业、技术革新或环境保护等方面作出贡献的公司或项目提供融资支持。DB 为私人公司提供专门的投资支持。联邦政府拥有 DB100%的股份和 kFW80%的股份,剩余的 20%的股份属于各州。两个机构都提供贴息贷款、软贷款、贷款担保等。德国 DB 提供的环境贷款总量占到了全国环境投资量的 50%以上。

1960 年,日本开发银行建立了对公害防治对策给予资金支持的贷款制度,作为一项政府贷款制度,它主要用于帮助大企业进行公害防治投资。政府金融机构起到了两个作用:①"数量上的补充"作用,即在产业重建时期,对企业从私营金融机构得到的资金以外的不足部分给予补足;②对私营金融机构难以涉及的长期领域给予资金上的"质量补充"。在企业进行公害防治对策投资达到最高的时期,资金主要来自政府金融机构,包括日本开发银行(主要针对大企业)、环境事业团(主要针对小企业),它们的资金占了总量的 20%~30%。环境事业团的大部分资金用于中小企业的公害防治对策。事实上,环境事业团从建立到 2000 财年,其提供的贷款总额已达 2 万亿日元,占日本公害防治投资总量(20 万亿~30 万亿日元)的近 10%。同期,从环境部门获得的资助金已累积达到 550 亿日元。此外,日本政策投资银行制定了《环境关怀性经营促进事业》制度,该项制度是世界上第一项运用了环境分级方法的融资制度,根据环境分级系统对企业的环境经营度进行评价,根据分数将企业分为 3个利息等级,将企业的环境经营表现与经济利益直接挂钩,促进了日本企业环境行为的良性发展。

相对于国外而言，我国金融机构在推动环境保护的公民意识方面尚处于萌动阶段，从当前金融体制改革和环境保护的发展情况来看，1996年以前，由于污染治理项目的直接经济效益不显著，银行贷款遵循效益原则，因而环境污染治理项目几乎得不到贷款，这部分资金在环境保护投资中所占的比例很小。近年来，金融机构为支持环境保护这类公益性事业，制定出台了有利于环境保护的信贷政策，对企业污染治理项目给予较优惠的信贷条件。如为了加强流域的污染治理，国务院多次组织银行发放淮河流域污染治理专项贷款，用于流域内污水处理厂的建设和重点污染源的治理；又如福建省制定了《关于金融支持福建省节能减排的指导意见》，对于节能减排鼓励类项目，简化贷款手续，实行利率优惠，优先给予信贷支持。

1994年，我国组建了三家政策性银行，即国家开发银行、中国进出口银行、中国农业发展银行，均直属国务院领导。政策性银行是按照国家的产业政策或政府的相关决策进行投融资活动的金融机构，不以利润最大化为经营目标。一般来说，政策性银行贷款利率较低、期限较长，有特定的服务对象，其放贷支持的主要是商业性银行在初始阶段不愿意进入或涉及不到的领域。国家开发银行从成立开始就探索介入环境保护领域的一些重要工作，其环境保护贷款支持范围主要包括：工业污染防治、城市环境保护、农村环境保护、流域区域污染治理、生态环境保护，以及市场化运作环保企业兼并、收购、重组等项目。"九五"期间，国家开发银行安排了淮河流域水污染防治专项贷款12.63亿元，积极配合国家淮河专项治理工作。此外，国家开发银行在"九五"期间还支持了一批中小企业尤其是造纸企业的环保治污项目，这些项目对遏制企业所在地的环境恶化趋势发挥了积极作用。同我国近年环境保护投资总额逐年增长的趋势相一致，国家开发银行同期对环境保护贷款投入也逐年加大。以治理或投资建设的对象为依据，国家开发银行环境保护贷款可分为城市环境基础设施、水环境污染治理、固体废物处理、烟气污染治理、生态环境保护、循环经济等方面的贷款项目。城市环境基础设施、水环境污染治理和生态环境保护三者的贷款余额占到总环境保护贷款余额的86%，是目前国家开发银行环境保护贷款的主要构成部分。

2007年7月，中国人民银行发布了《关于改进和加强节能环保领域金融服务工作的指导意见》，指出各级环保部门、人民银行、银监部门、金融机构要加强环保和金融监管部门的合作与联动，以强化环境监管、促进信贷安全，以严格信贷管理支持环境保护，加强对企业环境违法行为的经济制约和监督，改变"企业环境守法成本高、违法成本低"的状况。随后，原国家环保总局、中国人民银行、中国银监会联合出台了一项全新的信贷政策《关于落实环境保护政策法规防范信贷风险的意见》，提出对不符合产业政策和环境违法的企业和项目进行信贷控制，以绿色信贷机制遏制高耗能、高污染产业的盲目扩张。近年来，银行业金融机构以绿色信贷为抓手，创新信贷产品、调整信贷结构，积极支持环境保护工作，许多银行将支持节能减排和环境保护作为自身经营战略的重要组成部分，建立了有效的绿色信贷促进机制和较为完善的环境、社会风险管理制度。积极研发绿色信贷产品，通过应收账款抵押、清洁发展机制（CDM）、预期收益抵押、股权质押、保理等方式扩大节能减排和淘汰落后产能的融资来源，增强节能环保相关企业融资能力。截至 2011 年年末，仅国家开发银行、工商银行、农业银行、中国银行、建设银行和交通银行 6 家银行业金融机构的相关贷款余额已逾 1.9 万亿元。

银行作为国民经济的调控部门，不仅参与产业结构、产品结构调整，发挥经济杠杆的作用，而且在防治工业污染，保护和改善农业生态环境，促进工农业生产持续、稳定发展等方面也起到很大的推动和促进作用。银行对环境保护的作用主要体现在：参与对新建、改建、扩建项目的环境管理；支持技术改造，加快污染治理步伐；对环保产业进行资金支持、推动环保产业技术进步；环保部门在银行的大力支持和配合下推行"拨贷款"政策，促进污染单位治理污染；拓宽信贷领域，扶持对资源的综合利用；采取倾斜性政策，增加综合开发建设投资，保护生态环境以及参与对重点污染源的环境管理等。

此外，我国银行业机构在学习借鉴国外节能环保服务经验、发挥自身优势的同时，不断加强环保金融产品的创新力度。一是创新融资模式。针对节能环保服务主体的不同，推出了节能减排技改项目融资模式、CDM 项目融资模式、节能服务商融资模式、节能减排设备供应商买方信贷融资模式、节能减排设备制造商增产融资模式、公用事业服务融资模式、融资租赁模式、非信贷融资模式等。二是创新金融服务。成立了可持续金融中心，专业服务于可持续金融项目认定、碳金融相关业务、创新产品研发等。通过提供专业服务，有效把握市场机遇、开展金融创新、提供技术支持、规避项目风险，使银行能够聚焦资源，做大做强节能环保产业贷款。三是创新金融产品。2010 年 2 月，中国兴业银行与北京环交所联合发布了中国首张低碳信用卡。2011 年我国银行业机构资金面普遍趋紧、企业融资需求不能有效满足，在此情况下，我国银行业机构大力开展金融产品创新，首次通过发行中小企业集合票据，为节能环保企业发放贷款。银行业金融机构对战略性新兴产业、节能环保、科技创新、现代服务业、文化产业等的金融支持力度将进一步加大。

同时，各家银行在风险可控的前提下，采取适当提高抵押率的方式提高企业授信额度，进一步缓解了部分环保企业因授信资产少而无法获取足额授信支持的现状。如苏州市建立了中小企业信用再担保基金，再担保基金（财政出资部分）与各担保机构、银行共同分担业务风险。《江苏省新能源产业调整和振兴规划纲要政策措施》中提出优先支持符合产业调整和振兴方向的企业在境内外上市、发行债券、短期融资券、中期票据以及上市公司再融资。

专栏 11-1　"两江四湖"环境综合整治工程贷款案例

桂林"两江四湖"环境综合整治工程是桂林有史以来规模最大的城市环境保护工程和景观建设工程。该工程通过引水入湖，湖底清淤，桂湖、榕湖、杉湖和木龙湖四湖与外江连通及排泄水工程等的建设，加大内湖流量，湖水通过循环换取清水，减少内湖内部污染源，解决四湖日趋严重的富营养化问题，提高湖水水质，使四湖水质达到《地表水环境质量标准》中Ⅲ类水质的标准，最终减少排入漓江的污染负荷，保护了漓江。

"两江四湖"环境综合整治工程的总投资 73 000 万元，国家开发银行对该项目承诺贷款35 300 万元。该项目的借款主体是桂林市政府为建设"两江四湖"环境综合整治工程专门成立的公司，属国有独资有限责任公司。借款人负责漓江、桃花江及桂湖、榕湖、杉湖和木龙湖的建设工程与开发，对环城水系项目执行经营、管理、借款、收费和还贷。由于该项目是桂林市重点公益性项目且借款人属政府全资有限责任公司，桂林市政府承诺如借款人经营、还贷出现困难时，由政府给予支持。

"两江四湖"环境综合整治工程属典型的政府投融资平台运作的环境保护贷款项目。该运作模式中，桂林市政府发挥了组织增信及协调作用，政府以资金注入、资产划拨、授予特许经营权方式，组建了项目公司，政府通过各种优惠政策对借款人和项目建设进行积极支持。国家开发银行在项目前期其他商业银行持观望态度不愿也不敢介入的情况下，经过认真客观的项目评审，对该环境综合整治项目果断地作了贷款承诺并发放了贷款。目前，国家开发银行对该项目实际发放贷款 35 300 万元，项目贷款本息偿还正常。

通过政府发挥组织增信和协调作用以及国家开发银行的积极融资推动，"两江四湖"环境综合整治工程最终顺利完成并健康运作，使项目在取得环境效益的同时也取得了较好的社会效益和经济效益，同时也保障了国家开发银行贷款安全。

专栏 11-2　探索推进金融支持环境保护工作之路
——人民银行召开"金融支持环境保护"座谈会

2009 年 2 月，人民银行党委委员、行长助理郭庆平带领调研组赴天津市就金融支持环境保护工作开展调研，并主持召开"金融支持环境保护"座谈会。郭庆平强调，加强能源资源节约和生态环境保护，建设生态文明是党的十七大提出的重大战略，是贯彻落实科学发展观的重要任务。人民银行党委高度重视环境保护工作，把"金融支持环境保护"作为深入学习实践科学发展观活动的重点课题之一，深入开展调查研究，要求探索进一步推进金融支持环境保护工作的新思路、新举措。

天津市环境保护工作近年来走在全国前列，是国内率先推广循环经济制度的地区，也是我国"十五"期间和"十一五"前两年完成减排总量控制目标的少数省市之一。座谈会上，天津市政府金融办、发改委、环保局等部门，有关金融机构、排放权交易所和企业界代表对人民银行党委选择"金融支持环境保护"作为学习实践科学发展观活动重点课题表示高度认可和赞许，纷纷踊跃发言，献计献策。

　　会议认为，近年来，金融系统认真贯彻落实国家环境保护法规和政策，不断强化环保大局意识和责任意识，金融支持环境保护的力度显著增强。但是由于我国环境保护历史欠账较多，节能减排任务艰巨，金融支持环境保护工作任重而道远。会议指出，要统筹运用政府"有形之手"和市场"无形之手"，探索金融、财税、产业政策与商业运作的有机结合点，既形成合力，又善用巧力，支持和促进环境保护工作。一是营造良好的政策环境。建议和推动各级政府建立绿色信贷担保制度，通过财政资金担保杠杆放大信贷投入规模。加强信贷政策的引导和督促，推动金融机构进一步加大对循环经济、节能减排等环保项目的投入。完善外汇管理、支付结算等制度，为环保工作提供便利的金融服务。二是拓展多元化融资渠道。综合利用信贷、债券、票据、股权等融资工具，创新引入节能减排项目环保融资方式，推广环境责任保险业务，发挥金融资源的导向和集聚作用，支持和促进环境保护。三是完善信息共享机制。加强企业环保信息的征集和共享机制建设，逐步将企业环保审批、环保认证、环保事故等信息纳入人民银行企业征信系统，进一步发挥征信系统的监督作用，扶优限劣。四是推进排放权交易市场活跃发展。鼓励金融机构为排放权交易提供账户便利、研发支持、融资支持和中介服务，探索建立征信系统和排放权交易市场的信息共享机制。

　　郭庆平在会议总结时强调，环境保护既是深入学习实践科学发展观的重要任务，又是当前扩大内需、提振经济的重要支持领域，人民银行和广大金融机构要继续开拓创新，进一步加大金融支持环境保护的力度，为环境保护事业作出新的更大的贡献。

　　资料来源：中国人民银行网站。

11.1.2　存在的问题

　　环保金融政策的实施既实现了多部门联合保护环境的目标，也最大限度地保证了金融系统的获利保值，但也显现出一些问题，突出表现在以下4个方面。

　　（1）环保金融业务普遍风险较高，而收益偏低，影响商业银行信贷投放积极性　除了社会责任外，理论上银行参与环境保护的动力来自两个方面：一是规避风险，拒绝向污染企业贷款，避免企业遭环保部门查处而导致贷款不能收回的风险；二是获得收益，银行可以通过抓住环保带来的机遇，参与一些节能环保项目来获利。然而这两种理想状态却由于种种现实的体制和技术原因难以达到。从体制方面来看，一方面地方政府和企业之间存在密切的利益关系，甚至一些污染企业是地方财政收入的重要来源，受到当地政府的"保护"，隶属于地方政府的环保部门和银行难免受到地方政府的不当干预；另一方面，从经济学的角度看，环境污染问题是一个典型的"外部不经济"现象，即污染主体行为的私人成本要小于其社会成本。金融机构支持环境保护实现的一个重要条件就是银行和企业的风险联系在一起，但由于当前污染企业并没有完全承担污染风险，一部分风险仍由地方政府承担着，而对企业来说，由地方政府承担风险等于没有风险。同时，污染企业因为少了治污成本，经营状况反而可能好于普通企业；而一些环保项目投资期限长、管理成本高，甚至有些经济效益不太好，商业银行作为追求利益最大化的经济主体，迫于盈利和市场份额的压力，自然缺乏支持环境保护的动力。

346

（2）商业银行普遍欠缺对专业领域的技术识别能力，影响绿色金融信贷投放快速增长　绿色金融涉及的专业技术十分复杂且处于不断更新中，从国内外实践经验来看，商业银行中的专业技术人员占比较少，对于专业领域的技术识别和风险评估能力相对有限，这在一定程度上使商业银行倾向于将信贷资金投向于传统经济领域。另外，绿色信贷标准多为综合性、原则性的，缺少具体的绿色信贷指导目录，从而降低了绿色信贷措施的可操作性。由于缺少推进的激励机制，对环保做得好的企业和银行缺少鼓励性经济扶持政策，也难以有效吸引商业银行支持环保项目。

（3）环保机构和金融部门的信息沟通和共享机制不完善，影响了商业银行发展绿色金融业务　金融部门获得及时和有效的企业环保信息，是绿色金融开展的前提条件。目前，金融机构与环保部门的信息沟通不及时，阻碍了企业相关环保记录的传导和共享，导致商业银行对绿色金融项目积极性不高。环保和金融部门应该明确分工，加强彼此间的合作与交流，通过信息平台和企业征信系统等方式，建立信息共享机制，为金融部门开展绿色金融业务提供先决条件。

（4）金融机构缺乏环境保护融资支点，同时环保行业融资能力有限，使得金融与环保的结合点匮乏　制约银行信贷环境保护投入的瓶颈问题，主要表现在两个方面：一是环境保护项目往往没有经济效益，银行等信贷机构缺乏对环境保护项目支持的积极性；二是开展环境保护项目信贷需求的企业，以中小型企业居多，缺乏必要的融资担保能力，很难获得银行的信贷支持。因此，引导银行等的信贷资金投入环境保护的政策，不应局限于对一些环境保护项目提供优惠贷款。而是一方面要围绕供给方，利用优惠政策提高银行信贷的积极性，引导金融机构环境保护信贷投入；另一方面要提高企业环境保护项目的融资能力，解决制约企业信贷瓶颈的融资担保问题，引导社会资金加大对环境保护项目融资担保支持力度，如建立融资担保基金，开展收费权、排污权质押贷款等，同时鼓励企业多渠道、多形式融资。

11.2　金融机构融资平台创新

11.2.1　优化现有环保行业融资平台

优化、完善现有地方融资平台，对于比较成熟并运作规范的融资平台，向该公司提供贷款或者注入资金，并由其负责对所有项目的审查、批准、贷款额度分配、资金运作等具体事宜。对信用较好的融资平台加大资金投入力度，降低运行成本，并采取适当的优惠措施。

银行等金融机构可通过以下手段达到优化平台的目的：加强与政府的合作，统一融资平台贷款统计口径；要求各融资平台申请贷款要落实到项目，以项目法人公司作为承贷主体，并符合借款人准入条件；区分公益性和非公益性项目、还款来源依靠财政或有稳定经营性收入项目，将不符合规定项目剥离，加强对合规项目的支持力度；抓住重点，选择国家重点支持的项目或地区（如重点流域、区域、国家重点工程等）已有的融资平台，适当缩减现有融资平台贷款范围；参与地方政府融资运作情况的监督检查，积极介入资金管理，配合建立驻贷机构，全过程掌控资金使用，增加透明度；通过增加担保主体，加强贷后管理，更新贷款评估，建立贷款质量分类体系；利用债券市场防范地方融资平台的信用风险，降低贷款的集中度。

专栏 11-3 "出手整治"多家银行暂停地方融资平台信托贷款

《经济通讯社 2010 年 7 月 31 日专讯》据《中国证券报》从商业银行了解到，目前多家商业银行已暂停地方融资平台信托贷款。分析认为，商业银行面临的地方融资平台贷款、房地产贷款政策风险以及信用风险和操作风险都在加大。商业银行有关业务，是监管层加强监管和商业银行防范风险使然。

一家股份制商业银行已向各分行发出通知，要求暂停通过信托机构对非自偿性政府融资平台发放信托贷款（用于偿还该行平台贷款的除外）。暂停发行投向他行非自偿性政府融资平台贷款的理财产品（用于与该行互换的除外）。

同时，多家商业银行要求各分行加强融资性信托理财产品资产转出后的授信额度管理。一家商业银行要求，该行发行理财产品募集资金所购买的单一借款人及其关联企业的贷款、向单一借款人及其关联企业发放的信托贷款的总额不得超过该行资本净额的 10%。

某家银行要求，当出现如下情形时，应对理财产品金额对应的剩余授信额度作预留冻结处理，不得释放、重复再用：一是该行额度内贷款通过他行理财产品转出后空余的额度；二是理财信托贷款发放后，用于偿还该行贷款后空余的额度；三是在剩余授信额度内发行的理财产品；四是审批意见有明确要求的。

对于投资房地产信托理财产品，各家商业银行已按照中银监文件通知，要求房地产开发项目必须"四证"齐全、开发商或其控股股东具备二级资质、项目资本金达到国家最低比例、不得以信托资金发放土地储备贷款。

对融资性理财产品，有商业银行根据业务风险程度，建立差异化的信用风险审查审批流程。一家商业银行人士表示，目前该行要求权益类信托理财产品，必须由总行授信审批部负责审批。

资料来源：腾讯财经。

11.2.2 基于区域环境改善提升整体经济的融资平台

（1）大力推行定位于区域环境改善的投融资公司平台 银行投资给有治污意向或需求的企业，该企业完成区域环境综合治理目标，通过改善环境质量达到最终目的，如提升整个地区的土地价值，不仅可以带动地区经济发展，其收益可以重新投回环保项目，形成资金循环。但银行需要对贷款进行全过程管理，着重要求专款专用。如 2008 年无锡太湖新城建设投资管理有限公司与国家开发银行江苏省分行签约，获得 12 亿元中长期开发性金融贷款用于太湖治理。项目建设内容包括水环境治理工程、配套设施工程和拆迁绿化工程三大部分。实施该项目后，将大大提高区域内的水质净化和生态修复能力，促进太湖水质好转。

（2）建立基于规划一揽子解决方案的投融资平台　以规划实施为载体，将提供一揽子解决方案的投融资公司作为平台，加大对平台的资金投入，以此加大对环保项目的支持力度，带动规划目标的实现。

该类公司一般由政府进行担保授信，具备一定的资金实力，可以通过发行企业债券来进行融资，银行除直接对其进行融资外，还可以以协助债券发行的方式来进行环保投资活动。

专栏 11-4　2010 年巢湖城市建设投资有限公司公司债券发行圆满成功

由民生证券担任主承销商的 2010 年巢湖城市建设投资有限公司公司债券（以下简称"2010 巢湖债"），2 月 1 日发行圆满结束。2010 年巢湖债发行总额为 12 亿元人民币，期限为 7 年期。本期债券的信用等级为 AA 级，发行人的长期主体信用等级为 AA-级。

巢湖城市建设投资有限公司是由安徽省巢湖市人民政府投资组建的国有独资有限责任公司，是巢湖市政府性投资项目的唯一投融资平台，承担着巢湖市市政工程"投资、承贷、建设"三位一体的重要职能，在巢湖市基础设施建设领域处于主导地位。本期债券募集资金将用于"巢湖市巢湖环境治理建设项目"、"巢湖市城市路网建设项目"的投资建设，将有力提升巢湖市环境治理能力与城市交通设施的现代化水平。

资料来源：民生证券。

（3）综合集成服务　政府就特定环境质量目标与投融资公司签订目标责任书或协议，由投融资公司负责制定环境污染治理方案并实施，在目标实现后，由政府按照协议支付投融资公司所需资金。建议以此作为融资平台，重点对于签署协议的投融资公司予以贷款支持，完成区域环境污染治理设施的建设。

该类投资公司应拥有从项目投资、工程设计、工程总承包、设备制造和销售、系统调试到设施运营服务，环保咨询业全过程管理的实力，其核心主线是"服务"，包括投资服务、工程建设服务、运营管理服务以及产品服务。

11.2.3　基于长期回报赢利机制的融资平台

合同能源管理（EPC）是一种新型的市场化节能机制，其实质就是以减少的能源费用来支付节能项目全部成本的节能业务方式，主要推销一种减少能源成本的财务管理方法，基于这种机制运作、以赢利为直接目的的专业化"节能服务公司"（在国外简称 ESCO，国内简称 EMC 公司）作为新兴产业发展十分迅速。这类公司通过与客户签订节能减排服务合同，为客户提供一整套的节能服务，包括：节能减排诊断、项目设计、项目融资、设备采购、工程施工、设备安装调试、人员培训、节能减排量确认和保证，并从客户进行节能改造后获得的节能减排效益中收回投资和取得利润。

EPC 业务的一大特点是该类项目的成功实施将使介入项目的各方，包括 EMC、客户、节能减排设备制造商和银行等都能从中分享到相应的收益，从而形成多赢的局面。对于分享型的合同能源管理业务，EMC 可在项目合同期内分享大部分节能效益，以此来收回其投资并获得合理的利润；客户在项目合同期内分享部分节能减排效益，在合同期结束后获得该项目的全部节能减排效益及 EMC 投资的节能减排设备的所有权；节能减排设备制造商销售了其产品，收回了货款；银行可连本带息地收回对该项目的贷款。

与合同能源管理类似，合同环境服务以契约方式为合同主体，双方通过环境服务产生的效益进行分享，购买服务的企业可以前期直接付费，亦可后期以收益分成来付费。该平台以赢利为主要目的，有利于降低银行信贷风险，银行可以考虑和效益较好，运营稳定的 EMC 合作或者支持符合要求的节能减排项目贷款。

专栏 11-5　招商银行节能减排贷款产品

1. 节能收益抵押贷款

借款人为节能服务公司（ESCo），以节能项目产生的节能收益作为抵押，向招行申请贷款。借款人为专业的节能服务公司，节能服务公司为节能项目提供项目开发、节能预测与保证、能效设备采购、工程施工等一系列服务，并将合同期（指节能项目完成后的收益分享期）内的部分节能收益与用能单位进行分享。

适用对象：该产品的适用对象为掌握先进的节能技术、有一定节能项目服务经验的节能服务公司。

2. 法国开发署（AFD）低息长期贷款

法国开发署为招行在绿色信贷领域的重要合作伙伴，双方在提高能效和可再生能源领域展开通力合作。根据双方 2010 年 3 月 11 日签署的项目二期备忘录（项目一期已于 2009 年 12 月圆满结束），法国开发署承诺向招行提供共计 4 000 万欧元的长期低息转贷款（利率为 6 个月 EURIBOR 所规定，贷款期限为 10 年），用于支持上述领域的项目建设；其中单个项目的额度不超过 400 万欧元。此外，AFD 亦提供一定数额的赠款，向被选中资助的项目方提供技术援助（如提供赠款用于聘请第三方评估机构进行项目评估等）。

适用对象：该项目下贷款将用于节能项目和可再生能源项目的融资，最终受益人包括项目法人、节能服务公司等。

节能项目包括工业节能项目与建筑节能项目。工业节能项目指的是以减少燃料消耗与能源损失、能源回收利用、设备更换与工艺改造等为手段的能源节约项目；建筑节能项目指的是通过在建筑中应用各种节能技术（照明节能、节能设备与系统的更换、节能保温材料的应用等）以达到节能的目的。原则上合格的项目应该至少能够提高能源利用效率 20%。可再生能源项目包括水电、地热、风能、生物质能、太阳能和海洋能等。

资料来源：中国经营报。

11.2.4 基于风险分摊的融资平台

（1）依托担保机构建立融资平台　鼓励一定区域范围内有资金贷款需求的不同行业或企业，或者生产链上下游企业，依托担保机构组建融资平台，为中小企业贷款提供担保。银行起步阶段按 1～5 倍放大贷款，并视贷款运行情况动态调整。企业负责按时足额还本付息及支付担保机构相关费用，由担保机构统一负责银行贷款偿还。建立风险分担机制，出现不良贷款、并造成最终损失的，由担保机构与其他企业按照一定的比例共同承担。

（2）依托保险公司建立融资平台　贷款有困难的个人或中小企业，可以通过保险公司购买信用险，由保险公司作为融资平台，帮助中小企业融资。贷款项目与额度由保险公司根据各个企业购买保险的数额确定，贷款与还款统一由保险公司完成。各企业定期足额向保险公司还本付息。出现企业倒闭等风险时，由保险公司负责偿还倒闭企业的贷款本金及利息。

专栏 11-6　中小企业融资可找保险公司担保

有困难的个人或中小企业贷款，可找保险公司购买信用险，保险公司将承担信用担保的角色，帮助中小企业顺利融资。安邦保险湖北分公司相关负责人介绍，信用险主要是针对贷款困难的中小企业，为其提供担保，将风险转嫁至保险公司。由于信用险的风险较高，保险公司目前也较为谨慎，需要对申请购买信用险的个人和企业进行审核和调查，进行相关的风险评估，这意味着，并非每个申请者都能购买到信用险。目前，在湖北省推行信用险的股份制保险公司仅安邦一家。

资料来源：中国电子商务研究中心。

（3）打造企业联盟或行业产业联盟融资平台　一些规模较小或资金贷款额度较小的企业，争取到贷款的机会相对较小，应鼓励同一行业或企业依托产业融资联盟或依托行业协会，抑或由借款人组成一个共同联保体，互相提供连带责任保证，以此构建融资平台，由联盟或协会负责借贷及还贷款，企业按时向融资平台支付利息与本金及服务费用，风险由联盟、协会以及贷款企业共同承担。对于成员企业来说，通过该融资平台提高本身的信用度，企业贷款量增加；对于金融机构来说，贷款对象为集合团体，如果其中一家企业倒闭，则由该机构偿还贷款，从而降低了信贷风险，通过该融资平台可以达到真正双赢的目的。

专栏 11-7　浙江省中小企业成长贷款融资平台操作模式

为切实缓解浙江省中小企业融资困难，2006 年，省中小企业局和国家开发银行浙江省分行根据浙江省实际情况，在调查研究和反复论证的基础上签署《浙江中小企业成长贷款合作协议》，充分利用政府部门的组织协调优势和国家开发银行的开发性金融优势，建立浙江省中小企业成长贷款融资平台，开创了开发性金融支持浙江省中小企业创业创新发展的新局面。该平台作为国家开发银行向中小企业贷款的承接载体，充分整合了政府、银行、担保机构、中小企业的资源，建立了完善的组织架构和有效的风险控制体系。

平台的组织架构：浙江省中小企业成长贷款融资平台由浙江中小企业发展促进中心、国家开发银行浙江省分行、融资平台成员担保机构、用款企业、承办委托贷款业务的商业银行等组成。其中浙江中小企业发展促进中心是平台运转的核心载体，国开行浙江省分行是贷款资金的提供者，融资平台成员担保机构是贷款项目推荐者和担保责任承担者，用款企业是贷款资金的使用者和项目风险的最终承担者。

浙江中小企业发展促进中心：在省中小企业局的组织协调下，由省信用与担保协会出资设立浙江中小企业发展促进中心（简称中心），承担贷款平台统借统还责任。

国家开发银行浙江省分行：作为贷款资金的提供者，对中心及平台进行综合评审并确定总合作额度，对每家成员担保机构进行评审并确定每家合作额度，对上报的贷款项目进行集中审批，按照合作协议规定的贷款条件及时发放贷款。

融资平台成员担保机构：作为风险和收益的主要承担者，是平台运作的中坚力量。成员担保机构是在各级中小企业工作部门筛选推荐的基础上，择优选择管理规范、风险控制能力强、业绩良好的优质担保机构，吸收为融资平台成员单位。

用款企业：作为贷款资金的最后使用者，是整个平台贷款风险的主要来源，也是平台运作的最终受益者。用款企业由融资平台成员担保机构从有融资需求的中小企业中择优遴选产生，形成初评报告后上报融资平台，经由平台风险评估决策委员会评估，并报国开行浙江省分行最终审批同意后确定为最后的用款企业。

资料来源：浙江日报。

11.2.5　基于关联协同的融资平台

鼓励新建生产项目与老的污染治理设施捆绑贷款，生产回报顺便带动治污回报，与此同时加大对具有一定污染治理工程的建设项目贷款力度（如开展土地污染修复的房地产项目等），以此带动污染治理设施的建设。基于以上模式的融资平台鼓励企业在建设新项目的同时对原有的污染设施进行处理，增加污染治理的投资力度。

11.2.6　建立环保信贷非营利操作平台

建议借鉴日本环境事业团的操作模式，建立具有政府性质的非营利操作平台，建立国家环境保护基金种子基金，吸收银行贷款，也可以通过财政安排，把其他带有储备性质或风险保障性质的资金（如养老基金、社保基金）注入，解决商业融资中的机构缺位问题，对私营企业和地方政府提供政府贷款，这部分贷款比商业银行提供的激励污染控制投资的条件更加优惠。日本环境事业团是一个独特的政府组织，其使命是针对环境问题，对私营企业和地方政府提供技术和财政上的支持。其行政费用完全由国家支出，对于地方政府及其附属实体的贷款走"直接贷款系统"，而私营企业则走"代理贷款系统"。

专栏 11-8　日本环境事业团提供的技术和财政支持

在日本政府采取的环境政策中，建立污染控制服务公司（简称 PCSC，即环境事业团的前身）是主要的措施之一。PCSC 是一个独特的政府组织，其使命是针对环境问题，对私营企业和地方政府提供技术和财政上的支持。

PCSC 作为政府机构在 1965 年根据《建立污染控制服务公司法》成立。当人们意识到环境问题不仅仅限于治理污染，而是一个更加广泛的问题时，在 1992 年修改了该法律，并将该公司更名为日本环境事业团（简称 JEC），又重新规定了公司的业务范围。该公司的主要的监督机构是日本环境省。在 30 多年的时间里，JEC 通过日本政府的财政与投资贷款计划，主要从事：①建设和转让项目；②贷款项目；③以环境保全为目的的全球环境项目。下面将着重论述①和②。

环境事业团的主要业务包括：

（1）建设与转让项目。增建污染控制设施，对于中小企业（简称 SMEs）和地方政府来说主要的困难在财政与技术方面。针对这个问题，JEC 为其顾客建设了必要的设施，然后将设施以优惠的条件转让给顾客。建立成本的 5%由顾客支付，而剩余的 95%由 JEC 通过政府贷款支付。贷款来自上述的财政与投资贷款计划，该计划由财政部管理，一般是 20 年的长期贷款，低利息并且固定。根据设施的种类，还会从国民账户中给予一定的补贴，JEC 的部分行政费用也由该计划支出。建设转让项目主要包括五类设施：①工厂设施建筑；②绿色缓冲带；③空气污染防治绿地；④工业废弃物处理设施及绿地；⑤公园的综合设施。

（2）贷款项目。JEC 亦为私营企业和地方政府提供政府贷款。这部分贷款比私营银行提供的激励污染控制投资的条件更加优惠。在接到申请之后，JEC 将从信用及技术两方面考察。JEC 的行政费用完全由国家支出。对于地方政府及其附属实体的贷款走"直接贷款系统"，而私营企业则走"代理贷款系统"，在这个系统中私营银行作为 JEC 的代理在全国各地都有支行。对贷款的需求则根据每年的问卷调查及地方政府的污染控制计划进行。

（3）建设转让及贷款项目的期限和条件。从环境政策的角度看，优先项目遵循以下三个原则：

主体优先：对中小企业和地方政府的贷款期限和利率相对于大企业来说要优惠。

合作项目优先：特别针对中小企业。数个企业合作建造污染控制设施显然比一个企业更经济。对于合作项目的贷款利率和贷款比例比单个企业更优惠。

紧急原则：1990 年后，固体废物燃烧产生二噁英的问题引起社会广泛的重视。针对这种紧急情况，JEC 的项目贷款也为增建削减二噁英的设施制订了优惠条件，比如提高贷款比例及降低抵押。

资料来源：人民网。

11.2.7　创建环保政策性投资开发公司

考虑创建政策性投资开发公司，如国家环境保护投资公司，以弥补现有政策性银行在环保投融资方面的不足，这种政策性投资开发公司，以政府性资金为主，但股权宜多元化，鼓励社会资金积极参与。在排污费改革前，部分城市如天津、沈阳成立了环境保护基金公司，其模式主要是采用排污费拨改贷，建议可以充分吸收这类公司操作的经验和教训。

11.2.8　发展国际贷款平台

国际贷款主要分为外国政府贷款、国际金融组织贷款、国际商业贷款。国际商业贷款是以营利为目的，贷款利率较高且还款期较短，主要针对一些投资金额大、收益高、风险大的项目，因此不适用于具有公益性质的环保项目。环保项目主要可以通过外国政府贷款和国际金融机构贷款两种平台进行融资。

11.3　金融机构融资模式创新

11.3.1　基于担保贷款的融资模式

担保贷款是指借款人不能足额提供抵押（质押）时，应有贷款人认可的第三方提供承担连带责任的保证。担保贷款的核心要素是要有贷款人认可的担保人或担保机构，且必须同时满足两个条件：①必须具有代为偿还全部贷款本息的能力，且在银行开立有存款账户；②本息有固定经济来源，具有足够代偿能力，并且在贷款银行存有一定数额的保证金。担保人与债权人应当以书面形式订立保证合同。

借鉴日本、德国等的经验，成立专门环保企业融资服务信用担保基金和担保公司，担保公司由国家或者地方政府每年从财政中拿出资金，或者将收取的主要污染物排污权有偿使用资金、排污费等作为引导基金注入，为环保企业融资提供服务。

根据国务院办公厅发布的《关于当前金融促进经济发展的若干意见》，适时出台相关政策，鼓励地方人民政府通过资本注入、风险补偿等多种方式增加对专门环保信用担保公司的支持，对符合条件的环保信用担保机构免征营业税。

11.3.2　基于抵押贷款的融资模式

抵押贷款是指借款人以一定的抵押品作为物品保证向银行取得的贷款。它是资本主义银行的一种放款形式、抵押品通常包括有价证券、国债券、各种股票、房地产以及货物的提单、栈单或其他各种证明物品所有权的单据。贷款到期，借款者必须如数归还，否则银行有权处理抵押品，作为一种补偿。

抵押贷款相对于无抵押贷款而言，利率较低；贷款年限可长可短，可以为1～20

年，还款压力较小；贷款金额的多少由抵押物的价值来决定；审批的时间一般较长，需要 2~3 周。

11.3.3　基于排污权质押的融资模式

排污权质押贷款是指企业将取得的排污权作为质押品到银行申请贷款的融资方式。质押贷款是指贷款人按《担保法》规定的质押方式以借款人或第三人的动产或权利为质押物发放的贷款。排污权交易是排污权质押贷款产生的前提。没有排污权的界定，企业就不需要为保护环境支付成本，也就不必开展节能减排，排污权质押贷款就失去了市场需求。同样，没有排污权的量化和可转让性，即使银行愿意为企业提供排污权质押贷款，但银行难以判断企业排污权的价值，也就难以确定贷款数额。而且这种贷款伴随着很大的风险，一旦企业不能按期归还，银行就无法处置排污权。排污权交易市场的不断发展，为银行开发排污权质押贷款提供了可靠的保障。银行可以借助现有排污权交易市场，将出现风险贷款企业的排污权转让出去，不仅可以收回贷款本金，而且还可能获得溢价收益。

在竞争异常激烈的形势下，银行必须进行业务创新，增强竞争实力。同时，排污权对于银行来说是一个比较可靠的质押品。因为它关系到企业能否生存，所以企业对排污权是非常珍惜的，它会通过努力经营及时把排污权赎回。即使企业按期不能偿还贷款，银行也可以将排污权转让出去。这种经营风险相对于其他方式，是比较低的。从这个角度看，银行利用排污权作为质押品，向银行申请贷款，是一个理想且可行的选择。

在此基础上，应进一步探索收费权质押贷款，拓宽抵押、质押物范围等，以此提高污染治理企业或环保企业融资能力，解决污染治理与环保产业发展资金不足的困境，如《江苏省太湖水污染治理工作方案》提出金融机构要加大对环境基础设施建设项目的信贷支持力度，允许用污水、垃圾处理收费许可进行质押贷款，并给予贷款利率方面的优惠。

专栏 11-9　嘉兴银行首创排污权抵押贷款

2007 年 11 月 10 日，我国首家排污权储备交易中心在嘉兴市正式挂牌成立，试点排污权有偿使用和排污权交易：此后该市凡是有化学需氧量（COD）和二氧化硫两项主要污染物排放的新建项目，其排污指标必须通过排污权储备交易中心的交易平台购买，否则不予环保审批。

当地一家食品厂是首批购买排污权的企业之一。经营主王先生（化名）发现，由于此前并未有相应的预算支出，在支出 200 万元购买污染物排放权证后，企业的资金周转遇到了困难。焦头烂额之际，嘉兴银行解了燃眉之急。

王先生用污染物排放权证作为抵押物，从嘉兴银行获得贷款 120 万元。这 120 万元的贷款正是嘉兴银行在全国首创的排污权抵押贷款。

"我们开发排污权抵押贷款的初衷是实践国家鼓励的绿色信贷。政策推出后，我们就一直在琢磨怎么能结合起来做点事。嘉兴排污权交易试点给了我们这个机会。企业购买的排污权指标并可通过储备交易中心实现有偿转让，具有抵押物的基本属性，银行完全可以以此作为抵押物发放贷款。"章张海告诉《中国经营报》记者，嘉兴银行梅湾支行立即与环保局联系，拿来首批交付排污权费的企业名单，梳理贷款需求，由此产生了他们该项业务创新的第一单，并解了王先生的燃眉之急。

随后，嘉兴市环保局向首批 15 家企业发放了污染物排放权证。嘉兴银行成功地与嘉兴市环保局签署了《银政合作协议书》，梅湾支行则当场与 5 家企业签订授信意向书，授信金额达 2 200 万元。

按照相关规定，企业在环保部门办理排放权证抵押登记，与嘉兴银行签订《授信意向书》后，就可将排放权证以抵押授信的担保方式在银行申请贷款。一般来说，排污权抵押贷款最高能达到排放权证购买费的 70%。"当时全国没有这个产品，我们与法院、环保局、嘉兴学院教授多次讨论、论证，最终设计出这一款产品。"章张海对记者回忆。

目前来看，嘉兴银行的排污权抵押贷款成功的关键在于，排污权具有变现能力和一定的增值能力。由于嘉兴市对排污权进行总量控制，企业无论规模大小都要求有偿使用。"这个证就相当于原始股。"当地一位小企业主向记者介绍，"好多人买的时候是 2 万元/t，现在已经是 5 万元/t 了。"而嘉兴银行在发放抵押贷款时，也更多关注其市场评估价值，抵押价格以近期交易价格为准。

"一旦出现企业经营不善，排污权交易中心就会回购污染物排放权证，这个钱足够支付贷款了。"章张海告诉记者，随着我国排污权交易的全国化推广，目前包括湖州银行在内的多家银行已前去嘉兴银行"取经"。

截至目前，嘉兴银行的排污权抵押贷款已经推广至嘉兴市下辖 5 个县市 2 个区，累计贷款余额达到 2 亿多元。

资料来源：中国经营报。

专栏 11-10　长株潭排污权抵押贷款试点启动

以排污权作为抵押物，也能向银行申请贷款。2011 年 12 月，湖南省环保厅和省财政厅联合下发《关于开展排污权抵押贷款试点工作的通知》（以下简称《通知》），在长沙、株洲、湘潭三市开展排污权抵押贷款试点工作，以期排污权作为抵押物获得银行授信，开辟排污企业的融资新渠道，目前已有三家银行加入试点行列。

《通知》规定，用于抵押的排污权由环保部门核定认可，并以《污染物排放许可证》的形式进行确认。湖南省环保厅排污权交易中心一工作人员解释，《污染物排放许可证》就如房产证，作为一种资产凭证，可以交易也可向银行融资抵押。同时，通过排污权质押贷款所获得的授信资金，应该优先用于污染治理、实施清洁生产或申购排污权指标。

"排污权抵押贷款是一种绿色信贷模式。"湖南省环保厅排污权交易中心负责人吴小平介绍，排污单位以已购买的排污权作为抵押物获得银行信贷资金，一方面新增排污单位的融资抵押物，拓宽了融资渠道；另一方面融资用于污染治理或实施清洁生产，可降低生产成本。

据悉，浙江省嘉兴市早在 2007 年 11 月就建立了全国首家排污权交易中心，同年嘉兴银行做出全国排污权抵押贷款第一单。

此次排污权抵押贷款试点，也吸引了省内三家银行积极参与，共同探索这一种新型的绿色信贷模式。《通知》规定，试点期间，暂指定由湖南省主要污染物排污权储备交易中心、长沙、株洲、湘潭三市排污权储备交易机构和长沙银行、渤海银行长沙分行、兴业银行长沙分行，共同负责推进排污权抵押贷款试点工作。

　　《通知》要求，试点银行优先安排一定的授信额度专项用于排污权抵押贷款工作，制定有差别的贷款利率政策，对实施环境污染治理和节能减排的绿色信贷资金执行较优惠的信贷利率。

　　一位商业银行人士认为，排污权是通过购买取得的，还能通过储备交易中心交易转让，作为企业有价值的资产，具有抵押物的基本属性。银行以此为抵押物发放贷款，拓宽了银行的抵押物类型，降低了信贷风险。

　　资料来源：新浪财经。

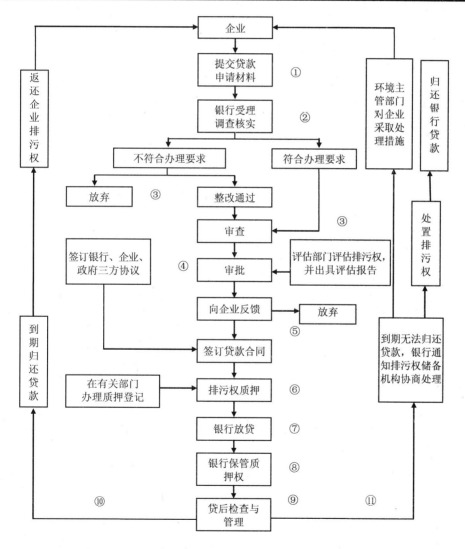

图 11-1　排污权质押贷款业务的具体运作流程图

11.3.4　基于票据贴现的融资模式

票据贴现融资，是指票据持有人在资金不足时，将商业票据转让给银行，银行按票面金额扣除贴现利息后将余额支付给收款人的一项银行授信业务。

票据贴现融资主要有银行承兑汇票贴现、商业承兑汇票贴现以及协议付息票据贴现三种运作模式。银行承兑汇票贴现是当中小企业有资金需求时，持银行承兑汇票到银行按一定贴现率申请提前兑现，以获取资金；商业承兑汇票贴现是在商业承兑汇票到期时，银行向承兑人提示付款，当承兑人未予偿付时，银行对贴现申请人保留追索权；协议付息商业汇票贴现是指卖方企业在销售商品后持买方企业交付的商业汇票到银行申请办理贴现，由买卖双方按照贴现付息协议约定的比例向银行支付贴现利息后银行为卖方提供的票据融资业务。

11.3.5　基于股权方式的融资模式

商业银行通过贷款方式给环保企业融资是目前较为普遍的模式，这种模式只是前期的审核、资金的注入和收益的获取，商业银行并没有参与到环保企业的经营管理，承担的风险较大。因此，商业银行可以借鉴入股保险等行业的经验，采用股权模式将资金注入环保企业，从而参与企业的经营管理，获得股利。通过这种资金使用模式，商业银行可以全程参与到环保企业项目中，对企业的发展有全面的掌握，降低了融资风险。

专栏 11-11　外资银行首次股权投资湖北环保企业 3 000 万美元入股"生物塑料"

2011 年 12 月 5 日,渣打银行向我国生物塑料行业领军企业武汉华丽环保科技有限公司股权投资 3 000 万美元。据了解，这是外资银行首次股权投资湖北省环保企业。

位于武汉东湖高新区的华丽环保，以天然可再生物质为原料，替代石油，制造环保生物塑料，目前年产能达 4 万 t，产品远销全球 30 多个国家和地区，成为我国最大、全球第二的淀粉基生物塑料领军企业。

全球著名的渣打银行集团，通过旗下的渣打私募股权投资有限公司，向华丽环保这样发展成熟的企业提供股权投资服务。渣打银行所投资金，华丽环保将主要用于扩建新厂，扩大产能和收购兼并。

资料来源：中国国际商会湖北分会。

11.3.6　基于合作发行债券的融资模式

环境债券由国家有关机构发行，其他社会主体予以认购，将所筹集资金用于环保产业开发、环保基础设施建设。环境债券的发行应当遵守申请、审批、发行、承销的法定程序和形式。由国务院专门成立的机构作为发行人提出申请，国务院证券监督管理部门进行审批，并由证券公司予以承销。另外，债券应当根据国家环保产业和建设总体规划及预备赔偿金的定额，定期发行和认购，及时补充，以保持总量上的稳定。对于筹集的环境债券资金应当由专门机构进行统一操作使用，根据专款专用的原则，用于环保产业的开发，环保设施的建设，并采取严格的审批和监管，以确保资金的有效利用，防止资金流失。

根据相关金融政策改革趋势，企业债券将得到进一步发展，中国应在城市基础设施建设领域和大的企业集团积极利用企业债券融资手段。企业债券在性质上与城市基础设施的公共物品特性有一定冲突。近年来之所以由企业而不是政府为市政建设发债融资，原因之一是规避《预算法》禁止地方政府发债的规定。实践中，虽然名义上由发债企业承担还债的责任和风险，但实际上发债企业会从地方政府得到各种支持和补贴，其性质并非真正的企业债券，而是接近用于公共产品投资的市政债券。目前企业债券发行审批严格，发行成本较高，数量很少，难以满足包括城市环境基础设施在内的庞大的市政融资需求。

发行企业债券和环境债券符合中国金融改革方向，政策性银行可以积极介入。配合《企业债券条例》的修改，制定相关配套政策，使企业债券融资能用于包括环境基础设施在内的市政项目的综合开发。将环保项目纳入城市综合开发发债计划，选择资信高、还贷能力强的城市建设企业作为发债主体。由政府赋予发债企业市政项目的综合开发权和收费权，并优先保证项目开发用地的批租。政府用预算外收入对债券利率中超过国债利率的部分给予补贴。为市政环境建设性质企业债券的流通转让创造必要条件。

11.4 突破金融机构环保融资瓶颈的政策要点

11.4.1 提高环保企业融资能力政策

11.4.1.1 创新环境保护融资担保、质押模式

创新环境保护融资担保、质押模式，鼓励政府、金融机构、担保公司等设立联合担保基金，对污染治理项目、环保企业发展提供融资担保服务。探索各类企业按照产值集资建立融资担保基金，建立风险分担机制及担保标准，为参与集资的企业环境污染防治项目提供融资担保服务。试点并推广排污权、收费权质押贷款，拓宽抵押、质押物范围。鼓励银行与担保公司提供政策性拨款预担保服务。如浙江省通过放低抵押担保条件，将节能环保企业的专利权、商标权等知识产权纳入了授信资产范围，先后推出了订单质押、仓单质押、存货质押、应收账款质押、收费权质押、股权质押、排污权质押、清洁发展机制（CMD）等 20 余种新型质押模式，满足了不同企业的个性化需求。

11.4.1.2 设立环保信贷政策性担保和保险机制

建议应配套创建一些政策性担保或保险公司，这类公司的作用主要在于为环境

保护信贷投资提供风险担保，吸引营利性社会资金积极参与，并从经营管理中分得利润。

建议国家财政担保，由金融机构发行绿色金融债券，使金融机构筹措到稳定且期限灵活的资金，投资于一些周期长、规模大的环保型产业，一方面解决环保型企业资金的不足，另一方面优化其资产结构。

11.4.1.3 完善还贷机制，降低信贷风险

银行信贷是中国金融体系的主体，占全部社会融资总量的90%以上。在现阶段，只要在提高获取信贷和还贷能力方面进行一些机制改革，银行信贷可以成为环境保护项目融资的重要手段。

（1）借款人与项目法人分离 选择城市基础设施综合开发部门作为借款人，实行城市环境基础设施项目借款人和项目业主分离。地方政府对借款人在项目综合开发、土地批租、财政贴息和担保以及发债和上市融资等方面给予政策扶持，形成项目还款的保障。

（2）由项目的控股股东对项目借款人实施担保 在这一方式下，项目借款人仍是项目业主本身，但要求项目资本金的最大出资人对借款人实施担保。担保人仍选择能得到当地政府扶持的城市基础设施综合开发部门。

（3）由地方政府赋予借款人其他项目的开发权，并指定其他项目收益作为环境项目的还款来源。

（4）与其他城建开发项目一起申请打包贷款 对不同的城建开发项目进行打包，如将污水处理项目和城市供水项目捆绑打包申请贷款，用不同项目的综合收益还款。

（5）利用政府贴息资金、发债、债券转股权和邀请贷款银行充当借款人的财务顾问等方式，增强借款人的还贷能力。

（6）借鉴国外经验，制定环保风险等级标准，金融部门据此决定信贷投向，建立信贷环境风险防范机制。

（7）利用多方委托银行贷款融资方式投入环境保护，适度分散项目风险。

11.4.2 引导金融机构环保融资政策

11.4.2.1 加强金融机构环境保护责任感，提高其融资积极性

加强金融机构环境保护投资责任感，将环境保护投资作为金融机构社会责任报告的重要内容，定期开展评估，发布社会责任报告。实施金融机构向环保企业和环保项目贷款损失准备金企业所得税税前扣除，提高金融机构向环保领域投放贷款的积极性。完善信息共享机制，加强企业环保信息的征集和共享机制建设，逐步将企业环保审批、环保认证、环保事故等信息纳入人民银行企业征信系统，进一步发挥征信系统的监督作用，带动银行向环保行业发放贷款的积极性。推进排放权交易市场发展，鼓励金融机构为排放权交易提供账户便利、研发支持、融资支持和中介服务，探索建立征信系统和排放权交易市场的信息共享机制。

11.4.2.2 创新融资平台，增设金融机构环保融资支点

当前我国环保项目主要依靠政府支持的局面已被打破，较为单一的借贷已不能满足环境保护基础设施的融资需要，融资的关键需要从赠款、财政支持逐渐转变为依靠自身经营性现金流的积累或市场中的筹资性现金流的收集。金融机构作为环境保护项目的重要资金来源，迫切需要创新融资模式，规范信贷管理，提高风险意识，加强贷后管理，保障贷款质量，与此同时积极吸纳国际经验，配合建立新的融资平台，如前文提到的环保投融资公司平台、基于风险分摊的融资平台等。

11.4.2.3 加强政策性银行、财政资金等的导向性作用

政策性银行建立混合使用资金，对中央或地方环境保护专项资金支持的项目，加大贷款力度，给予更为优惠的贷款条件，强化环保专项资金和银行贷款资金的环境效益。通过银行贷款资金与专项资金的捆绑使用，提高资金投入的实施效果。中央环境保护专项资金与地方环境保护专项资金对企业污染治理提供了一定的资金支持，作为环境保护专项资金，其更大的作用是引导社会资金的投入。2006 年排污费收入 144 亿元左右，其中中央环保专项资金预算下达 14.1 亿元左右，近年来资金额度进一步加大。

发挥财政投入对银行信贷的引导作用，运用贴息和资本金补助等方式，将一部分财政投入、国债投入与银行信贷捆绑使用，增强环保项目向银行融资的能力。开发银行尤其要注意国家各类环境保护规划的资金筹措方式，目前阶段，国家在批复环境规划时往往对各类项目明确了国家补助的政策性要求，财政部门也往往采用"以奖代补"等各类方式对规划内项目予以支持，这些规划类项目应是国家开发银行项目信贷的重点。

政策性银行贷款要与"扶持中小企业发展专项资金"、"中小企业发展基金"、水体污染控制与治理国家重大科技专项等国家基金、国家行动等结合起来使用。

第12章

民间资本环境保护投融资

12.1 民间资本参与环保投融资现状与问题

12.1.1 现状

2002 年，原建设部出台《关于加快市政公用行业市场化进程的意见》，拉开了以推广特许经营制度为核心的市政公用事业市场化改革序幕。近 10 年来，民间资本、外资等各种社会资本进入供水、供气、供热、污水、垃圾处理等领域，打破了国有企事业单位独家经营的垄断局面，提高了市政公用行业生产效率和服务水平，推动了市政公用事业快速发展。

2011 年 5 月《全国城镇污水处理信息系统》显示：我国已有 88.64% 的污水处理厂由企业运营，仅有 11.36% 的污水处理厂仍由事业单位运营，全国共建成投运污水处理厂 3 022 家，其中，吸引民间资本采取 BOT（建设—运营—移交方式）、BT（建设—移交方式）、TOT（移交—运营—移交方式）等特许经营模式建设的占比 42.28%。经过持续推进的改革，我国多数市政公用单位已实现市场化。

以江苏省为例，到 2010 年年底，全省 75 个供水单位有 30 个实现了市场化改革，占 40%；176 个污水处理单位有 75 个实现了市场化改革，占 43%；79 座垃圾处理设施有 19 座实现了市场化改革，占 24%。上述三项，累计融资 178 亿元。

2003 年以来，相关部门出台了一系列鼓励民间资本和外资进入市政公用行业的政策。2004 年，原建设部出台了《市政公用事业特许经营管理办法》，开放供水、污水垃圾处理等市政公用行业，对于供水、污水等行业，在投资和运营上采取厂网分开、独立核算的方式，推行特许经营制度。

据不完全统计，"十一五"期间，在供水行业 273 个新建项目中，有 65 个项目有民间资本和外资参与投资，占比 23.8%；在污水处理行业 394 个新建项目中，有 145 个项目为非国有资本参与投资，占比 36.8%；在垃圾处理行业 231 个新建项目中，有 60 个项目为非国有资本参与投资，占比 26%。

表 12-1 "十一五"期间市政公用行业非国有资本进入情况

行业	新建项目数量	非国有资本参与投资比例/%
供水	273	23.8
污水处理	394	36.8
垃圾处理	231	26

在配套政策方面，我国已初步建立和完善市政公用产品服务价格调整机制和收费制度。2008 年以来，各地抓住 CPI 下行的机会，纷纷调整水价，以满足供水、污水处理设施正常运营的需求。

目前，全国已有 24 个省（区、市）建立了污水收费制度，约有 80% 的城市开征了污水处理费。同时，实施城镇污水处理设施配套管网"以奖代补"政策，2007—2010年，中央财政累计下达"以奖代补"资金345亿元，带动地方财政资金1 124亿元。

12.1.2 存在的问题

12.1.2.1 政策、法律体系不完善

（1）民间资本支持环保投融资的政策法规不完善　目前，鼓励民间资本参与环境保护的配套政策只是散见于中央和各部委的文件中，而且对价格、税费、信贷、土地出让等关键问题，大多缺乏可供操作的实施细则。有关民间资本支持环保投融资的政策法规仍未形成一套科学有效的体系，相互之间缺乏一致性和协调性、操作困难。环境执法力度偏弱，造成了环境投入有效需求不足，致使大量民间资本不敢涉足环保领域，没有主动参与环境污染治理投资的积极性。针对不同特征的环境保护领域，目前我国政府还没有清晰地制定环境保护投资领域的准入制度与相关的融资体系，关于哪些环保领域民间资本可以介入投资，哪些领域民间资本不能介入，哪些领域政府应该给予适当的补贴等方面的法律法规，几乎还是空白。这些都直接影响了环保融资渠道的正常发展，阻碍了环境保护工作的开展。

（2）缺乏特许经营规范性条例　目前，国家层面还未出台有关特许经营的规范条例、标准化合同文本，没有对特许经营过程中各方的责、权、利作科学的定位，所以在特许经营协议达成和具体实施过程中，各方责任混乱，存在相互推诿、扯皮及争权的，造成违约，加大了政府和公众承担的风险。

（3）缺乏有力的法律、法规保障　现有的环保基础设施产业化的文件多为指导性的，法律效力低，缺乏从法律层面上对产业化、市场化方向的明确肯定与规定，产业化的一系列配套政策，如税收优惠、特许经营、收费手段等都没有在法律、法规中得到确认、规范和保障。2004年通过的《中华人民共和国行政许可法》是各个部门关于行业监管的法律依据，对于各项规章制度的制定提出了新的严格规范与限制，环保行业的各项监管政策需要及时进行修改或升级，以免在实施中出现矛盾。

12.1.2.2 "污染者付费"原则和"使用者付费"原则没有贯彻到底

投融资权责不分，没有充分体现"污染者付费"原则和"使用者付费"原则。根据经济学原理，环境污染是"市场失灵"的表现，是社会经济活动外部不经济性的表现。要消除这种外部不经济性，需要政府、企业和社会的共同努力。在市场经济条件下，政府的作用主要是规制和监督，同时作为环境质量等公共物品的主要提供者，在环境投入方面负有不可推卸的责任。企业通常是环境污染的主要产生者，社会公众既是污染的产生者，也是环境污染的受害者。根据"污染者付费"和"使用者付费"原则，企业和社会公众应该在环保投资中占有相当比例。从目前情况看，我国环境保护的投资主体仍然是国家，70%以上的环保投资是政府投入，与市场经济国家的情况恰好相反。我国环境保护由于传统思维的惯性，没有明确政府、企业和公众的环境保护投资权责关系，把污染治理责任过多地推向政府，没有发挥市场和

公众的作用。虽然近年来"污染者付费"和"使用者付费"原则开始得到一定程度的体现，但执行很不到位，相关政策法规也有待完善。

12.1.2.3　缺乏社会公众参与机制

社会公众参与环境保护的筹资机制没有形成，不能实现环境资源与社会资金的合理配置。数额巨大的民间资本是我国环境保护的有源之水。经过 30 多年的改革开放，非国有经济已成为中国经济增长的重要支撑力量，社会居民积累了大量财富。环保产业的投资特征，具有规模经济性、投资密集性、风险不确定性，需要长期、稳定、融资成本低的资金，长期闲置的民间资本是其寻求的对象。目前的难题是如何建立起社会资金的进入退出机制，建立合理的利益分享和风险分担机制，从而使私人投资者能够在资本市场上融入社会资金并投向环境保护领域。

12.1.2.4　公私合营机理尚未理顺，在实际运作中存在政策缺陷

私人部门的参与是许多国家环境基础设施建设和运营模式的重要发展方向。公私合营通常所指是基础设施的企业化和市场化运营。从发达国家的实践来看，表征运营市场化水平的重要尺度就是私人部门的参与程度。BOT 是公私合营的一种重要模式，是政府特许经营权制度与项目融资制度相结合的产物，其显著特征是"权钱交易"，即政府向承包商出让某个环保项目的经营特许权，承包商以项目融资的方式筹资建设，并在事先议定的定价框架内收费以获取投资利润。据不完全统计，在全国 236 个地级以上城市中，运用 BOT 模式进行环保项目建设的已达 70 个以上，在一些省份，采用 BOT 方式建设的污水处理项目已占 70%以上。但在我国运用 BOT 方式的过程中也出现不少失败案例。除了我国现有金融体系无法支撑标准 BOT 的项目融资外，我国特许经营合同不规范，尚未建立起对 BOT 的政府保证制度也是重要原因。在项目运行过程中，政府单方毁约、失信于投资者的事件频频发生，造成了很坏的国际影响，也影响到民间资本对政府承诺的信心。

12.1.2.5　尚未建立科学的环保服务价格形成机制

目前，我国市政公用事业价格是简单地按成本加收益形成的，只对成本的合法性做出判断，没有对成本的合理性进行严格界定，导致其价格形成机制扭曲，价格既不反映价值，也不反映成本变动和供求关系。

以污水处理收费为例，据国家发改委 2010 年 7 月公布的全国 119 个城市污水处理费数据，全国 57%的城市污水处理费还没有达到国家要求的 0.8 元/t 的标准。加之国家提高了污水排放标准，污水处理厂需要进行相应的升级改造，污水处理成本也将随之提高，因其与水价捆绑征收，水价上涨的压力进一步增大。

价格形成机制不科学导致环境保护服务价格不能进行合理调整，公用企业则长期处于保本经营甚至亏损状态，这必然导致企业缺乏提高其产品和服务质量的动力。

12.2　民间资本环保投融资模式

12.2.1　特许经营融资模式

12.2.1.1　BOT 融资模式

BOT 是项目融资的一种方式，是 Build-Operate-Transfer，即"建设—运营—移交"的缩写。这种新型融资方式最早是由土耳其政府提出的，后来为世界各国所采用。

典型的 BOT 定义是：政府就某个基础设施项目与非政府部门的项目公司签订特许权协议，授予项目公司来承担该项目的融资、建设、经营和维护。在协议规定的特许期内，项目公司通过向该项目的使用者收取费用，来回收项目投资、经营和维护等成本，并获取合理回报。政府部门则拥有对这一基础设施项目的监督权。特许期届满后，项目公司将该项目无偿地移交给政府部门。

BOT 模式适用范围比较广，但主要适用于可以通过收费获得收入的具有公益性质的基础设施和公共部门的建设项目。环境基础设施建设应用 BOT 模式的优点是显而易见的。对政府而言，BOT 项目最大的吸引力在于，它可以融通社会资金来建设环境基础设施，减轻政府财政压力。政府对项目的支付不再是一次性巨额财政投入，而是通过出让"特许经营权"，用污水和垃圾费（以及少量财政预算）分期支付给投资者。对企业而言，由于有污水和垃圾处理费做担保，所以 BOT 项目具有风险低、投资回报稳定的优势。

12.2.1.2　准 BOT 模式

尽管许多地方政府和民营企业都希望采用 BOT 模式建设城市污水和垃圾处理设施，但实际情况是谈的项目多，谈成的少。其原因是多方面的，主要是投资商期望的投资回报与政府保本微利政策之间存在着较大差距。同时，政府和企业对如何规范运作 BOT 项目和规避风险缺乏知识和经验，顾虑较多。在这种情况下，出现了准 BOT 模式。准 BOT 模式与典型 BOT 模式的主要区别在于项目投资结构和经营期限上的不同，政府是项目公司的股东之一，项目操作依然按照 BOT 模式。除资金外，政府注入项目的股份也可以是土地等其他资本形式。

由于政府资金或其他形式的资本注入，准 BOT 模式可以提高投资者的信心，减轻投资者融资和还贷压力，降低投资风险，是适宜于资金实力较弱的国内环保企业和由国债支持项目的一种运作方式。同时，政府作为股东，准 BOT 模式便于政府调控项目服务收费价格。需要指出的是，准 BOT 模式对于政府与企业之间签订的合同的严谨性要求更高，否则，在设施运营管理、利润分成等方面容易产生纠纷，影响环境基础设施的建设与运营。

专栏 12-1 准 BOT 污水处理厂运行案例

北京经济技术开发区污水处理厂一期建设规模 1.8 万 t，投资约 3 200 万元，已于 2001 年年末正式竣工运行。该工程采取准 BOT 方式，由美国金州公司与北京经济技术投资开发总公司成立合作公司，金州公司提供技术、资金，北京经济技术投资开发总公司代表开发区以土地使用权入股。特许经营期限为 20 年，在这期间，合作公司负责开发区污水处理厂的设计、施工及后期运行管理，合同期满后，污水处理厂转交给开发区自行管理。与典型的 BOT 项目有所不同，开发区不是无偿或优惠提供土地使用权，而是以土地使用权入股成立合作公司，从污水厂的运营中获得回报，同时，也可以学习到先进的技术和管理经验。

资料来源：中国环境报。

12.2.1.3 TOT 模式

TOT（Transfer-Operate-Transfer）模式，即"移交—运营—移交"，是指政府对其建成的环境基础设施在资产评估的基础上，通过公开招标向社会投资者出让资产和特许经营权，投资者在购得设施并取得特许经营权后，组成项目公司，该公司在合同期内拥有、运营和维护该设施，通过收取服务费回收投资并取得合理的利润，合同期满后，投资者将运行良好的设施无偿地移交给政府。

从本质上看，TOT 模式是政府将城市环境基础设施租赁给民营企业的一种方式，租赁企业一次性向政府支付租金。通过 TOT 模式，政府可以回收设施建设资金，同时解决了运营问题。对于项目公司而言，由于其受让的是已建成且能正常运营的项目，无须承担建设期的风险，尽管投资回报率会略低于 BOT 模式，但对投资者仍有较大吸引力。

12.2.1.4 PFI 模式

PFI（Private Finance Initiative），英文原意为"私人融资活动"，在我国被译为"民间主动融资"，是英国政府于 1992 年提出的，在一些西方发达国家逐渐兴起的一种新的基础设施投资、建设和运营管理模式。PFI 是对 BOT 项目融资的优化，其含义是公共工程项目由民营资本投资兴建，政府授予私人委托特许经营权，通过特许协议，政府和项目的其他各参与方之间分担建设和运作风险。与 BOT 模式不同的是，政府对项目的要求没有那么具体，往往只提出目标和功能要求，充分利用私营企业的优势，实现项目的选择、设计和运营的创新；项目竣工后，项目公司不是将项目提供给最终使用者，而是出售或租赁给政府及相关部门。

PFI 方式，主要用于解决政府基础设施建设资金不足的问题。我国环保产业在建设任务十分艰巨、供需矛盾较大的情况下，推行 PFI 方式能够广泛吸引经济领域的非官方投资者参与投资，这不仅将大大缓解政府公共项目建设的资金压力，而且还将有效地推动整个行业的产业化进程。这种做法，鼓励了民间资本的参与，也减轻了政府现时的财政压力，促进了城市的基础设施建设。同时，也建立了新的建设、运营方式，调整了社会参与基础建设的积极性。

12.2.2 资本市场投融资模式

12.2.2.1 股票市场融资

在现代经济中，股票市场的筹资功能越来越明显，充分发挥股票市场的功能是金融支持环保建设与发展的重点。对效益好规模大的环保企业实行股份制改造，并推荐其上市。在上市公司的审批上，国家应给予优惠政策，加快从事环保投资的企业的上市速度，鼓励和支持环保企业上市发行股票，通过社会融资实现企业资本的筹集和扩张，增强企业的环保投资能力。

1997年，我国有了第一家以环保为主业的上市公司——沈阳环保股份，之后越来越多的上市公司开始青睐环保。在深成指调整样本股后的"行业归属"一栏中也出现了"环保产业"。目前中国上市公司涉足环保产业的方式主要有主营环保业务，出资参股、控股环保类公司而涉足环保产业，通过募集资金投向环保项目，对自身业务进行环保型规划和改造。因此，利用上市公司募集资金或出资参股、控股环保类公司已成为环保投资融资的一条新途径。

12.2.2.2 创业板市场融资

新兴科技型环保企业高科技和良好的发展前景具有较高的投资价值，但由于其规模和资本一般都比较小，这些中小型企业很难进入股票市场融资，可向国内中小板或香港创业板市场进行融资。

创业板开启之后，环保企业IPO加速。2000—2011年，环保企业IPO共38例，融资总额235.8亿元，其中内地IPO共24例，占总数的63.2%，占总额的69.6%。在创业板开启之前，环保企业以境外上市为主，在2000—2009年13家上市环保企业中，在境外上市企业有8家，占上市总数的61.5%。创业板开启以后，国内多层次资本市场的建立为环保企业资本运作开辟了更多的道路。2010—2011年25家环保上市企业中，境内上市19家，占总数的76%，其中在创业板上市的有13家。

表 12-2　2000—2011 年环保企业 IPO 数量及金额统计

上市地点	IPO 数量	IPO 金额
中国大陆	24	235.8 亿元人民币
中国香港	6	57.2 亿港元
美国	4	10.1 亿美元
新加坡	2	3.1 亿新加坡元
英国	1	0.2 亿英镑
日本	1	220.8 亿日元
总计	38	338.9 亿元人民币

12.2.2.3 债券融资模式

债券融资包括国债融资方式和企业债券融资方式。国债融资是政府将发行国债的一定比例作为财政支出投入到环保领域，这是一种直接的环保融资方式。对政府而言，仅仅依靠财政收入的增加来加大环保领域的投入是十分有限的，而发行国债则可以缓解政府压力。因此，应该大力利用发行国债，吸收民间资本和外资进入环保领域。环境保护企业还可以凭借其自身的信誉和经营业绩发行债券，进行企业债券融资。相对于国债融资、银行贷款和股票市场融资方式，企业债券的融资方式更为主动、融资成本更低。由于我国企业债券项目的确定一直是按照国家产业政策和行业发展规划进行的，企业债券的发行方式沿用传统的审批模式，发行规模实行额度管理，总体上企业债券市场的发展十分缓慢，企业债券融资规模十分有限。然而，由于政府将提高在产业政策下对环保产业的支持，在按照行业发展规划管理债券发行的体制下，环保企业发行企业债券将有很大的空间。另一方面，环保企业良好的发展前景将为企业债券的发行和偿还提供优异的经营业绩支持。因此，环保企业债券融资将具有巨大潜力，这也为缺乏资金的环保产业提供了十分难得的融资机会。

12.2.2.4 环保产业投资基金

产业投资基金是与证券投资基金相对应的一种基金模式，是私募股权投资基金（PE）在国内的表现形式之一。它以私募的方式向工商企业、投资机构、保险公司等投资者募集资金，向具有高增长潜力的未上市企业以及上市公司的非交易股权进行投资，并参与被投资企业的经营管理，以期所投资企业发育成熟后通过股权转让实现资本增值。

表 12-3　近年成立的主要环保产业基金

基金名称	规模/亿元	主要内容	成立日期
宜兴中科环保产业基金	50	宜兴环保科技工业园与深圳市中科招商创业投资管理有限公司签订基金合作协议，双方将募集、设立总规模为 50 亿元的环保产业基金，主要投资环保产业领域优质项目	2012.2
中日节能环保投资基金	10	基金主要为中国的节能环保相关企业提供资本性资金供给支持	2011.12
绿色环保产业基金募集	10	晨鸣纸业投资 3 亿元，经营范围包括股权投资绿色环保产业，包括但不限于新能源、新材料、节能、绿色地产、绿色金融、污染防治等赢利子行业	2011.11
中能绿色基金	20	"广东绿色产业投资基金"旗下合同能源管理联盟的成员之一，专注中国节能减排、污染治理、环境保护等绿色节能环保行业的股权投资基金	2011.7
广东绿色产业投资基金	50	由政府 5 000 万元引导基金和 49.5 亿元社会资金共同组成。基金的投资方向主要是运用合同能源管理模式进行节能减排项目	2010.2
建银城投环保基金	18	建银国际联合上海城投共同设立，首期募集资金 18 亿元已于 7 月完成，长远目标规模为 200 亿元，专注于环保项目投资	2010.7

当前设想的环保产业投资基金的设立及运作方式是：在符合国家政策法规的前提框架下，按照专业化的思路，面对不同风险偏好的投资者，募集成立如城市垃圾处理基金、城市污水处理基金等细分产业投资基金，交由具有相应环保专业知识背景、金融背景的专业人才管理，投向专门的环保产业。

环保产业投资基金的建立不但可以从社会广泛的募集资金，也使资金的筹集和使用公开透明化，增强人们对环保企业进行社会捐助的积极性。自 2010 年以来，先后成立 6 只环保领域产业投资基金，资金规模达到 158 亿元。同时，已有一些地方建立了政府环境保护基金、污染源治理专项基金、环境保护基金会和非政府组织、环境保护团体等多种形式的环境保护基金和资金渠道，丰富了环境保护资金的投资主体和融资载体。

12.2.2.5 ABS 资产证券化

ABS（Asset-Baeked Securitization）方式是一种新的引资方式，是指以目标项目所拥有的资产为基础，以该项目资产的未来预期收益为保证，通过在国际市场上发行高档债券来筹集资金的一种项目证券融资方式。在 ABS 方式中，项目资产的所有权根据双方签订的买卖合同由原始权益人即项目公司转至特殊目的公司 SPC（Special Purpose Corporation，SPC），SPC 通过证券承销商销售资产支持证券，取得发行收入后，再按资产买卖合同规定的价格把发行收入的大部分作为出售资产的交换支付给原始权益人，从而将原始权益人（买方）缺乏流动性但能够产生可预见未来现金流收入的资产构造转变成为资本市场可销售和流通的金融产品。

同 BOT 方式一样，ABS 资产证券化方式可以为环保基础设施建设筹措大量的外部资金，与 BOT 方式相比，环保项目用 ABS 资产证券化方式融资时，项目的资产运营决策权依然归原始权益人所有，因此避免了关系到国计民生的重大环保产业项目经营权落入外国投资者手中的风险。同时，这种投融资方式融资风险较低，中间环节较少，可以大幅度降低发行债券筹集资金的成本。

ABS 资产证券化是政府从外部获得大量低成本、低风险的环保基础设施建设资金的有效途径，ABS 资产证券化方式是以环保项目未来产生的预期现金流为支撑的。我国应该逐渐完善各种环保法规制度，建立起环保设施有偿使用制度，从而逐步实现环保基础设施市场化运作，环保设施经营企业可以通过直接向使用者收费从中获得利润，这样就可以保障环保基础设施建设项目具有可预期的、稳定的现金流。

12.2.2.6 绿色信托

信托是委托人基于对受托人的信任，将其财产权委托给受托人，由受托人按委托人的意愿以自己的名义，为受益人的利益或者特定目的，进行管理或者处分的行为。简而言之，就是"受人之托，代人理财"。自 2007 年信托行业第五次整顿后，信托因其制度上的优势迅速发展，已成为一种炙手可热的融资手段。将信托与环保产业有机结合在一起，建立"绿色信托"，可以拓宽环保产业融资渠道，促其良性发展。

　　"绿色信托"就是以环保项目为标的、为环保行业融资的信托计划，是信托投资与环保产业融资的结合，对解决环保产业融资难有积极作用。这种投融资方式在19世纪初就被发达国家采用，收到了很好的效果。泰晤士河污水厂治理融资就利用了这一方式；日本福岛核泄漏发生后，东京电力公司曾出现财务危机，是信托集团向其提供巨额贷款，用于修复地震中受损的发电厂及支付其他费用。国内信托公司对"绿色信托"也已展开了探索和尝试。

　　目前市场上的信托产品中，房地产信托占据"半壁江山"，市场风险积聚，监管层因此加大了对此类信托的控制，要摆脱监管困境，信托公司也需要加快创新步伐，充分发掘市场需求，推出新的信托产品，而有着政府支持的环保产业无疑是一佳选。

专栏 12-2　国内"绿色信托"实践案例

　　中国信托业协会披露的数据显示，尽管数量尚少，国内信托公司在"绿色信托"方面已经与环保企业开始了初步的合作，其中较具代表性的应属云南宜良污水处理厂的信托筹资计划——云南水务集合资金信托项目。宜良素有"滇中粮仓"之称，随着宜良城市化加速，城市人口的增加导致流域水环境逐年恶化。宜良政府决定新建宜良县污水处理厂，解决城区污水收集、输送、处理、排放问题，消除水体污染，改善宜良自然生态环境，促进宜良经济发展。项目预计总投资 2 000 万元。信托项目受托人为中铁信托有限责任公司，筹资企业是西部水务集团（贵州）有限公司。双方共同出资组建贵州西部城投投资有限公司，负责项目的建设管理。

　　污水处理厂建设资金采用信托的方式融资，由中铁信托面向社会筹资，委托人资金门槛设为 30 万元，期限两年，共筹资 2 235 万元。为降低风险，该信托计划采取了担保及抵押手段，将贵州西部城投投资有限公司对项目公司的股权质押给受托人；同时，西部水务集团（贵州）有限公司为项目公司的贷款向受托人提供不可撤销连带责任担保。

　　中铁信托将信托资金采用股权加债权的方式用于云南宜良污水处理项目建设。一部分信托资金采用股权投资方式与西部水务集团（贵州）有限公司共同组建贵州西部城投投资有限公司，用于云南师宗县、禄丰县、沾益县的污水处理和自来水项目建设；另一部分信托资金采用债权方式贷给贵州西部城投下属的项目公司。信托期限为两年，到期后由项目公司归还贷款，贵州西部城投投资有限公司回购股权并退出。

　　云南水务集合资金信托项目为"绿色信托"的推广发挥了很好的示范作用，通过该信托产品的设计及运行可以看出，环保产业利用信托融资的成本相对较小，审批时间短，手续远不如BOT 项目复杂；信托公司参与项目时间短，不进行特许经营，不会出现对基础建设的掠夺性经营；还可以引导民间资本进入，鼓励公众参与环保产业，增强环保意识。

12.2.3 环境资本运作

开展环境资本运作是将土地开发等活动与污染治理相结合，利用土地增值等筹集环境保护资金。江苏省推广无锡五里湖、南京秦淮河开展环境资本运作，筹集环境整治资金的经验，鼓励各地通过做美做优环境带动土地增值，盘活环境资产存量，再用经营城市的收益反哺环境整治，形成城市建设与环境建设的良性循环。

重庆市统筹国家发改委专项补助、地方债券、市财政资金，鼓励区县通过土地出让、整治后土地增值、引进外来资金等方式，累计投入资金 65 亿元进行次级河流整治。将污染场地修复作为土地招拍挂前置条件，纳入土地开发成本，2007—2010 年共修复土地 6 万 m^2。为促进企业搬迁，市政府出台土地兜底政策，先后借助渝富集团、城投公司、重庆地产集团等一批投融资平台筹资 400 亿元，按照企业老厂现规划用地性质的市场价格，进行土地储备，提前支付 50% 的搬迁资金为企业搬迁提供资金保障，采用了新厂开建同时老厂仍然保持生产三年的"假死"优惠模式，并出台了税费、土地、迁建、环保、电力、提前退休、社保、银行 8 项污染企业环保搬迁优惠政策。

12.2.4 供排水"一体化"模式

在城市污水处理企业化改制过程中，上海和深圳等地还探索出了供排水"一体化"模式，将原属事业单位的污水处理厂与属企业性质的自来水公司合并，形成了一个企业集团，同时经营供水和污水处理业务。

专栏 12-3 供排水"一体化"显优势

2001 年 12 月 28 日，由深圳自来水集团牵头组建的全国首家大型水务集团成立。原属市城管办管辖的滨河、罗芳、南山污水处理厂及整个排水管网整体并入自来水集团，新成立的深圳市水务（集团）有限公司"身价"达到了 60 亿元人民币。2001 年，深圳自来水集团实现供水销售收入 6.76 亿元，利润 0.87 亿元。市污水处理系统日处理能力为 125 万 t，虽能满足全市污水处理需要，但按照深圳市现行污水处理收费标准（企业 0.4 元/t、家庭 0.27 元/t），年运行资金缺口达 7 000 万元。因此，为取"长"补"短"，深圳市决定实施供排水"一体化"改革，由自来水厂吸收污水处理厂业务。同时，扩大规模后的深圳水务集团，将逐步通过减持国有股，引进民营投资者，使供排水基础设施建设、管理与运营逐步实现市场化，走上良性循环的轨道，力争用 5～10 年时间建设成为一个服务良好、管理科学、有能力参与国际竞争和跨区域经营的现代化水务企业集团。

资料来源：上海环境热线。

从供排水"一体化"模式的制度安排上看，它有 3 个显著的优点。

（1）"回报扶贫" 用供水行业较高的投资回报，补贴污水处理项目的不足。

（2）"技术和管理扶弱" 我国供水行业发展已具有了较长历史，在水处理技术和管理经验方面都较污水处理行业有优势，二者合并后，有助于提高污水处理行业的技术和管理水平。

（3）解决污水处理融资的企业法人主体问题 传统运营体制中的事业单位是不允许向社会融资污水处理资金的，改制合并后的企业就可以解决这一问题。同时，由于有供水业务做保障，"一体化"后的企业具有较高的融资信誉和融资能力。

在供排水"一体化"实践中要避免形式上的"一体化"改制，如通过行政手段强行撮合，搞"拉郎配"式的机械组合，"一体化"改制后的供水业务按照市场化方式经营，但污水处理仍沿用过去的经营方式，单独核算，运营的资金缺口全部仍由政府补贴，也就是说，虽然供排水业务在形式上合在了一起，但仍按两种机制运行，并没有从根本上实行市场化，没有充分发挥"一体化"模式的优势。因此，未来供排水"一体化"应遵循市场规则，通过市场作用实行结合，避免以行政手段强行改制。

12.2.5 合约模式

12.2.5.1 服务合约

服务合约（Service Contract）是为了降低运营成本或从私人企业获得一些特殊的技术和经验，将设施运营中的某一部分承包给私人企业的方式。该模式要求政府部门为基础设施提供基本的建设，并负责扩大生产和技术改造所需投资。私人企业按照政府部门确定的服务标准负责部分设施的运营，并按合约规定收取费用。政府一般通过竞标的方式确定合作的私人企业。

服务合同是最具竞争力的合作方式。原因首先在于服务合约期限较短，促使获得合约的私人企业必须保持低成本经营；其次，服务合同提供的服务范围有限，企业只负责部分环节的运营，进入障碍低，从而允许更多的公司参与竞争，竞争强度高。

该模式的不足之处在于利用私人企业资金程度很低，且私人企业仅仅参与城市基础设施服务其中的一个环节，受政府原有基础设施状况的限制，该模式不能最大限度地发挥私人的技术优势；政府方面承担全部的投资风险，以及大部分的环境风险。此外，由于降低成本是此类合同的出发点，这可能造成政府在财政紧张的情况下，倾向于选择竞价最低者而忽视企业所提供的服务质量。

12.2.5.2 管理合约

管理合约（Management Contract）是为了增加企业对设施管理的自主性和决策权，减少政府对日常管理的干预，将整个设施运营的所有管理责任委托给私人企业。该模式要求政府按照合同向企业支付管理费用，同时企业也必须承担一定的商业风险。

由于运营成本和从政府取得的服务费相对稳定，私人企业的风险较小，但相应的收益也较低。同样，该模式对私人企业资金的利用也非常有限，仍然需要政府提供基础设施并负责设备的更新和改造。故该模式只能在一定时期内起到提高效率的作用，此后只能保持稳定，而无法出现效率的持续提高。

专栏 12-4　管理合约成功案例

　　2001 年，深圳市将龙田和沙田污水处理厂以管理合同方式承包给民营企业运营后，估计政府每年可以节省 120 多万元的财政开支，运营成本降低 20% 左右。

　　龙田和沙田污水处理厂均由市、区、镇三级政府联合投资兴建，规模分别为 6 万 t/d、5 000 t/d，为了减轻政府在运营维护方面的负担，提高管理效率，引进科学和先进的管理模式，市、区政府授权坑梓镇政府把两座污水处理厂的运营管理推向市场，选择一个专业化、规范化的企业来管理污水处理厂。通过公开招标，最终选择了以深圳市碧云天环保公司和安徽国祯环保公司组成的合作公司作为两个污水处理厂的运营承包方，承包期为 15 年。据估算，原来两座污水处理厂每月的运营维护费用约为 50 多万元，实行市场化后，每月只需付给运营承包企业 40 万元，政府一年就可以节省 120 多万元，大大地减轻了财政压力。而承包企业只要通过改进工艺和管理创新，仍有盈利空间。

　　资料来源：中国水网。

12.2.5.3　租赁合约

　　租赁合约（Leasing）是指私人企业通过向政府或其授权机构支付一定费用而获取某一城市基础设施排他性的经营权。

　　该模式要求政府负责基础设施投资和建设及固定设备的更新和修理费用，私人企业向政府支付一定的租赁费用并负责运营资金和日常维护费用，从而使私人企业能够在更大程度上发挥管理和技术优势，并承担了大部分或所有的商业风险，可在一定程度上吸收私人资金的参与。

12.2.5.4　合同环境服务

　　合同环境服务（Environment Service Contract，ESC）是基于市场的一种环保新机制。ESC 的特点是选择外部专业公司提供的综合性环境服务并且以服务前后的环境效果差来计费，环境需求方获得了既定的环境效果，才付费给治理企业（环境服务公司），是一种典型的"按效果付费"模式。ESC 的需求主体包括两类：第一类为排污企业；第二类为政府部门，将辖区内的环境责任集中起来，再由政府出面集中采购环境服务。这两类需求主体以合同或契约的方式，向专门提供环境服务的责任主体即环境服务公司（ESC）采购明确的环境服务并以环境效果支付相应的费用。

　　合同环境服务分为两种形式：①污染企业通过合同服务，将节省下来的减排费用与环境服务商共享；②政府采购由环境服务商所提供的环境服务。与发达国家相比，我国环保产业尚处于初级阶段，环境服务业比重只占环保产业的 15% 左右。环保企业大多只向市场提供设备、工程等服务，通过引入合同环境服务，未来环保企业将逐渐向综合环境服务商转变。

12.3　民间资本环保投融资政策

12.3.1　支持民间资本投资环保领域相关政策

从 2001—2010 年，国家陆续出台多个扶持鼓励非公有制经济发展和民间投资的文件，中央的力度不断加大，态度日益鲜明。

2001 年 12 月，国家计委颁布的《关于促进和引导民间投资的若干意见》明确提出：鼓励和引导民间投资以独资、合作、联营、参股、特许经营等方式，参与供水、燃气、污水和垃圾处理、道路、桥梁等经营性的基础设施和公益事业项目建设。

2002 年 6 月，国家计委、财政部、建设部、国家环保总局联合发出《关于实行城市生活垃圾处理收费制度，促进垃圾处理产业化》的通知。通知要求：政府要拓宽投融资渠道，鼓励国内外资金，包括私营企业资金投入垃圾处理设施的建设和运行。

2002 年 10 月，国家环保总局在公布地关于实施《城市垃圾填埋气体收集利用国家行动方案》中，明确鼓励民间资本和私营企业以及国际商业机构进入中国城市垃圾处理领域。同时，国家已经把垃圾综合利用项目，列入了国家优先发展的产业目录清单中。

2002 年 12 月，建设部发布《关于加快市政公用行业市场化进程的意见》，明确要求各地开放市政公用行业；国家鼓励社会资金、外国资本采取独资、合资、合作等多种形式，参与市政公用设施的建设；强调对市政设施、园林绿化、环境卫生等非经营性设施的日常养护工作，也要通过招标发包方式，选择作业单位和承包单位；允许跨地区、跨行业参与市政公用企业经营，经营单位也要面向社会，通过公开招标的方式挑选，由政府授权特许经营。

2004 年 2 月，建设部出台《市政公用事业特许经营管理办法》，开放供水、污水垃圾处理等市政公用行业，对于供水、污水等行业，在投资和运营上采取厂网分开、独立核算的方式，推行特许经营制度。

2005 年 2 月，国务院出台《关于鼓励支持和引导个体私营等非公有制经济发展的若干意见》（非公经济 36 条），允许非公有资本进入公用事业和基础设施领域。加快完善政府特许经营制度，规范招投标行为，支持非公有资本积极参与城镇供水、供气、供热、公共交通、污水垃圾处理等市政公用事业和基础设施的投资、建设与运营。

2010 年 5 月，国务院再次发布了《国务院关于鼓励和引导民间投资健康发展的若干意见》（"新 36 条"），这是我国改革开放以来国务院出台的首份针对民间投资发展、管理和调控的专门性、综合性政策文件。"新 36 条"在"非公经济 36 条"的基础上进一步拓宽了民间投资的领域和范围，鼓励民间资本参与市政公用事业建设，支持民间资本进入城市供水、供气、供热、污水和垃圾处理、公共交通、城市园林绿化等领域。而且还从管理体制、运行机制、财税金融等方面，提出了保障民资进入的一系列配套措施。7 月 26 日，国务院办公厅下发了《关于鼓励和引导民间投资健康发展重点工作分工的通知》，进一步明确了相关部委和地方政府的工作任务，并要求各相关部门提出具体实施办法，民间投资发展再次得到政府的高度重视。

2012 年 6 月，住建部印发了《关于进一步鼓励和引导民间资本进入市政公用事业领域的实施意见》，鼓励民间资本采取独资、合资合作、资产收购等方式直接投资城镇供气、供热、污水处理厂、生活垃圾处理设施等项目的建设和运营；鼓励民间资本通过政府购买服务的模式，进入城镇供水、污水处理、中水回用、雨水收集、环卫保洁、垃圾清运、道路、桥梁、园林绿化等市政公用事业领域的运营和养护；鼓励民间资本通过购买地方政府债券、投资基金、股票等间接参与市政公用设施的建设和运营；鼓励民间资本通过参与企业改制重组、股权认购等进入市政公用事业领域。

专栏 12-5   杭州市出台政策鼓励民间资本扩大投资领域

2010 年 11 月，杭州市出台《关于鼓励和引导民间投资健康发展的实施意见》（以下简称《意见》），对民间资本参与基础设施建设、投资战略性新兴产业、进入现代服务业和金融服务业、进入公共服务领域等方面作了具体规定。

《意见》支持鼓励民间资本参与城市基础设施和市政公用事业投资经营。具体为：支持民间资本以 BT（建设—移交）、BOT（建设—经营—移交）、TOT（转让—经营—移交）方式参与道路、桥梁、隧道、公共停车场站等基础设施建设；在对城市供水、供气、城市污水处理、城市生活垃圾处理、城市轨道交通等市政公用事业实行特许经营时，鼓励民间资本投资经营主体积极参与。

民间投资项目需要土地，这方面《意见》也放宽了政策：在进一步完善工业用地招拍挂出让制度的同时，对民间资本投资基础设施、公用事业、社会事业领域的项目用地，与国有企业采取相同的供地政策。

对民间资本投资环境保护、节能节水项目和国家重点扶持的公共基础设施项目，自项目取得第一笔生产经营收入所属纳税年度起，杭州市将在 1～3 年免征企业所得税，4～6 年减半征收企业所得税。

资料来源：浙江新闻网。

12.3.2   环保企业上市融资政策

作为国家重点培育发展的七大战略性新兴产业之一，环保产业受到国家政策的重点扶持，新三板、创业板等多层次资本市场的建立也为环保企业资本运作开辟了更多的渠道。据不完全统计，自 2009 年创业板开启以来，我国共有 20 多家主营业务为环保的企业完成了在创业板和中小板的上市融资，实现了企业从业务经营到资本运作的华丽转变。

证监会在《首次公开发行股票并上市管理办法》中第五节专门对企业上市募集资金运用做出了相关规定，并在《公开发行证券的公司信息披露内容与格式准则第1号招股说明书》中对募集资金运用做了详细的说明。拟上市环保企业在选择募集资金投向时应按照证监会的相关要求，投资于其主营业务，并且投资项目应当符合国家产业政策、投资管理、环境保护、土地管理以及其他法律、法规和规章的规定。在选定好募投项目之后，发行人应当对募集资金投资项目的可行性进行认真分析，确信投资项目具有较好的市场前景和赢利能力。

根据《首次公开发行股票并上市管理办法》和《首次公开发行股票并在创业板上市管理办法》规定，募投项目原则上应投资于主营业务，募集资金数额和投资项目应当与发行人现有生产规模、财务状况、技术水平和管理能力等相适应。因此，拟上市环保企业在新建项目选择时，一定要注意判断其是否为公司主营业务，是否导致主营业务和经营模式发生重大变化，并应清楚地说明如何保障新建项目产品能够实现预计的销售。

创业板和中小板上市公司相对于主板而言，具备高成长和高科技含量等特点。证监会在审核相关公司时，更关注公司产品或服务的科技含量和成长性。而环保行业作为战略性新兴产业之一，其技术的先进性更是推动企业高成长的主要动力。因此，在创业板和中小板上市的环保企业都注重研发中心的建设，平均将募集资金的20%左右投入到研发中心建设项目中，从而体现证监会要求的"两高六新"（成长性高、科技含量高；新经济、新服务、新农业、新材料、新能源和新商业模式）。

12.3.3 税收优惠政策

12.3.3.1 企业所得税的税收优惠

2008年1月1日起实施的《企业所得税法实施条例》（国务院令第512号）对国内的中外企业所得税法实行了统一，并对相关税收政策进行了调整。在环境保护方面，与之相关的企业所得税优惠政策主要有：

（1）企业依照法律、行政法规有关规定提取的用于环境保护、生态恢复等方面的专项资金，不需缴纳所得税。

（2）企业从事符合条件的环境保护、节能节水项目，包括公共污水处理、公共垃圾处理、沼气综合开发利用、节能减排技术改造、海水淡化等项目的所得，自项目取得第一笔生产经营收入所属纳税年度起，第一年至第三年免征企业所得税，第四年至第六年减半征收企业所得税。

（3）企业以《资源综合利用企业所得税优惠目录》规定的资源作为主要原材料，生产国家非限制和禁止并符合国家和行业相关标准的产品取得的收入，减按90%计入收入总额。

（4）企业购置并实际使用《环境保护专用设备企业所得税优惠目录》、《节能节水专用设备企业所得税优惠目录》和《安全生产专用设备企业所得税优惠目录》规定的环境保护、节能节水、安全生产等专用设备的，该专用设备的投资额的10%可以从企业当年的应纳税额中抵免；当年不足抵免的，可以在以后5个纳税年度结转抵免。

（5）国家需要重点扶持的高新技术企业，减按15%的税率征收企业所得税。其中国家重点支持的高新技术领域就包括资源与环境技术、新能源及节能技术等。

12.3.3.2 增值税的税收优惠

增值税有关环境保护的优惠政策主要包含在鼓励资源综合利用、废旧物资回收等方面。在资源综合利用方面，根据财政部和国家税务总局2008年、2011年联合发布的《财政部国家税务总局关于资源综合利用及其他产品增值税政策的通知》（财税[2008]156号）和《财政部、国家税务总局关于调整完善资源综合利用产品及劳务增值税政策的通知》（财税[2011]115号），其中，与环保项目运营有关的税收优惠是：

（1）实行免征增值税政策 免征对象主要有：再生水、以废旧轮胎为原料生产的胶粉、翻新轮胎、生产原料中掺兑废渣比例不低于30%的特定建材产品、污水处理劳务。

（2）以垃圾为燃料生产的电力或者热力实行增值税即征即退政策。

（3）对各级政府及主管部门委托自来水厂（公司）随水费收取的污水处理费，免征增值税。

（4）对垃圾处理、污泥处理处置劳务免征增值税。

（5）对销售下列自产货物实行增值税即征即退100%的政策，即以餐厨垃圾、畜禽粪便、稻壳、花生壳、玉米芯、油茶壳、棉籽壳、三剩物、次小薪材、含油污水、有机废水、污水处理后产生的污泥、油田采油过程中产生的油污泥（浮渣），包括利用上述资源发酵产生的沼气为原料生产的电力、热力、燃料；以污水处理后产生的污泥为原料生产的干化污泥、燃料。生产原料中上述资源的比重不低于90%。

12.3.4 环保服务收费政策

在我国，许多环保服务是免费或收费额很少的，如城镇居民污水处理和垃圾处理收费制度还处于起步阶段。有数据显示，目前我国的污水处理率和污水处理费严重偏低：36个大中城市中污水处理率只有55%，污水处理费平均征收标准是0.8元/t，仅占污水处理成本的67%；36个大中城市中垃圾处理费征收面为69%，几乎所有城市采取的收费方式都是定额收费制，多数城市的垃圾处理费采用5~8元每户每月这一标准。征收费用低于相关处理设施的建设、运营费用。在这些环保产业领域，环保企业完全没有利润或利润极少，因而对民间资本的吸引力不够，环保设施的建设和运营资金大多来源于政府。

专栏 12-6　环保服务收费相关政策

1. 垃圾收费相关政策

明确提出建立城市生活垃圾收费制度,以 2002 年 6 月国家计委、财政部、建设部、国家环保总局发布的《关于实行城市生活垃圾处理收费制度促进垃圾处理产业化的通知》(计价格[2002]872 号)为标志。该《通知》明确指出:实行生活垃圾处理收费制度,是适应社会主义市场经济体制的客观要求,促进垃圾处理体制改革,实行政事、政企分开,逐步实现垃圾处理产业化的重要措施。之后,各部委也纷纷出台了相关的规定:2002 年 9 月,国家计委、建设部、国家环保总局出台了《关于推进城市污水垃圾处理产业化发展的意见》;2007 年建设部发布了《城市生活垃圾管理办法》;2009 年 6 月,国家发展和改革委员会、住建部印发了《垃圾处理收费方式改革试点工作指导意见》,决定进行垃圾处理收费方式改革试点;2011 年 4 月,国务院批转了住建部等 16 部门的《关于进一步加强城市生活垃圾处理工作意见》,要求按照"谁产生、谁付费"的原则,推行城市生活垃圾处理收费制度。

各地也纷纷出台城市生活垃圾处理收费办法和相关实施细则。以北京为例,2011 年 11 月,《北京市生活垃圾管理条例》正式公布实施,该条例第 8 条明确规定"本市按照多排放多付费、少排放少付费、混合垃圾多付费、分类垃圾少付费的原则,逐步建立计量收费、分类计价、易于收缴的生活垃圾处理收费制度,加强收费管理,促进生活垃圾减量、分类和资源化利用"。此条例为各地立法确立垃圾收费制度开创了先河,为垃圾收费制度的实施提供了法律依据。

2. 城市生活污水集中处理收费的相关政策

我国真正实施污水处理收费,是在 1996 年颁布《中华人民共和国水污染防治法》,有了法律依据后,并于 1997 年首先在"三河(淮河、海河、辽河)三湖(太湖、巢湖、滇池)"流域城市试行。在污水处理收费试点基础上,1999 年 9 月 6 日,原国家计委、建设部和国家环保总局联合印发了《关于加大污水处理费的征收力度建立城市污水排放和集中处理良性运行机制的通知》,明确了污水处理费的构成、用途、征收方式、与排污费的关系等(计价格[1999]1192 号)。2002 年,原国家计委、建设部和国家环保总局印发《关于推进城市污水、垃圾处理产业化发展意见的通知》(计投资[2002]1591 号),提出污水处理收费原则、逐步实行城镇污水处理设施的特许经营、引入竞争机制等;2004 年 4 月,国务院办公厅《关于推进水价改革促进节约用水保护水资源的通知》(国办发[2004]36 号),要求各地区要限期开征污水处理费;2009 年,财政部印发《关于将按预算外资金管理的全国性及中央部门和单位行政事业性收费纳入预算管理的通知》(财预[2009]79 号),将污水处理费作为预算内行政事业性收费,纳入财政预算管理。污水处理收费制度的建立有力地促进了城镇污水处理行业健康发展;2012 年 4 月,国务院办公厅印发《全国城镇污水处理及再生利用设施建设"十二五"规划》(国办发[2012]24 号),规划提出,进一步研究完善污水处理收费政策,按照保障污水处理运营单位保本微利的原则,逐步提高吨水平均收费标准。

从上述法律及政策的规定可以看出,只要单位和个人向污水处理设施和排放管网排放污水的都应缴纳污水处理费,这既包括工业废水的排放,也包括生活污水的排放。

12.3.5　鼓励环境服务模式创新

在产业转型与升级的大背景下，商业模式创新已成为环保行业持续、健康、快速发展的核心要素。2011 年 4 月，环保部首次发文明确鼓励发展提供系统解决方案的综合环境服务业，鼓励政府和企业积极探索合同环境服务等新型环境服务模式，并将开展合同环境服务的模式试点。在 2012 年上半年环保部公布的《环境服务业"十二五"发展规划》（征求意见稿）中，再次明确提出要大力发展提供系统解决方案的综合环境服务，提出"十二五"期间，培育 30～50 个区域型环境综合服务商，发展 20～30 个具有国际竞争力的全国型综合性环境综合服务集团，其中 10～20 个年产值在 100 亿元以上。试点开展合同环境服务模式创新，鼓励环境服务市场主体以合同环境服务的方式面向地方政府或排污企业提供环境综合服务，以取得可量化的环境效果为基础收取服务费，开展 15～20 个基于环境质量改善的合同环境服务试点工程，探索提高项目环境成效的途径。以试点为基础，完善合同环境服务的相应服务标准、配套政策以及支撑体系，逐步建立不同类型合同环境服务的服务模式样板和实施导则。

综合环境服务是针对集中大量工业污染的开发区和工业聚集区，提供上下游一体化管理的系统解决方案，从而有效提高环境管理效果，消除风险隐患的服务方式。在政策的推动下，地方也在探索推动环境服务业发展的途径。2012 年 7 月，环保部批复了《关于湖南省开展环境服务业试点工作的复函》，进一步推动了环境服务业的发展，湖南省已确定首批四大类共 11 个试点项目，四大类项目包括：环境服务业公共服务平台建设试点、综合环境服务模式试点、环境污染治理设施第三方运营试点和合同环境服务试点。合同环境服务模式对企业环境保护资金筹措将起到重要的作用，有利于缓解污染治理企业资金不足的局面。

12.3.6　研究发行环保彩票

环境保护作为社会公益事业近年来引起了人们对于采用发行环境保护彩票筹集资金的热情。发行彩票从社会无偿筹集所需的资金，在中国体育和福利事业方面已取得成功经验。将发行环保彩票作为环境保护的一项政策创新，可以更广泛地筹集社会资金用于环境保护，值得积极宣传和鼓励。自 1999 年开始，我国各地就发行环保彩票都提出过相关的建议和设想：1999 年，上海市环保局提出发行上海环保彩票的设想，并一度就发行模式和民政部门达成共识，即收益的 30%专项用于上海环保综合整治；2001 年两会上，全国人大环资委主任曲格平提出"防沙治沙环保彩票"设想。全国政协委员徐永光先生提出"保护母亲河彩票"方案；2009 年 11 月，湖北省有关部门着手研究环保公益彩票方案，作为武汉城市圈实施生态建设系列创新举措之一；2010 年，海南省提出在海南国际旅游岛建设中，尝试环保彩票、债券、基金融资；2010 年，王国海等 10 位老、中、青三代环保志愿者经修改补充，最后形成了《关于发行"中国环保彩票"的建议》，并向有关部门提交了建议。

彩票对于发行者来说，是一种不用还本付息的特殊融资工具；对于购买者说，则是一种投资工具，同时还能满足购买者寻求刺激的心理需求。彩票还同股票、债券、基金一样，可以持续、反复地筹措社会闲散资金，并以其慈善和公益性质而在筹资方面具有不可替代的优势。因此，利用我国极具市场潜力的彩票市场，通过发行环保彩票，筹集环保资金，发展我国的环保事业，对于形成环保产业多元化的投融资格局，保证我国经济社会的可持续发展具有特殊的意义。英国和荷兰都将部分国家彩票收入用于环保产业。目前，我国已经具备了发行环保彩票的经济条件和市场环境。

12.4 完善民间资本环保投融资机制的建议

12.4.1 改善民间资本的投资环境

（1）加强对民间投资的产业引导，改革前置审批办法，简化审批程序和手续 根据公共投资行业特点，采取市场经济导向的项目组织形式和投资形式，如公开招标、特许经营等，鼓励和引导民间资本进入这些领域。无论采取何种进入方式，都要确保各类投资主体之间的契约自由和公开、平等竞争，并且形成利益和风险相对应的投资风险责任机制。

（2）逐步实现投资收益的公开化，强化资金权益保护的外部监督 我国对公共投资项目的监管方式应借鉴国际先进的市场监管方式，逐步走向市场，并随着资金来源的多样化，采取政府、社会、中介、公众及舆论监督等多种方式，对项目实行多层次的、与国际接轨的全过程监管。

（3）强化政府的投资信用约束制度，稳定民营投资的政策环境 规范政府与民营之间的投资经营契约，强化双方权利义务的有效约束，用法律约束政府与民营投资经营者的权利与义务。通过公开招标选择基础设施、建设用地、承包商，避免暗箱操作。出台可操作性更强的有关特许经营的专门法律，把政府授予民营经济的特许经营纳入法制化市场化的轨道，不允许行政干预，单方面中止或废除投资经营合同。

（4）完善保障投资者利益的法律法规体系 在发达国家，环保设施一直以其投资回报稳定、风险小而受到资金雄厚的投资者青睐，但在我国缺少实际运作的经验，更缺乏相关法律法规体系对此进行规范。由于投资金额巨大、回收周期长等特点，投资者对风险的考虑是放在首位的。经营过程缺乏强有力的法律法规约束，使投资者感到风险难测并担心权益得不到充分保障，是导致投资者裹足不前的重要原因。因此，在我国目前逐步放开非国有经济进入公用行业的特殊时期，建立完善的法律法规体系来保障投资者的利益至关重要。

（5）加大财税政策对民间投资的引导和支持力度 财政预算内资金（包括必要的国债发行）应当继续支持民间投资，以参股或补偿形式支持以民间资本为主的项目；

对于投入无法收回投资的基础设施、基础产业和公益性事业，应通过收费补偿机制或财政补贴，吸引民间投资进入；技改贴息应当对民间企业一视同仁。改革现有的税收政策，清理不公平税负，对国家鼓励类产业的民间投资项目在投资的税收抵扣和减免、成本摊提等方面应实行与国有投资和外商投资相同的条件。避免重复征收所得税，实行结构性的减税政策，严格治理"三乱"，解除民间企业的不合理负担。

（6）实行政策补贴制度　为吸引民间资本加大对环保产业的投入和降低投资的风险，政府可适当实行投资收益补偿制度。对于某些投资预期报酬率低于平均收益率的环保基础设施项目，政府可采取诸如价格补偿、资源补偿、经营补偿等多种补偿措施保障其投资的收益水平，并对商业银行和政策银行向环保提供的优惠利率贷款提供利息补贴。

12.4.2　完善民间资本的融资环境

（1）整理相关法律条文，创造更有利于民间资本进行融资的法律环境　在制定投资准入政策、土地政策等方面充分考虑民间投资的利益，加强利用民间资本进行融资的法律保护，加大修订《反不正当竞争法》及制定《反垄断法》等方面的工作力度，为利用民间资本进行融资建设公共项目创造良好的环境。

进一步修改和细化特许权制度等模式的相关法律条文，对于 PPP、PFI 等在我国发展较晚、实践不足的模式，可以选择一些条件成熟的地方进行试点，调整其运作使之更适合我国的国情，进而建立其法律框架。

（2）健全市场机制，充分发挥市场的作用　按市场机制要求，加快公共投资运作过程的市场化进程，是改善政府公共投资管理、提高公共投资效益的有效方式。这就要求，将政府投资管理主要限制在制定规划和政策，公共投融资全过程（包括资金筹措、建设实施、运营管理等）均采取市场化方式进行运作。加快我国公共基础设施投融资体制改革进程，积极推进公共投融资活动的市场化，以确保我国公共投融资建设事业快速、健康和可持续发展。

我国以前吸引外国资金的主要方式是通过优惠条件，这种方法显然不利于国家的财政收入的稳定增长。对于民资的引导扶持主要思想应该是减少行政干预，更多地运用财政和货币政策引导和调节投资，充分发挥市场这只"无形的手"来调控经济。

（3）发展多层次银行体系，为民营中小企业提供金融服务　由于大中小型民营企业对信贷商品与担保的需求多层次，要求银行体系与担保组织结构也应当多层次。应当构造"大中小型银行共同发展国有、外资与民营银行互为补充，跨国、跨区与区内银行有机分工"的多层次银行体系。鼓励确有实力的民营企业资本组建一批民营中小金融机构，尤其是在国有银行顾及不到的广大社区发展民营银行。

（4）建立多极化的项目融资体系，开拓民营经济的多种融资方式　建立多种符合市场经济原则的项目融资方式，包括：①经国家批准，在有条件的地方设立多种形式的城市基础设施投资基金，将分散的民间资本集中起来办大事；②对预期有收益的、比较稳定的经营性基础设施项目，允许以政府授权的特许经收费权和收益权为质押权益，向金融机构申请质押贷款。

（5）建立多元化的股权投资机制，为民营科技企业提供风险或创业投资扶持体系 近年来，一些地方建立了一些风险投资公司或风险投资基金，但由于没有解决风险资本成立和存续的有关法律规范问题，这些公司管理较混乱，没有达到预期效果，这些公司应当加速制定相关法律法规，规范与完善风险投资项目的市场行为，鼓励政府、国企、外资、民营、个人多元股权投资主体的参与，建立起以企业为主体的风险投资运行机制，使处于创业期或成长期的中小科技企业可以得到种子资金等关键性的资金扶持。

12.4.3　完善以特许经营为主导的运营模式

在环境基础设施产权性质明确的基础上，建议采取特许经营模式。在公平竞争的条件下，允许民营企业、外资企业与国有企业同等参与设施运营。选择标准应侧重于投标企业的从业资质、业绩、技术和经营管理水平，而不是企业的性质。对于传统环境公用事业单位，应加快推进企业化改制，切实做到政企分开、政事分开。但改制后的企业，须向当地政府申请公用事业的特许经营权，方可继续经营。对于引进民间资本的合资企业，按照"谁投资，谁经营"的原则，进一步实施和完善特许经营制度。政府应进一步加强和规范各项监管，对违反法律法规规定及特许经营协议约定的行为予以纠正，并依法依约处理。

12.4.4　推行环境公用事业的企业化经营管理

公私合营或私营部门的参与实际上也就是通常所说的基础设施的企业化和市场化运营。在这种情况下，政府将主要通过竞争投标方式挑选能够在规定时间内运营好环境基础设施的服务（Service）、管理（Management）和租赁（Lease）合同方式。这类合同方式是否具有"私营"的性质，将取决于合同方过去是否被允许参与公共基础设施的运营。而具有明显私营特征的公私合营方式通常有"建设—运营—移交"（BOT模式）以及由此演变的特许经营（Concessio）和剥夺性私营（Divestiture）。表12-4列出了这些公私合营模式的特点。这些合营方式的主要区别在于资产所有权、资本投资责任以及承担的风险等方面的不同。私营部门承担的风险和责任越多，其改善服务的刺激力度也越强。

表 12-4　公私合营的主要模式及其责任分配

合营方式	资产所有权	运行和维护	建设资本投资	商业风险	期限/年	应用情况
服务合同	公共	公私合营	公共	公共	1～2	普遍
管理合同	公共	私营	公共	公共	3～5	普遍
租赁	公共	私营	公共	分担	8～15	一般
BOT	私有	私营	私人	私人	20～30	一般
特许经营	公共	私营	私人	私人	25～30	较少
剥夺性私营	私有	私营	私人	私人	不受限制	很少

12.4.5　完善环境服务收费价格形成机制

价格改革是我国环境基础设施市场化改革的关键所在。解决好机制，对推动市政改革发展，有着至关重要的作用。当务之急是要按照"投资者受益、使用者负担、污染者付费"的原则，进一步强化政府价格补贴责任，建立健全环境服务收费的价格形成机制。一是完善环境产品服务的定价机制，服务价格应当依据社会平均成本、经营者合理受益、社会承受能力，以及其他相关因素予以确定。二是建立环境服务收费价格的定期调整制度，使环境服务价格能够及时准确地反映其经营成本的变动趋势，确保环境基础设施正常运行。三是建立环境服务价格补贴补助机制，要建立运营企业价格补贴机制，保障投资运营者财务可持续性，同时要建立社会弱势群体补助机制。

附　表

附表Ⅰ　环境保护投资核算科目体系

附表1-1　水污染防治投资核算科目体系表

要素	领域	活动属性	活动	统计对象	设施（举例）	备注
1 水污染防治	1.1 工业污水处理	治理	1.1.1 工业动力供应系统污水治理	工业企业	燃料堆放场排水及冲水处理设施； 除尘、脱硫废水的处理设施； 锅炉软化水的处理设施； 炉渣冲洗水处理设施； 含废油污水处理设施	全额纳入
			1.1.2 工业原材料采选系统污水治理	工业企业、矿业	勘探队生活废水收集处理设施； 矿山金属、非金属、石油、天然气、煤炭、盐卤、石材采矿、选矿、浮选废水处理设施； 尾矿坝外排水处理设施； 储运系统废水处置设施	全额纳入
			1.1.3 工业生产系统污水治理	工业企业	废液（如釜液、母液）、高浓度有机废水处理设施； 工业废水（含酸、含碱、含金属废水、含废油、含有机污水、有毒、含腐蚀物质等）的防渗、防腐蚀、处理净化设施； 高炉煤气废水的处理净化设施； 化验分析废液、废水处理设施； 厂区生活污水处理设施； 综合性废水处理设施	全额纳入
			1.1.4 全厂范围内的污水收集与治理	工业企业	全厂范围内的污水收集、处理、排放管网及设施	全额纳入
		管理	1.1.5 工业污水管理	工业企业	工业污水在线监测设施	全额纳入

387

要素	领域	活动属性	活动	统计对象	设施（举例）	备注
1 水污染防治	1.2 城镇生活污水处理	治理	1.2.1 污水收集	城建部门	公共下水道设施（泵站闸井）；污水收集管网	全额纳入
		治理	1.2.2 污水处理	城建部门	污水处理设施；污泥处理设施	全额纳入
		治理	1.2.3 污水排放	城建部门	污水处理后排水设施；排河和排海工程	全额纳入
		管理	1.2.4 城镇污水管理	污水处理厂	城镇污水在线监测设施	全额纳入
	1.3 农业和农村污水处理	治理	1.3.1 畜禽养殖污染治理	环保部门、企业	规模化畜禽养殖场废水、粪便、废弃物的处理设施；水产养殖污染治理设施	全额纳入
		治理	1.3.2 生活污水收集、处理、排放	城建部门、环保部门	污水收集管网及设施；污水处理设施；污泥处理设施；污水处理后排放管网及设施	全额纳入
	1.4 船舶污水防治	治理	1.4.1 船舶污水预防及收集	环保部门、交通部门、海洋部门	船舶防污设施和油污、垃圾、污水等污染物收集、存储设施；造船、修船、拆船、打捞船单位配备的防污设备和器材；防止油类、油性混合物和其他废弃物污染水体的防护设施；港口或者码头配备含油污水和垃圾的接收	全额纳入
		治理	1.4.2 船舶污水处理	环保部门、交通部门、海洋部门	港口或者码头配备含油污水和垃圾的处理设施；海上溢油处理设施	全额纳入
		管理	1.4.3 应急管理	环保部门、交通部门、海洋部门	船舶水污染应急设施	全额纳入
	1.5 饮用水水源地和其他特殊水体保护	治理	1.5.1 地表饮用水水源地保护	环保部门、水利部门	水源地围网设施、水源地警示标识设施、截污设施	全额纳入
		治理	1.5.2 地下水污染防治	环保部门、水利部门	防止污染物渗透防护设施	全额纳入
		管理	1.5.3 应急与监测	环保部门、水利部门	饮用水水源、地下水水质监测设施；水源地水污染应急设施；污染源预警监测设施；水质安全应急处理设施；自来水厂水污染应急处理设施	全额纳入
	1.6 水环境综合整治	治理	1.6.1 河流、湖泊、湿地、海洋水污染治理	环保部门、水利部门、海洋部门	河沟治理设施；湖泊清淤、截污设施、蓝藻打捞设施；海洋围油栏；海洋浮油打捞设施；生态修复工程	全额纳入
		管理	1.6.2 水环境质量监测	环保部门、水利部门、海洋部门	河流、湖泊、湿地、海洋水质自动监测站	全额纳入
	1.7 水污染事故应急/处理	管理	1.7.1 污染监测	环保部门、水利部门、海洋部门	水质应急监测设施	全额纳入
			1.7.2 污染处理	环保部门、水利部门、海洋部门	污染水体紧急处理设施；应急人员需要的物资和设备	全额纳入
			1.7.3 安全防护	环保部门、水利部门	专业防护设备；供水应急设施	全额纳入
			1.7.4 污染修复	环保部门、水利部门	被污染水体修复设施及工程设施	全额纳入

要素	领域	活动属性	活动	统计对象	设施（举例）	备注
2 大气污染防治	2.1 工业大气污染防治	治理	2.1.1 动力系统废气治理	工业企业	燃料堆场除尘、防尘、抑尘设施；燃料上料系统除尘、抑尘设施；锅炉烟气除尘脱硫脱硝等净化设施	全额纳入
		治理	2.1.2 原材料采选系统废气治理	工业企业	采矿、选矿时防尘、除尘、抑尘设施；井下有毒有害气体净化处理设施	全额纳入
		治理	2.1.3 生产工艺系统废气治理	工业企业	原料粉碎及上料系统除尘、抑尘设施；各种工艺废气及尾气 SO_2、H_2S、HF、NO_x 等污染物净化设施；温室气体处置设施	全额纳入
		管理	2.1.4 应急与监测	工业企业	在线监测设施；污染事故应急处理设施	全额纳入
	2.2 城镇生活大气污染防治	治理	2.2.1 沼气处理	工业企业	垃圾掩埋场沼气引燃设施；废水场厌氧处理的沼气处理设施	全额纳入
		管理	2.2.2 监测	环保部门	城市空气质量自动监测站、背景站	全额纳入
	2.3 农村大气污染防治	治理	2.3.1 畜禽粪便废气污染治理	环保部门	沼气池及配套设施；有机堆肥臭气处理设施	全额纳入
		治理	2.3.2 垃圾处置废气污染治理	环保部门、农业部门	垃圾填埋场甲烷排放控制设施	全额纳入
		管理	2.3.3 监测	环保部门	农村大气质量监测背景站	全额纳入
	2.4 机动车大气污染防治	治理	2.4.1 汽车尾气污染治理	环保部门、工业企业	汽车尾气净化处理设备	全额纳入
		管理	2.4.2 监测及监控	环保部门	汽车尾气道路监测设施；汽车尾气检测中心设施及配套；机动车污染监控中心	全额纳入
	2.5 大气环境管理	管理	2.5.1 大气污染监测与应急	环保部门、工业企业	大气污染应急监测设备及处理设施	全额纳入

389

要素	领域	活动属性	活动	统计对象	设施（举例）	备注
3 固废 污染 防治	3.1 生活垃圾	治理	3.1.1 城市/农村生活垃圾收运及集中处置	住建部门	垃圾收集、转运网点建设； 垃圾运输车辆； 垃圾集中处置场工程建设； 垃圾渗滤液处理处置设施； 垃圾填埋场除臭设施； 农村分散垃圾池建设； 压缩机和自用垃圾填埋场	全额纳入
			3.1.2 厨余垃圾收运及集中处置	住建部门	垃圾收集、转运网点建设； 垃圾运输车辆； 垃圾集中处置场工程建设； 垃圾渗滤液处理处置设施； 垃圾填埋场除臭设施； 农村分散垃圾池建设； 压缩机和自用垃圾填埋场	全额纳入
	3.2 工业固体废弃物	治理	3.2.1 废物回收	工业企业	废弃泥浆回收设施； 原材料加工和成品包装工程中的碎料、废料、废品的堆放处置回收设施	全额纳入
			3.2.2 集中处置	工业企业	灰渣场及粉煤灰、炉渣的堆埋覆盖工程建设； 废弃泥浆处置设施； 油泥、油渣的处置设施； 生产工程中产生的各种废渣的处理处置设施； 安全堆放及集中处置场建设； 废旧电器安全处置设施	全额纳入
	3.3 医疗废物	治理	3.3.1 收运及贮存	环保部门、医疗卫生部门	专用包装袋、容器，暂时贮存柜（箱）； 贮存库房建设； 运送车辆； 识别标志	全额纳入
			3.3.2 集中处置	环保部门、医疗卫生部门	焚烧处置成套装置（含尾气净化设施）； 无害化处理——高温蒸汽处理方法集中处理医疗废物的新建、改建和扩建工程建设； 医疗废物化学/微波消毒集中处理工程建设	全额纳入
	3.4 危险废物（非核非放射性）	治理	3.4.1 收运及贮存	环保部门	专用包装袋、容器，暂时贮存柜（箱）； 贮存库房建设； 运送车辆； 识别标志	全额纳入
			3.4.2 集中处置	环保部门	各类含有毒熔渣安全堆场及处置回收设施； 有害废物处理处置工程和设施建设； 焚烧处置成套装置（含尾气净化设施）	全额纳入
	3.5 电子废弃物	治理	3.5.1 分类回收及贮存	工信部门	专用包装袋、容器，暂时贮存柜（箱）； 贮存库房建设； 运送车辆	全额纳入
			3.5.2 集中处置	工信部门	拆解、利用、处置电子废物专门作业场所建设； 防雨、防地面渗漏、收集泄漏液体的设施	全额纳入
	3.6 固体废物管理	管理	3.6.1 应急与监管	环保部门	固体废物国际公约履约及公约协调中心的能力建设； 固体废物管理中心建设； 管理信息系统建设； 固体废物和危险废物鉴别机构建设； 环境事故应急处置设施	全额纳入

附表 1-4　噪声污染防治投资核算科目体系

要素	领域	活动属性	活动	统计对象	设施（举例）	备注
4 噪声污染防治	4.1 生产加工噪声防治	治理	4.1.1 设备低噪改造	工业企业	机器、设备、管道隔声处理设施；车间吸声处理设施；对产生噪声的设备、大型电机等采取的消声、隔声、阻尼、隔振减振等设施	全额纳入，但不包括工作场所出于劳力保护目的的消除噪声和振动的活动
		治理	4.1.2 厂区隔声改造	工业企业	隔声建筑材料；隔声窗；墙面隔声板；（声学）绿化带	全额纳入
		管理	4.1.3 噪声污染管理	工业企业	生产加工厂噪声监测设施	全额纳入
	4.2 交通噪声防治	治理	4.2.1 消声降噪设施建设	环保部门、交通部门	低噪声路面；道路隔声屏障；阻尼板钢轨；隔声窗；轨道建筑物隔声设施；声学绿化带	全额纳入
		管理	4.2.2 噪声污染管理	环保部门、交通部门	交通噪声监测设施	全额纳入
	4.3 建筑施工噪声防治	治理	4.3.1 设备低噪改造	建筑企业	高噪声机械设置隔声工棚，对产生噪声的设备、大型电机等采取的消声、隔声、阻尼、减振等设施	全额纳入
		治理	4.3.2 施工场地降噪设施建设	建筑企业	施工现场封闭或者半封闭隔声设施；场地隔声围设施	全额纳入
		管理	4.3.3 噪声污染管理	建筑企业	建筑施工场地噪声监测设施	全额纳入
	4.4 社会生活噪声防治	治理	4.4.1 降噪设施建设	环保部门	隔声墙；隔声室；隔声窗；民用建筑水泵、电梯噪声振动控制设施	全额纳入
		管理	4.4.2 噪声污染管理	环保部门	公共场所、娱乐场所噪声监测设施	全额纳入

391

要素	领域	活动属性	活动	统计对象	设施（举例）	备注
5 土壤污染治理	5.1 城市土壤污染治理	治理	5.1.1 土壤污染修复	环保部门、城建部门	城市污染土壤的恢复设施	全额纳入
	5.2 工业土壤污染治理	治理	5.2.1 污染土壤清理	环保部门、工业企业	土壤污染后对地上、内陆地表水及海水（包括海岸地区）进行净化及清理的设施	全额纳入
		治理	5.2.2 污染土壤治理	环保部门、工业企业	企业现场、垃圾场及其他污染点土壤净化设施；从水体（江河、湖泊、江河口等）掏挖污染物的配套设施；废气及废液排放网络；分离、存放和恢复沉淀所用抽取桶及容器；沉淀法分取和再储存设施	全额纳入
			5.2.3 防止污染物渗透	环保部门、工业企业	土壤封存配套设施；防止污染物流失或泄漏的集水设施；污染产品储存及运输加固设备	全额纳入
	5.3 矿山土壤污染治理	治理	5.3.1 废弃地复垦	环保部门、工业企业	矿山复垦设施；露天坑、废石场、尾矿库、矸石山等永久性坡面稳定化处理实施；废石场、尾矿库、矸石山等固废堆场及复垦设施；覆岩离层注浆设施；尾矿及废石采空区充填设施	全额纳入
			5.3.2 尾矿贮存及处置	工业企业	尾矿库；尾矿库二次污染及次生灾害防护设施；尾矿库防渗及集排水设施；尾矿库坝面、坝坡植被种植设施；选矿固体废物处置设施	全额纳入
			5.3.3 固体废物贮存	工业企业	采矿活动产生固体废物二次污染及次生灾害防护设施；废石场酸性废水污染防治设施；煤矸石氧化自燃防护设施	全额纳入
			5.3.4 其他综合整治	环保部门、工业企业	矿坑排水综合整治设施；矿石及废石堆淋滤水综合整治设施；矿山工业和生活废水综合整治设施；矿石粉尘综合整治设施；燃煤排放烟尘、SO_2 以及放射性物质的综合整治设施	全额纳入
		管理	5.3.5 矿山应急处置	环保部门、工业企业	矿山污染应急处理设施	全额纳入
			5.3.6 废弃矿山监测	环保部门、农业部门、工业企业	可开发为农牧业用地的矿山废弃地全面监测设施	全额纳入
	5.4 农田土壤污染治理	治理	5.4.1 土壤盐碱化防护与恢复	环保部门、农业部门	通过淡水渗入以防止海水渗入地下水的设施	全额纳入
			5.4.2 防止土壤侵蚀和其他物理性退化	环保部门、农业部门	通过植被、休耕及休牧以减少土壤与水体危害的措施	全额纳入
			5.4.3 土壤盐碱化防护和恢复	环保部门、农业部门	长期植被恢复及改变灌溉习惯来降低地下水位的设施	全额纳入
	5.5 土壤污染管理	管理	5.5.1 土壤监测	环保部门	土壤监测设施	全额纳入

要素	领域	活动属性	活动	统计对象	设施（举例）	备注
6 生态保护	6.1 生物多样性	治理	6.1.1 物种和栖息地保护	环保部门、林业部门、国土资源部门	物种和栖息地的保护工程建设；野生动植物保护及保护区建设；珍稀植物繁育场圃建设；界碑界桩	不包括：出于商业目的的生物多样性和景观保护投资；全额纳入
		管理	6.1.2 环境管理	环保部门	办公用房；保护管理站（点）建设；巡护执法设备；野外观测站建设	全额纳入
	6.2 自然景观保护	治理	6.2.1 生态保护	环保部门、林业部门、国土资源部门	天然草地保护工程建设——鼠害草地治理、虫害草地治理和毒草害草地治理；水源涵养林、水土保持林和防护林保护工程建设；界碑界桩	不包括：保护和恢复历史纪念物或者那些主要是人工建成的自然景观的投资；公路两旁绿化带以及娱乐性建筑（如高尔夫球场和其他运动设施）的建设；与城市公园和花园相关的投资；为保护农作物而对杂草的控制，以及主要是为了经济原因而对森林火灾的防范措施；为经济目的而提高美学价值（如重新美化景观以提高房地产价值）的投资；全额纳入
					适应自然风景的电缆塔建设	额外成本
			6.2.2 生态恢复	环保部门、林业部门、国土资源部门	湿地生态恢复工程建设；荒漠区域的自然保护区必要的防沙治沙设施；界碑界桩；开山塘口削坡治理与植物修复设施；矿山地质环境修复设施	全额纳入
		管理	6.2.3 环境管理	环保部门	办公用房；保护管理站（点）建设；巡护执法设备；自然保护区管护能力建设	全额纳入

393

附表 1-7　核安全与非核辐射投资核算科目体系

要素	领域	活动属性	活动	统计对象	设施（举例）	备注
7 核安全与非核辐射	7.1 核安全	治理	7.1.1 收运及贮存	核工业部门、环保部门	专用包装袋、容器；运送车辆	全额纳入
			7.1.2 集中处置	核工业部门、环保部门	放射性废物安全堆放场建设；放射性废物安全处置工程建设	不包括技术性危险防护（如核电站外部安全）以及工作场所采取的保护措施；全额纳入
		管理	7.1.3 核安全监管机构基本设施建设	环保部门	核安全中心（站）业务用房建设	全额纳入
			7.1.4 核安全监管仪器设备购置	环保部门	监督仪器设备	全额纳入
	7.2 非核辐射	治理	7.2.1 封闭	工业部门、环保部门	封闭设施	全额纳入
			7.2.2 收运及贮存	工业部门、环保部门	专用包装袋、容器；运送车辆	全额纳入
			7.2.3 集中处置	工业部门、环保部门	放射性废物安全堆放场建设；放射性废物安全处置工程建设	全额纳入
		管理	7.2.4 监管机构基本设施建设	环保部门	辐射安全中心（站）业务用房建设	全额纳入
			7.2.5 监管仪器设备购置	环保部门	监督仪器设备	全额纳入

附表 1-8　环境监管能力建设投资核算科目体系

要素	领域	活动属性	活动	统计对象	设施（举例）	备注
8 环境监管能力	8.1 行政管理	管理	8.1.1 环保机构基础设施建设	环保部门	办公用房	全额纳入
			8.1.2 设备购置	环保部门	交通工具；办公设备	全额纳入
	8.2 环境监测	管理	8.2.1 环境监测站基础设施建设	环保部门	办公用房；实验室用房；培训基地；自动站建设；环境监测点位建设	全额纳入
			8.2.2 环境监测站仪器设备购置	环保部门	基本仪器配置；应急仪器配置；专项监测仪器配置；办公设备	全额纳入

要素	领域	活动属性	活动	统计对象	设施（举例）	备注
8 环境监管能力	8.3 环境监察	管理	8.3.1 环境监察基本设施建设	环保部门	环境监察办公用房；监控中心办公用房	全额纳入
			8.3.2 环境监察仪器设备购置	环保部门、工业企业	交通工具；取证设备；通讯设备；办公设备；信息平台；信息网络；应急装备；工业企业排污口规范	全额纳入
	8.4 环境应急	管理	8.4.1 环境应急基础设施建设	环保部门	环境应急办公/业务用房；环境应急物质储备库	全额纳入
			8.4.2 环境应急仪器设备购置	环保部门	交通工具；应急装备；办公设备	全额纳入
	8.5 环境宣教	管理	8.5.1 环境宣教基础设施建设	环保部门	宣教中心办公用房；宣教培训中心业务用房；科普教育基地场馆	全额纳入
			8.5.2 宣教仪器设备购置	环保部门	多媒体设备；交通工具；办公设备	全额纳入
	8.6 环境信息	管理	8.6.1 环境信息基础设施建设	环保部门	信息中心业务用房	全额纳入
			8.6.2 环境信息设备购置	环保部门	信息平台；信息网络；交通工具；办公设备	全额纳入
	8.7 环境科研	管理	8.7.1 环境科研基础设施建设	环保部门	环境科研办公用房（不含高校、企业等）；环境科研实验室用房（不含高校、企业等）	全额纳入
			8.7.2 环境科研设备购置	环保部门	实验仪器（不含高校、企业等）；交通工具（不含高校、企业等）；办公设备（不含高校、企业等）	全额纳入
	8.8 环境履约	管理	8.8.1 履约中心基础设施建设	环保部门	业务用房建设	全额纳入

附表 II　环保投资统计报表

附表 2-1　工业企业污染治理项目建设情况表

1 组织机构代码：□□□□□□□□-□（□□）：　3 企业地理位置：
　　　　　　　　　　　　　　　　　　　中心经度___°___′___″
2 填报单位详细名称（公章）：　　　　　　中心纬度___°___′___″

表　　号：表
制表机关：环境保护部
批准机关：国家统计局
批准文号：国统制　号
有效期至：　年　月

4 法人及联系人		5 详细地址及行政区划	6 行业类别	7 开业时间
法人代表姓名：	环保联系人姓名：	详细地址：	行业名称：	____年
____	____		____	□□□□
电话：____	____			____月
传真：____	____	行政区划代码	□□□□	□□
邮政编码：□□□□□□		□□□□□□		

代码	指标名称	计量单位	本年实际	
甲	乙	丙	合计	以下按项目分列
1	污染治理项目名称	—	—	
2	项目类型	—	—	
3	治理活动	—	—	
4	开工年月	—	—	
5	建成投产年月	—	—	
6	计划总投资	万元		
7	至本年底累计完成投资	万元		
8	本年完成投资及资金来源	万元		
9	其中：排污费补助	万元		
10	政府其他补助	万元		
11	企业自筹	万元		
12	其中：银行贷款	万元		
13	竣工项目设计或新增处理能力	—		
14	环保设施本年运行费用	万元		— — —
15	其中：本年竣工项目运行费用	万元		

单位负责人：　　　审核人：　　　　填表人：　　　填表日期：　年　月　日

396

（1）填表说明

逻辑关系：（6）≥（7）；（7）≥（8）；（8）＝（9）＋（10）＋（11）＋（12）；（11）≥（12）；（14）≥（15）。

基本要求：表格中的指标若无法取得数据，画"—"；若数字为零，则填报数字"0"。

（2）指标解释

【组织机构代码】指根据《全国组织机构代码编制规则》（GB 11714—1997），由组织机构代码登记主管部门给每个企业、事业单位、机关、社会团体和民办非企业单位颁发的"中华人民共和国组织机构代码证"书上、在全国范围内唯一的、始终不变的法定代码。单位代码由八位无属性的数字和一位校验码组成。已经取得法定代码的法人单位或产业活动单位必须填报法定代码。填写时，要按照技术监督部门颁发的《中华人民共和国组织机构代码证》上的代码填写。对于有两种或两种以上国民经济行业分类或跨不同行政区划的大型联合企业（如联合企业、总厂、总公司、电业局、油田管理局、矿务局等），其所属二级单位为填报报表的基本单位。二级单位凡有法人资格，符合独立核算法人工业企业条件的，作为独立核算工业企业填报组织机构代码。不具有法人资格的二级单位在填写时，除填写联合企业（独立核算单位）的组织机构代码外，还应在九位方格后的括号内填写二级单位代码（系两位码）。二级单位代码指联合企业内对二级单位编的顺序编号，此码由联合企业统一编制。

尚未领取法定代码或不属于法定代码赋码范围的单位，各级环保部门可赋予临时代码。各地环保部门应严格控制临时代码的发放，做到发放的临时代码不重复。临时代码的编码原则：临时代码共八位码，前四位为所在市（地、州、盟）行政区划代码，统一按《中华人民共和国行政区划代码》（GB/T 2260）填写，第五位为汉语拼音 G（代表工业源），后三位由环保部门对其进行编码，从 001～999。校验码由计算机根据组织机构代码校验规则自动生成。

【填报单位详细名称】按经工商行政管理部门核准，进行法人登记的名称填写，在填写时应使用规范化汉字全称，即与企业（单位）公章所使用的名称一致。二级单位须同时用括号注明二级单位的名称。如企业名称变更（含当年变更），应同时填上变更前的名称（曾用名）。

凡经登记主管机关核准或批准具有两个或两个以上名称的单位，要求填写法人名称，同时用括号注明其余的名称。

【企业地理位置】填写本企业地理位置的经度、纬度。以排放口位置为准，如存在多个排放口，可以企业办公地点位置或企业正门位置替代。

【法人】法人代表姓名，是根据章程或有关文件代表本单位行使职权的签字人，企业法定代表人按《企业法人营业执照》填写。

【行政区划代码】行政区划代码由 6 位数码组成，代表单位所在省（自治区、直辖市）和区县，详见《中华人民共和国行政区划代码》（GB/T 2260）。企业要根据详细地址对照代码表填写在方格内。

【详细地址】详细地址是民政部门认可的单位所在地地址。应包括省（自治区、直辖市）、地区（市、州、盟）、县（市、旗、区）、乡（镇），以及具体街（村）和门牌号码，不能填写通讯号码。大型联合企业所属二级单位，一律按本二级单位所在地址填写。

【行业类别】指根据其从事的社会经济活动性质对各类单位进行分类。

一个企业属于哪一个工业行业，是按正常生产情况下生产的主要产品的性质（一般按在工业总产值中占比重较大的产品及重要产品）把整个企业划入某一工业行业小类内。企业应对照《国民经济行业分类与代码》（GB/T 4754—2011）将行业小类代码填写在方格内。

【开业时间】指企业向工商行政管理部门进行登记、领取法人营业执照的时间。1949 年以前成立的企业填写最早开工年月；合并或兼并企业，按合并前主要企业领取营业执照的时间（或最早开业时间）填写；分立企业按分立后各自领取法人营业执照的时间填写。

【项目类型】按照污染治理项目性质，分为 3 类，并给予不同的代码。填报时，按以下代码填写：

1-老工业污染源治理在建项目

2-老工业污染源治理本年竣工项目

3-建设项目"三同时"环境保护竣工验收本年完成项目

4-建设项目"三同时" 本年未完成环境保护竣工验收项目

本表所指的项目是指本年内正式施工的项目。

其中，本年内正式施工的项目包括本年新开工项目和以前年度开工跨入本年继续施工的项目。本年内全部建成投产项目以及本年和以前年度全部停缓建在本年恢复施工的项目，仍为本年正式施工的项目。以前年度已报全部建成投产，本年尚有遗留工程进行收尾的项目，以及已经批准全部停缓建，但部分工程需要做到一定部位或进行仓库、生活福利设施工程的项目，不包括在本年正式施工项目之内。

本表所统计的污染治理项目，是工业企业为治理污染、实行"三废"综合利用而进行投资的项目。

针对纳入建设项目"三同时"管理的项目，填写该表时，分别按照"治理活动"填报污染治理项目。属于同一个"三同时"建设项目的污染治理项目名称和项目类型保持一致。

【污染治理项目名称】指以治理老污染源的污染、"三废"综合利用为主要目的的工程项目名称，或建设项目"三同时"项目名称。

【治理活动】根据"环保投资编码表"中的"工业调查表"，填写与污染治理项目所对应活动的四级编码。

【开工年月】指污染治理项目开始建设的年月。按照建设项目设计文件中规定的永久性工程第一次开始施工的年月填写。如果没有设计，就以计划方案规定的永久性工程实际开始施工的年月为准。

【建成投产年月】指污染治理项目按计划规定的生产能力和效益在一定时间内全部建成，经验收合格或达到竣工验收标准（引进项目并应按合同规定经过试生产考核达到验收标准，经双方签字确认）正式移交生产或交付使用的时间。

【计划总投资】指污染治理项目按照总体设计规定的内容全部建成计划（或按设计概算和预算）需要的总的资金。没有总体设计的更新改造、其他固定资产投资和城镇集体投资单位，分别按年内施工工程的计划总投资合计数填报。

【至本年底累计完成投资】指至报告期末，企业在污染治理项目中实际完成的累计投资额。实际完成投资额包括实际完成的建筑安装工程的价值，设备、工具、器具的购置费，以及实际发生的其他费用。没用到工程实体的建筑材料、工程预付款和没有进行安装的设备等，都不能计算此指标。

数据获取方式：查阅污染治理项目投资报表。

【本年完成投资及资金来源】指在报告期内，企业实际用于环境治理工程的投资额。投资额中的资金来源，是指投资单位在本年内收到的用于污染治理项目投资的各种货币资金，包括排污费补助、政府其他补助、企业自筹。各种来源的资金均为报告期投入的资金，不包括以往历年的投资。

本年污染治理资金合计＝排污费补助＋政府其他补助＋企业自筹

【排污费补助】指从征收的排污费中提取的用于补助重点排污单位治理污染源以及环境污染综合性治理措施的资金。

【政府其他补助】指用于补助重点排污单位治理污染源以及环境污染综合性治理措施的除排污费补助以外的政府其他补助资金。

【企业自筹】指除排污费补助、政府其他补助资金以外的其他用于污染治理的资金，包括国内贷款（不包括环保贷款）、利用外资、银行贷款等其他来源资金。

【银行贷款】指企业向银行借入的用于污染治理项目建设投资的贷款，属于企业自筹资金。

【竣工项目设计或新增处理能力】设计能力是指设计中规定的主体工程（或主体设备）及相应的配套的辅助工程（或配套设备）在正常情况下能够达到的处理能力。报告期内竣工的污染治理项目，属新建项目的填写设计文件规定的处理、利用"三废"能力；属改扩建、技术改造项目的填写经改造后新增加的处理利用能力，不包括改扩建之前原有的处理能力；只更新设备或重建构筑物，处理利用"三废"能力没有改变的则不填。

工业废水设计处理能力的计量单位为 t/d（吨/日）；工业废气设计处理能力的计量单位为标 m^3/h（标立方米/小时）；工业固体废物设计处理能力的计量单位为 t/d（吨/日）；噪声治理（含振动）设计处理能力以降低分贝数表示；电磁辐射治理设计处理能力以降低电磁辐射强度表示（电磁辐射计量单位有电场强度单位：V/m、磁场强度单位：A/m、功率密度单位：W/m^2）。放射性治理设计处理能力以降低放射性浓度表示，废水计量单位为 Bq/L，固体废物计量单位为 Bq/kg。

【环保设施本年运行费用】指报告期内维持环保设施正常运行所发生的费用。包括能源消耗、设备维修、人员工资、管理费、药剂费及与环保设施运行有关的其他费用等，不包括设备折旧费。

【本年竣工项目运行费用】指报告期内维持本年竣工的污染治理项目正常运行所发生的费用。包括能源消耗、设备维修、人员工资、管理费、药剂费及与环保设施运行有关的其他费用等，不包括设备折旧费。

附表 2-2 集中式污染物治理设施工业环保情况表

1 组织机构代码：□□□□□□□□-□（□□）：　　3 企业地理位置：
　　　　　　　　　　　　　　　　　　　　　　中心经度___ °___ ′___ ″
2 填报单位详细名称（公章）：　　　　　　　　中心纬度___ °___ ′___ ″

表　　号：表
制表机关：环境保护部
批准机关：国家统计局
批准文号：国统制　　号
有效期至：　年　月

4 法人及联系人	5 详细地址及行政区划	6 行业类别	7 开业时间
法人代表姓名：　环保联系人姓名： 电话：_____　_____ 传真：_____　_____ 邮政编码：□□□□□□	 行政区划代码 □□□□□□	行业名称： _____ □□□□	_____年 □□□□ _____月 □

代码 甲	指标名称 乙	计量单位 丙	本年实际 合计	以下按项目分列
1	污染治理项目名称	—	—	
2	治理活动	—	—	
3	开工年月	—	—	
4	建成投产年月	—	—	
5	计划总投资	万元		
6	至本年底累计完成投资	万元		
7	本年完成投资及资金来源	万元		
8	其中：排污费补助	万元		
9	政府其他补助	万元		
10	企业自筹	万元		
11	其中：银行贷款	万元		
12	新增处理能力	吨/天	—	
13	本年运行天数	天		
14	本年运行费用	万元	—	— — —
15	其中：本年竣工项目运行费用	万元		

单位负责人：　　　　审核人：　　　　填表人：　　　　填表日期：　年　月　日

（1）填表说明

逻辑关系：（5）≥（6）；（6）≥（7）；（7）=（8）+（9）+（10）+（11）；（10）≥（11）；（14）≥（15）。

基本要求：表格中的指标若无法取得数据，画"—"；若数字为零，则填报数字"0"。

（2）指标解释

【组织机构代码】指根据《全国组织机构代码编制规则》（GB 11714—1997），由组织机构代码登记主管部门给每个企业、事业单位、机关、社会团体和民办非企业单位颁发的"中华人民共和国组织机构代码证"书上、在全国范围内唯一的、始终不变的法定代码。单位代码由八位无属性的数字和一位校验码组成。已经取得法定代码的法人单位或产业活动单位必须填报法定代码。填写时，要按照技术监督部门颁发的《中华人民共和国组织机构代码证》上的代码填写。对有两种或两种以上国民经济行业分类或跨不同行政区划的大型联合企业（如联合企业、总厂、总公司、电业局、油田管理局、矿务局等），其所属二级单位为填报报表的基本单位。二级单位凡有法人资格，符合独立核算法人工业企业条件的，作为独立核算工业企业填报组织机构代码。不具有法人资格的二级单位在填写时，除填写联合企业（独立核算单位）的组织机构代码外，还应在九位方格后的括号内填写二级单位代码（系两位码）。二级单位代码指联合企业内对二级单位编的顺序编号，此码由联合企业统一编制。

尚未领取法定代码或不属于法定代码赋码范围的单位，各级环保部门可赋予临时代码。各地环保部门应严格控制临时代码的发放，做到发放的临时代码不重复。临时代码的编码原则：临时代码共八位码，前四位为所在市（地、州、盟）行政区划代码，统一按《中华人民共和国行政区划代码》（GB/T 2260）填写，第五位为汉语拼音 G（代表工业源），后三位由环保部门对其进行编码，从 001～999。校验码由计算机根据组织机构代码校验规则自动生成。

【填报单位详细名称】按经工商行政管理部门核准，进行法人登记的名称填写，在填写时应使用规范化汉字全称，即与企业（单位）公章所使用的名称一致。二级单位须同时用括号注明二级单位的名称。如企业名称变更（含当年变更），应同时填上变更前的名称（曾用名）。

凡经登记主管机关核准或批准具有两个或两个以上名称的单位，要求填写法人名称，同时用括号注明其余的名称。

【企业地理位置】填写本企业地理位置的经度、纬度。以排放口位置为准，如存在多个排放口，可以企业办公地点位置或企业正门位置替代。

【法人】法人代表姓名，是根据章程或有关文件代表本单位行使职权的签字人，企业法定代表人按《企业法人营业执照》填写。

【行政区划代码】行政区划代码由 6 位数码组成，代表单位所在省（自治区、直辖市）和区县，详见《中华人民共和国行政区划代码》（GB/T 2260）。企业要根据详细地址对照代码表填写在方格内。

【详细地址】详细地址是民政部门认可的单位所在地地址。应包括省（自治区、直辖市）、地区（市、州、盟）、县（市、旗、区）、乡（镇），以及具体街（村）和门牌号码，不能填写通讯号码。大型联合企业所属二级单位，一律按本二级单位所在地址填写。

【行业类别】指根据其从事的社会经济活动性质对各类单位进行分类。

一个企业属于哪一个工业行业，是按正常生产情况下生产的主要产品的性质（一般按在工业总产值中占比重较大的产品及重要产品）把整个企业划入某一工业行业小类内。企业应对照《国民经济行业分类与代码》（GB/T 4754—2011）将行业小类代码填写在方格内。

【开业时间】指企业向工商行政管理部门进行登记、领取法人营业执照的时间。1949 年以前成立的企业填写最早开工年月；合并或兼并企业，按合并前主要企业领取营业执照的时间（或最早开业时间）填写；分立企业按分立后各自领取法人营业执照的时间填写。

【污染治理项目名称】指以治理老污染源的污染、"三废"综合利用为主要目的的工程项目名称，或建设项目"三同时"项目名称。

【治理活动】根据"环保投资编码表"中的"工业调查表"，填写与污染治理项目所对应活动的四级编码。

401

【开工年月】指污染治理项目开始建设的年月。按照建设项目设计文件中规定的永久性工程第一次开始施工的年月填写。如果没有设计，就以计划方案规定的永久性工程实际开始施工的年月为准。

【建成投产年月】指污染治理项目按计划规定的生产能力和效益在一定时间内全部建成，经验收合格或达到竣工验收标准（引进项目并应按合同规定经过试生产考核达到验收标准，经双方签字确认）正式移交生产或交付使用的时间。

【计划总投资】指污染治理项目按照总体设计规定的内容全部建成计划（或按设计概算和预算）需要的总的资金。没有总体设计的更新改造、其他固定资产投资和城镇集体投资单位，分别按年内施工工程的计划总投资合计数填报。

【至本年底累计完成投资】指至报告期末，企业在污染治理项目中实际完成的累计投资额。实际完成投资额包括实际完成的建筑安装工程的价值，设备、工具、器具的购置费，以及实际发生的其他费用。没用到工程实体的建筑材料、工程预付款和没有进行安装的设备等，都不能计算此指标。

数据获取方式：查阅污染治理项目投资报表。

【本年完成投资及资金来源】指在报告期内，企业实际用于环境治理工程的投资额。投资额中的资金来源，是指投资单位在本年内收到的用于污染治理项目投资的各种货币资金，包括排污费补助、政府其他补助、企业自筹。各种来源的资金均为报告期投入的资金，不包括以往历年的投资。

本年污染治理资金合计＝排污费补助＋政府其他补助＋企业自筹

【排污费补助】指从征收的排污费中提取的用于补助重点排污单位治理污染源以及环境污染综合性治理措施的资金。

【政府其他补助】指用于补助重点排污单位治理污染源以及环境污染综合性治理措施的除排污费补助以外的政府其他补助资金。

【企业自筹】指除排污费补助、政府其他补助资金以外的其他用于污染治理的资金，包括国内贷款（不包括环保贷款）、利用外资、银行贷款等其他来源资金。

【银行贷款】指企业向银行借入的用于污染治理项目建设投资的贷款，属于企业自筹资金。

【竣工项目设计或新增处理能力】设计能力是指设计中规定的主体工程（或主体设备）及相应的配套的辅助工程（或配套设备）在正常情况下能够达到的处理能力。报告期内竣工的污染治理项目，属新建项目的填写设计文件规定的处理、利用"三废"能力；属改扩建、技术改造项目的填写经改造后新增加的处理利用能力，不包括改扩建之前原有的处理能力；只更新设备或重建构筑物，处理利用"三废"能力没有改变的则不填。

工业废水设计处理能力的计量单位为 t/d（吨/日）；工业废气设计处理能力的计量单位为标 m^3/h（标立方米/小时）；工业固体废物设计处理能力的计量单位为 t/d（吨/日）；噪声治理（含振动）设计处理能力以降低分贝数表示；电磁辐射治理设计处理能力以降低电磁辐射强度表示（电磁辐射计量单位有电场强度单位：V/m、磁场强度单位：A/m、功率密度单位：W/m^2）。放射性治理设计处理能力以降低放射性浓度表示，废水计量单位为 Bq/L，固体废物计量单位为 Bq/kg。

【本年运行天数】指调查对象报告期内正常运行的实际天数。

【本年运行费用】指报告期内维持集中式污染治理设施正常运行所发生的费用。包括能源消耗、设备维修、人员工资、管理费及与集中式污染治理设施运行有关的其他费用等，不包括设备折旧费。

附表 2-3　住建部门集中式污染物治理设施管网情况表

1 填报单位详细名称（公章）：　　　　2 管辖区域范围：

表　号：表
制表机关：环境保护部
批准机关：国家统计局
批准文号：国统制　号
有效期至：　年　月

3 法人及联系人	4 详细地址及行政区划		
法人代表姓名：　环保联系人姓名：			
电话：			
传真：	行政区划代码		
邮政编码：□□□□□□	□□□□□□		

代码	指标名称	计量单位	本年实际			
甲	乙	丙	合计	以下按项目分列		
1	管网建设项目名称	—				
2	治理活动					
3	开工年月	—				
4	建成投产年月	—				
5	计划总投资	万元				
6	至本年底累计完成投资	万元				
7	本年完成投资及资金来源	万元				
8	其中：国家拨付	万元				
9	省级拨付	万元				
10	地市拨付	万元				
11	县（区）拨付	万元				
12	其他	万元				
13	管网（运输）长度	公里				

单位负责人：　　　审核人：　　　填表人：　　　填表日期：　年　月　日

（1）填表说明

逻辑关系：（5）≥（6）；（6）≥（7）；（7）＝（8）＋（9）＋（10）＋（11）＋（12）。

基本要求：表格中的指标若无法取得数据，画"—"；若数字为零，则填报数字"0"。

（2）指标解释

【填报单位详细名称】按经工商行政管理部门核准，进行法人登记的名称填写，在填写时应使用规范化汉字全称，即与企业（单位）公章所使用的名称一致。二级单位须同时用括号注明二级单位的名称。如企业名称变更（含当年变更），应同时填上变更前的名称（曾用名）。

凡经登记主管机关核准或批准具有两个或两个以上名称的单位，要求填写法人名称，同时用括号注明其余的名称。

【管辖区域范围】填写上级行政主管部门审批的本部门管辖区域范围。

【法人】法人代表姓名，是根据章程或有关文件代表本单位行使职权的签字人，企业法定代表人按《企业法人营业执照》填写。

【行政区划代码】行政区划代码由 6 位数码组成，代表单位所在省（自治区、直辖市）和区县，详见《中华人民共和国行政区划代码》（GB/T 2260）。企业要根据详细地址对照代码表填写在方格内。

【详细地址】详细地址是民政部门认可的单位所在地地址。应包括省（自治区、直辖市）、地区（市、州、盟）、县（市、旗、区）、乡（镇），以及具体街（村）和门牌号码，不能填写通讯号码。大型联合企业所属二级单位，一律按本二级单位所在地址填写。

【管网建设项目名称】按上级行政主管部门批复的管网建设项目名称填写。

【治理活动】根据"环保投资编码表"中的"工业调查表"，填写与污染治理项目所对应活动的四级编码。

【开工年月】指管网建设项目开始建设的年月。按照建设项目设计文件中规定的永久性工程第一次开始施工的年月填写。如果没有设计，就以计划方案规定的永久性工程实际开始施工的年月为准。

【建成投产年月】指管网建设项目按计划规定的生产能力和效益在一定时间内全部建成，经验收合格或达到竣工验收标准（引进项目并应按合同规定经过试生产考核达到验收标准，经双方签字确认）正式移交生产或交付使用的时间。

【计划总投资】指管网建设项目按照总体设计规定的内容全部建成计划（或按设计概算和预算）需要的总的资金。没有总体设计的更新改造、其他固定资产投资和城镇集体投资单位，分别按年内施工工程的计划总投资合计数填报。

【至本年底累计完成投资】指至报告期末，住建部门在管网建设项目中实际完成的累计投资额。实际完成投资额包括实际完成的建筑安装工程的价值，设备、工具、器具的购置费，以及实际发生的其他费用。没用到工程实体的建筑材料、工程预付款和没有进行安装的设备等，都不能计算此指标。

数据获取方式：查阅管网建设项目投资报表。

【本年完成投资及资金来源】指在报告期内，住建部门实际用于管网建设的投资额。投资额中的资金来源，是指投资单位在本年内收到的用于管网建设项目投资的各种货币资金。各种来源的资金均为报告期投入的资金，不包括以往历年的投资。

【国家拨付资金】指由国家财政部门直接拨付，用于管网建设项目的资金。

【省级拨付资金】指由省级财政部门直接拨付，用于管网建设项目的资金。

【地市拨付资金】指由地市级财政部门直接拨付，用于管网建设项目的资金。

【县（区）拨付资金】指由县（区）级财政部门直接拨付，用于管网建设项目的资金。

【管网（运输）长度】指管网建设项目新增的管网长度或运输距离。

附表 2-4 集中式污染物治理设施生活污染防治情况表

表　号：表
制表机关：环境保护部
批准机关：国家统计局
批准文号：国统制　号
有效期至：　年　月

1 组织机构代码：□□□□□□□□-□（□□）：　3 企业地理位置：
　　　　　　　　　　　　　　　　　　　　中心经度＿＿°＿＿′＿＿″
2 填报单位详细名称（公章）：　　　　　　中心纬度＿＿°＿＿′＿＿″

4 法人及联系人		5 详细地址及行政区划	6 行业类别	7 开业时间
法人代表姓名：　环保联系人姓名： 电话：＿＿＿＿＿　＿＿＿＿＿ 传真：＿＿＿＿＿　＿＿＿＿＿ 邮政编码：□□□□□□		＿＿＿＿＿＿＿＿＿ 行政区划代码 □□□□□□	行业名称： □□□□	＿＿＿年 □□□□ 月 □

代码	指标名称	计量单位	本年实际				
甲	乙	丙	合计	以下按项目分列			
1	污染治理项目名称	—					
2	治理活动	—					
3	开工年月	—					
4	建成投产年月	—					
5	计划总投资	万元					
6	至本年底累计完成投资	万元					
7	本年完成投资及资金来源	万元					
8	其中：排污费补助	万元					
9	政府其他补助	万元					
10	企业自筹	万元					
11	其中：银行贷款	万元					
12	新增处理能力	吨/天	—				
13	本年运行天数	天					
14	本年运行费用	万元		—			
15	其中：本年竣工项目运行费用	万元		—			

单位负责人：　　　审核人：　　　　　填表人：　　　　填表日期：　年　月　日

（1）填表说明

逻辑关系：（5）≥（6）；（6）≥（7）；（7）＝（8）＋（9）＋（10）＋（11）；（10）≥（11）；（14）≥（15）。

基本要求：表格中的指标若无法取得数据，画"—"；若数字为零，则填报数字"0"。

（2）指标解释

【组织机构代码】指根据《全国组织机构代码编制规则》（GB 11714—1997），由组织机构代码登记主管部门给每个企业、事业单位、机关、社会团体和民办非企业单位颁发的"中华人民共和国组织机构代码证"书上、在全国范围内唯一的、始终不变的法定代码。单位代码由八位无属性的数字和一位校验码组成。已经取得法定代码的法人单位或产业活动单位必须填报法定代码。填写时，要按照技术监督部门颁发的《中华人民共和国组织机构代码证》上的代码填写。对于有两种或两种以上国民经济行业分类或跨不同行政区划的大型联合企业（如联合企业、总厂、总公司、电业局、油田管理局、矿务局等），其所属二级单位为填报报表的基本单位。二级单位凡有法人资格，符合独立核算法人工业企业条件的，作为独立核算工业企业填报组织机构代码。不具有法人资格的二级单位在填写时，除填写联合企业（独立核算单位）的组织机构代码外，还应在九位方格后的括号内填写二级单位代码（系两位码）。二级单位代码指联合企业内对二级单位编的顺序编号，此码由联合企业统一编制。

尚未领取法定代码或不属于法定代码赋码范围的单位，各级环保部门可赋予临时代码。各地环保部门应严格控制临时代码的发放，做到发放的临时代码不重复。临时代码的编码原则：临时代码共八位码，前四位为所在市（地、州、盟）行政区划代码，统一按《中华人民共和国行政区划代码》（GB/T 2260）填写，第五位为汉语拼音 G（代表工业源），后三位由环保部门对其进行编码，从 001～999。校验码由计算机根据组织机构代码校验规则自动生成。

【填报单位详细名称】按经工商行政管理部门核准，进行法人登记的名称填写，在填写时应使用规范化汉字全称，即与企业（单位）公章所使用的名称一致。二级单位须同时用括号注明二级单位的名称。如企业名称变更（含当年变更），应同时填上变更前的名称（曾用名）。

凡经登记主管机关核准或批准具有两个或两个以上名称的单位，要求填写法人名称，同时用括号注明其余的名称。

【企业地理位置】填写本企业地理位置的经度、纬度。以排放口位置为准，如存在多个排放口，可以企业办公地点位置或企业正门位置替代。

【法人】法人代表姓名，是根据章程或有关文件代表本单位行使职权的签字人，企业法定代表人按《企业法人营业执照》填写。

【行政区划代码】行政区划代码由 6 位数码组成，代表单位所在省（自治区、直辖市）和区县，详见《中华人民共和国行政区划代码》（GB/T 2260）。企业要根据详细地址对照代码表填写在方格内。

【详细地址】详细地址是民政部门认可的单位所在地地址。应包括省（自治区、直辖市）、地区（市、州、盟）、县（市、旗、区）、乡（镇），以及具体街（村）和门牌号码，不能填写通讯号码。大型联合企业所属二级单位，一律按本二级单位所在地址填写。

【行业类别】指根据其从事的社会经济活动性质对各类单位进行分类。

一个企业属于哪一个工业行业，是按正常生产情况下生产的主要产品的性质（一般按在工业总产值中占比重较大的产品及重要产品）把整个企业划入某一工业行业小类内。企业应对照《国民经济行业分类与代码》（GB/T 4754—2011）将行业小类代码填写在方格内。

【开业时间】指企业向工商行政管理部门进行登记、领取法人营业执照的时间。1949 年以前成立的企业填写最早开工年月；合并或兼并企业，按合并前主要企业领取营业执照的时间（或最早开业时间）填写；分立企业按分立后各自领取法人营业执照的时间填写。

【污染治理项目名称】指以治理老污染源的污染、"三废"综合利用为主要目的的工程项目名称，或建设项目"三同时"项目名称。

【治理活动】根据"环保投资编码表"中的"生活调查表"，填写与污染治理项目所对应活动的四级编码。

【开工年月】指污染治理项目开始建设的年月。按照建设项目设计文件中规定的永久性工程第一次开始施工的年月填写。如果没有设计，就以计划方案规定的永久性工程实际开始施工的年月为准。

【建成投产年月】指污染治理项目按计划规定的生产能力和效益在一定时间内全部建成，经验收合格或达到竣工验收标准（引进项目并应按合同规定经过试生产考核达到验收标准，经双方签字确认）正式移交生产或交付使用的时间。

【计划总投资】指污染治理项目按照总体设计规定的内容全部建成计划（或按设计概算和预算）需要的总的资金。没有总体设计的更新改造、其他固定资产投资和城镇集体投资单位，分别按年内施工工程的计划总投资合计数填报。

【至本年底累计完成投资】指至报告期末，企业在污染治理项目中实际完成的累计投资额。实际完成投资额包括实际完成的建筑安装工程的价值，设备、工具、器具的购置费，以及实际发生的其他费用。没用到工程实体的建筑材料、工程预付款和没有进行安装的设备等，都不能计算此指标。

数据获取方式：查阅污染治理项目投资报表。

【本年完成投资及资金来源】指在报告期内，企业实际用于环境治理工程的投资额。投资额中的资金来源，是指投资单位在本年内收到的用于污染治理项目投资的各种货币资金，包括排污费补助、政府其他补助、企业自筹。各种来源的资金均为报告期投入的资金，不包括以往历年的投资。

本年污染治理资金合计＝排污费补助+政府其他补助+企业自筹

【排污费补助】指从征收的排污费中提取的用于补助重点排污单位治理污染源以及环境污染综合性治理措施的资金。

【政府其他补助】指用于补助重点排污单位治理污染源以及环境污染综合性治理措施的除排污费补助以外的政府其他补助资金。

【企业自筹】指除排污费补助、政府其他补助资金以外的其他用于污染治理的资金，包括国内贷款（不包括环保贷款）、利用外资、银行贷款等其他来源资金。

【银行贷款】指企业向银行借入的用于污染治理项目建设投资的贷款，属于企业自筹资金。

【竣工项目设计或新增处理能力】设计能力是指设计中规定的主体工程（或主体设备）及相应的配套的辅助工程（或配套设备）在正常情况下能够达到的处理能力。报告期内竣工的污染治理项目，属新建项目的填写设计文件规定的处理、利用"三废"能力；属改扩建、技术改造项目的填写经改造后新增加的处理利用能力，不包括改扩建之前原有的处理能力；只更新设备或重建构筑物，处理利用"三废"能力没有改变的则不填。

废水设计处理能力的计量单位为 t/d（吨/日）；废气设计处理能力的计量单位为标 m³/h（标立方米/小时）；固体废物设计处理能力的计量单位为 t/d（吨/日）；噪声治理（含振动）设计处理能力以降低分贝数表示；电磁辐射治理设计处理能力以降低电磁辐射强度表示（电磁辐射计量单位有电场强度单位：V/m、磁场强度单位：A/m、功率密度单位：W/m²）。放射性治理设计处理能力以降低放射性浓度表示，废水计量单位为 Bq/L，固体废物计量单位为 Bq/kg。

【本年运行天数】指调查对象报告期内正常运行的实际天数。

【本年运行费用】指报告期内维持集中式污染治理设施正常运行所发生的费用。包括能源消耗、设备维修、人员工资、管理费及与集中式污染治理设施运行有关的其他费用等，不包括设备折旧费。

附表 2-5　水利部门饮用水水源地和其他特殊水体保护情况表

1 填报单位详细名称（公章）：　　　　　　　2 管辖区域范围：

表　号：表

制表机关：环境保护部

批准机关：国家统计局

批准文号：国统制　　号

有效期至：　年　月

3　法人及联系人	4　详细地址及行政区划	
法人代表姓名：　环保联系人姓名：		
电话：_____	行政区划代码	
传真：_____	□□□□□□	
邮政编码：□□□□□□		

代码	指标名称	计量单位	本年实际		
甲	乙	丙	合计	以下按项目分列	
1	污染治理项目名称	—			
2	治理活动	—			
3	开工年月	—			
4	建成投产年月	—			
5	计划总投资	万元			
6	至本年底累计完成投资	万元			
7	本年完成投资及资金来源	万元			
8	其中：国家拨付	万元			
9	省级拨付	万元			
10	地市拨付	万元			
11	县（区）拨付	万元			
12	其他	万元			
13	投资覆盖	—			

单位负责人：　　　　审核人：　　　　填表人：　　　　填表日期：　年　月　日

（1）填表说明

逻辑关系：（5）≥（6）；（6）≥（7）；（7）=（8）+（9）+（10）+（11）+（12）。

基本要求：表格中的指标若无法取得数据，画"—"；若数字为零，则填报数字"0"。

（2）指标解释

【填报单位详细名称】按经工商行政管理部门核准，进行法人登记的名称填写，在填写时应使用规范化汉字全称，即与企业（单位）公章所使用的名称一致。二级单位须同时用括号注明二级单位的名称。如企业名称变更（含当年变更），应同时填上变更前的名称（曾用名）。

凡经登记主管机关核准或批准具有两个或两个以上名称的单位，要求填写法人名称，同时用括号注明其余的名称。

【管辖区域范围】填写上级行政主管部门审批的本部门管辖区域范围。

【法人】法人代表姓名，是根据章程或有关文件代表本单位行使职权的签字人，企业法定代表人按《企业法人营业执照》填写。

【行政区划代码】行政区划代码由6位数码组成，代表单位所在省（自治区、直辖市）和区县，详见《中华人民共和国行政区划代码》（GB/T 2260）。企业要根据详细地址对照代码表填写在方格内。

【详细地址】详细地址是民政部门认可的单位所在地地址。应包括省（自治区、直辖市）、地区（市、州、盟）、县（市、旗、区）、乡（镇），以及具体街（村）和门牌号码，不能填写通讯号码。大型联合企业所属二级单位，一律按本二级单位所在地址填写。

【污染治理项目名称】按上级行政主管部门批复的污染治理项目名称填写。

【治理活动】根据"环保投资编码表"中的"生活调查表"，填写与污染治理项目所对应活动的四级编码。

【开工年月】指污染治理项目开始建设的年月。按照建设项目设计文件中规定的永久性工程第一次开始施工的年月填写。如果没有设计，就以计划方案规定的永久性工程实际开始施工的年月为准。

【建成投产年月】指污染治理项目按计划规定的生产能力和效益在一定时间内全部建成，经验收合格或达到竣工验收标准（引进项目并应按合同规定经过试生产考核达到验收标准，经双方签字确认）正式移交生产或交付使用的时间。

【计划总投资】指污染治理项目按照总体设计规定的内容全部建成计划（或按设计概算和预算）需要的总的资金。没有总体设计的更新改造、其他固定资产投资和城镇集体投资单位，分别按年内施工工程的计划总投资合计数填报。

【至本年底累计完成投资】指至报告期末，水利部门在污染治理项目中实际完成的累计投资额。实际完成投资额包括实际完成的建筑安装工程的价值，设备、工具、器具的购置费，以及实际发生的其他费用。没用到工程实体的建筑材料、工程预付款和没有进行安装的设备等，都不能计算此指标。

数据获取方式：查阅污染治理项目投资报表。

【本年完成投资及资金来源】指在报告期内，水利部门实际用于污染治理的投资额。投资额中的资金来源，是指投资单位在本年内收到的用于污染治理项目投资的各种货币资金。各种来源的资金均为报告期投入的资金，不包括以往历年的投资。

【国家拨付资金】指由国家财政部门直接拨付，用于污染治理项目的资金。

【省级拨付资金】指由省级财政部门直接拨付，用于污染治理项目的资金。

【地市拨付资金】指由地市级财政部门直接拨付，用于污染治理项目的资金。

【县（区）拨付资金】指由县（区）级财政部门直接拨付，用于污染治理项目的资金。

【投资覆盖】指污染治理项目本年投资项目所覆盖的饮用水水源地和其他特殊水体的实际面积（单位：km^2，平方公里），或涉及的人口数量（单位：万人），填表时填写数字单位。

附表 2-6　住建部门生活污染集中治理管网情况表

1 填报单位详细名称（公章）:　　　　　　2 管辖区域范围:

表　　号:表
制表机关: 环境保护部
批准机关: 国家统计局
批准文号: 国统制　号
有效期至:　年　月

3 法人及联系人	4 详细地址及行政区划			
法人代表姓名:　环保联系人姓名: ───────── 电话:　　　　───── 传真:　　　　───── 邮政编码:□□□□□□	──────────────── 行政区划代码 □□□□□□			

代码	指标名称	计量单位	本年实际			
甲	乙	丙	合计	以下按项目分列		
1	管网建设项目名称	—	—			
2	治理活动	—				
3	开工年月	—	—			
4	建成投产年月	—	—			
5	计划总投资	万元				
6	至本年底累计完成投资	万元				
7	本年完成投资及资金来源	万元				
8	其中: 国家拨付	万元				
9	省级拨付	万元				
10	地市拨付	万元				
11	县（区）拨付	万元				
12	其他	万元				
13	管网（运输）长度	公里				

单位负责人:　　审核人:　　填表人:　　填表日期:　年　月　日

（1）填表说明

逻辑关系:（5）≥（6）;（6）≥（7）;（7）=（8）+（9）+（10）+（11）+（12）。

基本要求: 表格中的指标若无法取得数据, 画"—"; 若数字为零, 则填报数字"0"。

（2）指标解释

【填报单位详细名称】按经工商行政管理部门核准, 进行法人登记的名称填写, 在填写时应使用规范化汉字全称, 即与企业（单位）公章所使用的名称一致。二级单位须同时用括号注明二级单位的名称。如企业名称变更（含当年变更）, 应同时填上变更前的名称（曾用名）。

凡经登记主管机关核准或批准具有两个或两个以上名称的单位, 要求填写法人名称, 同时用括号注明其余的名称。

410

【管辖区域范围】填写上级行政主管部门审批的本部门管辖区域范围。

【法人】法人代表姓名，是根据章程或有关文件代表本单位行使职权的签字人，企业法定代表人按《企业法人营业执照》填写。

【行政区划代码】行政区划代码由 6 位数码组成，代表单位所在省（自治区、直辖市）和区县，详见《中华人民共和国行政区划代码》（GB/T 2260）。企业要根据详细地址对照代码表填写在方格内。

【详细地址】详细地址是民政部门认可的单位所在地地址。应包括省（自治区、直辖市）、地区（市、州、盟）、县（市、旗、区）、乡（镇），以及具体街（村）和门牌号码，不能填写通讯号码。大型联合企业所属二级单位，一律按本二级单位所在地址填写。

【管网建设项目名称】按上级行政主管部门批复的管网建设项目名称填写。

【治理活动】根据"环保投资编码表"中的"生活调查表"，填写与污染治理项目所对应活动的四级编码。

【开工年月】指管网建设项目开始建设的年月。按照建设项目设计文件中规定的永久性工程第一次开始施工的年月填写。如果没有设计，就以计划方案规定的永久性工程实际开始施工的年月为准。

【建成投产年月】指管网建设项目按计划规定的生产能力和效益在一定时间内全部建成，经验收合格或达到竣工验收标准（引进项目并应按合同规定经过试生产考核达到验收标准，经双方签字确认）正式移交生产或交付使用的时间。

【计划总投资】指管网建设项目按照总体设计规定的内容全部建成计划（或按设计概算和预算）需要的总的资金。没有总体设计的更新改造、其他固定资产投资和城镇集体投资单位，分别按年内施工工程的计划总投资合计数填报。

【至本年底累计完成投资】指至报告期末，住建部门在管网建设项目中实际完成的累计投资额。实际完成投资额包括实际完成的建筑安装工程的价值，设备、工具、器具的购置费，以及实际发生的其他费用。没用到工程实体的建筑材料、工程预付款和没有进行安装的设备等，都不能计算此指标。

数据获取方式：查阅管网建设项目投资报表。

【本年完成投资及资金来源】指在报告期内，住建部门实际用于管网建设的投资额。投资额中的资金来源，是指投资单位在本年内收到的用于管网建设项目投资的各种货币资金。各种来源的资金均为报告期投入的资金，不包括以往历年的投资。

【国家拨付资金】指由国家财政部门直接拨付，用于管网建设项目的资金。

【省级拨付资金】指由省级财政部门直接拨付，用于管网建设项目的资金。

【地市拨付资金】指由地市级财政部门直接拨付，用于管网建设项目的资金。

【县（区）拨付资金】指由县（区）级财政部门直接拨付，用于管网建设项目的资金。

【管网（运输）长度】指管网建设项目新增的管网长度或运输距离。

附表 2-7 畜禽、水产养殖企业污染治理项目建设情况表

1 组织机构代码：□□□□□□□□-□（□□）：	3 企业地理位置：	表 号：表
	中心经度___°___'___"	制表机关：环境保护部
2 填报单位详细名称（公章）：	中心纬度___°___'___"	批准机关：国家统计局
		批准文号：国统制 号
		有效期至： 年 月

4 法人及联系人	5 详细地址及行政区划	6 行业类别	7 开业时间
法人代表姓名： 环保联系人姓名： _____ 电话：_____ _____ 传真：_____ _____ 邮政编码：□□□□□□	_____ _____ 行政区划代码 □□□□□□	行业名称： _____ _____ □□□□	____年 □□□□

代码	指标名称	计量单位	本年实际			
甲	乙	丙	合计	以下按项目分列		
1	污染治理项目名称	—				
2	项目类型	—	—			
3	治理活动					
4	开工年月	—	—			
5	建成投产年月					
6	计划总投资	万元				
7	至本年底累计完成投资	万元				
8	本年完成投资及资金来源	万元				
9	其中：排污费补助	万元				
10	政府其他补助	万元				
11	企业自筹	万元				
12	其中：银行贷款	万元				
13	竣工项目设计或新增处理能力	—	—			
14	环保设施本年运行费用	万元	—	—	—	—
15	其中：本年竣工项目运行费用	万元				

单位负责人： 审核人： 填表人： 填表日期： 年 月 日

（1）填表说明

逻辑关系：(6) ≥ (7)；(7) ≥ (8)；(8) = (9) + (10) + (11) + (12)；(11) ≥ (12)；(14) ≥ (15)。

基本要求：表格中的指标若无法取得数据，画"—"；若数字为零，则填报数字"0"。

（2）指标解释

【组织机构代码】指根据《全国组织机构代码编制规则》（GB 11714—1997），由组织机构代码登记主管部门给每个企业、事业单位、机关、社会团体和民办非企业单位颁发的"中华人民共和国组织机构代码证"书上、在全国范围内唯一的、始终不变的法定代码。单位代码由八位无属性的数字和一位校验码组成。已经取得法定代码的法人单位或产业活动单位必须填报法定代码。填写时，要按照技术监督部门颁发的《中华人民共和国组织机构代码证》上的代码填写。对于有两种或两种以上国民经济行业分类或跨不同行政区划的大型联合企业（如联合企业、总厂、总公司、电业局、油田管理局、矿务局等），其所属二级单位为填报报表的基本单位。二级单位凡有法人资格，符合独立核算法人工业企业条件的，作为独立核算工业企业填报组织机构代码。不具有法人资格的二级单位在填写时，除填写联合企业（独立核算单位）的组织机构代码外，还应在九位方格后的括号内填写二级单位代码（系两位码）。二级单位代码指联合企业内对二级单位编的顺序编号，此码由联合企业统一编制。

养殖场编码=县行政区划代码+识别码（XC）+4 位养殖场编号+2 位识别码。4 位养殖场编号：从 0001 开始升序排列，最大到 9999。必须填满 4 格，不足的左补"0"，如果同一家养殖场有多种畜禽的，不同畜禽分别填表，并以 01～05 区分。

养殖小区编码=县行政区划代码+识别码（XQ）+4 位小区编号+2 位识别码。3 位小区编号：从 0001 开始升序排列，最大到 9999。必须填满 4 格，不足的左补"0"，如果同一家养殖小区有多种畜禽的，不同畜禽分别填表，并以 01～05 区分。

尚未领取法定代码或不属于法定代码赋码范围的单位，各级环保部门可赋予临时代码。各地环保部门应严格控制临时代码的发放，做到发放的临时代码不重复。临时代码的编码原则：临时代码共八位码，前四位为所在市（地、州、盟）行政区划代码，统一按《中华人民共和国行政区划代码》（GB/T 2260）填写，第五位为汉语拼音 G（代表工业源），后三位由环保部门对其进行编码，从 001～999。校验码由计算机根据组织机构代码校验规则自动生成。

【填报单位详细名称】按经工商行政管理部门核准，进行法人登记的名称填写，在填写时应使用规范化汉字全称，即与企业（单位）公章所使用的名称一致。二级单位须同时用括号注明二级单位的名称。如企业名称变更（含当年变更），应同时填上变更前的名称（曾用名）。

凡经登记主管机关核准或批准具有两个或两个以上名称的单位，要求填写法人名称，同时用括号注明其余的名称。

【企业地理位置】填写本企业地理位置的经度、纬度。以排放口位置为准，如存在多个排放口，可以企业办公地点位置或企业正门位置替代。

【法人】法人代表姓名，是根据章程或有关文件代表本单位行使职权的签字人，企业法定代表人按《企业法人营业执照》填写。

【行政区划代码】行政区划代码由 6 位数码组成，代表单位所在省（自治区、直辖市）和区县，详见《中华人民共和国行政区划代码》（GB/T 2260）。企业要根据详细地址对照代码表填写在方格内。

【详细地址】详细地址是民政部门认可的单位所在地地址。应包括省（自治区、直辖市）、地区

（市、州、盟）、县（市、旗、区）、乡（镇），以及具体街（村）和门牌号码，不能填写通讯号码。大型联合企业所属二级单位，一律按本二级单位所在地址填写。

【行业类别】指根据其从事的社会经济活动性质对各类单位进行分类。

一个企业属于哪一个工业行业，是按正常生产情况下生产的主要产品的性质（一般按在工业总产值中占比重较大的产品及重要产品）把整个企业划入某一工业行业小类内。企业应对照《国民经济行业分类与代码》（GB/T 4754—2011）将行业小类代码填写在方格内。

【开业时间】指企业向工商行政管理部门进行登记、领取法人营业执照的时间。1949 年以前成立的企业填写最早开工年月；合并或兼并企业，按合并前主要企业领取营业执照的时间（或最早开业时间）填写；分立企业按分立后各自领取法人营业执照的时间填写。

【项目类型】按照污染治理项目性质，分为 3 类，并给予不同的代码。填报时，按以下代码填写：

1-老工业污染源治理在建项目

2-老工业污染源治理本年竣工项目

3-建设项目"三同时"环境保护竣工验收本年完成项目

4-建设项目"三同时" 本年未完成环境保护竣工验收项目

本表所指的项目是指本年内正式施工的项目。

其中，本年内正式施工的项目包括本年新开工项目和以前年度开工跨入本年继续施工的项目。本年内全部建成投产项目以及本年和以前年度全部停缓建在本年恢复施工的项目，仍为本年正式施工的项目。以前年度已报全部建成投产，本年尚有遗留工程进行收尾的项目，以及已经批准全部停缓建，但部分工程需要做到一定部位或进行仓库、生活福利设施工程的项目，不包括在本年正式施工项目之内。

本表所统计的污染治理项目，是工业企业为治理污染、实行"三废"综合利用而进行投资的项目。

针对纳入建设项目"三同时"管理的项目，填写该表时，分别按照"治理活动"填报污染治理项目。属于同一个"三同时"建设项目的污染治理项目名称和项目类型保持一致。

414

【污染治理项目名称】指以治理老污染源的污染、"三废"综合利用为主要目的的工程项目名称，或建设项目"三同时"项目名称。

【治理活动】根据"环保投资编码表"中的"农业调查表"，填写与污染治理项目所对应活动的四级编码。

【开工年月】指污染治理项目开始建设的年月。按照建设项目设计文件中规定的永久性工程第一次开始施工的年月填写。如果没有设计，就以计划方案规定的永久性工程实际开始施工的年月为准。

【建成投产年月】指污染治理项目按计划规定的生产能力和效益在一定时间内全部建成，经验收合格或达到竣工验收标准（引进项目并应按合同规定经过试生产考核达到验收标准，经双方签字确认）正式移交生产或交付使用的时间。

【计划总投资】指污染治理项目按照总体设计规定的内容全部建成计划（或按设计概算和预算）需要的总的资金。没有总体设计的更新改造、其他固定资产投资和城镇集体投资单位，分别按年内施工工程的计划总投资合计数填报。

【至本年底累计完成投资】指至报告期末,企业在污染治理项目中实际完成的累计投资额。实际完成投资额包括实际完成的建筑安装工程的价值,设备、工具、器具的购置费,以及实际发生的其他费用。没用到工程实体的建筑材料、工程预付款和没有进行安装的设备等,都不能计算此指标。

数据获取方式:查阅污染治理项目投资报表。

【本年完成投资及资金来源】指在报告期内,企业实际用于环境治理工程的投资额。投资额中的资金来源,是指投资单位在本年内收到的用于污染治理项目投资的各种货币资金,包括排污费补助、政府其他补助、企业自筹。各种来源的资金均为报告期投入的资金,不包括以往历年的投资。

本年污染治理资金合计=排污费补助+政府其他补助+企业自筹

【排污费补助】指从征收的排污费中提取的用于补助重点排污单位治理污染源以及环境污染综合性治理措施的资金。

【政府其他补助】指用于补助重点排污单位治理污染源以及环境污染综合性治理措施的除排污费补助以外的政府其他补助资金。

【企业自筹】指除排污费补助、政府其他补助资金以外的其他用于污染治理的资金,包括国内贷款(不包括环保贷款)、利用外资、银行贷款等其他来源资金。

【银行贷款】指企业向银行借入的用于污染治理项目建设投资的贷款,属于企业自筹资金。

【竣工项目设计或新增处理能力】设计能力是指设计中规定的主体工程(或主体设备)及相应的配套的辅助工程(或配套设备)在正常情况下能够达到的处理能力。报告期内竣工的污染治理项目,属新建项目的填写设计文件规定的处理、利用"三废"能力;属改扩建、技术改造项目的填写经改造后新增加的处理利用能力,不包括改扩建之前原有的处理能力;只更新设备或重建构筑物,处理利用"三废"能力没有改变的则不填。

废水设计处理能力的计量单位为 t/d(吨/日);废气设计处理能力的计量单位为标 m^3/h(标立方米/小时);固体废物设计处理能力的计量单位为 t/d(吨/日);噪声治理(含振动)设计处理能力以降低分贝数表示;电磁辐射治理设计处理能力以降低电磁辐射强度表示(电磁辐射计量单位有电场强度单位:V/m、磁场强度单位:A/m、功率密度单位:W/m^2)。放射性治理设计处理能力以降低放射性浓度表示,废水计量单位为 Bq/L,固体废物计量单位为 Bq/kg。

【环保设施本年运行费用】指报告期内维持环保设施正常运行所发生的费用。包括能源消耗、设备维修、人员工资、管理费、药剂费及与环保设施运行有关的其他费用等,不包括设备折旧费。

【本年竣工项目运行费用】指报告期内维持本年竣工的污染治理项目正常运行所发生的费用。包括能源消耗、设备维修、人员工资、管理费、药剂费及与环保设施运行有关的其他费用等,不包括设备折旧费。

附表 2-8　农业部门农田和农业大气污染治理项目情况表

1　填报单位详细名称（公章）：　　　　2　管辖区域范围：

表　　号：	表
制表机关：	环境保护部
批准机关：	国家统计局
批准文号：	国统制　　号
有效期至：	年　月

3　法人及联系人	4　详细地址及行政区划			
法人代表姓名：　环保联系人姓名： 电话： 传真： 邮政编码：□□□□□□	行政区划代码 □□□□□□			

代码	指标名称	计量单位	本年实际	
甲	乙	丙	合计	以下按项目分列
1	污染治理项目名称	—	—	
2	治理活动	—	—	
3	开工年月			
4	建成投产年月			
5	计划总投资	万元		
6	至本年底累计完成投资	万元		
7	本年完成投资及资金来源	万元		
8	其中：国家拨付	万元		
9	省级拨付	万元		
10	地市拨付	万元		
11	县（区）拨付	万元		
12	其他	万元		
13	竣工项目设计或新增处理能力	—	—	
14	投资覆盖范围	平方公里	—	

单位负责人：　　　　审核人：　　　　　　填表人：　　　　填表日期：　　年　月　日

（1）填表说明

逻辑关系：（5）≥（6）；（6）≥（7）；（7）＝（8）＋（9）＋（10）＋（11）＋（12）。

基本要求：表格中的指标若无法取得数据，画"—"；若数字为零，则填报数字"0"。

（2）指标解释

【填报单位详细名称】按经工商行政管理部门核准，进行法人登记的名称填写，在填写时应使用规范化汉字全称，即与企业（单位）公章所使用的名称一致。二级单位须同时用括号注明二级单位的名称。如企业名称变更（含当年变更），应同时填上变更前的名称（曾用名）。

凡经登记主管机关核准或批准具有两个或两个以上名称的单位，要求填写法人名称，同时用括号注明其余的名称。

【管辖区域范围】填写上级行政主管部门审批的本部门管辖区域范围。

【法人】法人代表姓名，是根据章程或有关文件代表本单位行使职权的签字人，企业法定代表人按《企业法人营业执照》填写。

【行政区划代码】行政区划代码由 6 位数码组成，代表单位所在省（自治区、直辖市）和区县，详见《中华人民共和国行政区划代码》（GB/T 2260）。企业要根据详细地址对照代码表填写在方格内。

【详细地址】详细地址是民政部门认可的单位所在地地址。应包括省（自治区、直辖市）、地区（市、州、盟）、县（市、旗、区）、乡（镇），以及具体街（村）和门牌号码，不能填写通讯号码。大型联合企业所属二级单位，一律按本二级单位所在地址填写。

【污染治理项目名称】按上级行政主管部门批复的污染治理项目名称填写。

【治理活动】根据"环保投资编码表"中的"农业调查表"，填写与污染治理项目所对应活动的四级编码。

【开工年月】指污染治理项目开始建设的年月。按照建设项目设计文件中规定的永久性工程第一次开始施工的年月填写。如果没有设计，就以计划方案规定的永久性工程实际开始施工的年月为准。

【建成投产年月】指污染治理项目按计划规定的生产能力和效益在一定时间内全部建成，经验收合格或达到竣工验收标准（引进项目并应按合同规定经过试生产考核达到验收标准，经双方签字确认）正式移交生产或交付使用的时间。

【计划总投资】指污染治理项目按照总体设计规定的内容全部建成计划（或按设计概算和预算）需要的总的资金。没有总体设计的更新改造、其他固定资产投资和城镇集体投资单位，分别按年内施工工程的计划总投资合计数填报。

【至本年底累计完成投资】指至报告期末，农业部门在污染治理项目中实际完成的累计投资额。实际完成投资额包括实际完成的建筑安装工程的价值，设备、工具、器具的购置费，以及实际发生的其他费用。没用到工程实体的建筑材料、工程预付款和没有进行安装的设备等，都不能计算此指标。

数据获取方式：查阅污染治理项目投资报表。

【本年完成投资及资金来源】指在报告期内，农业部门实际用于污染治理的投资额。投资额中的资金来源，是指投资单位在本年内收到的用于污染治理项目投资的各种货币资金。各种来源的资金均为报告期投入的资金，不包括以往历年的投资。

【国家拨付资金】指由国家财政部门直接拨付，用于污染治理项目的资金。

【省级拨付资金】指由省级财政部门直接拨付，用于污染治理项目的资金。

【地市拨付资金】指由地市级财政部门直接拨付，用于污染治理项目的资金。

【县（区）拨付资金】指由县（区）级财政部门直接拨付，用于污染治理项目的资金。

【竣工项目设计或新增处理能力】设计能力是指设计中规定的主体工程（或主体设备）及相应的配套的辅助工程（或配套设备）在正常情况下能够达到的处理能力。报告期内竣工的污染治理项目，属新建项目的填写设计文件规定的处理、利用"三废"能力；属改扩建、技术改造项目的填写经改造后新增加的处理利用能力，不包括改扩建之前原有的处理能力；只更新设备或重建构筑物，处理利用"三废"能力没有改变的则不填。

废水设计处理能力的计量单位为 t/d（吨/日）；废气设计处理能力的计量单位为标 m³/h（标立方米/小时）；固体废物设计处理能力的计量单位为 t/d（吨/日）；噪声治理（含振动）设计处理能力以降低分贝数表示；电磁辐射治理设计处理能力以降低电磁辐射强度表示（电磁辐射计量单位有电场强度单位：V/m、磁场强度单位：A/m、功率密度单位：W/m²）。放射性治理设计处理能力以降低放射性浓度表示，废水计量单位为 Bq/L，固体废物计量单位为 Bq/kg。

【投资覆盖面积】指污染治理项目本年投资项目所覆盖的农田实际面积。

附表 2-9 海洋、海事、渔政部门
船舶污水防治项目情况表

1 填报单位详细名称（公章）： 2 管辖区域范围：

表　号：表
制表机关：环境保护部
批准机关：国家统计局
批准文号：国统制　　号
有效期至：　年　月

3 法人及联系人	4 详细地址及行政区划		
法人代表姓名：　　环保联系人姓名： 电话： 传真： 邮政编码：□□□□□□	行政区划代码 □□□□□□		

代码	指标名称	计量单位	本年实际				
甲	乙	丙	合计	以下按项目分列			
1	污染治理项目名称	—	—				
2	治理活动						
3	开工年月						
4	建成投产年月	—	—				
5	计划总投资	万元					
6	至本年底累计完成投资	万元					
7	本年完成投资及资金来源	万元					
8	其中：国家拨付	万元					
9	省级拨付	万元					
10	地市拨付	万元					
11	县（区）拨付	万元					
12	其他	万元					
13	竣工项目设计或新增处理能力	—	—				
14	环保设施本年运行费用	万元	—	—			
15	其中：本年竣工项目运行费用	万元					

单位负责人：　　　审核人：　　　　填表人：　　　　填表日期：　年　月　日

（1）填表说明

逻辑关系：(5) ≥ (6)；(6) ≥ (7)；(7) = (8) + (9) + (10) + (11) + (12)；(14) ≥ (15)。

基本要求：表格中的指标若无法取得数据，画"—"；若数字为零，则填报数字"0"。

（2）指标解释

【填报单位详细名称】按经工商行政管理部门核准，进行法人登记的名称填写，在填写时应使用规范化汉字全称，即与企业（单位）公章所使用的名称一致。二级单位须同时用括号注明二级单位的名称。如企业名称变更（含当年变更），应同时填上变更前的名称（曾用名）。

凡经登记主管机关核准或批准具有两个或两个以上名称的单位，要求填写法人名称，同时用括号注明其余的名称。

【管辖区域范围】填写上级行政主管部门审批的本部门管辖区域范围。

【法人】法人代表姓名，是根据章程或有关文件代表本单位行使职权的签字人，企业法定代表人按《企业法人营业执照》填写。

【行政区划代码】行政区划代码由 6 位数码组成，代表单位所在省（自治区、直辖市）和区县，详见《中华人民共和国行政区划代码》（GB/T 2260）。企业要根据详细地址对照代码表填写在方格内。

【详细地址】详细地址是民政部门认可的单位所在地地址。应包括省（自治区、直辖市）、地区（市、州、盟）、县（市、旗、区）、乡（镇），以及具体街（村）和门牌号码，不能填写通讯号码。大型联合企业所属二级单位，一律按本二级单位所在地址填写。

【污染治理项目名称】按上级行政主管部门批复的污染治理项目名称填写。

【治理活动】根据"环保投资编码表"中的"交通调查表"，填写与污染治理项目所对应活动的四级编码。

【开工年月】指污染治理项目开始建设的年月。按照建设项目设计文件中规定的永久性工程第一次开始施工的年月填写。如果没有设计，就以计划方案规定的永久性工程实际开始施工的年月为准。

【建成投产年月】指污染治理项目按计划规定的生产能力和效益在一定时间内全部建成，经验收合格或达到竣工验收标准（引进项目并应按合同规定经过试生产考核达到验收标准，经双方签字确认）正式移交生产或交付使用的时间。

【计划总投资】指污染治理项目按照总体设计规定的内容全部建成计划（或按设计概算和预算）需要的总的资金。没有总体设计的更新改造、其他固定资产投资和城镇集体投资单位，分别按年内施工工程的计划总投资合计数填报。

【至本年底累计完成投资】指至报告期末，海洋、海事、渔政部门在污染治理项目中实际完成的累计投资额。实际完成投资额包括实际完成的建筑安装工程的价值，设备、工具、器具的购置费，以及实际发生的其他费用。没用到工程实体的建筑材料、工程预付款和没有进行安装的设备等，都不能计算此指标。

数据获取方式：查阅污染治理项目投资报表。

【本年完成投资及资金来源】指在报告期内，海洋、海事、渔政部门实际用于污染治理的投资额。投资额中的资金来源，是指投资单位在本年内收到的用于污染治理项目投资的各种货币资金。

419

各种来源的资金均为报告期投入的资金，不包括以往历年的投资。

【国家拨付资金】指由国家财政部门直接拨付，用于污染治理项目的资金。

【省级拨付资金】指由省级财政部门直接拨付，用于污染治理项目的资金。

【地市拨付资金】指由地市级财政部门直接拨付，用于污染治理项目的资金。

【县（区）拨付资金】指由县（区）级财政部门直接拨付，用于污染治理项目的资金。

【竣工项目设计或新增处理能力】设计能力是指设计中规定的主体工程（或主体设备）及相应的配套的辅助工程（或配套设备）在正常情况下能够达到的处理能力。报告期内竣工的污染治理项目，属新建项目的填写设计文件规定的处理、利用"三废"能力；属改扩建、技术改造项目的填写经改造后新增加的处理利用能力，不包括改扩建之前原有的处理能力；只更新设备或重建构筑物，处理利用"三废"能力没有改变的则不填。

废水设计处理能力的计量单位为 t/d（吨/日）；废气设计处理能力的计量单位为标 m^3/h（标立方米/小时）；固体废物设计处理能力的计量单位为 t/d（吨/日）；噪声治理（含振动）设计处理能力以降低分贝数表示；电磁辐射治理设计处理能力以降低电磁辐射强度表示（电磁辐射计量单位有电场强度单位：V/m、磁场强度单位：A/m、功率密度单位：W/m^2）。放射性治理设计处理能力以降低放射性浓度表示，废水计量单位为 Bq/L，固体废物计量单位为 Bq/kg。

【环保设施本年运行费用】指报告期内维持环保设施正常运行所发生的费用。包括能源消耗、设备维修、人员工资、管理费、药剂费及与环保设施运行有关的其他费用等，不包括设备折旧费。

【本年竣工项目运行费用】指报告期内维持本年竣工的污染治理项目正常运行所发生的费用。包括能源消耗、设备维修、人员工资、管理费、药剂费及与环保设施运行有关的其他费用等，不包括设备折旧费。

附表 2-10　交通部门交通噪声防治项目情况表

1 填报单位详细名称（公章）：　　　　　　2 管辖区域范围：

表　号：表
制表机关：环境保护部
批准机关：国家统计局
批准文号：国统制　号
有效期至：　年　月

3 法人及联系人	4 详细地址及行政区划			
法人代表姓名：　环保联系人姓名： 电话：　　　　　　 传真：　　　　　　 邮政编码：□□□□□□	行政区划代码 □□□□□□			

代码	指标名称	计量单位	本年实际		
甲	乙	丙	合计	以下按项目分列	
1	污染治理项目名称	—	—		
2	治理活动	—			
3	开工年月	—			
4	建成投产年月	—			
5	计划总投资	万元			
6	至本年底累计完成投资	万元			
7	本年完成投资及资金来源	万元			
8	其中：国家拨付	万元			
9	省级拨付	万元			
10	地市拨付	万元			
11	县（区）拨付	万元			
12	其他	万元			
13	竣工项目设计或新增处理能力	—	—		

单位负责人：　　　　审核人：　　　　填表人：　　　　填表日期：　年　月　日

421

（1）填表说明

逻辑关系：（5）≥（6）；（6）≥（7）；（7）=（8）+（9）+（10）+（11）+（12）。

基本要求：表格中的指标若无法取得数据，画"—"；若数字为零，则填报数字"0"。

（2）指标解释

【填报单位详细名称】按经工商行政管理部门核准，进行法人登记的名称填写，在填写时应使用规范化汉字全称，即与企业（单位）公章所使用的名称一致。二级单位须同时用括号注明二级单位的名称。如企业名称变更（含当年变更），应同时填上变更前的名称（曾用名）。

凡经登记主管机关核准或批准具有两个或两个以上名称的单位，要求填写法人名称，同时用括号注明其余的名称。

【管辖区域范围】填写上级行政主管部门审批的本部门管辖区域范围。

【法人】法人代表姓名，是根据章程或有关文件代表本单位行使职权的签字人，企业法定代表人按《企业法人营业执照》填写。

【行政区划代码】行政区划代码由6位数码组成，代表单位所在省（自治区、直辖市）和区县，详见《中华人民共和国行政区划代码》(GB/T 2260)。企业要根据详细地址对照代码表填写在方格内。

【详细地址】详细地址是民政部门认可的单位所在地地址。应包括省（自治区、直辖市）、地区（市、州、盟）、县（市、旗、区）、乡（镇），以及具体街（村）和门牌号码，不能填写通讯号码。大型联合企业所属二级单位，一律本二级单位所在地址填写。

【污染治理项目名称】按上级行政主管部门批复的污染治理项目名称填写。

【治理活动】根据"环保投资编码表"中的"交通调查表"，填写与污染治理项目所对应活动的四级编码。

【开工年月】指污染治理项目开始建设的年月。按照建设项目设计文件中规定的永久性工程第一次开始施工的年月填写。如果没有设计，就以计划方案规定的永久性工程实际开始施工的年月为准。

【建成投产年月】指污染治理项目按计划规定的生产能力和效益在一定时间内全部建成，经验收合格或达到竣工验收标准（引进项目并应按合同规定经过试生产考核达到验收标准，经双方签字确认）正式移交生产或交付使用的时间。

【计划总投资】指污染治理项目按照总体设计规定的内容全部建成计划（或按设计概算和预算）需要的总的资金。没有总体设计的更新改造、其他固定资产投资和城镇集体投资单位，分别按年内施工工程的计划总投资合计数填报。

【至本年底累计完成投资】指至报告期末，交通部门在污染治理项目中实际完成的累计投资额。实际完成投资额包括实际完成的建筑安装工程的价值，设备、工具、器具的购置费，以及实际发生的其他费用。没用到工程实体的建筑材料、工程预付款和没有进行安装的设备等，都不能计算此指标。

数据获取方式：查阅污染治理项目投资报表。

【本年完成投资及资金来源】指在报告期内，交通部门实际用于污染治理的投资额。投资额中的资金来源，是指投资单位在本年内收到的用于污染治理项目投资的各种货币资金。各种来源的资金均为报告期投入的资金，不包括以往历年的投资。

【国家拨付资金】指由国家财政部门直接拨付，用于污染治理项目的资金。

【省级拨付资金】指由省级财政部门直接拨付，用于污染治理项目的资金。

【地市拨付资金】指由地市级财政部门直接拨付，用于污染治理项目的资金。

【县（区）拨付资金】指由县（区）级财政部门直接拨付，用于污染治理项目的资金。

【竣工项目设计或新增处理能力】设计能力是指设计中规定的主体工程（或主体设备）及相应的配套的辅助工程（或配套设备）在正常情况下能够达到的处理能力。报告期内竣工的污染治理项目，属新建项目的填写设计文件规定的处理、利用"三废"能力；属改扩建、技术改造项目的填写经改造后新增加的处理利用能力，不包括改扩建之前原有的处理能力；只更新设备或重建构筑物，处理利用"三废"能力没有改变的则不填。

废水设计处理能力的计量单位为t/d（吨/日）；废气设计处理能力的计量单位为标 m^3/h（标立方米/小时）；固体废物设计处理能力的计量单位为t/d（吨/日）；噪声治理（含振动）设计处理能力以降低分贝数表示；电磁辐射治理设计处理能力以降低电磁辐射强度表示（电磁辐射计量单位有电场强度单位：V/m、磁场强度单位：A/m、功率密度单位：W/m^2）。放射性治理设计处理能力以降低放射性浓度表示，废水计量单位为Bq/L，固体废物计量单位为Bq/kg。

附表 2-11　船舶运营单位、汽车制造企业
交通污染治理项目情况表

1 组织机构代码：□□□□□□□□-□（□□）：　3 企业（运营单位）地理位置：

2 填报单位详细名称（公章）：

中心经度___°___′___″

中心纬度___°___′___″

表　　号：表

制表机关：环境保护部

批准机关：国家统计局

批准文号：国统制　　号

有效期至：　年　月

4 法人及联系人		5 详细地址及行政区划	6 行业类别	7 开业时间	
法人代表姓名：　环保联系人姓名：		_____	行业名称：		
电话：_____		_____		_____年	
传真：_____		行政区划代码			
邮政编码：□□□□□□		□□□□□□	□□□□	□□□□	

代码 甲	指标名称 乙	计量单位 丙	本年实际			
			合计	以下按项目分列		
1	污染治理项目名称	—	—			
2	治理活动	—	—			
3	计划总投资	万元				
4	至本年底累计完成投资	万元				
5	本年完成投资及资金来源	万元				
6	其中：排污费补助	万元				
7	政府其他补助	万元				
8	企业自筹	万元				
9	其中：银行贷款	万元				
10	完成项目设计或新增处理能力	—				
11	环保设施本年运行费用	万元	—	—	—	—
12	其中：本年竣工项目运行费用	万元	—	—	—	—

单位负责人：　　　审核人：　　　填表人：　　　填表日期：　年　月　日

（1）填表说明

逻辑关系：（4）≥（5）；（5）≥（6）；（5）=（6）+（7）+（8）+（9）；（8）≥（9）；（11）≥（12）。

基本要求：表格中的指标若无法取得数据，画"—"；若数字为零，则填报数字"0"。

（2）指标解释

【组织机构代码】指根据《全国组织机构代码编制规则》（GB 11714—1997），由组织机构代码登记主管部门给每个企业、事业单位、机关、社会团体和民办非企业单位颁发的"中华人民共和国组织机构代码证"书上、在全国范围内唯一的、始终不变的法定代码。单位代码由八位无属性的数字和一位校验码组成。已经取得法定代码的法人单位或产业活动单位必须填报法定代码。填写时，要按照技术监督部门颁发的《中华人民共和国组织机构代码证》上的代码填写。对于有两种或两种

423

以上国民经济行业分类或跨不同行政区划的大型联合企业（如联合企业、总厂、总公司、电业局、油田管理局、矿务局等），其所属二级单位为填报报表的基本单位。二级单位凡有法人资格，符合独立核算法人工业企业条件的，作为独立核算工业企业填报组织机构代码。不具有法人资格的二级单位在填写时，除填写联合企业（独立核算单位）的组织机构代码外，还应在九位方格后的括号内填写二级单位代码（系两位码）。二级单位代码指联合企业内对二级单位编的顺序编号，此码由联合企业统一编制。

尚未领取法定代码或不属于法定代码赋码范围的单位，各级环保部门可赋予临时代码。各地环保部门应严格控制临时代码的发放，做到发放的临时代码不重复。临时代码的编码原则：临时代码共八位码，前四位为所在市（地、州、盟）行政区划代码，统一按《中华人民共和国行政区划代码》（GB/T 2260）填写，第五位为汉语拼音 G（代表工业源），后三位由环保部门对其进行编码，从 001～999。校验码由计算机根据组织机构代码校验规则自动生成。

【填报单位详细名称】按经工商行政管理部门核准，进行法人登记的名称填写，在填写时应使用规范化汉字全称，即与企业（单位）公章所使用的名称一致。二级单位须同时用括号注明二级单位的名称。如企业名称变更（含当年变更），应同时填上变更前的名称（曾用名）。

凡经登记主管机关核准或批准具有两个或两个以上名称的单位，要求填写法人名称，同时用括号注明其余的名称。

【企业（运营单位）地理位置】填写本企业地理位置的经度、纬度。以排放口位置为准，如存在多个排放口，可以企业办公地点位置或企业正门位置替代。对于船舶运营公司，地理位置指公司地理位置的经度、纬度，可以公司办公地点位置或正门位置替代；对于个体船舶运营单位，地理位置指工商管理部门核准的固定停靠地点。

【法人】法人代表姓名，是根据章程或有关文件代表本单位行使职权的签字人，企业法定代表人按《企业法人营业执照》填写。

【行政区划代码】行政区划代码由 6 位数码组成，代表单位所在省（自治区、直辖市）和区县，详见《中华人民共和国行政区划代码》（GB/T 2260）。企业要根据详细地址对照代码表填写在方格内。

【详细地址】详细地址是民政部门认可的单位所在地地址。应包括省（自治区、直辖市）、地区（市、州、盟）、县（市、旗、区）、乡（镇），以及具体街（村）和门牌号码，不能填写通讯号码。大型联合企业所属二级单位，一律按本二级单位所在地址填写。

【行业类别】指根据其从事的社会经济活动性质对各类单位进行分类。

一个企业属于哪一个工业行业，是按正常生产情况下生产的主要产品的性质（一般按在工业总产值中占比重较大的产品及重要产品）把整个企业划入某一工业行业小类内。企业应对照《国民经济行业分类与代码》（GB/T 4754—2011）将行业小类代码填写在方格内。

【开业时间】指企业向工商行政管理部门进行登记、领取法人营业执照的时间。1949 年以前成立的企业填写最早开工年月；合并或兼并企业，按合并前主要企业领取营业执照的时间（或最早开业时间）填写；分立企业按分立后各自领取法人营业执照的时间填写。

【污染治理项目名称】指以治理老污染源的污染、"三废"综合利用为主要目的的工程项目名称，或建设项目"三同时"项目名称。

【治理活动】根据"环保投资编码表"中的"交通调查表",填写与污染治理项目所对应活动的四级编码。

【计划总投资】指污染治理项目按照总体设计规定的内容全部建成计划（或按设计概算和预算）需要的总的资金。没有总体设计的更新改造、其他固定资产投资和城镇集体投资单位,分别按年内施工工程的计划总投资合计数填报。

【至本年底累计完成投资】指至报告期末,企业在污染治理项目中实际完成的累计投资额。实际完成投资额包括实际完成的建筑安装工程的价值,设备、工具、器具的购置费,以及实际发生的其他费用。没用到工程实体的建筑材料、工程预付款和没有进行安装的设备等,都不能计算此指标。

数据获取方式:查阅污染治理项目投资报表。

【本年完成投资及资金来源】指在报告期内,企业实际用于环境治理工程的投资额。投资额中的资金来源,是指投资单位在本年内收到的用于污染治理项目投资的各种货币资金,包括排污费补助、政府其他补助、企业自筹。各种来源的资金均为报告期投入的资金,不包括以往历年的投资。

本年污染治理资金合计=排污费补助+政府其他补助+企业自筹

【排污费补助】指从征收的排污费中提取的用于补助重点排污单位治理污染源以及环境污染综合性治理措施的资金。

【政府其他补助】指用于补助重点排污单位治理污染源以及环境污染综合性治理措施的除排污费补助以外的政府其他补助资金。

【企业自筹】指除排污费补助、政府其他补助资金以外的其他用于污染治理的资金,包括国内贷款（不包括环保贷款）、利用外资、银行贷款等其他来源资金。

【银行贷款】指企业向银行借入的用于污染治理项目建设投资的贷款,属于企业自筹资金。

【竣工项目设计或新增处理能力】设计能力是指设计中规定的主体工程（或主体设备）及相应的配套的辅助工程（或配套设备）在正常情况下能够达到的处理能力。报告期内竣工的污染治理项目,属新建项目的填写设计文件规定的处理、利用"三废"能力;属改扩建、技术改造项目的填写经改造后新增加的处理利用能力,不包括改扩建之前原有的处理能力;只更新设备或重建构筑物,处理利用"三废"能力没有改变的则不填。

工业废水设计处理能力的计量单位为 t/d（吨/日）;工业废气设计处理能力的计量单位为标 m^3/h（标立方米/小时）;工业固体废物设计处理能力的计量单位为 t/d（吨/日）;噪声治理（含振动）设计处理能力以降低分贝数表示;电磁辐射治理设计处理能力以降低电磁辐射强度表示（电磁辐射计量单位有电场强度单位:V/m、磁场强度单位:A/m、功率密度单位:W/m^2）。放射性治理设计处理能力以降低放射性浓度表示,废水计量单位为 Bq/L,固体废物计量单位为 Bq/kg。

【环保设施本年运行费用】指报告期内维持环保设施正常运行所发生的费用。包括能源消耗、设备维修、人员工资、管理费、药剂费及与环保设施运行有关的其他费用等,不包括设备折旧费。

【本年竣工项目运行费用】指报告期内维持本年竣工的污染治理项目正常运行所发生的费用。包括能源消耗、设备维修、人员工资、管理费、药剂费及与环保设施运行有关的其他费用等,不包括设备折旧费。

425

附表 2-12 环保部门生态保护和环境综合整治
项目建设情况表

1 填报单位详细名称（公章）：　　　　　2 管辖区域范围：

表　号：表
制表机关：环境保护部
批准机关：国家统计局
批准文号：国统制　号
有效期至：　年　月

3 法人及联系人	4 详细地址及行政区划	
法人代表姓名：　　环保联系人姓名：		
电话：_____		
传真：_____	行政区划代码	
邮政编码：□□□□□□	□□□□□□	

代码	指标名称	计量单位	本年实际	
甲	乙	丙	合计	以下按项目分列
1	生态保护项目名称	—	—	
2	治理活动	—	—	
3	开工年月	—	—	
4	建成投产年月	—	—	
5	计划总投资	万元		
6	至本年底累计完成投资	万元		
7	本年完成投资及资金来源	万元		
8	其中：国家拨付	万元		
9	省级拨付	万元		
10	地市拨付	万元		
11	县（区）拨付	万元		
12	其他	万元		
13	投资覆盖	—	—	

单位负责人：　　审核人：　　填表人：　　填表日期：　年　月　日

（1）填表说明

逻辑关系：（5）≥（6）；（6）≥（7）；（7）=（8）+（9）+（10）+（11）+（12）。

基本要求：表格中的指标若无法取得数据，画"—"；若数字为零，则填报数字"0"。

（2）指标解释

【填报单位详细名称】按经工商行政管理部门核准，进行法人登记的名称填写，在填写时应使用规范化汉字全称，即与企业（单位）公章所使用的名称一致。二级单位须同时用括号注明二级单位的名称。如企业名称变更（含当年变更），应同时填上变更前的名称（曾用名）。

凡经登记主管机关核准或批准具有两个或两个以上名称的单位，要求填写法人名称，同时用括号注明其余的名称。

【管辖区域范围】填写上级行政主管部门审批的本部门管辖区域范围。

【法人】法人代表姓名，是根据章程或有关文件代表本单位行使职权的签字人，企业法定代表人按《企业法人营业执照》填写。

【行政区划代码】行政区划代码由6位数码组成，代表单位所在省（自治区、直辖市）和区县，详见《中华人民共和国行政区划代码》（GB/T 2260）。企业要根据详细地址对照代码表填写在方格内。

【详细地址】详细地址是民政部门认可的单位所在地地址。应包括省（自治区、直辖市）、地区（市、州、盟）、县（市、旗、区）、乡（镇），以及具体街（村）和门牌号码，不能填写通讯号码。大型联合企业所属二级单位，一律按本二级单位所在地址填写。

【生态保护项目名称】按上级行政主管部门批复的生态保护项目名称填写。

【治理活动】根据"环保投资编码表"中的"生态保护调查表"，填写与生态保护项目所对应活动的四级编码。

【开工年月】指生态保护项目开始建设的年月。按照建设项目设计文件中规定的永久性工程第一次开始施工的年月填写。如果没有设计，就以计划方案规定的永久性工程实际开始施工的年月为准。

【建成投产年月】指生态保护项目按计划规定的生产能力和效益在一定时间内全部建成，经验收合格或达到竣工验收标准（引进项目并应按合同规定经过试生产考核达到验收标准，经双方签字确认）正式移交生产或交付使用的时间。

【计划总投资】指生态保护项目按照总体设计规定的内容全部建成计划（或按设计概算和预算）需要的总的资金。没有总体设计的更新改造、其他固定资产投资和城镇集体投资单位，分别按年内施工工程的计划总投资合计数填报。

【至本年底累计完成投资】指至报告期末，环保部门在生态保护项目中实际完成的累计投资额。实际完成投资额包括实际完成的建筑安装工程的价值，设备、工具、器具的购置费，以及实际发生的其他费用。没用到工程实体的建筑材料、工程预付款和没有进行安装的设备等，都不能计算此指标。

数据获取方式：查阅生态保护项目投资报表。

【本年完成投资及资金来源】指在报告期内，环保部门实际用于生态保护的投资额。投资额中的资金来源，是指投资单位在本年内收到的用于生态保护项目投资的各种货币资金。各种来源的资金均为报告期投入的资金，不包括以往历年的投资。

【国家拨付资金】指由国家财政部门直接拨付，用于生态保护项目的资金。

【省级拨付资金】指由省级财政部门直接拨付，用于生态保护项目的资金。

【地市拨付资金】指由地市级财政部门直接拨付，用于生态保护项目的资金。

【县（区）拨付资金】指由县（区）级财政部门直接拨付，用于生态保护项目的资金。

【投资覆盖】指污染治理项目本年投资项目所覆盖的区域实际面积（单位：km^2，平方公里），或涉及的人口数量（单位：万人），填表时填写数字单位。

附表 2-13　林业部门生物多样性和自然景观保护
项目情况表

1　填报单位详细名称（公章）：　　　　　2　管辖区域范围：

表　　号：表

制表机关：环境保护部

批准机关：国家统计局

批准文号：国统制　　　号

有效期至：　　年　月

3　法人及联系人	4　详细地址及行政区划			
法人代表姓名：　环保联系人姓名：				
电话：				
传真：	行政区划代码			
邮政编码：□□□□□□	□□□□□□			

代码	指标名称	计量单位	本年实际			
甲	乙	丙	合计	以下按项目分列		
1	生态保护项目名称	—	—			
2	治理活动	—	—			
3	开工年月	—	—			
4	建成投产年月	—	—			
5	计划总投资	万元				
6	至本年底累计完成投资	万元				
7	本年完成投资及资金来源	万元				
8	其中：国家拨付	万元				
9	省级拨付	万元				
10	地市拨付	万元				
11	县（区）拨付	万元				
12	其他	万元				
13	投资覆盖面积	平方公里	—			

单位负责人：　　　　审核人：　　　　填表人：　　　　填表日期：　　年　月　日

（1）填表说明

逻辑关系：（5）≥（6）；（6）≥（7）；（7）=（8）+（9）+（10）+（11）+（12）。

基本要求：表格中的指标若无法取得数据，画"—"；若数字为零，则填报数字"0"。

（2）指标解释

【填报单位详细名称】按经工商行政管理部门核准，进行法人登记的名称填写，在填写时应使用规范化汉字全称，即与企业（单位）公章所使用的名称一致。二级单位须同时用括号注明二级单位的名称。如企业名称变更（含当年变更），应同时填上变更前的名称（曾用名）。

凡经登记主管机关核准或批准具有两个或两个以上名称的单位，要求填写法人名称，同时用括号注明其余的名称。

【管辖区域范围】填写上级行政主管部门审批的本部门管辖区域范围。

【法人】法人代表姓名，是根据章程或有关文件代表本单位行使职权的签字人，企业法定代表人按《企业法人营业执照》填写。

【行政区划代码】行政区划代码由 6 位数码组成，代表单位所在省（自治区、直辖市）和区县，详见《中华人民共和国行政区划代码》（GB/T 2260）。企业要根据详细地址对照代码表填写在方格内。

【详细地址】详细地址是民政部门认可的单位所在地地址。应包括省（自治区、直辖市）、地区（市、州、盟）、县（市、旗、区）、乡（镇），以及具体街（村）和门牌号码，不能填写通讯号码。大型联合企业所属二级单位，一律按本二级单位所在地址填写。

【生态保护项目名称】按上级行政主管部门批复的生态保护项目名称填写。

【治理活动】根据"环保投资编码表"中的"生态保护调查表"，填写与生态保护项目所对应活动的四级编码。

【开工年月】指生态保护项目开始建设的年月。按照建设项目设计文件中规定的永久性工程第一次开始施工的年月填写。如果没有设计，就以计划方案规定的永久性工程实际开始施工的年月为准。

【建成投产年月】指生态保护项目按计划规定的生产能力和效益在一定时间内全部建成，经验收合格或达到竣工验收标准（引进项目并应按合同规定经过试生产考核达到验收标准，经双方签字确认）正式移交生产或交付使用的时间。

【计划总投资】指生态保护项目按照总体设计规定的内容全部建成计划（或按设计概算和预算）需要的总的资金。没有总体设计的更新改造、其他固定资产投资和城镇集体投资单位，分别按年内施工工程的计划总投资合计数填报。

【至本年底累计完成投资】指至报告期末，林业部门在生态保护项目中实际完成的累计投资额。实际完成投资额包括实际完成的建筑安装工程的价值，设备、工具、器具的购置费，以及实际发生的其他费用。没用到工程实体的建筑材料、工程预付款和没有进行安装的设备等，都不能计算此指标。

数据获取方式：查阅生态保护项目投资报表。

【本年完成投资及资金来源】指在报告期内，林业部门实际用于生态保护的投资额。投资额中的资金来源，是指投资单位在本年内收到的用于生态保护项目投资的各种货币资金。各种来源的资金均为报告期投入的资金，不包括以往历年的投资。

【国家拨付资金】指由国家财政部门直接拨付，用于生态保护项目的资金。

【省级拨付资金】指由省级财政部门直接拨付，用于生态保护项目的资金。

【地市拨付资金】指由地市级财政部门直接拨付，用于生态保护项目的资金。

【县（区）拨付资金】指由县（区）级财政部门直接拨付，用于生态保护项目的资金。

【投资覆盖面积】指生态保护项目本年投资项目所覆盖的区域实际面积。

附表 2-14 国土资源部门生物多样性和自然景观保护
项目情况表

1 填报单位详细名称（公章）：　　　　　2 管辖区域范围：

表　号：表
制表机关：环境保护部
批准机关：国家统计局
批准文号：国统制　号
有效期至：　年　月

3 法人及联系人		4 详细地址及行政区划			
法人代表姓名：	环保联系人姓名：				
电话：					
传真：		行政区划代码			
邮政编码：□□□□□□		□□□□□□			

代码	指标名称	计量单位	本年实际	
甲	乙	丙	合计	以下按项目分列
1	生态保护项目名称	—	—	
2	治理活动	—	—	
3	开工年月	—	—	
4	建成投产年月	—	—	
5	计划总投资	万元		
6	至本年底累计完成投资	万元		
7	本年完成投资及资金来源	万元		
8	其中：国家拨付	万元		
9	省级拨付	万元		
10	地市拨付	万元		
11	县（区）拨付	万元		
12	其他	万元		
13	投资覆盖面积	平方公里	—	

单位负责人：　　　　审核人：　　　　填表人：　　　　填表日期：　年　月　日

（1）填表说明

逻辑关系：（5）≥（6）；（6）≥（7）；（7）＝（8）＋（9）＋（10）＋（11）＋（12）。

基本要求：表格中的指标若无法取得数据，画"—"；若数字为零，则填报数字"0"。

（2）指标解释

【填报单位详细名称】按经工商行政管理部门核准，进行法人登记的名称填写，在填写时应使用规范化汉字全称，即与企业（单位）公章所使用的名称一致。二级单位须同时用括号注明二级单位的名称。如企业名称变更（含当年变更），应同时填上变更前的名称（曾用名）。

凡经登记主管机关核准或批准具有两个或两个以上名称的单位，要求填写法人名称，同时用括号注明其余的名称。

【管辖区域范围】填写上级行政主管部门审批的本部门管辖区域范围。

【法人】法人代表姓名，是根据章程或有关文件代表本单位行使职权的签字人，企业法定代表人按《企业法人营业执照》填写。

【行政区划代码】行政区划代码由 6 位数码组成，代表单位所在省（自治区、直辖市）和区县，详见《中华人民共和国行政区划代码》（GB/T 2260）。企业要根据详细地址对照代码表填写在方格内。

【详细地址】详细地址是民政部门认可的单位所在地地址。应包括省（自治区、直辖市）、地区（市、州、盟）、县（市、旗、区）、乡（镇），以及具体街（村）和门牌号码，不能填写通讯号码。大型联合企业所属二级单位，一律按本二级单位所在地地址填写。

【生态保护项目名称】按上级行政主管部门批复的生态保护项目名称填写。

【治理活动】根据"环保投资编码表"中的"生态保护调查表"，填写与生态保护项目所对应活动的四级编码。

【开丁年月】指生态保护项目开始建设的年月。按照建设项目设计文件中规定的永久性工程第一次开始施工的年月填写。如果没有设计，就以计划方案规定的永久性工程实际开始施工的年月为准。

【建成投产年月】指生态保护项目按计划规定的生产能力和效益在一定时间内全部建成，经验收合格或达到竣工验收标准（引进项目并应按合同规定经过试生产考核达到验收标准，经双方签字确认）正式移交生产或交付使用的时间。

【计划总投资】指生态保护项目按照总体设计规定的内容全部建成计划（或按设计概算和预算）需要的总的资金。没有总体设计的更新改造、其他固定资产投资和城镇集体投资单位，分别按年内施工工程的计划总投资合计数填报。

【至本年底累计完成投资】指至报告期末，国土资源部门在生态保护项目中实际完成的累计投资额。实际完成投资额包括实际完成的建筑安装工程的价值，设备、工具、器具的购置费，以及实际发生的其他费用。没用到工程实体的建筑材料、工程预付款和没有进行安装的设备等，都不能计算此指标。

数据获取方式：查阅生态保护项目投资报表。

【本年完成投资及资金来源】指在报告期内，国土资源部门实际用于生态保护的投资额。投资额中的资金来源，是指投资单位在本年内收到的用于生态保护项目投资的各种货币资金。各种来源的资金均为报告期投入的资金，不包括以往历年的投资。

【国家拨付资金】指由国家财政部门直接拨付，用于生态保护项目的资金。

【省级拨付资金】指由省级财政部门直接拨付，用于生态保护项目的资金。

【地市拨付资金】指由地市级财政部门直接拨付，用于生态保护项目的资金。

【县（区）拨付资金】指由县（区）级财政部门直接拨付，用于生态保护项目的资金。

【投资覆盖面积】指生态保护项目本年投资项目所覆盖的区域实际面积。

附表 2-15　水利部门水环境综合整治项目情况表

1 填报单位详细名称（公章）：　　　　　2 管辖区域范围：

表　　号：表
制表机关：环境保护部
批准机关：国家统计局
批准文号：国统制　　号
有效期至：　年　月

3 法人及联系人		4 详细地址及行政区划			
法人代表姓名：　环保联系人姓名： 电话： 传真： 邮政编码：□□□□□□		行政区划代码 □□□□□□			

代码	指标名称	计量单位	本年实际		
甲	乙	丙	合计	以下按项目分列	
1	生态保护项目名称	—	—		
2	治理活动	—	—		
3	开工年月	—	—		
4	建成投产年月	—	—		
5	计划总投资	万元			
6	至本年底累计完成投资	万元			
7	本年完成投资及资金来源	万元			
8	其中：国家拨付	万元			
9	省级拨付	万元			
10	地市拨付	万元			
11	县（区）拨付	万元			
12	其他	万元			
13	投资覆盖	—	—		

单位负责人：　　　审核人：　　　　　填表人：　　　　填表日期：　年　月　日

（1）填表说明

逻辑关系：（5）≥（6）；（6）≥（7）；（7）=（8）+（9）+（10）+（11）+（12）。

基本要求：表格中的指标若无法取得数据，画"—"；若数字为零，则填报数字"0"。

（2）指标解释

【填报单位详细名称】按经工商行政管理部门核准，进行法人登记的名称填写，在填写时应使用规范化汉字全称，即与企业（单位）公章所使用的名称一致。二级单位须同时用括号注明二级单位的名称。如企业名称变更（含当年变更），应同时填上变更前的名称（曾用名）。

凡经登记主管机关核准或批准具有两个或两个以上名称的单位，要求填写法人名称，同时用括号注明其余的名称。

【管辖区域范围】填写上级行政主管部门审批的本部门管辖区域范围。

【法人】法人代表姓名，是根据章程或有关文件代表本单位行使职权的签字人，企业法定代表人按《企业法人营业执照》填写。

【行政区划代码】行政区划代码由 6 位数码组成，代表单位所在省（自治区、直辖市）和区县，详见《中华人民共和国行政区划代码》（GB/T 2260）。企业要根据详细地址对照代码表填写在方格内。

【详细地址】详细地址是民政部门认可的单位所在地地址。应包括省（自治区、直辖市）、地区（市、州、盟）、县（市、旗、区）、乡（镇），以及具体街（村）和门牌号码，不能填写通讯号码。大型联合企业所属二级单位，一律按本二级单位所在地址填写。

【生态保护项目名称】按上级行政主管部门批复的生态保护项目名称填写。

【治理活动】根据"环保投资编码表"中的"生态保护调查表"，填写与生态保护项目所对应活动的四级编码。

【开工年月】指生态保护项目开始建设的年月。按照建设项目设计文件中规定的永久性工程第一次开始施工的年月填写。如果没有设计，就以计划方案规定的永久性工程实际开始施工的年月为准。

【建成投产年月】指生态保护项目按计划规定的生产能力和效益在一定时间内全部建成，经验收合格或达到竣工验收标准（引进项目并应按合同规定经过试生产考核达到验收标准，经双方签字确认）正式移交生产或交付使用的时间。

【计划总投资】指生态保护项目按照总体设计规定的内容全部建成计划（或按设计概算和预算）需要的总的资金。没有总体设计的更新改造、其他固定资产投资和城镇集体投资单位，分别按年内施工工程的计划总投资合计数填报。

【至本年底累计完成投资】指至报告期末，水利部门在生态保护项目中实际完成的累计投资额。实际完成投资额包括实际完成的建筑安装工程的价值，设备、工具、器具的购置费，以及实际发生的其他费用。没用到工程实体的建筑材料、工程预付款和没有进行安装的设备等，都不能计算此指标。

数据获取方式：查阅生态保护项目投资报表。

【本年完成投资及资金来源】指在报告期内，水利部门实际用于生态保护的投资额。投资额中的资金来源，是指投资单位在本年内收到的用于生态保护项目投资的各种货币资金。各种来源的资金均为报告期投入的资金，不包括以往历年的投资。

【国家拨付资金】指由国家财政部门直接拨付，用于生态保护项目的资金。

【省级拨付资金】指由省级财政部门直接拨付，用于生态保护项目的资金。

【地市拨付资金】指由地市级财政部门直接拨付，用于生态保护项目的资金。

【县（区）拨付资金】指由县（区）级财政部门直接拨付，用于生态保护项目的资金。

【投资覆盖】指生态保护项目本年投资项目所覆盖的区域实际面积（单位：km²，平方公里）或长度（单位：km，公里），填表时填写单位。

433

附表 2-16 住建部门社会生活噪声防治和城市土壤污染治理
项目情况表

1 填报单位详细名称（公章）：　　　　　2 管辖区域范围：

　　　　　　　　　　　　　　　　　　＿＿＿＿＿＿＿＿＿＿＿＿

表　　号：表
制表机关：环境保护部
批准机关：国家统计局
批准文号：国统制　　号
有效期至：　　年　月

3 法人及联系人	4 详细地址及行政区划			
法人代表姓名：　环保联系人姓名： 电话：＿＿＿＿＿＿＿＿ 传真：＿＿＿＿＿＿＿＿ 邮政编码：□□□□□□	行政区划代码 □□□□□□			

代码	指标名称	计量单位	本年实际	
甲	乙	丙	合计	以下按项目分列
1	生态保护项目名称	—	—	
2	治理活动	—	—	
3	开工年月	—	—	
4	建成投产年月	—	—	
5	计划总投资	万元		
6	至本年底累计完成投资	万元		
7	本年完成投资及资金来源	万元		
8	其中：国家拨付	万元		
9	省级拨付	万元		
10	地市拨付	万元		
11	县（区）拨付	万元		
12	其他	万元		
13	投资覆盖面积	平方公里	—	

单位负责人：　　　审核人：　　　填表人：　　　填表日期：　　年　月　日

（1）填表说明

逻辑关系：（5）≥（6）；（6）≥（7）；（7）=（8）+（9）+（10）+（11）+（12）。

基本要求：表格中的指标若无法取得数据，画"—"；若数字为零，则填报数字"0"。

（2）指标解释

【填报单位详细名称】按经工商行政管理部门核准，进行法人登记的名称填写，在填写时应使用规范化汉字全称，即与企业（单位）公章所使用的名称一致。二级单位须同时用括号注明二级单位的名称。如企业名称变更（含当年变更），应同时填上变更前的名称（曾用名）。

凡经登记主管机关核准或批准具有两个或两个以上名称的单位，要求填写法人名称，同时用括号注明其余的名称。

【管辖区域范围】填写上级行政主管部门审批的本部门管辖区域范围。

【法人】法人代表姓名，是根据章程或有关文件代表本单位行使职权的签字人，企业法定代表人按《企业法人营业执照》填写。

【行政区划代码】行政区划代码由6位数码组成，代表单位所在省（自治区、直辖市）和区县，详见《中华人民共和国行政区划代码》（GB/T 2260）。企业要根据详细地址对照代码表填写在方格内。

【详细地址】详细地址是民政部门认可的单位所在地地址。应包括省（自治区、直辖市）、地区（市、州、盟）、县（市、旗、区）、乡（镇），以及具体街（村）和门牌号码，不能填写通讯号码。大型联合企业所属二级单位，一律按本二级单位所在地址填写。

【生态保护项目名称】按上级行政主管部门批复的生态保护项目名称填写。

【治理活动】根据"环保投资编码表"中的"生态保护调查表"，填写与生态保护项目所对应活动的四级编码。

【开工年月】指生态保护项目开始建设的年月。按照建设项目设计文件中规定的永久性工程第一次开始施工的年月填写。如果没有设计，就以计划方案规定的永久性工程实际开始施工的年月为准。

【建成投产年月】指生态保护项目按计划规定的生产能力和效益在一定时间内全部建成，经验收合格或达到竣工验收标准（引进项目并应按合同规定经过试生产考核达到验收标准，经双方签字确认）正式移交生产或交付使用的时间。

【计划总投资】指生态保护项目按照总体设计规定的内容全部建成计划（或按设计概算和预算）需要的总的资金。没有总体设计的更新改造、其他固定资产投资和城镇集体投资单位，分别按年内施工工程的计划总投资合计数填报。

【至本年底累计完成投资】指至报告期末，住建部门在生态保护项目中实际完成的累计投资额。实际完成投资额包括实际完成的建筑安装工程的价值，设备、工具、器具的购置费，以及实际发生的其他费用。没用到工程实体的建筑材料、工程预付款和没有进行安装的设备等，都不能计算此指标。

数据获取方式：查阅生态保护项目投资报表。

【本年完成投资及资金来源】指在报告期内，住建部门实际用于生态保护的投资额。投资额中的资金来源，是指投资单位在本年内收到的用于生态保护项目投资的各种货币资金。各种来源的资金均为报告期期入的资金，不包括以往历年的投资。

【国家拨付资金】指由国家财政部门直接拨付，用于生态保护项目的资金。

【省级拨付资金】指由省级财政部门直接拨付，用于生态保护项目的资金。

【地市拨付资金】指由地市级财政部门直接拨付，用于生态保护项目的资金。

【县（区）拨付资金】指由县（区）级财政部门直接拨付，用于生态保护项目的资金。

【投资覆盖面积】指生态保护项目本年投资项目所覆盖的区域实际面积。

附表 2-17 工业企业、建筑企业生态保护和环境综合整治
项目建设情况表

1 组织机构代码：□□□□□□□□-□（□□）：　　3 企业地理位置：　　　　　　表　　号：表
　　　　　　　　　　　　　　　　　　　　　　　中心经度＿＿°＿＿'＿＿"　　制表机关：环境保护部
2 填报单位详细名称（公章）：　　　　　　　中心纬度＿＿°＿＿'＿＿"　　批准机关：国家统计局
　　　　　　　　　　　　　　　　　　　　　　　　　　　　　　　　　　批准文号：国统制　　号
　　　　　　　　　　　　　　　　　　　　　　　　　　　　　　　　　　有效期至：　　年　月

4 法人及联系人	5 详细地址及行政区划	6 行业类别	7 开业时间
法人代表姓名：　环保联系人姓名： 电话： 传真： 邮政编码：□□□□□□	 行政区划代码 □□□□□□	行业名称： □□□□	＿＿＿年 □□□□

代码 甲	指标名称 乙	计量单位 丙	本年实际	
			合计	以下按项目分列
1	生态保护项目名称	—	—	
2	治理活动	—	—	
3	开工年月	—	—	
4	建成投产年月	—	—	
5	计划总投资	万元		
6	至本年底累计完成投资	万元		
7	本年完成投资及资金来源	万元		
8	其中：排污费补助	万元		
9	政府其他补助	万元		
10	企业自筹	万元		
11	其中：银行贷款	万元		
12	投资覆盖面积	平方米	—	
13	环保设施本年运行费用	万元	—	—
14	其中：本年竣工项目运行费用	万元	—	—

单位负责人：　　　　审核人：　　　　　　填表人：　　　　　填表日期：　　年　月　日

（1）填表说明

逻辑关系：（5）≥（6）；（6）≥（7）；（7）=（8）+（9）+（10）+（11）；（10）≥（11）；（13）≥（14）。

基本要求：表格中的指标若无法取得数据，画"—"；若数字为零，则填报数字"0"。

（2）指标解释

【组织机构代码】指根据《全国组织机构代码编制规则》（GB 11714—1997），由组织机构代码登记主管部门给每个企业、事业单位、机关、社会团体和民办非企业单位颁发的"中华人民共和国

组织机构代码证"书上、在全国范围内唯一的、始终不变的法定代码。单位代码由八位无属性的数字和一位校验码组成。已经取得法定代码的法人单位或产业活动单位必须填报法定代码。填写时，要按照技术监督部门颁发的《中华人民共和国组织机构代码证》上的代码填写。对于有两种或两种以上国民经济行业分类或跨不同行政区划的大型联合企业（如联合企业、总厂、总公司、电业局、油田管理局、矿务局等），其所属二级单位为填报报表的基本单位。二级单位凡有法人资格，符合独立核算法人工业企业条件的，作为独立核算工业企业填报组织机构代码。不具有法人资格的二级单位在填写时，除填写联合企业（独立核算单位）的组织机构代码外，还应在九位方格后的括号内填写二级单位代码（系两位码）。二级单位代码指联合企业内对二级单位编的顺序编号，此码由联合企业统一编制。

尚未领取法定代码或不属于法定代码赋码范围的单位，各级环保部门可赋予临时代码。各地环保部门应严格控制临时代码的发放，做到发放的临时代码不重复。临时代码的编码原则：临时代码共八位码，前四位为所在市（地、州、盟）行政区划代码，统一按《中华人民共和国行政区划代码》（GB/T 2260）填写，第五位为汉语拼音 G（代表工业源），后三位由环保部门对其进行编码，从 001～999。校验码由计算机根据组织机构代码校验规则自动生成。

【填报单位详细名称】按经工商行政管理部门核准，进行法人登记的名称填写，在填写时应使用规范化汉字全称，即与企业（单位）公章所使用的名称一致。二级单位须同时用括号注明二级单位的名称。如企业名称变更（含当年变更），应同时填上变更前的名称（曾用名）。

凡经登记主管机关核准或批准具有两个或两个以上名称的单位，要求填写法人名称，同时用括号注明其余的名称。

【企业（运营单位）地理位置】填写本企业地理位置的经度、纬度。以排放口位置为准，如存在多个排放口，可以企业办公地点位置或企业正门位置替代。对于船舶运营公司，地理位置指公司地理位置的经度、纬度，可以公司办公地点位置或正门位置替代；对于个体船舶运营单位，地理位置指工商管理部门核准的固定停靠地点。

【法人】法人代表姓名，是根据章程或有关文件代表本单位行使职权的签字人，企业法定代表人按《企业法人营业执照》填写。

【行政区划代码】行政区划代码由 6 位数码组成，代表单位所在省（自治区、直辖市）和区县，详见《中华人民共和国行政区划代码》（GB/T 2260）。企业要根据详细地址对照代码表填写在方格内。

【详细地址】详细地址是民政部门认可的单位所在地地址。应包括省（自治区、直辖市）、地区（市、州、盟）、县（市、旗、区）、乡（镇），以及具体街（村）和门牌号码，不能填写通讯号码。大型联合企业所属二级单位，一律按本二级单位所在地地址填写。

【行业类别】指根据其从事的社会经济活动性质对各类单位进行分类。

一个企业属于哪一个工业行业，是按正常生产情况下生产的主要产品的性质（一般按在工业总产值中占比重较大的产品及重要产品）把整个企业划入某一工业行业小类内。企业应对照《国民经济行业分类与代码》（GB/T 4754—2011）将行业小类代码填写在方格内。

【开业时间】指企业向工商行政管理部门进行登记、领取法人营业执照的时间。1949 年以前成立的企业填写最早开工年月；合并或兼并企业，按合并前主要企业领取营业执照的时间（或最早开业时间）填写；分立企业按分立后各自领取法人营业执照的时间填写。

【生态保护项目名称】按行业主管部门批复的生态保护项目名称填写。

【治理活动】根据"环保投资编码表"中的"生态保护调查表",填写与生态保护项目所对应活动的四级编码。

【开工年月】指生态保护项目开始建设的年月。按照建设项目设计文件中规定的永久性工程第一次开始施工的年月填写。如果没有设计,就以计划方案规定的永久性工程实际开始施工的年月为准。

【建成投产年月】指生态保护项目按计划规定的生产能力和效益在一定时间内全部建成,经验收合格或达到竣工验收标准(引进项目并应按合同规定经过试生产考核达到验收标准,经双方签字确认)正式移交生产或交付使用的时间。

【计划总投资】指生态保护项目按照总体设计规定的内容全部建成计划(或按设计概算和预算)需要的总的资金。没有总体设计的更新改造、其他固定资产投资和城镇集体投资单位,分别按年内施工工程的计划总投资合计数填报。

【至本年底累计完成投资】指至报告期末,住建部门在生态保护项目中实际完成的累计投资额。实际完成投资额包括实际完成的建筑安装工程的价值,设备、工具、器具的购置费,以及实际发生的其他费用。没用到工程实体的建筑材料、工程预付款和没有进行安装的设备等,都不能计算此指标。

数据获取方式:查阅生态保护项目投资报表。

【本年完成投资及资金来源】指在报告期内,企业实际用于生态保护的投资额。投资额中的资金来源,是指投资单位在本年内收到的用于污染治理项目投资的各种货币资金,包括排污费补助、政府其他补助、企业自筹。各种来源的资金均为报告期投入的资金,不包括以往历年的投资。

本年生态保护项目资金合计=排污费补助+政府其他补助+企业自筹

【排污费补助】指从征收的排污费中提取的用于补助重点排污单位治理污染源以及环境污染综合性治理措施的资金。

【政府其他补助】指用于补助重点排污单位治理污染源以及环境污染综合性治理措施的除排污费补助以外的政府其他补助资金。

【企业自筹】指除排污费补助、政府其他补助资金以外的其他用于污染治理的资金,包括国内贷款(不包括环保贷款)、利用外资、银行贷款等其他来源资金。

【银行贷款】指企业向银行借入的用于污染治理项目建设投资的贷款,属于企业自筹资金。

【投资覆盖面积】指生态保护项目本年投资项目所覆盖的区域实际面积。

【环保设施本年运行费用】指报告期内维持环保设施正常运行所发生的费用。包括能源消耗、设备维修、人员工资、管理费、药剂费及与环保设施运行有关的其他费用等,不包括设备折旧费。

【本年竣工项目运行费用】指报告期内维持本年竣工的污染治理项目正常运行所发生的费用。包括能源消耗、设备维修、人员工资、管理费、药剂费及与环保设施运行有关的其他费用等,不包括设备折旧费。

附表 2-18　环保部门环境管理投资情况

综合机构名称（公章）：＿＿＿＿＿＿＿＿＿＿＿＿＿＿

综合机构行政级别：国家□　省□　地市□　县（区）□

行政区划代码：□□□□□□

表　　号：

制定机关：环境保护部

批准机关：国家统计局

文　　号：国统制　　号

有效期至：　年　月

指　标　名　称	序号	本年实际（万元，以下按项目分列）			
		合计			
一、本级环境保护能力建设资金下拨	1				
二、本级环境保护能力建设资金使用	2				
三、环境管理活动	3				
四、本级环境保护能力建设资金使用来源	4	—	—	—	
其中：国家拨付	5				
省级拨付	6				
地市拨付	7				
县（区）拨付	8				

单位负责人：　　　　审核人：　　　　填表人：　　　　填表日期：　　年　月　日

（1）**填表说明**

逻辑关系：（4）＝（5）＋（6）＋（7）＋（8）。

基本要求：表格中的指标若无法取得数据，画"—"；若数字为零，则填报数字"0"。

（2）**指标解释**

【行政区划代码】行政区划代码由 6 位数码组成，代表单位所在省（自治区、直辖市）和区县，详见《中华人民共和国行政区划代码》（GB/T 2260）。企业要根据详细地址对照代码表填写在方格内。

填报单位只填写本级行政级别环境保护能力建设资金相关情况。其中：

【本级环保能力建设资金下拨】指由本级筹措，并拨付到下级行政区的环保能力建设资金。

【本级环保能力建设资金使用】指用于本级环保能力建设的资金，不包括下级行政区的环保能力建设使用资金。

【环境管理活动】根据"环保投资编码表"中的"环境管理调查表"，填写与环境管理项目所对应活动的四级编码。

【国家拨付资金】指由国家财政部门直接拨付，用于环境管理项目的资金。

【省级拨付资金】指由省级财政部门直接拨付，用于环境管理项目的资金。

【地市拨付资金】指由地市级财政部门直接拨付，用于环境管理项目的资金。

【县（区）拨付资金】指由县（区）级财政部门直接拨付，用于环境管理项目的资金。

439

参考文献

[1]　Arrow K，Bolin B. Economic Growth and the Environmental Science[J]. World Development，1995，268：520-521.

[2]　Asa L，Katrin M，Celine N. The effect of uncertainty on pollution abatement investments：Measuring hurdle rates for Swedish industry [J]. Resource and Energy Economics，2008，30：475-491.

[3]　Aylin Cigdem Kone，Tayfun Buke. Forecasting of CO_2 emissions from fuel combustion using trend analysis[J]. Renewable and Sustainable Energy Reviews，2010（14）：2906-2915.

[4]　Basil Al-Najjar，Aspioni Anfimiadou. Environmental Polices and Firm Value[J]. Business Strategy and the Environment，2012，21（1）：49-59.

[5]　Cameron Hepburn. Environmental policy，government，and the market[J]. Oxford Review of Economic Policy，2010，26（2）：117-136.

[6]　Clark E C. A New Role for Accountants：Accounting for Environmental Expenditures[J]. Business and Society，1973，14：5-12.

[7]　Clevel C J，Hall C. Energy and the US Economy[J]. A Biophysical Perspective Science，1984，225：890-897.

[8]　DJ Thampapillai，et al. Fiscal balance：environmental taxes and investments[J]. Journal of nature resources policy research，2010，2（2）：137-147.

[9]　Emilio G，Jose C. The effect of quality-environmental investment on Horticultural firm's competitiveness [J].Canadian Journal of Agricultural Economics，2004，52：371-386.

[10]　Environmental Protection Expenditure By Industry 2003 Survey，final report by defra，2005.

[11]　Freeman A M，Haveman R H，Kneese A V. The Economics of Environmental Policy，John Wiley，New York，1973.

[12]　Fullerton D，Kim S. Environmental investment and policy with distortion taxes，and endogenous growth [J].Journal of Environmental Economics and Management，2008，56：141-154.

[13]　Ian Bailey. European environmental taxes and charges：economic theory and policy practice[J].Applied Geography，2006，12：124-131.

[14]　Iuliana PREDESCU，Gabriela -Cornelia PICIU. Capacity to finance environmental investments of a polluter[R]. Financial Studies，2012.

[15]　Jose Antonio Puppim de Oliveira. Bridging the gap between small firms and investors to promote investments for green innovation in developing countries：two cases in Brazil[J]. International

Journal of Technological Learning，Innovation and Development，2011，4（4）：259-276.

[16] Kenneth Olden. Impact of Environmental Justice Investments. American Journal of Public Health：November 2009，99（53）：484-484.

[17] Michael Jacobs. Green growth：Economic Theory and Political Discourse[R].2012.

[18] Nanda Kumar，Qian Peng. Strategic Alliances in E-government Procurement. International Journal of Electronic Business，2006，4（2）：451-456.

[19] OECD：Pollution Abatement and Control Expenditure in OECD Countries，2007.

[20] Paul R D，Shan L，Pan J C.H. Structurational analysis of e-government initiatives：a case study of SCO. Decision Support Systems，2003，34（3）.

[21] Pearce D W. The economic of natural resources and the environment[M]. The Johns Hopkins University Press，1990.

[22] PM Dupuy，JE Viñuales. Harnessing Foreign Investment to Promote Environmental Protection：Incentives and Safeguards [M]. Hardback，2013.

[23] Rinku Murgai. The Green Revolution and the productivity paradox：evidence from the Indian Punjab[J]. Agricultural Economies，2001，25：199-209.

[24] Schucht S. EU-15 estimation environmental protection expenditure. Document ENV-EXP/WG/015/05，2003.

[25] Sovreski，Zlatko and Josheski，Dushko and Feta，Sinani and Tasevski，Angel and Tevdov，Vladimir （2012） Economic analysis of the investments for clean production in TPP[C]. Proceedings of Electronic International Interdisciplinary Conference，2012：636-639.

[26] T. Greylinga，J. Bennetta. Assessing environmental protection investments in New South Wales catchments[J]. Australasian Journal of Environmental Management，2012，19（4）：255-271.

[27] Thi B M，Nurul A. The role of foreign direct investment in urban environmental management：some evidence form Nanoi，Vietnam [J]. Environment Development and Sustainability，2002（4）：279-297.

[28] Various F. Economic growth，carrying capacity and the environment[J]. Ecological Economics，1998，15（2）：89-147.

[29] Walter I. International Economical of Pollution[M].London，1975.

[30] Http：//tilastokeskus.fi/til/jsys/meta_en.html.

[31] Eurostat：Environmental expenditure statistics：General Government and Specialised Producers data collection handbook，2007.

[32] 财政部《财政制度国际比较》课题组. 英国财政制度[M]. 北京：中国财政经济出版社，1999.

[33] 国家发展改革委宏观经济研究院课题组. 促进我国的基本公共服务均等化[J]. 宏观经济研究，2008（5）：7-12.

[34] 环境保护部. 关于印发《重金属污染综合防治"十二五"规划》的通知（环发[2011]17号）[Z]. 2011-02-15.

[35] 环境保护部，国家发展和改革委员会，财政部，住房和城乡建设部，水利部. 关于印发《长江中下游流域水污染防治规划（2011—2015）》的通知（环发[2011]100号）[EB/OL]. http://www.

zhb. gov. cn/gkml/hbb/bwj/201109/t20110920_217490. htm，2011-09-12.

[36] 环境保护部. 关于印发《全国地下水污染防治规划（2011—2020）》的通知（环发[2011]128 号）[Z]. 2011-10-31.

[37] 中国财政学会"公共服务均等化问题研究"课题组. 公共服务均等化问题研究[J]. 经济研究参考，2008（8）：26-28.

[38] 中华人民共和国国务院. 关于印发国家环境保护"十二五"规划的通知（国发[2011]42 号）[EB/OL]. http：//www. gov. cn/zwgk/2011-12/20/content_2024895. htm，2011-12-15.

[39] 中华人民共和国国家统计局. 中华人民共和国 2010 年国民经济和社会发展统计公报[EB/OL]. http：//news. xinhuanet. com/politics/2011-03/01/c_121132026. htm，2011-02-28.

[40] 中华人民共和国国民经济和社会发展第十二个五年规划纲要[EB/OL]. http：//www. gov. cn/2011lh/content_1825838. htm，2011-03-16.

[41] 安体富，任强. 公共服务均等化：理论、问题与对策[J]. 财贸经济，2007（8）：48-53.

[42] 程亮，吴舜泽，孙宁，等. 论中央环境保护专项资金项目绩效评价指标体系构建[J]. 环境科学与管理，2010（11）.

[43] 陈逢书. 加强财政专项资金管理的对策研究[J]. 财政研究，2000（10）.

[44] 陈工. 公共支出管理研究[M]. 北京：中国金融出版社，2001.

[45] 陈瑞莲，胡熠. 我国流域区际生态补偿：依据、模式与机制[J]. 学术研究，2005，9：71-74.

[46] 陈湘满. 论流域开发管理中的区域利益协调[J]. 经济地理，2002（5）.

[47] 迟福林，方栓喜，匡贤明，等. 加快推进基本公共服务均等化. 经济研究参考[J]. 2008（3）：19-25.

[48] 戴维·詹姆斯，汉斯奥普，等. 应用环境经济[M]. 王炎痒，等译. 北京：商务印书馆，1986.

[49] 丁元竹. 基本公共服务均等化"路线图"[J]. 中国社会保障，2008（8）：26-28.

[50] 段景田，刘立星. 加强财政专项资金管理的几点建议[J]. 中国农业会计，2008（1）.

[51] 段美玉，王迪，张丽君. 促进我国环境保护的财政预算支出政策研究[J]. 法制与社会，2007（8）.

[52] 范广睿. 关于我国政府间财政转移支付制度基本框架的设计[J]. 经济改革与发展，1995（3）：46-50.

[53] 付伯颖. 促进就业的财政政策研究[D]，2007.

[54] 龚金保. 支持公共服务均等化的财政制度建设[J]. 经济研究参考，2009（34）：12-29.

[55] 郭璞，葛察忠，许文. 县级财政体制与环境保护[J]. 经济政策，2008（6B）：23-26.

[56] 郭侠. 环境保护的财政分析[J]. 内蒙古科技与经济，2002（3）：7-8.

[57] 郭敬. 美国的环境保护费用[J]. 中国人口·资源与环境，1999，1（9）：89-90.

[58] 何芹. 环境保护专项资金绩效审计若干问题探讨[J]. 财会月刊，2009（2）：77-79.

[59] 环境保护部环境规划院. 环保生态专项系统性融资规划[R]. 2010.

[60] 黄静. 城市生活污水集中处理收费研究[J]. 吉首大学学报：社会科学版，2000，21（2）：41-44.

[61] 黄毅凤. 关于环境问题的若干财政思考[J]. 财金贸易，1999（12）：12-13.

[62] 贾康. 地方财政问题研究[M]. 北京：经济科学出版社，2004.

[63] 姜红梅. 加强财政专项资金管理的思考[J]. 时代金融，2009（2）：38.

[64] 将洪. 财政学[M]. 北京：高等教育出版社，2000.

[65] 蒋洪强. 环保投资对经济作用的机理与贡献度模型[J]. 系统工程理论与实践，2004（12）.

[66] 经济合作与发展组织. 税收与环境：互补性政策[M]. 北京：中国环境科学出版社，1996.

[67] 吉林省环境科学研究院搜集整理的2007年工业污染治理投资资料.

[68] 匡国建. 促进节能环保的金融政策和机制研究：国际经验及启示[J]. 南方金融，2008（7）.

[69] 李秉祥，黄泉川. 市场转型期我国环境保护投融资主体事权划分研究[J]. 社会科学辑刊，2005（3）：65-71.

[70] 李华友，冯东方. 我国环保金融政策制定的内在动力与途径[J]. 环境经济，2007（6）.

[71] 李家才. 提高财政专项资金使用效益[J]. 中国财政，2008（5）.

[72] 李里. 促进环境保护的财政政策选择[J]. 特区经济，2007（3）：174-175.

[73] 李泓，孟春，李晓玉. 公共服务均等化中的服务标准：各国理论和实践[J]. 财政研究，2008（10）：79-81.

[74] 李培根. 国外财政预算支出管理中的内部控制与审计监督[J]. 兰州商学院学报，2003，19（4）：92-95.

[75] 李齐云. 完善我国财政转移支付制度的思考[J]. 财贸经济，2001（3）.

[76] 李瑞红. 金融机构推行"绿色信贷"难在何处？[J]. 环境经济，2009（11）.

[77] 李瑞红. 银行业金融机构落实"绿色信贷"政策的成效、难点及建议[J]. 中国房地产金融，2009（12）.

[78] 李希涓. 分析开发性金融对我国环保产业投融资的作用[J]. 湖北财经高等专科学校学报，2006，18（6）：23-25.

[79] 李晓亮，葛察忠，高树婷，等. 探秘排污权质押贷款[J]. 环境经济，2009（1）.

[80] 李兴锋. 广西龙江镉污染损害赔偿涉及的法律问题[J]. 世界环境，2012（2）：32-33.

[81] 李星文. 依托金融资本加快中国环保产业发展[J]. 中国环保产业，2001（S1）：8-9.

[82] 李逊敏. 财政政策对环境保护的作用[J]. 重庆行政，2003（3）.

[83] 廖国民. 促进主体功能区建设的财政转移支付制度设计[D]. 2009.

[84] 林勤玉. 构筑促进环境保护的公共财政制度[J]. 财经科学，2004（1）：96-98.

[85] 刘长翠，李奎，孙童. 环境保护财政资金绩效评价透视——基于一份调查问卷报告的分析[J]. 财政研究，2007（6）：38-40.

[86] 刘德吉. 公共服务均等化的理念、制度因素及实现途径：文献综述[J]. 上海经济研究，2008（4）：12-20.

[87] 刘峰. 环保投资优化的理论和实证研究[D]. 成都：西南农业大学，2001.

[88] 刘华，鄢斗. 当前金融支持节能环保值得关注的问题[J]. 南方金融，2010（12）.

[89] 刘慧. 主体功能区规划：经济布局将与资源承载力相适应[N]. 中国经济时报，2010-3-24.

[90] 刘金吉，孙传金，朱红梅，等. 环保专项资金使用过程中存在的问题及对策[J]. 环境科技，2008（21）：59-60.

[91] 刘军民. 财政转移支付生态补偿的基本方法与比较[J]. 环境经济，2011（94）：46-48.

[92] 刘溶沧，赵志耘，夏杰长. 促进经济增长方式转变的财政政策选择[M]. 北京：中国财政经济出版社，2000.

443

参考文献

[93] 刘薇. 财政分权的经济与社会发展影响研究[M]. 北京：经济科学出版社，2009.

[94] 刘小明. 财政转移支付制度研究[D]. 北京：中共中央党校，1999.

[95] 刘晓光. 公共财政体制下的林业投入保障研究[D]. 2003.

[96] 卢芬. 固定资产加速折旧的重要意义[J]. 现代企业，2010（9）：10-11.

[97] 吕炜，王伟同. 我国基本公共服务提供均等化问题研究[J]. 经济研究参考，2008（34）：2-12.

[98] 陆建明. 环保投资优化法确定水污染物总量控制目标的研究[D]. 2001.

[99] 逯元堂. 中央财政环境保护预算支出政策优化研究[D]. 2008.

[100] 逯元堂，吴舜泽，苏明，等. 中国环境保护财税政策分析[J]. 环境保护，2008，15.

[101] 逯元堂，吴舜泽，朱建华. 中央财政环境保护专项资金优化设计探讨[J]. 中国人口·资源与环境，2010（3）.

[102] 马秀岩，武献华，钱勇. 可持续发展战略视角下的环保投资管理方式[J]. 财经问题研究，2000（4）.

[103] 马中，王耀先，吴健. 建立环境财政体系，增加环保投入是落实国务院《决定》的关键[J]. 中国环境报，2006-9-14.

[104] 马中. 环境与资源经济学概论[M]. 北京：高等教育出版社，1999.

[105] [美]林奇著，荀燕楠，等译. 美国公共预算[M]. 北京：中国财政经济出版社，2002.

[106] 欧盟委员会. 环境支出统计——工业数据收集手册3.2.1.

[107] 邱玉芳. 国外财政支出的比较及对中国的借鉴意义[J]. 中央财政金融学院学报，1992（6）：18-24.

[108] 齐志宏. 多级政府间事权划分与财政支出职能结构的国际比较分析[J]. 中央财经大学学报，2001，11：6-7.

[109] 任勇. 日本的环境投资机制及其对中国的启示[J]. 城市管理和科技，2000（2）：5-13.

[110] 沈峰. 发展环境保护财政，优化公共财政收支结构[J]. 内蒙古财经学院学报，2001（4）.

[111] 石丁，谢娟. 中国环境保护财政政策的现状及问题分析[J]. 现代经济，2010，9（1）.

[112] 石建华. 国外利用财政税收政策支持节能的措施及借鉴[J]. 涉外税务，2004（10）.

[113] 宋超，绍智. 我国财政转移支付规模问题研究[J]. 地方财政研究，2005（1）.

[114] 宋立. 政府事权、财权划分问题研究——公共服务供给中各级政府事权、财权配置的现状与改革思路[J]. 经济要参，2005（38）.

[115] 宋文献，罗剑朝. 我国生态环境保护和治理的财政政策选择[J]. 1994—2008 China Academic Journal Electronic Publishing House.

[116] 宋子正. 改革我国环境保护投资机制的若干思考[J]. 生态经济，1997（2）.

[117] 苏明，刘军民，张洁. 促进环境保护的公共财政政策研究[J]. 财政研究，2008（7）.

[118] 苏明，刘军民. 科学合理划分政府间环境事权与财权[J]. 环境经济，2010（7）.

[119] 苏明. 建立积极的环境财政政策[N]. 中国环境报，2007-09-11（2）.

[120] 孙童，陶树明. 环境保护财政资金的使用及呈报现状探析[J]. 北方经济，2007（1）：107-109.

[121] 孙耀武. 促进绿色增长的财政政策研究[D]. 2007.

[122] 汤伯虹. 我国发展绿色金融存在的问题及对策分析[J]. 长春大学学报，2009（9）.

[123] 唐英. 与生态环境建设相适应的我国财政体制改革[J]. 1994—2008 China Academic Journal

中国环境保护投资研究

Electronic Publishing House.

[124] 万忠芝. 论公共财政的环境支持[J]. 财税与会计，2002（1）：23-25.

[125] 王金南，杨金田，陆新元，等. 市场机制下的环境经济政策体系初探[J]. 中国环境科学，1995（3）.

[126] 王珺红，吕善利. 海洋环境保护中的金融支持研究[J]. 山东社会科学，2010（8）.

[127] 王瑞. 促进就业的财政政策研究[J]. 宏观经济，2008（3）：46-51.

[128] 王永恒. 节能环保领域金融服务情况、问题及对策建议[J]. 西部金融，2010（2）.

[129] 王峥艳. 我国环境保护的财政制度安排研究[D]. 2006.

[130] 王子郁. 中美环境投资机制的比较与我国的改革之路[J]. 安徽大学学报：哲学社会科学版，2001（6）：7，75-89.

[131] 文雯. 专项资金助推农村环境整治[J]. 中国环境报，2009-05-25（1）.

[132] 吴舜泽，陈斌，逯元堂，等. 中国环境保护投资失真问题分析与建议[J]. 中国人口·资源与环境，2007，17（3）：112-117.

[133] 吴维扬. 经济预测及案例分析[M]. 北京：中国经济出版社，1995.

[134] 夏杰长，张晓欣. 我国公共服务供给不足的财政因素分析与对策探讨[J]. 经济研究参考，2007（5）：40-41.

[135] 徐广军，孟倩，葛察忠，等. 探索我国环保产业融资新模式——"绿色信托"[J]. 环境保护，2001（18）：36-39.

[136] 徐阳. 美、日及西欧国家的环保投资[J]. 国际展望，1994（15）：30-31.

[137] 闫家怡，袁家淼，卢百魁. 中国环境保护财政政策的现状及问题分析[J]. 环境科学与管理，2007，6（32）.

[138] 闫萍. 金融与环境污染[J]. 时代金融，2006（4）.

[139] 杨为燕. 积极运用财政金融政策，促进环保产业的快速发展[J]. 安全与环境工程，2004，11（4）：43-45.

[140] 央行探索金融支持环保新举措[J]. 环境经济，2009（3）.

[141] 苑德军. 金融政策缺失亟待改变[J]. 瞭望新闻周刊，2005（1）.

[142] 袁倩瑜. 我国基本公共服务均等化的财政体制分析[J]. 广西财经学院学报，2009，22（3）：45-46.

[143] 袁星侯. 资源与环境保护的财政政策[J]. 四川财政，1997（9）：13-15.

[144] 任勇，陈刚. 我国开始步入环境与发展战略转型期[J]. 政研参考，2007（4）.

[145] 章爱成. 固定资产加速折旧法下的税收滞后作用[J]. 中国外资，2011（17）：207.

[146] 张加乐. 我国自然环境保护的财政政策选择[J]. 改革研究，2005（7）：12-14.

[147] 张建. 提高环保投资水平的对策分析[J]. 新疆环境保护，2000（1）.

[148] 张坤民. 中国环境保护投资报告[M]. 北京：清华大学出版社，1992.

[149] 张坤民，王玉庆. 中国环境保护投资报告[M]. 北京：清华大学出版社，1992：43-46，69-111.

[150] 张汝根. 环境资源政府财政投入研究[J]. 中国科技产业，2008（8）：84-85.

[151] 张世秋，安树民，王仲成. 评析中国现行环境保护投资体系[J]. 中国人口·资源与环境，2001（2）.

[152] 张守一. 市场经济与经济预测[M]. 北京：社会科学文献出版社，2000.

445

[153] 张新国，刘泓蔚. 环保融投资运营问题与发展对策思考[J]. 环境科学动态，2001（2）.

[154] 张雪兰，何德旭. 当代西方环境财政改革的若干问题[J]. 国外社会科学，2008（3）：6-17.

[155] 张玉中. 县级财政专项资金管理研究[J]. 当代经济，2009（24）.

[156] 郑会声. 韩国环境财政政策发展回顾. 1994—2007 China Academic Journal Electronic Publishing House.

[157] 郑宇植. 中国环境污染与投资、贸易、GDP 的关系[D]. 北京：对外经济贸易大学，2000.

[158] 周长玲，于利杰. 中国城市垃圾处置收费制度的健全与完善[J]. 法制与社会发展，2012（5）：114-119.

[159] 周菁华. 我国环境保护投资体制及企业投资优化研究[D]. 重庆：重庆大学，2003.

[160] 祝顺泉. 财政如何支持环境保护[J]. 中国财政，1997（1）：14-15.

[161] 吴舜泽，陈斌，逯元堂，等. 中国环境保护投资失真问题分析与建议[J]. 中国人口・资源与环境，2007，17（3）：112-117.

[162] 刘磊，张敏. 关于我国环境保护投资的界定与思考[J]. 四川环境，2011，30（3）：133-137.

[163] 彭峰. 论我国环境保护投资与投资制度的概念[J]. 中国环保产业，2004，（3）：12-13.

[164] 董小林. 环境经济学[M]. 北京：人民交通出版社，2005：38-48.

[165] 何旭东，侯立松，孙冬煜，等. 环保投资理论研究与发展[J]. 四川环境，1999，18（1）：28.

[166] 徐阳. 美、日及西欧国家的环保投资[J]. 国际展望，1994，（15）：30-31.

[167] 彭峰，李本东. 环境保护投资概念辨析[J]. 环境科学与技术，2005，28（3）：72-74.

[168] 国家统计局社会和科技统计司，环境保护部环境规划院，中国人民大学国民经济核算研究所（编译）. 国际环保支出统计文献汇编，2009.

[169] 唐静. 节能环保产业分类研究[J]. 北方环境，2011，（7）：63-65.

[170] 席德立. 清洁生产的概念与方法（上）[J]. 环境保护，1993，（5）：29-32.

[171] 管忠良，刁春生. 清洁生产的概念及实施途径[J]. 环境保护科学，1996，22（4）：24-26.

[172] 梁小民. 微观经济学[M]. 北京：中国社会科学出版社，1996：417-424.

[173] 许飞，鲁兵兵. 关于构建具体化的环境污染损害赔偿标准的思考[DB/OL]. www.jsfy.gov.cn，2013-11-8.

中国环境保护投资研究

后　记

随着环境保护工作的深入和环境保护投资力度的加大，开展环境保护投资研究已成为新时期环境管理工作的现实需求。环境管理部门尤其是省以下有关部门对此关注较少，研究基础相对薄弱，研究文献较少，多年前张坤民先生《中国环境保护投资报告》是为数不多的环保投资研究。

我自参加工作以来，一直从事环境规划、环境工程、环保投资方面的研究工作。从环境规划的投资需求预测宏观要求出发，从重点工程及其规划的微观凝练出发，也都会从不同视角介入环保投资研究，环保投资研究实际上是环境规划与工程研究工作之间的桥梁。有几个事件是触发深入、持续开展环保投资研究的节点，也是投资研究中感触较多的几个方面：

第一，2006 年 3 月 14 日第十届全国人大四次会议闭幕后，温家宝总理会见中外记者时称"十五"计划大多数的指标都基本完成了，但是环境指标没有完成。与此形成对照的是，"十五"期间环保投资实际完成总额 8 399 亿元，大于预测的投资需求 7 000亿元。作为"十五"环境保护规划相关技术负责人，我迫切希望找到问题症结所在。由此，我们对投资需求与供给方向的吻合性，尤其是投资口径进行了深入研究，有些研究工作时至今日仍在继续。我们发现，现有环保投资口径中占主体部分的城市环境基础设施投资，直接采用建设部门统计数据，但其中的园林绿化、燃气、集中供热等部分与环境保护无直接关联，大多属于环境受益活动而非环境保护活动。城市定量考核的环保投资口径与环境统计之间也存在一定差异。同时，建设项目"三同时"环保投资等还存在统计年份、边界不一等问题，与国际通行概念与口径差异较大、不可比，也造成了环保投资"虚数"较多，掩盖了目前环保投资不足的客观现实。广州亚运会筹备期间，基础设施建设造成了广东城市环境基础设施大幅度攀升，其中园林绿化投资占广东环境污染治理投资总额的 70%左右。2004 年关于淮河治污投资数的讨论在很大程度上也是由于环保投资统计口径问题造成的。应该讲，这一概念、口径问题至今尚未得到有效解决，环保投资、环保投入、环保支出概念经常混用，一些地方也往往有意或无意夸大环保投资占 GDP 比重，作为"衡量"自己落实科学发展观的一个佐证。

第二，投资需求预测是我院研究工作链条的一个重要环节。不少人经常采用环保投资占 GDP 比重的分析预测方法。我们往往还进一步采用重点工程、专项规划、地方需求与国家宏观要求相结合的方法进行综合判断，预测"十五"、"十一五"、"十二五"规划环保投资需求。我觉得应该可以借鉴一些计量经济方法进行研究性探索，并与朱建华、逯元堂一起采用协整模型进行了预测分析，2009年以后的几年预测数据误差极小，也促使我们更多地采用类似方法进行相关研究，如将协整分析应用于其他领域，后期我们又采用互相关检验、效应分解的方法对环保投资的时差效应、投资效应对比等进行了研究，得到了一些有意思的结论，如，环保投资增长与财政收入增长之间没有内生稳定的关系，"三同时"环保投资与COD减排存在两年的时差等等，从某种程度上揭示了数据背后的规律性。这些在传统的环保投资分析评估基础上，叠加了计量经济、统计分析的方法，也是我们的研究需要长期坚持的一个方向。

第三，由于工作需要，我长期从事环保投资专项资金设计及其技术支持工作，也比较关注政府投资尤其是中央政府投资方面。我一直认为，加大环保投资，需要有制度保障，要有渠才能有水。早期我们分析了环保投资的八条传统渠道，发现大部分渠道已经失效，或者没有硬性约束，而新的渠道又没有建立。这导致环保投资波动性较大，往往在五年规划的第一年投资增速下降、最后一年投资增速上升，环保投资往往处于事故发生后的被动式、应急式状态。这些年我们调研发现，要增加环保投资，必须要政府率先垂范、履行职责并引导社会投资。"十一五"期间中央财政投入1 566亿元用于环境保护，应该是促进"十一五"环保目标任务完成的原因之一。我们早期进行的"211"环境保护科目实施状况调查就发现，科目设置还需要通过专项资金设置和投入才能真正实现"有渠有水"。各级政府，尤其是东部地区省级政府，通过设立专项资金，采用灵活多样的资金手段，确实有效地支持了环境保护工作的开展。分析来看，环境保护专项资金，在欠账比较多的发展阶段，不能完全机械地用一般财力性转移支付替代，否则就难以确保其有效性和针对性。排污费改税后如何保证环保投入水平不下降、不"挪用"就是一个摆在眼前的现实问题，也不能对所有项目类型都采用"以奖促治"的"锦上添花"型支付方式，以区域环境绩效为导向的资金支持方式可能能较好地处理好中央和省级权责关系问题，因势利导、因地制宜地设计专项资金使用方式是一门理论性和操作性兼具的学问。

第四，在国家环境保护"十二五"规划前期研究中，我率先提出了环境基本公共服务均等化的理念。起初，有些人对此有不同看法，但认识逐步趋于统一，最终纳入国家经济社会发展"十二五"规划并作为环境保护"十二五"规划四大战略任务之一。基本公共服务均等化概念的提出，既基于环境公平正义保障、区域城乡环境差距加大等现实因素，也是我对环境事权财权理论研究困局的一个突破。由于发展阶段、政策导向、环境属性等因素，我始终认为，很难单纯地、孤立地、可操作地分清一个具体事项是哪一级事权，理不清、剪还乱。我们也较难回答为什么中央财政要对区县污水处理厂、环境监测站给予投资补助。但若将城乡安全饮水、污水垃圾收集处理服务、环境监测评估作为"十二五"环境基本公共服务范畴，那么上一级政府包括中央政府就要确保环境公共服务的均衡。从环境基本公共服务视角进行环境事权财权划分，是一个华丽转身，是对部分地方政府片面以市场化口号推卸政府环保责任的纠偏，有重要的理论和现实意义。

在研究工作过程中，我的体会有四点。一是需要国际视角。如现有投资统计口径是 1996 年提出的，有其历史背景、有其发展作用，但这不是一成不变的，不能视我国现阶段实际为必然。二是要有科研思维。感谢规划财务司、科技标准司、国家开发银行等安排了"环保投资口径研究"、"环保投资核算体系优化与绩效评价体系建立研究"等系列课题，每每一些方法学的突破也令我特别兴奋，对吉林省和湖北黄石等案例研究也印证了某些研究成果。三是要学以致用、两者相长。专项资金管理、项目咨询评估、环保产业的相关研究工作、管理支持工作，一直与环保投资研究保持良性互动的关系，最欣慰的是研究成果能转化为决策行动力。四是必须形成团队和梯队、持之以恒地进行深入研究。目前，逯元堂、陈鹏、朱建华等一批环保投资研究领域人才已经成长起来，逯元堂师从财政部财政科学研究所苏明副所长，以公共财政与环保投资方面研究作为博士论文研究方向并顺利毕业。环境规划院长期以来也与中国环境监测总站、中国人民大学、地方科研院所等相关研究人员保持了密切合作关系。

十多年来，在管理需求驱动下，我们一直持续不断地进行环保投融资的研究，在对各地实地调研的基础上，对我国多年来环境保护投资状况开展了分析评估，在环境保护投资口径界定、环境保护投资预测分析、环境保护投融资政策等方面开展了持续深入的研究工作，为加强环境保护投资管理提供了技术支撑。本书收集了部分研究成果并予以系统化，是研究的结晶，也是未来进一步研究的基础，如，环保支出统计如何做到与环保产业尤其是服务业的关联，如何可操作地界定清洁生产环保投资，如何强化社会化融资激励机制，如何科学测算环保投资费效，如何建立环保投资预测平台等，都是我们未来需要着力突破的地方。

本书第 1 章、第 6 章由吴舜泽执笔，第 5 章、第 8 章、第 9 章由逯元堂执笔，第 2 章、第 7 章由朱建华执笔，第 3 章由徐顺青、陈鹏执笔，第 4 章由逯元堂、陈鹏、王汉臣、王鑫、昌敦虎执笔，第 10 章由陈鹏执笔，第 11 章由高军执笔，第 12 章由徐顺青执笔，全书由吴舜泽、逯元堂统稿。在本书编写过程中，刘瑶、何雪微等参与了部分研究工作。环境保护部环境规划院王金南、葛察忠就主要观点、研究成果等与我们进行了多次深入探讨并给予帮助。我们研究工作得到了各方面的悉心指导和鼎力支持。环境保护部周建副部长多次对环境保护投融资研究工作作出重要批示并欣然作序。环境保护部翟青副部长也对环保投资政策给予了许多指导性意见。环境保护部舒庆、赵华林、刘启风、闫世辉、尤艳馨、张士宝、孙荣庆、房志、李春红、贾金虎、何军、龚成刚、张华平、杜会杰、王圻、毛玉如等，财政部财政科学研究所苏明、刘军民，中国人民大学统计学院高敏雪等同志给予了指导和帮助。在此，我们表示诚挚的感谢！

我们深知自身研究力量有限，尚不足以发现和解决环境保护投融资存在的各方面问题，也有诸多领域本研究尚未触及，从研究进一步走向实用更需付出更艰辛的努力。本书难免存在不当之处，希望各位同仁和读者不吝赐教。谨以此书与各位读者共勉。

吴舜泽

2013 年 3 月 31 日

449